国家科学技术学术著作出版基金资助出版

空间微波遥感研究与应用丛书

空天目标雷达认知成像技术

张 群 陈怡君 罗 迎 著

科学出版社

北京

内 容 简 介

空天目标探测与识别技术在空天安全保障中发挥着举足轻重的作用。本书是作者在完成多个相关基金项目基础上撰写而成，书中梳理和总结了作者近十年来相对完整与体系化的研究成果。具体内容包括：空天目标成像基本原理、发射波形认知优化设计、雷达资源优化调度、新体制雷达认知成像、微动目标特征认知提取与成像等。书中详细阐述了空天目标认知成像的关键技术，反映了该研究领域的最新进展。

本书内容具原创性和系统性，可供从事雷达信号处理、雷达成像与目标识别等领域的科技人员，以及高等院校微波遥感、图像处理等专业的师生阅读使用。

图书在版编目（CIP）数据

空天目标雷达认知成像技术 / 张群，陈怡君，罗迎著. —北京：科学出版社，2020.11

（空间微波遥感研究与应用丛书）

ISBN 978-7-03-065046-7

Ⅰ. ①空… Ⅱ. ①张… ②陈… ③罗… Ⅲ. ①雷达目标识别-雷达成像-研究 Ⅳ. ①TN959.1

中国版本图书馆 CIP 数据核字（2020）第 078672 号

责任编辑：彭胜潮 / 责任校对：何艳萍
责任印制：肖 兴 / 封面设计：黄华斌

科学出版社 出版
北京东黄城根北街 16 号
邮政编码：100717
http：//www.sciencep.com
北京汇瑞嘉合文化发展有限公司 印刷
科学出版社发行 各地新华书店经销
*
2020 年 11 月第 一 版 开本：787×1092 1/16
2020 年 11 月第一次印刷 印张：13 3/4
字数：326 000
定价：150.00 元
（如有印装质量问题，我社负责调换）

《空间微波遥感研究与应用丛书》
编 委 会

丛　书　序

空间遥感从光学影像开始，经过对水汽特别敏感的多光谱红外辐射遥感，发展到了全天时、全天候的微波被动与主动遥感。被动遥感获取电磁辐射值，主动遥感获取电磁回波。遥感数据与图像不仅是获得这些测量值，而是通过这些测量值，反演重构数据图像中内含的天地海目标多类、多尺度、多维度的特征信息，进而形成科学知识与应用，这就是“遥感——遥远感知”的实质含义。因此，空间遥感从各类星载遥感器的研制与运行到天地海目标精细定量信息的智能获取，是一项综合交叉的高科技领域。

在20世纪七八十年代，中国的微波遥感从最早的微波辐射计研制、雷达技术观测应用等开始，开展了大气与地表的微波遥感研究。1992年作为“九五”规划之一，我国第一个具有微波遥感能力的风云气象卫星三号A星开始前期预研，多通道微波被动遥感信息获取的基础研究也已经开始。当时，我们与美国早先已运行的星载微波遥感差距大概是30年。

自20世纪863高技术计划开始，合成孔径雷达的微波主动遥感技术调研和研制开始启动。

自2000年之后，中国空间遥感技术得到了十分迅速的发展。中国的风云气象卫星、海洋遥感卫星、环境遥感卫星等微波遥感技术相继发展，覆盖了可见光、红外、微波多个频段通道，包括星载高光谱成像仪、微波辐射计、散射计、高度计、高分辨率合成孔径成像雷达等被动与主动遥感星载有效载荷。空间微波遥感信息获取与处理的基础研究和业务应用得到了迅速发展，在国际上已占据了十分显著的地位。

现在，我国已有了相当大规模的航天遥感计划，包括气象、海洋、资源、环境与减灾、军事侦察、测绘导航、行星探测等空间遥感应用。

我国气象与海洋卫星近期将包括星载新型降水测量与风场测量雷达、新型多通道微波辐射计等多种主被动新一代微波遥感载荷，具有更为精细通道与精细时空分辨率，多计划综合连续地获取大气、海洋及自然灾害监测、大气水圈动力过程等遥感数据信息，以及全球变化的多维遥感信息。

中国高分辨率米级与亚米级多极化多模式合成孔径成像雷达(SAR)也在相当迅速地发展，在一些主要的技术指标上日益接近国际先进水平。干涉、多星、宽幅、全极化、高分辨率SAR都在立项发展中。

我国正在建成陆地、海洋、大气三大卫星系列，实现多种观测技术优化组合的高效全球观测和数据信息获取能力。空间微波遥感信息获取与处理的基础理论与应用方法也得到了全面的发展，逐步占据了世界先进行列。

如果说，21世纪前十多年中国的遥感技术正在追赶世界先进水平，那么正在到来的二三十年将是与世界先进水平全面的“平跑与领跑”研究的开始。

为了及时总结我国在空间微波遥感领域的研究成果，促进我国科技工作者在该领域研究与应用水平的不断提高，我们编撰了《空间微波遥感研究与应用丛书》。可喜的是，丛书的大部分作者都是在近十多年里涌现出来的中国青年学者，取得了很好的研究成果，值得总结与提高。

我们希望，这套丛书以高质量、高品位向国内外遥感科技界展示与交流，百尺竿头，更进一步，为伟大的中国梦的实现贡献力量。

主编：**姜景山**（中国工程院院士　中国科学院国家空间科学中心）
吴一戎（中国科学院院士　中国科学院电子学研究所）
金亚秋（中国科学院院士　复旦大学）

2017 年 6 月 10 日

前　言

空天目标探测与识别技术在空天安全保障中一直起着举足轻重的作用，同时也是雷达技术发展中最为活跃的部分之一。随着相控阵天线技术、宽带/超宽带信号处理技术、半导体技术、大规模集成电路技术、计算机技术的突飞猛进，雷达目标探测与识别技术已由简单的搜索跟踪测量阶段发展到了特征信息测量阶段，即雷达系统已经从传统的检测、测距和测角等功能发展到高分辨成像与目标精细特征提取等功能，从而为目标识别提供更为准确的特征依据。然而，传统的雷达成像技术存在诸多不足，如不具备对目标和环境的自适应调整能力、工作模式单一、系统参数自由度不高、资源消耗大、资源分配矛盾突出、多任务工作能力弱等。“认知雷达”概念的提出，为解决上述问题提供了新的思路。认知雷达最大的特点是具有闭环反馈系统结构，能够根据接收机到发射机的反馈信息，逐步实现对外界环境的认知，并依据目标、环境等信息来改变发射信号形式和信号处理方式，从而实现对目标的最佳探测。将认知思想扩展到雷达成像技术中，2012 年提出的“认知成像”技术，近年来得到国内外研究人员的广泛关注。

本书作者近年来在国家自然科学基金重点项目（No. 61631019）、国家自然科学基金面上项目（No. 61172169、61571457、61971434）、国家自然科学基金青年科学基金项目（No. 61801516、61201369）以及相关预研项目的支持下，针对雷达目标认知成像理论及相关技术开展了较为深入的研究。本书结合作者近年来的研究成果，重点从发射波形认知优化设计、目标认知成像方法和雷达资源优化调度三方面阐述空天目标认知成像关键技术，介绍多种发射信号波形认知优化设计方法和相应的目标认知成像方法，阐述新体制雷达认知成像模型、成像方法以及空间微动目标特征认知提取与成像方法，论述多种工作模式和任务需求下的雷达资源优化调度策略。本书可为有兴趣研究雷达目标认知成像的科研工作者提供参考。

全书共分 6 章。第 1 章是绪论，阐述空天目标雷达成像发展概况以及雷达目标认知成像概念的提出背景、基本原理、研究现状以及关键问题；第 2 章介绍雷达成像的基本原理和方法，论述稀疏雷达成像、微动目标三维干涉成像等新技术；第 3 章主要从脉间波形设计和脉内波形设计两方面论述发射波形优化设计方法及相应的目标认知成像方法；第 4 章主要阐述面向成像任务的相控阵雷达资源优化调度方法；第 5 章论述基于 MIMO 相控阵技术的认知成像与资源优化调度方法；第 6 章论述空间微动目标认知成像与资源优化调度方法。需要说明的是，本书中关于雷达资源优化调度的内容在第 4、5、6 章中均有涉及，这是因为不同的工作环境、任务需求和成像处理方式条件下，雷达资源优化调度策略会存在显著差异，因此第 4 章阐述相控阵雷达体制的资源优化调度方法，第 5、6 章分别介绍该章所述成像处理方式条件下的雷达资源优化调度策略。

本书内容体现了雷达目标认知成像领域的最新进展。在本书撰写过程中，感谢吴一戎院士负责的国家重点基础研究发展计划（973 计划）项目“稀疏微波成像的理论、体制和方法研究”提供的数据支持（包括北京环境特性研究所提供的暗室数据等）。本书内容也涵盖了一批研究生近年来的研究成果，包括：基于正弦调频 Fourier-Bessel 变换的目标微动特征提取（何其芳）；微动目标三维干涉成像（陈永安、孙玉雪）；稀疏频率步进信号认知优化设计（陈春晖）；面向成像任务的 MIMO 雷达波形认知优化设计（龚逸帅）；基于脉冲交错的雷达资源自适应调度（孟迪）等。此外，苏令华、李开明、梁佳、王聃、倪嘉成等老师，以及刘潇文、康乐、袁延鑫、任剑飞、蒋国建、宋子龙等研究生进行了文字和图表的校对工作，在此表示感谢。

由于作者研究范围和研究精力所限，关于雷达目标认知成像研究的诸多方面本书未能全部涉及。同时，由于雷达目标认知成像研究仍处于起步阶段，许多理论和工程技术都有待于进一步深入研究和工程实践，因此本书难免有不当和错误之处，敬请读者批评指正。

作　者

2020 年 3 月

目　录

第1章 绪　　论

空天目标探测与识别技术作为保障空天安全的重要支撑，在新时代高技术战争中占据着举足轻重的地位。当前，现代雷达技术快速发展，雷达目标探测与识别技术已由简单的搜索跟踪测量阶段发展到了特征信息测量阶段，即通过利用一维距离成像、逆合成孔径雷达成像、微多普勒特征分析等方法和手段，获得目标的外形、体积、表面物理参数、微动参数等，为目标识别提供丰富的特征信息。因此，实现目标高分辨成像已经成为雷达系统担负的重要任务之一。

近年来，随着世界各国空天活动规模不断扩大，空天目标如飞机、卫星、弹道导弹、太空碎片等呈现出种类繁多、运动复杂等特点。然而，传统的雷达成像技术难以满足未来空天目标探测与识别需求，具体表现为：对目标和环境的自适应调整能力弱；工作模式和系统参数自由度不高；雷达资源分配矛盾突出；多任务工作能力有待提高等。

智能化是未来雷达技术发展的重要方向。2006 年，加拿大 McMaster 大学认知系统实验室的 S. Haykin 教授提出了“认知雷达”的概念(Haykin，2006)。认知雷达最大的特点是具有闭环反馈系统结构，能够根据接收机到发射机的反馈信息，逐步实现对外界环境的认知，进而实现对目标的最佳探测。将认知雷达思想扩展到雷达成像技术中，2012 年提出的“认知成像”技术(Luo et al.，2012；Zhu et al.，2012)被认为是雷达信号处理领域中最具发展潜力的技术之一。

本章首先介绍当前国内外在空天目标雷达成像方面的研究概况和高分辨雷达成像技术的发展趋势，接下来阐述“认知成像”基本概念和认知成像中的关键技术，最后给出本书的内容结构。

1.1　空天目标雷达成像发展概况

雷达成像技术是雷达技术发展史上的一个重要里程碑。按照工作原理和成像方式的不同，成像雷达可以分为合成孔径雷达(synthetic aperture radar，SAR)和逆合成孔径雷达(inverse synthetic aperture radar，ISAR)。在 SAR 成像中，雷达平台做直线运动，利用雷达平台与地面静止目标(场景)之间的相对运动所形成的合成孔径来获得方位向高分辨能力。相反，在 ISAR 成像中，通常雷达平台不动，而目标运动，雷达平台与运动目标之间同样会形成等效合成阵列，从而获得方位向的高分辨能力。显然，地面场景 SAR 成像技术和空天目标 ISAR 成像技术的原理在本质上是相同的，本书仅针对空天目标成像技术进行讨论，不涉及 SAR 成像技术的相关工作。

空天目标包含空中运动目标和空间运动目标两类，其中空中运动目标主要包括大气层中飞行的飞机、巡航导弹、无人机、飞艇等目标；而空间运动目标主要包括在大气层外飞行的航天器、卫星、弹道导弹、太空碎片等目标。空天目标成像技术主要研究如何根据目标回波信号特点，设计相应的信号处理方法来获得目标的高分辨聚焦图像，为后续的目标分类与识别提供重要特征信息。

1. 空天目标雷达观测系统

总体来说，空天目标成像经历了从低分辨成像到高分辨成像、从单目标成像到多目标成像、从单一成像工作模式向多功能协同工作模式、从单部雷达成像到组网雷达协同成像的发展过程。20 世纪 60 年代起，美国高度重视空天目标高分辨成像在雷达目标探测与识别中的重要作用，相继研发和列装了多种型号的 ISAR 成像系统。1964 年，麻省理工学院(Massachusetts Institute of Technology，MIT)林肯实验室完成了对赫斯台克(Haystack)地基雷达的研制，用于对高轨卫星、导弹等目标执行监视、成像、识别等任务。此后，Haystack 辅助雷达(HAX)系统于 1993 年正式部署，该系统可实现对空间近地轨道目标、空间碎片等目标的高分辨成像。2013 年，林肯实验室将 Haystack 雷达系统升级为超宽带卫星成像雷达系统(Haystack ultra-wideband satellite imaging radar，HUSIR)(MacDonald，2013)，其工作于 W 波段，工作带宽达到 8 GHz，距离分辨率达到 2 cm。此外，美国于 1970 年研发了 ALCOR 空间目标成像雷达，主要用于执行空间卫星跟踪、成像等任务，其曾对我国“东方红”人造卫星进行了有效跟踪和成像。20 世纪 80 年代末，林肯实验室对该雷达进行了升级改造，增强了其对小卫星的成像能力。1981 年，美国在“瞭望号”军舰上部署了 Cobra Judy 雷达(William-William，2000)，该雷达系统由工作在 S 和 X 两个波段的雷达组成，首先加装的是右侧舰尾上的工作在 S 波段的有源相控阵雷达，后于 1984 年加装了工作在 X 波段的碟形天线系统，最终实现了基于稀疏频带合成技术的导弹目标高分辨成像(Cuomo et al.，1999)。1996 年，美国导弹防御部门委托林肯实验室研发 Cobra Gemini 雷达系统，部署加装在“无敌号”军舰上，该系统同样工作于 S 和 X 双波段，其中 X 波段用于目标跟踪，发射信号带宽为 300 MHz，S 波段用于目标成像，信号带宽达到 1 GHz。90 年代后期，美国夸贾林毫米波空间监视雷达带宽达到 2 GHz，可工作在 35 GHz 和 95 GHz 两种中心频率上(Roth et al.，1989)，对空间目标的成像分辨率达到了 0.1 m，在弹道导弹和太空碎片的探测与识别中发挥了重要作用。2007 年，林肯实验室启动宽带组网雷达系统(wideband networked sensors，WNS)项目，以期将多视角观测数据进行联合处理，通过数据融合技术获得更高的成像分辨率。

近年来，林肯实验室通过联合 Haystack、HAX 等多部雷达系统共同构成了林肯空间监视网，该空间监视网具备双基地成像、干涉三维成像、稀疏频带成像等功能，为美国国家导弹防御系统(national missile defense，NMD)的构建以及空间目标监视与识别研究奠定了重要基础。为了构建 NMD 系统，有效解决多目标跟踪、成像和识别等问题，美国还研发了多个型号的同时具有搜索、跟踪、成像、识别等多种功能的雷达系统。其研发历程可主要分为四个阶段：① 20 世纪 80 年代中，开展“星球大战”计划，研制了具有末段成像功能的 SDI-GBR 雷达，主要解决多目标跟踪、识别等问题；② 20 世纪 90 年代中，研发战区弹道导弹防御系统，其代表性装备为演示验证系统 GBR-T 和用户作战评估系统，其工程产品为主要用于实施末段高层拦截的 THAAD-GBR 系统；③ 20 世纪

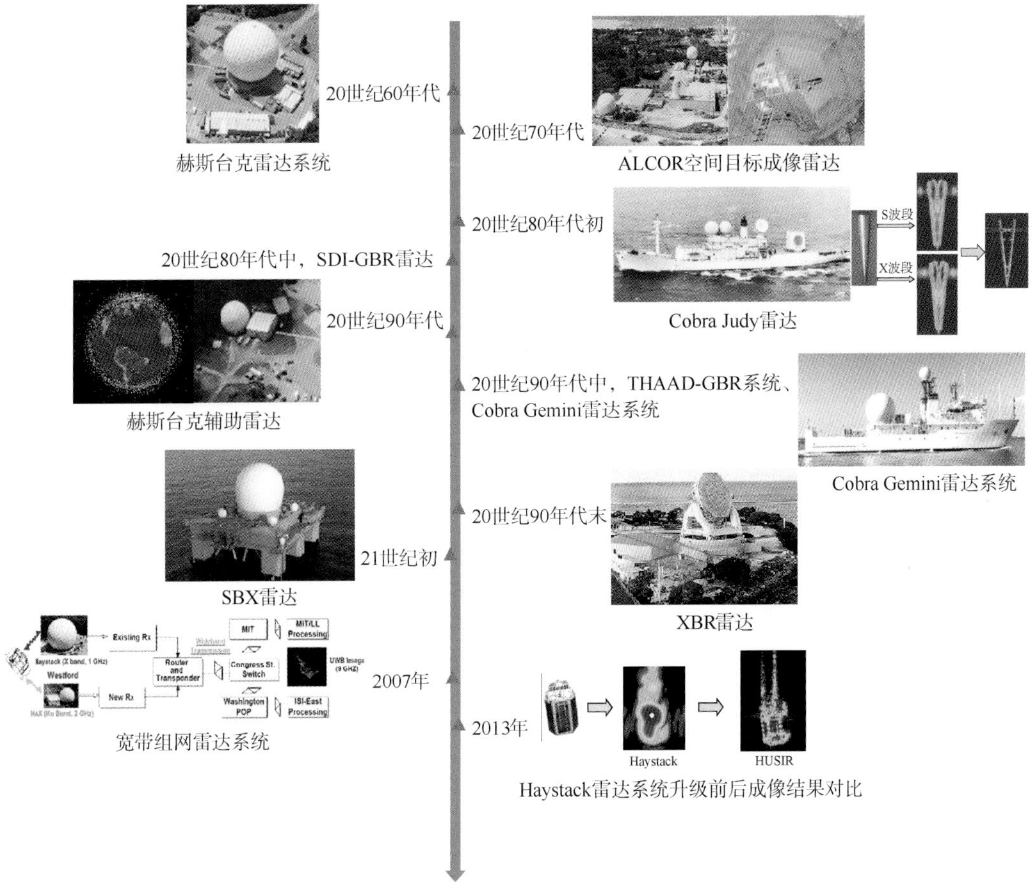

图 1.1 美国 ISAR 成像系统发展概况

90 年代末，研发了 GBR-P 系统以及 XBR 雷达系统，GBR-P 改进后的 GBR-N 系统具备真假弹头识别能力；④ 21 世纪初，美国开始部署一体化反导防御系统，研发海基多功能雷达、可运输并进行前沿部署的 FBX-T 雷达系统等。总体而言，美国 ISAR 成像系统发展概况如图 1.1 所示。

目前，俄、中、英、德等国家也都具有空天目标成像能力。德国研制的航天目标跟踪与成像雷达(tracking and imaging radar，TIRA)工作于 Ku 波段，工作带宽达到 2.1 GHz (Aida et al.，2009)，成功获取了“和平号”空间站和航天飞机的高分辨 ISAR 像(如图 1.2 所示)，并且该雷达在 2009 年密切观测了俄罗斯“Cosmos 2251”卫星与美国“Iridium 33”卫星相撞后所产生的空间碎片目标群。俄罗斯则建立了“宇宙空间监视系统”，可以发现和跟踪各种军用航天器，为空间攻防对抗提供目标情报信息。法国的“Oceanmaster-400”、英国的“雄狐”等多种战术成像雷达也在空天目标探测与防御中承担着重要作用。我国也已研制成功了多种可用于空天目标探测和成像的宽带雷达，能够实现空天目标的精确跟踪和高分辨成像，在载人航天、空天目标监视、空间防御体系中均发挥了重要作用。

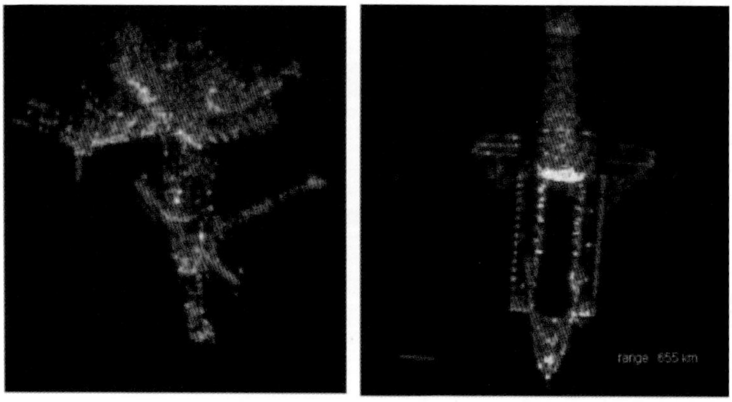

（a）和平号空间站 ISAR 成像结果　　（b）航天飞机 ISAR 成像结果

图 1.2　TIRA 雷达成像结果(MacDonald，2013)

2. 新体制雷达成像技术

早期雷达通过天线的转动来实现雷达波束在空间的扫描，被称作机械扫描雷达。随着现代战争信息化程度的不断提高，雷达担负的工作任务日趋繁重、所处的电磁环境越发复杂，因此，雷达波束的灵活变化能力和数据的高速处理能力至关重要。相控阵雷达能够通过电子方法对雷达波束的幅度、相位和功率进行控制，从而实现雷达天线波束在空间的转动或扫描。与传统的机械扫描雷达相比，相控阵雷达具有以下优势(张光义和赵玉洁，2006)。

(1)具有应对多目标的能力。相控阵雷达的波束捷变能力，使其能够同时担负目标搜索、跟踪、成像、识别等多种任务。配合计算机的高速数据处理能力，相控阵雷达在多方向、多层次、多目标的探测任务中发挥着重要作用。

(2)实时性好。相控阵雷达不再受到天线驱动系统的束缚，摆脱了机械惯性对扫描速度的制约，极大地缩短了目标信号的检测和录取时间，实时性较机械扫描雷达有大幅提升。

(3)抗干扰能力强。相控阵雷达天线是由多个辐射单元(称为阵元)排列而成的阵列，可以通过人为控制阵列中各单元的馈电相位来获得高功率。更进一步，雷达天线能够根据空间不同方向上所需能量的不同，对能量进行合理分配并控制主瓣增益，同时对旁瓣进行有效抑制，实现自适应抗干扰。

(4)可靠性高。相控阵雷达天线的每个辐射单元都可以独立完成波束的发射和接收，在有少量单元损坏的情况下，依然可以正常工作，保证了雷达系统的可靠性。

此外，随着数字技术的发展，数字化相控阵雷达(也被称为“数字阵列雷达”，本质上仍是一种相控阵雷达)作为一种新体制雷达，与传统相控阵雷达相比，它摒弃了传统的数字移相器、衰减器以及大量的电源电缆和控制电缆，采用数字波束形成技术实现雷达信号的发射和接收，进一步提高了雷达系统资源调度的自由度、波束指向控制的灵活性、信号接收处理的动态范围、抗干扰能力以及空间功率分配的可控性。

实际上，对于空天目标 ISAR 成像而言，传统相控阵雷达 ISAR 成像、数字化相控阵雷达 ISAR 成像以及机械扫描雷达 ISAR 成像的成像处理方式是相同的，只是在波束形成、接收和扫描方式上存在不同。因此，本书在介绍空天目标 ISAR 成像处理方面的相关工作时，不再对传统相控阵雷达 ISAR 成像、数字化相控阵雷达 ISAR 成像以及机械扫描雷达 ISAR 成像进行区分，仅在需要特别强调时，给出相应说明。此外，在不需要区分传统相控阵雷达和数字化相控阵雷达时，本书后文中统称为“相控阵雷达”。

ISAR 成像中，目标距离分辨率由信号带宽决定，方位分辨率由等效合成阵列长度决定，而等效合成阵列由目标和雷达之间的相对运动形成。因此，ISAR 成像需要较长的相干积累时间来获得方位向高分辨，目标成像实时性不高。此外，ISAR 成像技术通常将目标运动分解为目标参考点沿目标运动轨迹的平动分量以及目标绕自身参考点的转动分量，在完成平动补偿后采用转台模型对目标进行高分辨成像。然而，在实际应用中，ISAR 成像的目标通常是非合作的，对于运动信息未知的非合作目标(尤其是复杂运动目标)难以获得完全精确的平动补偿结果，这会对 ISAR 成像质量产生严重影响(保铮等，2005)。

多输入多输出(multiple input multiple output，MIMO)雷达的提出，为提高目标成像实时性和解决非合作目标平动补偿问题提供了新的技术途径。广义上来说，只要使用了多个发射阵元和接收阵元的雷达都可称为 MIMO 雷达(Fishler et al.，2004)(从这个意义上来说，相控阵雷达也可以被认为是 MIMO 雷达的一个特例，但通常不将其划入 MIMO 雷达范畴)。需要说明的是，MIMO 雷达各发射阵元辐射的信号波形通常是相互正交的，但根据任务需求，也可以是相关的或部分相关的，如通过发射信号波形设计来实现 MIMO 雷达发射方向图的优化时，各发射信号之间通常是部分相关的。用于目标成像尤其是快拍成像的 MIMO 雷达基本构成则通常如图 1.3 所示，发射端和接收端均使用多个阵元，各发射阵元同时辐射相互正交的信号波形，接收端每个阵元接收到的回波信号为各发射信号的延迟相加，利用发射信号的正交特性进行信号分选，则可得到远多于实际收发阵元数目的观测通道和自由度。空间并存的多观测通道使得 MIMO 雷达能够实时采集携带有目标不同幅度、时延或相位的回波信息，这正是 MIMO 雷达的根本优势所在。通过合理配置收发阵列，MIMO 雷达系统能够利用其强大的空间并行采样能力，将传统 ISAR 成像中的时间采样转化为空间采样，在单次快拍条件下获得目标方位向大角度的观测数据，目标成像不再需要长时间相干积累，从而不仅能够避免复杂的运动补偿处理，还能实现目标实时成像。与传统 ISAR 成像技术不同，MIMO 雷达成像的方位分辨率取决于实际收发阵元数目和布阵方式。

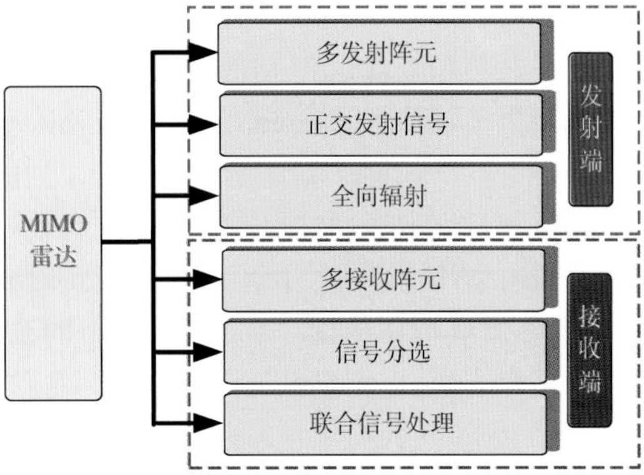

图 1.3 MIMO 雷达成像系统构成图

此外，将 MIMO 雷达概念与 ISAR 成像技术相结合的“MIMO-ISAR”成像技术，能够实现相干积累时间和阵列规模之间的平衡，即将成像所需的阵列孔径长度在时间和空间上合理分配。在保持分辨率不变的情况下，与传统 ISAR 成像方法相比，MIMO-ISAR 成像所需的相干积累时间大幅减少，可认为在短时间内目标运动状态较为平稳，因此在复杂运动目标的平动补偿和高效成像方面具有显著优势；与 MIMO 雷达成像方法相比，MIMO-ISAR 成像所需的阵列规模显著降低，因此对正交波形设计、阵列结构以及硬件成本的要求大大降低(Zhuge and Yarovoy，2012)。然而，在 MIMO-ISAR 成像中，当系统参数不完全匹配时，会产生空间采样与时间采样不等效现象，即回波数据空间非均匀，若直接利用这些数据进行成像处理，不仅会导致真实目标幅度衰减，还会产生大量虚假目标，严重影响成像质量。因此，需要对空时不等效现象进行有效校正和补偿，才能获得高质量的 MIMO-ISAR 成像结果。目前，针对空时不等效现象，常用的解决方法主要有重排与插值(Zhu et al.，2010)、速度估计与补偿(Ma et al.，2012)以及相同距离单元横向聚焦(董会旭等，2015)等方法。

需要说明的是，上述 MIMO 体制下的成像系统(包括 MIMO 雷达成像和 MIMO-ISAR 成像)的发射端均采用单阵元结构，无法通过相干处理获得高发射相干处理增益，从而导致回波信噪比(signal-to-noise ratio，SNR)显著低于相控阵雷达成像中的信噪比。

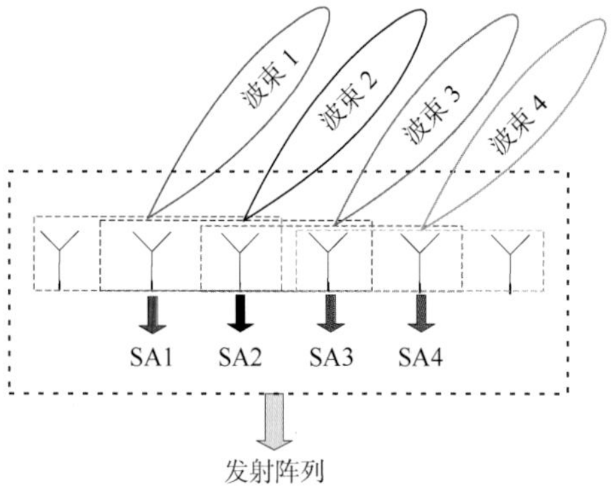

图 1.4　MIMO-相控阵雷达示意图

为了结合相控阵雷达和 MIMO 雷达各自的优点，J. Paul Browning 等学者定义了一种新的雷达体制——MIMO 相控阵雷达(Browning et al.，2009)，如图 1.4 所示。MIMO 相控阵雷达在发射端按一定方式对阵元进行划分以形成若干子阵(sub-array，SA)，每个子阵的内部阵元工作在相控阵模式，即发射相干波形并通过控制相移来获得期望的波束形状；而各个子阵之间发射彼此正交的波形，从而工作在 MIMO 模式，在接收端通过正交分选获得多路回波信号。

通过与相控阵雷达和 MIMO 雷达进行比较，现有研究成果已经证明 MIMO 相控阵雷达具有以下优势(Hassanien and Vorobyov，2010)：

(1) 保持了 MIMO 雷达的所有优点，如能够提高角度分辨率和参数辨别能力，能够提高可检测目标数量，能够有效扩展阵列孔径，具有较高的发射波形设计自由度和雷达资源分配自由度，能够提高目标高分辨实时成像能力等。

(2) 在发射端和接收端均可使用现有的波束形成技术，在信号发射和接收环节均具有良好的技术支撑。

(3) 为虚拟阵列的综合方向图设计提供了支撑，方向图设计更加灵活，有利于提高雷达系统多任务协同工作能力。

(4) 在角分辨率和波束增益之间提供了平衡能力，可以根据任务需求和目标特征，通过自适应调整子阵结构和各子阵的发射信号波形，在角分辨率和波束增益之间进行折中处理，达到雷达系统整体性能的最优化。

(5) 与相控阵雷达和 MIMO 雷达相比，具有更强的抗干扰能力。

MIMO 相控阵雷达系统在并行检测、跟踪、成像等方面都表现出了比相控阵雷达和 MIMO 雷达更优越的性能。目前，基于 MIMO 相控阵技术的目标成像研究尚处于起步阶段。已有研究表明(彭尚等，2015)，将正交频分复用(orthogonal frequency division multiplexing，OFDM)信号用于 MIMO 相控阵雷达系统中，各子阵之间发射 OFDM 信号，在接收端通过带宽合成方法将窄带信号回波合成为大带宽信号，能够获得目标的高分辨距离像。此外，基于 MIMO 相控阵技术，通过合理配置子阵结构，能够实现穿墙雷达近场实时视频成像，充分展现了 MIMO 相控阵技术在目标快速成像方面的潜力(Ralston et al.，2010)。在多目标成像中，MIMO 相控阵技术展现出了更为明显的优势(Chen et al.，2017a；Chen et al.，2017b)：利用 MIMO 相控阵技术中的相控阵工作模式能够获得高的目标回波信噪比和信干比(signal-to- interference ratio， SIR)增益，利用 MIMO 相控阵技术中的 MIMO 工作模式能够为不同目标发射各自所需的最优信号波形，并进一步利用 MIMO 工作模式提供的多通道特性来提高目标成像的实时性。此外，MIMO 相控阵技术进一步增加了雷达系统的自由度，具有很高的系统资源分配灵活性和很强的系统参数自适应调整能力。

同时，随着航空航天技术和电子信息技术的飞速发展，雷达系统对成像分辨率、观测时间、工作模式自由度、资源消耗量等指标提出了越来越高的要求。为了获得更高的成像分辨率，雷达发射信号的带宽不断增大。为了达到奈奎斯特采样要求(即信号的采样率不低于信号带宽的两倍)，信号的采样率越来越高，数据量越来越大。此外，雷达系统通常担负着搜索、跟踪、成像、识别等多种任务，在多任务、多目标条件下，有限的雷达资源难以满足对各个目标进行全频带、长时间连续观测成像的需求，通常需要采用稀疏频谱和稀疏孔径的方式对目标进行稀疏观测，导致传统的 ISAR 成像方法不再适用。MIMO 雷达高分辨成像则需要大量的收发阵元来获得足够长的等效合成阵列，进而满足方位向高分辨的要求，这必然导致 MIMO 雷达系统规模大、成本高。尽管 MIMO-ISAR 成像能够有效减少阵列规模，但它是以增加观测时间为代价的，会增加时间资源的消耗和平动补偿的难度，同时降低成像实时性。因此，如何解决奈奎斯特采样条件下存在的大数据量难以传输存储且信息冗余度过大等问题、如何实现稀疏频谱和稀疏孔径条件下的运动目标高分辨成像以及如何有效减少 MIMO 雷达成像和 MIMO-ISAR 成像的实际收发阵元数目，这些都已经成为雷达成像技术研究的重要方向。

稀疏雷达成像技术将稀疏信号处理理论特别是压缩感知(compressive sensing，CS)理论与雷达成像技术相结合，为解决上述问题提供了有效途径。自从 2006 年 CS 理论提出以来，稀疏雷达成像技术就已经成为雷达成像领域的一个研究热点。CS 理论表明，只要信号是稀疏的或可压缩的，通过利用其稀疏性就可以从少量的信号投影值中高概率重构出原始信号(Donoho，2006)。CS 理论的三个核心内容可概括为信号的稀疏表示、非相关观测和优化重构。与奈奎斯特采样不同，CS 理论框架下的信号采样具有以下特点(金坚等，2010)：①信号采样速率不再取决于信号带宽，而是取决于信号中信息的结构和内容；②信号采样方式不再是局部、均匀等间隔采样，而是全局、随机采样；③不再通过线性变换实现信号恢复，而是通过求解最优化问题实现原始信号的重构。

通常在雷达成像中，目标回波信号具有稀疏性，因此可以将 CS 理论应用于雷达成像，从而降低信号采样速率、降低信号截获概率、有效抑制旁瓣影响、实现稀疏频谱和稀疏孔径成像、减少 MIMO 雷达成像和 MIMO-ISAR 成像的收发阵元数目。对应于 CS 理论的三个核心内容，基于 CS 的雷达成像技术研究主要包括三个核心部分：①通过分析目标回波信号的稀疏特性，构建合适的稀疏表示字典，从而实现信号的稀疏表示；②设计满足有限等距性质(restricted isometry property，RIP)的观测矩阵对信号进行非相关观测，实现数据的有效压缩；③寻求稳健高效的信号重构算法，实现原始信号的高概率重构，最终获得目标高分辨成像结果。

2007 年，CS 理论与雷达成像技术首次结合，利用少量距离向采样数据成功重构出了目标高分辨一维距离像(high-resolution range profile，HRRP)(Baraniuk and Steeghs，2007)。随后，为了节省雷达频谱资源，针对随机稀疏步进频率信号、随机稀疏步进调频信号、随机稀疏正交频分线性调频信号等稀疏频谱信号，学者们通过分析目标回波的稀疏特性，提出了多种基于 CS 理论的目标 HRRP 重构算法(Zhang et al.，2011；Huang et al.，2011)，仅需发射很少的子脉冲(即利用少量频谱资源)就可以获得与传统完全子脉冲信号(即利用全频带频谱资源)相同的距离分辨率。此外，针对短相干处理时间、稀疏孔径、低脉冲重复频率等实际雷达工作条件，学者们在CS理论框架下进行了大量研究(Zhang et al.，2010；Zhu et al.，2011)。实测数据处理结果表明，在回波数据缺失情况下，通过构造随机降采样的冗余字典、建立目标散射分布优化求解模型能够实现目标高分辨成像，如图 1.5 所示。进一步，学者们针对频域、空域二维稀疏条件下的高分辨成像问题进行了研究，同样获得了满意的成像结果(Gu et al.，2015)，尤其是 Ender(2010)等通过建立目标回波数据在极坐标下的 CS 模型，利用少量的频率和慢时间采样数据实现了目标准确成像，并利用 TIRA 雷达采集的低轨卫星数据验证了成像方法的有效性，数据处理结果如图 1.6 所示。

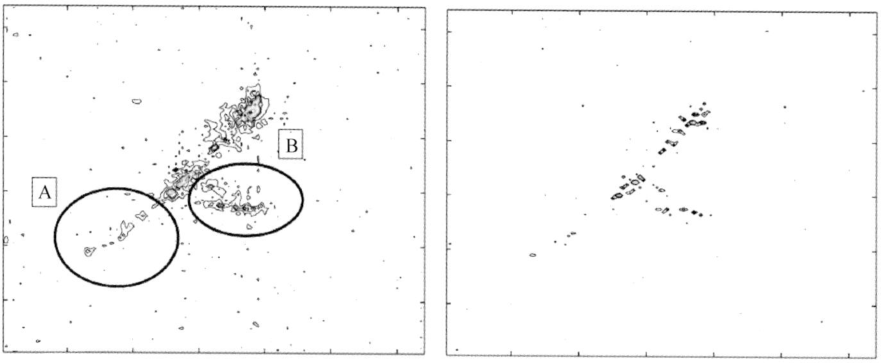

(a) 满采样数据传统成像结果　　(b) 25%数据 CS 成像结果

图 1.5　实测数据不同方法成像结果(Khwaja and Zhang，2014)

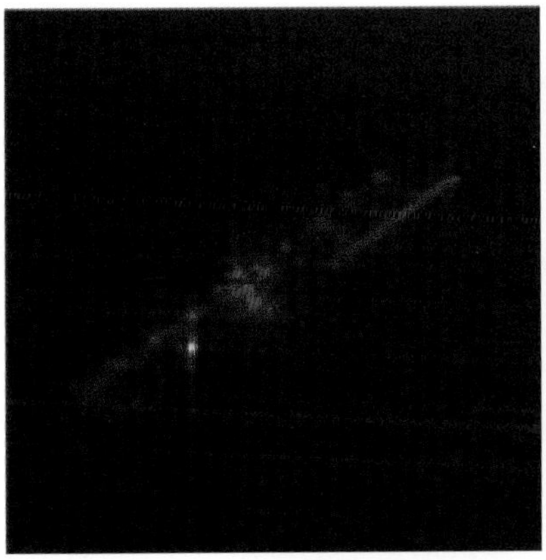

（a）1737728采样数经典波数域成像结果

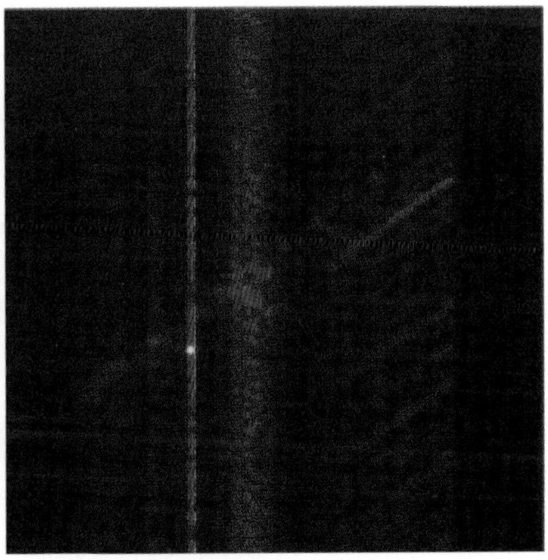

（b）71680采样数波数域成像结果

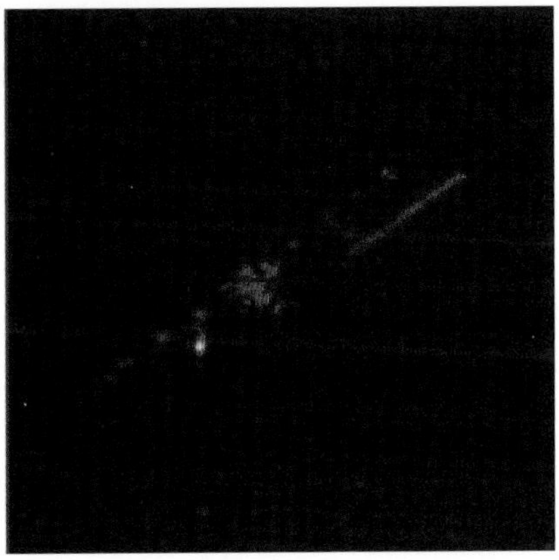

（c）71680采样数 CS 成像结果

图 1.6　空间低轨卫星不同方法成像结果(Ender，2010)

针对 MIMO 雷达单次快拍成像，各国学者也已提出多种基于 CS 的稀疏阵列高分辨成像方法，其主要思想为采用稀疏阵列取代均匀阵列从而减少实际收发阵元数目，在此基础上，根据稀疏阵列结构构建相应的稀疏观测矩阵并寻找合适的稀疏表示字典，最终在 CS 理论框架下通过求解一个最优化问题重构目标高分辨图像，从而在大幅降低 MIMO 雷达系统规模的条件下实现目标高分辨成像(Gu et al.，2013)。

此外，加拿大 McMaster 大学认知系统实验室的 S. Haykin 教授于 2006 年提出了“认知雷达”的概念，作为又一种新体制雷达，认知雷达适应了雷达智能化发展的趋势，将雷达信息处理结构由开环结构发展为闭环结构，是雷达技术发展史上的一次重要革新。目前，认知雷达技术研究虽仍处于起步阶段，但已经获得了较为丰富的科研成果。将认知雷达思想进一步拓展到雷达成像技术中所形成的认知成像技术也已经成为雷达目标成像技术中极为重要的研究方向之一。

因此，本书致力于对认知成像技术研究工作进行较为系统性的阐述，为进一步的研究工作奠定基础。本书将在 1.2 节中对“雷达认知成像”概念的提出和发展进行详细介绍，1.3 节则重点阐述认知成像中需要解决的关键问题。

1.2 “雷达认知成像”概念的提出和发展

从当前雷达技术领域的发展趋势来看，智能化是未来雷达技术发展的重点方向。S. Haykin 教授最早于 2003 年在 IEEE Phased Array Systems and Technology Symposium 上做了题为“Adaptive radar：evolution to cognitive radar”的报告，提出了基于相控阵天线技术、自适应信号处理技术的认知雷达构想(Haykin，2003)，并于 2006 年进一步在论文“Cognitive radar：a way of the future”中较为系统地提出了“认知雷达”的概念(Haykin，2006)，他指出：“现代技术的发展使得研制认知雷达已经完全可行。事实上，如果存在一种适合‘认知’的遥感系统，那必将是雷达。”认知雷达的本质可概括为：通过与环境不断的交互而理解环境并适应环境的闭环雷达系统，通过在接收端和发射端之间建立闭环反馈回路，使得雷达系统能够在不断感知周边环境信息的基础上，通过智能信号处理方法实时调整雷达系统的工作模式和工作参数，从而提高雷达系统的整体工作性能。

目标场景感知是实现雷达认知功能的基础。雷达对目标场景的感知主要包括对目标特征信息的感知和对电磁环境信息的感知这两方面。目标特征信息主要包括目标数量、目标距离、目标航向、目标运动速度、目标雷达散射截面(radar cross section，RCS)、回波功率、目标尺寸、目标机动状态、极化特性、目标微动特征、目标散射分布特征、目标威胁度等；电磁环境信息主要包括干扰样式、干扰强度、干扰方向、噪声强度、杂波分布特性、噪声统计特性等。

雷达波形优化设计，即如何建立目标场景与雷达发射波形之间的联系，实现发射波形参数和信号处理方法的自适应调整以获得对目标的最佳探测，是实现雷达认知功能的关键。最优波形设计方法和信号最优处理方法是现代雷达波形优化设计研究的两个主要方面。其中，最优波形设计方法主要包括特征值法、注水法、搜索寻优法等。通常，雷达最优波形设计是指根据雷达任务、目标场景特征、波形产生可行性以及后续信号处理难度等因素来设计相应的最优发射信号形式，在设计过程中应该主要考虑信号能量、SNR、SIR、分辨力、模糊度、盲距、距离-多普勒耦合度和可实现性等方面的因素；而信号最优处理方法研究则主要是通过利用目标和环境的先验信息来改进信号处理方法，从而提升雷达系统的整体工作性能。现有的信号最优处理方法研究大多是基于检测跟踪一体化过程，通过建立跟踪器和检测器之间的信息闭环反馈回路，将目标跟踪信息进行在线反馈并合理利用，实时更新调整目标检测门限，最终提升目标的检测性能和跟踪性能。

当前研究表明，为了提高认知雷达的自适应能力，需要从发射信号自适应设计出发，构成“发射机－环境－接收机－发射机”的闭环系统，从接收信号中实时提取目标和环境特征，结合各种先验信息，实现雷达对当前场景的认知，指导雷达系统在下一时刻发射更为有效的波形以实现最优探测。由此可见，为了实现认知雷达波形优化设计，雷达系统发射端的自由度至关重要。与传统的只能发射一个信号波形的相控阵雷达系统不同，MIMO 雷达可以同时发射多个不同的信号波形，具有更高的发射波形设计自由度。因此近几年关于认知 MIMO 雷达技术的研究得到了广泛关注(王旭等，2015；Khan et al.，2014；

Cui et al.，2014），有效提高了目标检测、跟踪和识别性能。

此外，在多任务、多目标条件下，认知雷达中的资源调度与管理是充分发挥认知雷达系统性能优势的关键。通过设计合理的资源优化调度方案，能够实现雷达系统资源在多任务多目标之间的最优分配，从而最大化雷达系统的整体工作性能。目前，雷达资源优化调度的研究主要是围绕雷达发射功率、目标照射驻留时间和重访时间间隔的自适应调整展开的。根据雷达任务类型，资源优化调度技术研究大致可分为两大类：相同任务类型资源优化调度(Yan et al.，2014；Yan et al.，2015)和不同任务类型资源优化调度(Xue et al.，2014；程婷等，2009)。相同任务类型资源优化调度是指针对同一种任务类型，研究多目标条件下的雷达资源优化调度问题。现有的资源调度策略通常认为这种情况下各任务的重要性(即优先级)相同，雷达资源调度的优化目标函数通常与任务类型相关(如针对目标跟踪任务，优化目标函数通常为跟踪误差的克拉美罗界或目标跟踪精度；针对目标搜索任务，优化目标函数通常为目标检测概率)，资源优化调度流程可描述为：首先对目标和环境特征(如目标距离、速度、航向、RCS、干扰方式、噪声强度等)进行估计与预测，在此基础上，根据目标和环境特征信息确定反映检测、跟踪等性能的优化目标函数(根据任务类型确定相应的优化目标函数)，进一步根据优化目标函数建立雷达资源优化调度模型，实现对雷达时间、频谱、功率等各项资源的合理分配，从而最大化雷达工作效率。不同任务类型资源优化调度是指针对多种不同的任务类型(如目标搜索、跟踪、识别等)，研究多任务条件下的雷达资源优化调度问题。这种情况下，不同的任务类型通常具有不同的优先级，资源优化调度流程可描述为：根据雷达工作环境、实际需求、目标与环境特征等因素确定不同任务、不同目标的优先级并设计雷达资源调度的优化目标函数(不再与任务类型相关，而是采用调度成功率、时间利用率等能够反映雷达系统整体调度性能的普适性指标)，进一步建立雷达资源优化调度模型以实现雷达资源的合理分配。显然，相同任务类型资源优化调度和不同任务类型资源优化调度的核心都是确定雷达资源调度的优化目标函数，进一步建立并求解雷达资源优化调度模型，从而实现雷达资源的最优分配。其中，雷达资源优化调度模型的求解方法主要包括马尔可夫法、搜索寻优法、传统优化算法、智能优化方法、博弈论方法等。

总的来看，自从认知雷达技术提出以来，大部分研究都是针对目标搜索、跟踪、识别等雷达任务开展的，并未考虑目标成像任务。事实上，“认知”理论在高分辨雷达成像中也具有非常广阔的应用前景。

近年来，随着信号处理技术的日臻成熟，雷达目标成像技术已在现代宽带雷达中得到了广泛应用。但与此同时，电子对抗技术的不断发展、新型目标的不断涌现以及更具挑战性的目标探测任务也对目标成像技术的发展提出了更高的要求，主要表现在：①雷达应具有良好的目标适应能力，以实现对各类目标的快速探测、成像和识别；②应具有更强的环境适应能力，以应对越来越复杂的电磁环境；③应具备多模式、多任务工作能力，以适应防空反导、战场侦察、空间探测等诸多方面的复杂应用；④针对当前有源干扰和反辐射导弹对雷达构成的巨大生存威胁，雷达还应具有抗信号截获的能力；等等。面对这些新的需求，传统的目标成像技术难以胜任，主要表现为以下几个方面。

(1) 对目标的自适应能力不强。传统目标成像技术的工作模式往往不能随目标特征的变化而变化，尚不具备对不同性质目标的自适应调整能力。比如，在目标成像时，高速运动目标与低速运动目标的脉内展宽效应的程度不同，其处理复杂度也就不同：对于低速目标，可忽略脉冲持续时间内目标运动对回波信号产生的多普勒的影响，近似为“走-停”模型进行成像处理，而对于高速目标，“走-停”模型会产生较大误差，需要对脉内调制进行有效补偿；不同运动特征的目标具有不同的多普勒频移特征，要获得方位向的高分辨需要不同的成像相干积累时间；采用步进频率体制合成宽带信号时，考虑到距离模糊效应、速度模糊效应、距离像拼接处理以及合成距离像的卷绕效应，具有不同尺寸、不同运动速度的目标的成像处理方法存在差异；目标散射分布稀疏度的差异也会给稀疏成像带来不同的影响：在稀疏信号重构中，成像所需观测数据量与目标稀疏度成正比，贝叶斯压缩感知方法则需要将目标的散射分布特性作为先验信息；等等。事实上，雷达目标成像处理大都是在目标检测和跟踪的基础上进行的，因此在成像过程中目标的许多先验特征信息可供利用，这为雷达波形优化设计以及雷达工作能力提升留下了很大的空间。

(2) 对环境的自适应能力不强。随着电子对抗手段的日益进步，现代雷达面临的电磁环境愈发复杂，各种有源、无源干扰手段层出不穷。当前针对传统目标成像的各种相干干扰技术和欺骗干扰技术已得到了较为深入的研究，使得传统目标成像方式面临着严重的干扰威胁。传统的一些干扰和杂波抑制技术如自适应干扰抑制、自适应杂波抑制等，都是通过对混叠了干扰和杂波的目标回波信号进行信号处理来达到抑制干扰和杂波的目的，很少考虑通过感知雷达工作环境的变化来自适应地改变雷达成像的工作模式或系统参数以实现干扰和杂波的有效抑制。事实上，根据干扰和杂波特性，对发射信号波形参数和发射方向图进行自适应调整，可以将干扰和杂波抑制处理从接收端提前到发射端，提升雷达系统的干扰对抗能力。

(3) 工作效率有待进一步提高。传统的目标成像技术中，发射信号波形、调制参数、工作频谱等系统参数自由度不高，对于不同的电磁环境和目标，难以实现系统参数的自由调整与优化配置。此外，对于大型相控阵远程预警雷达来说，同时承担着目标搜索、跟踪、成像、识别等多重功能，系统资源极其宝贵，必须考虑雷达的时间、频谱、空间、功率等资源的合理分配与调度。然而，传统多功能雷达系统并不具备面向成像任务的资源优化调度能力，其通常在执行目标搜索、跟踪任务的同时，还需分出一部分固定的资源来实现成像功能，特别是在面对多目标成像应用时，雷达资源分配问题矛盾突出，工作效率也不高。如果多功能雷达能够在执行目标搜索、跟踪任务的同时就实现成像功能，而不是需要分出较多固定的时间和频谱资源来对目标成像，这将大大提高多功能雷达系统的整体工作效率。

因此，要适应未来空、天、地态势感知的需要，下一代成像雷达必须具备高自由度的、全面的自适应能力，也就是朝“智能化”雷达方向发展。借鉴“认知雷达”的概念，将“认知”思想与目标成像技术相结合，通过建立与成像有关的信息反馈和发射机自适应调整机制，实现系统参数优化配置、成像方式自适应调整以及雷达资源优化调度，最终提高雷达成像性能，这种具备了一定智能的雷达成像技术被称为“认知成像”(cognitive imaging)。

认知成像处理过程如图1.7所示，雷达发射机辐射信号在一定的电磁环境下照射目标，获得目标回波信号，通过分析回波信号实现对目标特征和环境特征的认知，并进一步通过成像处理从成像结果中提取目标的精细运动和结构等特征信息，在此基础上，结合其他传感器获得的环境和目标信息，一起反馈给波形参数调整模块，实现发射波形的自适应设计，完成接收机到发射机的闭环调整。

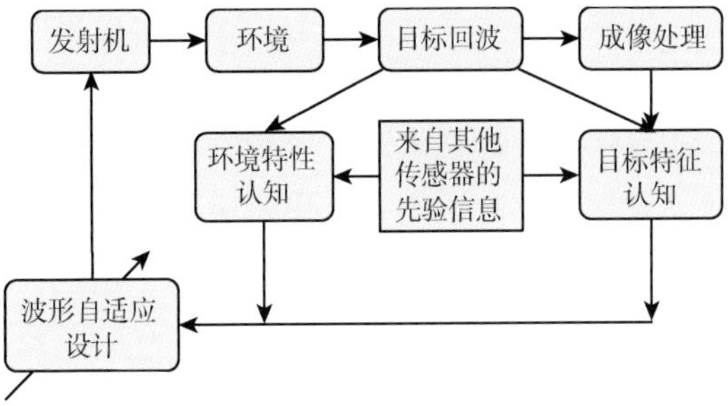

图1.7 认知成像处理过程

近年来，相控阵天线技术、宽带信号产生技术、高性能计算机技术和大规模集成电路技术的飞速发展，为雷达成像技术的进一步发展提供了强大的技术支撑，一些复杂的信号处理算法、灵活的控制模式也得以在工程中实现，这些均为认知成像雷达技术研究提供了良好的硬件支撑。

目前，认知成像技术研究已经取得了一些令人欣喜的成果。在目标场景感知方面，能够综合利用传统雷达目标特征测量方法和基于实时成像结果的成像特征在线测量方法来获取目标特征信息。其中，目标数量、目标航向、目标运动速度、目标到雷达距离、回波功率、极化特性、威胁度等特征信息通常采用传统雷达中的常规方法进行测定；目标尺寸、目标机动状态、目标微动特征、目标散射分布稀疏度等特征信息则需结合目标成像特征进行估计，如利用一维距离像估计目标径向尺寸和径向散射分布稀疏度、利用多普勒频率估计目标机动状态、通过检测回波中的正弦调频分量估计目标的周期性微动特征；等等。在雷达波形优化设计方面，现有研究主要可以分为脉间波形设计和脉内波形设计两大类。其中，脉间波形设计主要是针对脉冲重复频率(pulse repetition frequency, PRF)进行设计，通过PRF的自适应调整，达到减少资源消耗、提高成像质量的目的。脉内波形设计中，频率步进类信号和相位编码信号的波形优化设计取得了较为丰富的成果，频率步进类信号波形设计主要思想是根据目标特征自适应调整发射信号波形参数(如频率步进值、子脉冲带宽、子脉冲数等)，达到节约雷达资源、简化成像处理复杂度、提高目标成像质量的目的；相位编码信号波形设计主要以回波信噪比最大、模糊函数/局部模糊函数最优、干扰频点零陷深度最大、方向图最优匹配等准则作为优化目标函数，在恒模约束、峰均功率比约束等约束条件下通过求解一个高次非凸优化模型来实现发射波形的优化设计。显然，由于发射信号波形参数的实时调整，传统基于二维匹配滤波的成像方法不再适用，现有目标认知成像研究大多是在信号稀疏分解与重构理论框架下，通过建立系统参数与稀疏表示字典之间的联系来实现目标高分辨成像。在雷达资源优化调度方面，根据目标特征信息计算目标成像所需的雷达资源，基于任务需求和工作环境来定义雷达资源优化调度算法的性能评估指标和优化目标函数，建立并求解雷达资源优化调度模型，根据求解结果为各目标分配资源，在此基础上，进一步根据实时成像结果更新目标特征估计值，用以指导下一时刻的雷达资源优化调度策略，从而提高雷达资源优化调度策略对目标的自适应能力。

虽然认知成像技术已取得了较多成果，并引起了雷达技术领域学者的关注，但现有成果大多以学术论文形式发表于相关学术期刊上，成果形式较为零散。因此，本书对认知成像中的关键技术进行了较为完整、系统性的阐述，介绍了一系列最新研究成果，特别是梳理和总结了作者近年来研究工作中相对完整与体系化的部分研究成果，希望能够为从事该领域研究的科技人员提供参考和借鉴。

1.3　雷达认知成像中的关键技术

与传统目标成像技术相比，为了实现接收机到发射机的信息反馈，提高目标成像性能，目标认知成像技术需要涉及目标场景感知、雷达波形优化设计、认知成像方法、资源优化调度等方面的研究，存在的关键问题具体阐述如下。

(1) 在目标认知成像中，需要解决的首要关键问题是如何充分利用目标、环境特征的离线先验信息，并从雷达回波中不断获取和更新对波形设计、成像方式以及资源调度策略产生制约作用的目标、环境特征的在线先验信息，为波形优化设计、认知成像方法以及资源优化调度等方面的研究奠定基础。

(2) 针对成像任务的雷达波形优化设计，是目标认知成像技术研究的核心和重点。已有研究表明，雷达最优波形设计与雷达任务类型息息相关，除了信号模糊函数等通用指标以外，还需要针对不同的任务需求设置不同的优化目标函数，如表 1.1 所示(黎湘和范梅梅，2012)。如何结合目标成像原理和信号处理流程，建立有效的目标场景信息反馈机制、设计发射波形自适应调整方法，是实现雷达“智能化”发展的关键。

表 1.1　常用优化目标函数

雷达任务	优化目标函数
目标搜索	SNR，SIR，检测概率，检测时间，信号与杂波间的相关性，多普勒频率上的平均偏差系数
目标跟踪	各种形式的跟踪误差，回波与目标状态间的互信息
目标识别	目标类别间的距离测度，目标与回波信号间的互信息，对目标冲激响应的估计误差
目标成像	重构的与真实目标散射函数间的最小距离，资源消耗量，信号处理复杂度

(3) 发射端系统参数捷变条件下的认知成像方法，是影响目标成像质量的重要因素。与传统目标成像技术不同，认知成像中雷达各次辐射信号都具有不同的波形参数，如何完成波形参数捷变条件下的脉内运动补偿、脉间运动补偿、并重构出无失真的目标高分辨图像，是认知成像技术需要重点解决的问题。此外，对于微动目标，还需要考虑微多普勒效应对目标特征提取与成像的影响，进一步研究如何在认知成像模式下，实现微动目标的特征提取与成像，提升雷达系统对微动目标的自适应特征提取与成像能力。

(4) 面向成像任务的雷达资源优化调度，是充分发挥目标认知成像技术性能优势的关键。在多任务、多目标条件下，雷达资源分配矛盾突出，有必要结合目标和环境特征感知、波形优化设计以及目标认知成像方法等方面的研究工作，针对目标成像任务，研究如何充分利用目标和环境特征的在线感知信息，将有限的时间资源、能量资源、频谱资源、功率资源、计算资源等各项雷达资源在各目标之间进行合理分配，以最大化雷达系统的整体工作效率。

(5) 基于新体制雷达的目标认知成像，是认知成像技术研究的重要发展方向之一。随着雷达技术的不断发展，新体制雷达(如多功能宽带相控阵雷达、MIMO 雷达、MIMO 相控阵雷达、频控阵雷达等)不断涌现，信息感知能力不断提升。结合新体制雷达系统阵列结构特点、波束形成方式、工作模式、性能优势等因素，合理构建雷达系统接收机到发射机的信息反馈结构，建立目标高分辨认知成像模型，在此基础上，寻求高效稳健的目标高分辨认知成像方法，实现新体制雷达的认知成像，是进一步提高雷达系统智能化水平的重要途径。

1.4　本书内容结构

本书主要介绍空天目标雷达认知成像技术，主要内容包括五大部分：空天目标雷达成像基本原理(第 2 章)、发射波形认知优化设计(第 3 章)、雷达资源优化调度(第 4、5、6 章)、新体制雷达认知成像(第 5 章)、微动目标特征认知提取与成像(第 6 章)，其中关于雷达资源优化调度的内容在第 4、5、6 章中均有涉及。第 4 章主要基于相控阵雷达成像处理方式，结合认知波形设计与成像方法，介绍雷达资源优化调度策略；第 5 章基于 MIMO 相控阵技术建立了多目标认知成像模型，该模型与相应的成像处理方法都与相控阵雷达成像有所不同，因此针对这种新型成像模型和成像方法，介绍相应的雷达资源优化调度策略；第 6 章将目标检测、跟踪、微动特征提取与成像过程相结合，介绍微动目标特征认知提取与成像方法，该方法与传统雷达任务处理方式显著不同，因此，针对该方法的信号处理过程特点，介绍相应的雷达资源优化调度策略。具体章节内容安排如下。

第 2 章阐述空天目标雷达成像的基本原理和方法。首先基于转台模型，介绍刚体目标 ISAR 成像原理与方法。进一步，在稀疏信号处理框架下，介绍稀疏频带与稀疏孔径条件下的目标高分辨成像方法。最后，以旋转、振动、进动等典型微动形式为例，对空间微动目标的微多普勒效应与高分辨成像技术进行详细介绍。

第 3 章阐述雷达发射波形认知优化设计与成像方法。面向目标成像任务，从脉间波形设计和脉内波形设计两个方面出发，以雷达目标高分辨成像中的常用波形(如线性调频信号、频率步进信号、调频步进信号、相位编码信号等)作为基本发射信号形式，从不同角度建立优化目标函数(如重构性能最优、模糊函数最优、资源消耗最少等)，介绍五种发射波形优化设计方法及相应的目标认知成像方法。

第 4 章阐述相控阵雷达资源优化调度方法。将相控阵雷达资源优化调度与认知成像技术相结合，根据目标特征在线认知结果计算目标成像优先级和目标成像所需雷达资源，将成像任务需求纳入多功能相控阵雷达资源优化调度模型，并建立目标实时成像结果与资源优化调度策略之间的反馈回路，介绍多任务条件下的相控阵雷达资源优化调度方法。在此基础上，基于脉冲交错技术，进一步提高雷达系统的整体工作效率。

第 5 章阐述基于 MIMO 相控阵技术的认知成像与资源优化调度方法。将相控阵雷达成像和 MIMO 雷达成像的优势相结合，建立基于 MIMO 相控阵技术的多目标认知成像模型，并介绍相应的多目标认知成像方法。在此基础上，将目标和环境特征作为先验信息，建立雷达资源优化调度模型，并给出了两种可选的求解方法，为充分发挥 MIMO 相控阵多目标认知成像技术的性能优势提供支撑，最终提高雷达系统整体工作效率。

第 6 章阐述空间微动目标认知成像与资源优化调度方法。将认知思想引入空间微动目标特征提取与成像技术中，介绍一种基于检测前跟踪(track before detect，TBD)技术的空间微动目标认知成像方法和相应的雷达资源优化调度方法。该方法建立了目标检测、跟踪、特征提取与成像之间的信息闭环反馈回路，通过 TBD 与微动特征提取之间的不断交互与反馈，最终同时实现目标的检测、跟踪、微动特征提取与散射分布重构。在此基础上，以优先为目标存在概率大的区域分配更多资源为原则，建立并求解雷达资源优化调度模型，有效提高多目标条件下的目标检测概率及特征提取与成像精度。

参考文献

保铮, 邢孟道, 王彤. 2005. 雷达成像技术. 北京: 电子工业出版社.

程婷, 何子述, 李会勇. 2009. 一种数字阵列雷达自适应波束驻留调度算法. 电子学报, 37(9): 2025-2029.

董会旭, 张永顺, 冯存前, 等. 2015. 基于线阵的 MIMO-ISAR 二维成像方法. 电子与信息学报, 37(2): 309-314.

金坚, 谷源涛, 梅顺良. 2010. 压缩采样技术及其应用. 电子与信息学报, 32(2): 470-475.

黎湘, 范梅梅. 2012. 认知雷达及其关键技术研究进展. 电子学报, 40(9): 1863-1870.

彭尚, 王党卫, 贺照辉, 等. 2015. OFDM-MIMO 相控阵雷达宽带合成方法研究. 空军预警学院学报, 29(1): 1-6.

王旭, 刘宏伟, 纠博, 吴梦, 保铮. 2015. 一种 MIMO 雷达多模式波形优化设计方法. 电子与信息学报, 37(6): 1416-1423.

张光义, 赵玉洁. 2006. 相控阵雷达技术. 北京: 电子工业出版社.

Aida S, Patzelt T, Leushacke L, et al. 2009. Monitoring and mitigation of close proximities in low earth orbit. 21st International Symposium on Space Flight Dynamics, Toulouse, 1-14.

Baraniuk R, Steeghs P. 2007. Compressive radar imaging. IEEE Radar Conference, Boston, 128-133.

Browning J P, Fuhrmann D R, Rangaswamy M. 2009. A hybrid MIMO phased-array concept for arbitrary spatial beampattern synthesis. IEEE Digital Signal Processing Workshop and IEEE Signal Processing Education Workshop, Marco Island, 446-450.

Chen Y J, Zhang Q, Luo Y, et al. 2017a. Multi-target radar imaging based on phased-MIMO technique-part I: imaging algorithm. IEEE Sensors Journal, 17(19): 6185-6197.

Chen Y J, Zhang Q, Luo Y, et al. 2017b. Multi-target radar imaging based on phased-MIMO technique—part II: adaptive resource allocation. IEEE Sensors Journal, 17(19): 6198-6209.

Cui G L, Li H B, Rangaswamy M. 2014. MIMO radar waveform design with constant modulus and similarity constraints. IEEE Transactions on Signal Processing, 62(2): 343-353.

Cuomo K M, Piou J E, Mayhan J T. 1999. Ultrawide-band coherent processing. IEEE Transactions on Antennas and Propagation, 47(6): 1094-1107.

Donoho D L. 2006. Compressed sensing. IEEE Transaction on Information Theory, 52(4): 1289-1306.

Ender J H G. 2010. On compressive sensing applied to radar. Signal Processing, 90(5): 1402-1414.

Fishler E, Haimovich A, Blum R S, et al. 2004. Performance of MIMO radar systems: advantages of angular diversity. Conference Record of the 38th Asilomar Conference on Signals, Systems and Computers. Pacific Grove, 305-309.

Gu F F, Chi L, Zhang Q, Zhu F. 2013. Single snapshot imaging method in MIMO radar with sparse Antenna Array. IET Radar, Sonar & Navigation, 7(5): 535-543.

Gu F F, Zhang Q, Lou H, et al. 2015. Two-dimensional sparse SAR imaging method with stepped frequency waveform. Journal of Applied Remote Sensing, 9(1): 096099-1–096099-17.

Hassanien A, Vorobyov S A. 2010. Phased-MIMO radar: a tradeoff between phased-array and MIMO radars. IEEE Transactions on Signal Processing, 58(6): 3137-3151.

Haykin S. 2003. Adaptive radar: evolution to cognitive radar. IEEE International Symposium on Phased Array Systems and Technology, 613.

Haykin S. 2006. Cognitive radar: a way of the future. IEEE Signal Processing Magazine, 23(1): 30-40.

Huang T Y, Liu Y M, Meng H D, et al. 2011. Randomized step frequency radar with adaptive compressed sensing. IEEE Radar Conference, Georgia, 411-414.

Khan W, Qureshi I M, Sultan K. 2014. Ambiguity function of phased–MIMO radar with colocated antennas and its properties. IEEE Geoscience and Remote Sensing Letters, 11(7): 1220-1224.

Khwaja A S, Zhang X P. 2014. Compressed sensing ISAR reconstruction in the presence of rotational acceleration. IEEE Journal of Selected Topics in Applied Earth Observations and Remote Sensing, 7(7): 2957-2970.

Luo Y, Zhang Q, Hong W, Wu Y R. 2012. Waveform design and high-resolution imaging of cognitive radar based on compressive sensing. Sci China Inf Sci, 55(11): 2590-2603.

Ma C Z, Yeo T S, Tan C S, et al. 2012. Threedimensional imaging using colocated MIMO radar and ISAR technique. IEEE Transactions on Geoscience and Remote Sensing, 50(8): 3189-3201.

MacDonald M E. 2013. Measured thermal dynamics of the Haystack radome and HUSIR antenna. IEEE Transactions on Antennas and Propagation, 61(5): 2441-2448.

Ralston T S, Charvat G L, Peabody J E. 2010. Real-time through-wall imaging using an ultrawideband multiple-input multiple-output (MIMO) phased array radar system. IEEE International Symposium on Phased Array Systems and Technology. Waltham, 551-558.

Roth K R, Austin M E, Frediani D J, et al. 1989. The Kiernan reentry measurements system on Kwajalein Atoll. The Lincoln Laboratory Journal, 2(2): 247-276.

William P D, William W W. 2000. Radar development at Lincoln laboratory: an overview of the first fifty years. Lincoln Laboratory Journal, 12(2): 147-166.

Xue G R, Du Z C, Wang W, Hu L. 2014. Multi-beam dwell adaptive scheduling algorithm for helicopter-borne radar. Information Technology and Artificial Intelligence Conference. Chongqing, 401-404.

Yan J K, Jiu B, Liu H W, et al. 2014. Prior knowledge-based simultaneous multibeam power allocation algorithm for cognitive multiple targets tracking in clutter. IEEE Transactions on Signal Processing, 63(2): 512-527.

Yan J K, Liu H W, Jiu B, et al. 2015. Simultaneous multibeam resource allocation scheme for multiple target tracking. IEEE Transactions on Signal Processing, 63(12): 3110-3122.

Zhang L, Qiao Z J, Xing M, et al. 2011. High-resolution ISAR imaging with sparse stepped-frequency waveforms. IEEE Transactions on Geoscience and Remote Sensing, 49(11): 4630-4651.

Zhang L, Xing M D, Qiu C W, et al. 2010. Resolution enhancement for inversed synthetic aperture radar imaging under low SNR via improved compressive sensing. IEEE Transactions on Geoscience and Remote Sensing, 48(10): 3824-3838.

Zhu F, Zhang Q, Luo Y, et al. 2012. A novel cognitive ISAR imaging method with random stepped frequency chirp signal. Sci China Inf Sci, 55(8): 1910-1924.

Zhu F, Zhang Q, Yan J B, et al. 2011. Compressed sensing in ISAR imaging with sparse sub-aperture. IEEE CIE International Conference on Radar, Chengdu, 1463-1466.

Zhu Y T, Su Y, Yu W X. 2010. An ISAR imaging method based on MIMO technique. IEEE Transactions on Geoscience and Remote Sensing, 48(8): 3290-3299.

Zhuge X D, Yarovoy A G. 2012. Three-dimensional near-field MIMO array imaging using range migration techniques. IEEE Transactions on Image Processing, 21(6): 3026-3033.

第2章　空天目标雷达成像的基本原理和方法

本章介绍空天目标雷达成像的基本原理和方法，从ISAR距离向高分辨成像原理和匀速转台目标方位向高分辨成像原理入手，对线性调频(linear frequency modulation，LFM)信号和调频步进信号(stepped frequency chirp signal，SFCS)的成像处理过程进行具体阐述。进一步地，在稀疏信号处理框架下，针对实际中经常存在的稀疏频带与稀疏孔径现象，利用回波信号的稀疏特性，介绍基于CS理论的目标高分辨成像方法。之后，以旋转、振动、进动等典型微动形式为例，详细介绍空间微动目标的微多普勒效应与高分辨成像技术。

2.1　ISAR成像基本原理

ISAR成像中，距离分辨率取决于信号带宽，选择宽带信号作为雷达发射信号可以获得目标的高分辨距离像；方位分辨率的提高则是利用目标与雷达相对运动所形成的等效合成阵列来实现的。总体来说，ISAR成像具有两个特点：一是由于ISAR目标的非合作性，与SAR相比，ISAR的合成阵列分布更为复杂；二是ISAR目标的尺寸远小于目标与雷达之间的距离，因此电波的平面波假设总是成立的。

2.1.1　距离向高分辨成像原理

距离向高分辨成像是雷达成像的基础。一般来说，发射信号的有效带宽越大，雷达的距离向分辨能力就越强。设雷达与目标所处的空间位置如图2.1所示，目标各散射点映射到雷达视线方向(line of sight，LOS)，这个方向就定义为距离向。

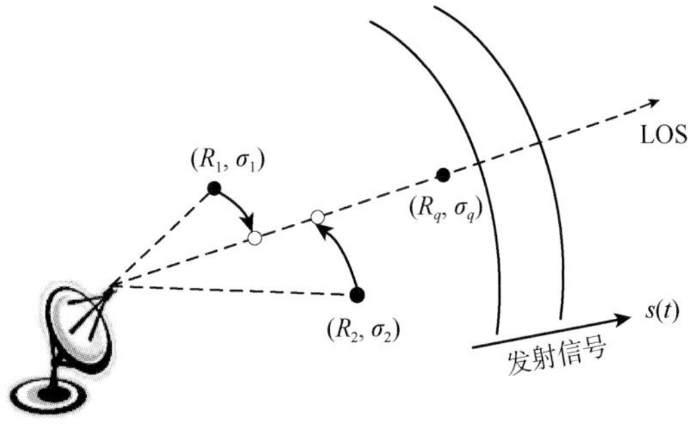

图2.1　距离向成像的几何关系图

假设目标由 Q 个理想散射点组成，散射点与雷达之间的距离和散射系数分别为 R_q 和 σ_q，$q=1,2,\cdots,Q$。设雷达发射信号为 $s(t)$，其表达式为

$$s(t)=p(t)\exp(\mathrm{j}2\pi f_{\mathrm{c}}t) \tag{2.1}$$

式中，f_{c} 为信号载频；$p(t)$ 为归一化的雷达脉冲包络。通常，目标的几何尺寸远大于雷

达的波长，即目标处于光学区，此时目标回波可用一系列散射点子回波之和近似表示。对接收到的目标回波信号做去载频处理，可以得到目标的基频回波

$$s_{\mathrm{r}}(t)=\sum_q \sigma_q p\left(t-\frac{2R_q}{c}\right)\exp\left(-\mathrm{j}4\pi f_{\mathrm{c}}\frac{R_q}{c}\right) \tag{2.2}$$

式中，c 为光速，即雷达信号的传播速度。

假设 $p(t)$ 是时间宽度为 T_{p} 的矩形脉冲，那么当两个散射点的回波脉冲之间的时间差 $t_{\mathrm{d}}>T_{\mathrm{p}}$，即大于信号脉宽时，这两个散射点的回波脉冲不会发生重叠，可以实现对散射点的分辨。当 $t_{\mathrm{d}}=T_{\mathrm{p}}$ 时，达到了系统在距离向上分辨能力的极限，对应的两散射点的距离差即为雷达的距离分辨率。由于单频调制的矩形脉冲信号的时宽与带宽成反比(时宽带宽积接近为 1)，因此，发射信号脉宽越小，带宽就越大，距离分辨能力也就越强，反之则越弱。实际上，雷达的距离分辨率本质上是由信号带宽决定的。为了提高距离分辨率而增加信号带宽时，就需要减小发射信号的时宽，而发射窄脉冲会降低雷达的平均发射功率，影响雷达的作用距离。因此，在实际中，为了兼顾作用距离和距离分辨率，雷达系统通常发射大时宽带宽信号，并在接收端通过脉冲压缩处理来得到窄脉冲。

当前成像雷达系统中脉冲压缩的实现主要有匹配滤波重建和解线频调(Dechirp)重建两种方法。匹配滤波重建是基于最大信噪比条件下的最佳接收准则，其算法实现在频域进行；而 Dechirp 重建主要针对 LFM 信号，其算法实现在时域进行，对硬件采样率要求较低。这两种方法均可以有效地提取目标散射点的距离向信息。目前，已有较多文献对这两种方法进行了详细阐述(保铮等，2005)，为保证本书的完整性，下面仅简要介绍利用这两种方法进行脉冲压缩获得目标 HRRP 的基本原理。

1. 匹配滤波重建

对式(2.2)所示的目标基频回波信号 $s_{\mathrm{r}}(t)$ 做关于时间 t 的傅里叶变换可以得到

$$S_{\mathrm{r}}(f)=\sum_q \sigma_q P(f)\exp\left(-\mathrm{j}4\pi(f+f_{\mathrm{c}})\frac{R_q}{c}\right) \tag{2.3}$$

式中，$P(f)$ 为雷达脉冲包络 $p(t)$ 的频率表示。将滤波器的频率响应设定为 $P(f)$ 的复共轭，即可实现匹配滤波。匹配滤波器的输出即为目标 HRRP

$$\begin{aligned}s_{\mathrm{H}}(t)&=F_{(f)}^{-1}\left(S_{\mathrm{r}}(f)P^*(f)\right)=F_{(f)}^{-1}\left[\sum_q \sigma_q\left|P(f)\right|^2\exp\left(-\mathrm{j}4\pi(f+f_{\mathrm{c}})\frac{R_q}{c}\right)\right]\\&=\sum_q \sigma_q \mathrm{psf}\left(t-\frac{2R_q}{c}\right)\exp\left(-\mathrm{j}4\pi f_{\mathrm{c}}\frac{R_q}{c}\right)\end{aligned} \tag{2.4}$$

式中，$P^*(f)$ 是 $P(f)$ 的复共轭；$F_{(f)}^{-1}$ 表示做关于 f 的傅里叶逆变换；$\mathrm{psf}(t)=F_{(f)}^{-1}\left[\left|P(f)\right|^2\right]$ 称为点扩散函数(point spread function，PSF)，它决定了距离分辨率。通常，$\mathrm{psf}(t)$ 为 sinc 函数，主瓣宽度为 $1/B$（B 为信号带宽），因此，距离分辨率可表示为

$$\rho_{\mathrm{r}}=\frac{c}{2B} \tag{2.5}$$

可以看出，$s_{\mathrm{H}}(t)$ 表现为一系列点扩散函数的叠加，其峰值将出现在 $t=2R_q/c$ 处，与目标散射点到雷达的径向距离有着一一对应的关系，只需要进行简单的线性换算就可以得到目标散射点的实际距离信息。

2. Dechirp 重建

Dechirp 重建是一种适合于 LFM 信号的脉冲压缩方法。Dechirp 处理采用一个频率和调频率均与回波信号相同、而时延固定的 LFM 信号作为参考信号，用它和回波信号做差频处理，如图 2.2 所示，即将回波信号与参考信号的复共轭进行相乘，这也称为去斜率混频。实际应用中往往采用雷达发射信号的延迟信号作为参考信号，或者是目标、场景上某个强散射点的回波信号作为参考信号。

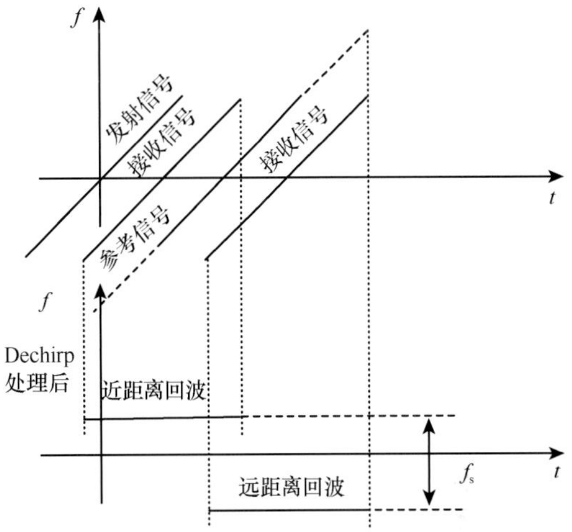

图 2.2　目标回波 Dechirp 处理示意图

设雷达发射 LFM 信号，其表达式为

$$s(t)=\mathrm{rect}\left(\frac{t}{T_{\mathrm{p}}}\right)\exp\left(\mathrm{j}2\pi\left(f_{\mathrm{c}}t+\frac{\mu}{2}t^2\right)\right) \tag{2.6}$$

式中，$\mathrm{rect}(t)$ 为矩形脉冲包络；T_{p} 为信号脉宽；μ 为调频率。则雷达接收到的回波信号可表示为

$$s_{\mathrm{r}}(t)=\sum_q \sigma_q\,\mathrm{rect}\left(\frac{t-2R_q/c}{T_{\mathrm{p}}}\right)\exp\left(\mathrm{j}2\pi\left(f_{\mathrm{c}}\left(t-\frac{2R_q}{c}\right)+\frac{\mu}{2}\left(t-\frac{2R_q}{c}\right)^2\right)\right) \tag{2.7}$$

设参考点的距离为 R_{ref}，则参考信号为

$$s_{\mathrm{ref}}(t)=\mathrm{rect}\left(\frac{t-2R_{\mathrm{ref}}/c}{T_{\mathrm{ref}}}\right)\exp\left(\mathrm{j}2\pi\left(f_{\mathrm{c}}\left(t-\frac{2R_{\mathrm{ref}}}{c}\right)+\frac{\mu}{2}\left(t-\frac{2R_{\mathrm{ref}}}{c}\right)^2\right)\right) \tag{2.8}$$

式中，T_{ref} 为参考信号的脉宽，比 T_{p} 略大一些(保铮等，2005)。对回波信号做 Dechirp 处理，即回波信号 $s_{\mathrm{r}}(t)$ 与参考信号 $s_{\mathrm{ref}}(t)$ 的复共轭相乘，并以参考点的时间为准，令 $t'=t-2R_{\mathrm{ref}}/c$，可以得到

$$\begin{aligned}s_{\mathrm{c}}(t')=&\sum_q \sigma_q\,\mathrm{rect}\left(\frac{t'-2R_{\Delta q}/c}{T_p}\right)\exp\left(-\mathrm{j}4\pi\mu\frac{R_{\Delta q}}{c}t'\right)\\&\cdot\exp\left(-\mathrm{j}4\pi f_{\mathrm{c}}\frac{R_{\Delta q}}{c}+\mathrm{j}4\pi\mu\left(\frac{R_{\Delta q}}{c}\right)^2\right)\end{aligned} \tag{2.9}$$

式中，$R_{\Delta q}=R_q-R_{\mathrm{ref}}$。

式(2.9)表明，回波信号与参考信号共轭相乘后的信号是一个单频信号，且其角频率为$-4\pi\mu R_{\Delta q}/c$，与目标到参考点之间距离成正比。因此，Dechirp 处理方法可将大带宽的 LFM 信号压缩为窄带信号，从而降低了采样要求，减少了数据量，这是相比于匹配滤波方法的一个明显优势。但同时，Dechirp 处理也引入了我们不希望产生的相位项，需要采取补偿措施来抑制旁瓣。对$s_{\mathrm{c}}(t')$做关于时间t'的傅里叶变换，可以得到

$$S_{\mathrm{c}}(f)=\sum_q \sigma_q T_{\mathrm{p}}\,\mathrm{sinc}\left(T_{\mathrm{p}}\left(f+\mu\frac{2R_{\Delta q}}{c}\right)\right)\cdot\exp\left(-\mathrm{j}4\pi f_{\mathrm{c}}\frac{R_{\Delta q}}{c}+\mathrm{j}4\pi u\left(\frac{R_{\Delta q}}{c}\right)^2-\mathrm{j}4\pi f\frac{R_{\Delta q}}{c}\right) \tag{2.10}$$

分析式(2.10)的三个相位项可知(保铮等，2005)：第一项是关于$R_{\Delta q}$的一次项，当目标运动时，每次脉冲回波对应的$R_{\Delta q}$都在变化，它是正常的多普勒项，是实现目标方位向高分辨的关键相位；第二项是 Dechirp 处理独有的剩余视频相位(residual video phase，RVP)项，会使多普勒值产生变化；第三项为回波包络斜置项，会对后续成像处理带来不便。因此，在成像处理时需要将 RVP 项和包络斜置项的相位予以消除。由于式(2.10)右边包络是 sinc 函数，只需补偿峰值位置$f=-2\mu R_{\Delta q}/c$处的相位就可以将 RVP 项和包络斜置项去除(保铮等，2005)，得到目标 HRRP

$$S_{\mathrm{H}}(f)=\sum_q \sigma_q T_{\mathrm{p}}\,\mathrm{sinc}\left(T_{\mathrm{p}}\left(f+\mu\frac{2R_{\Delta q}}{c}\right)\right)\cdot\exp\left(-\mathrm{j}4\pi f_{\mathrm{c}}\frac{R_{\Delta q}}{c}\right) \tag{2.11}$$

由式(2.11)可以看出，对 Dechirp 处理之后的信号做傅里叶变换，可以在频域得到对应目标散射点的sinc 状的窄脉冲，脉冲的宽度为$1/T_{\mathrm{p}}$，利用$f=-\mu 2R_{\Delta q}/c$，可得距离分辨率为

$$\rho_{\mathrm{r}}=\frac{1}{T_{\mathrm{p}}}\cdot\frac{c}{2\mu}=\frac{c}{2B} \tag{2.12}$$

与匹配滤波重建获得的分辨率相一致。sinc 函数峰值位于$f=-\mu 2R_{\Delta q}/c$处，与$R_{\Delta q}$成线性关系。因此，通过简单的变换即可得到目标散射点的距离信息(相对于参考点)。

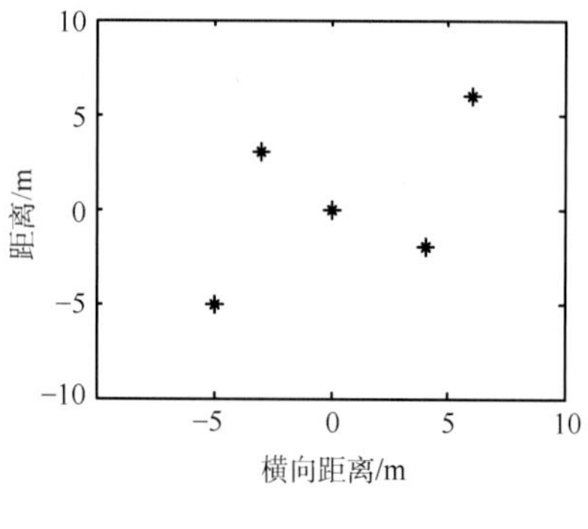

图 2.3　目标散射点模型

目标的散射点模型如图 2.3 所示，图 2.4(a)、(b)分别为匹配滤波重建和 Dechirp 重建得到的目标 HRRP。可以看出，图 2.4(a)、(b)所示的成像结果与目标模型完全吻合，同时也可以看出，图 2.4(a)的效果要好于图 2.4(b)，这是由于匹配滤波是最佳接收机，因此，匹配滤波重建的成像结果要好于 Dechirp 重建的成像结果。但是，Dechirp 重建方法能够降低信号采样率，从而降低对 A/D 转换器的速

度要求，减少数据存储量，减轻系统负担。因此，通常情况下针对 LFM 信号我们选择 Dechirp 重建方法。

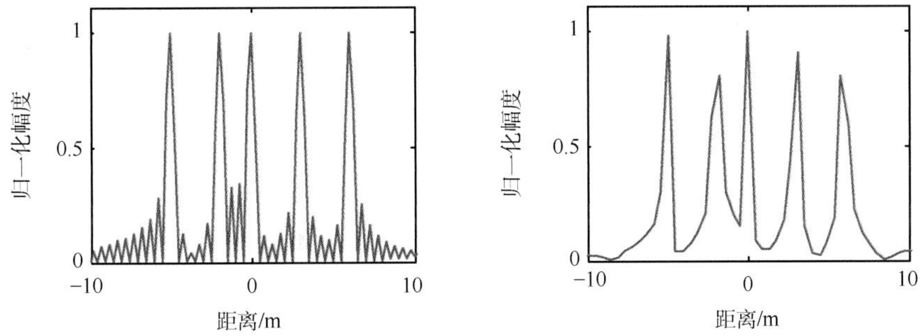

（a）匹配滤波重建结果　　　　（b）Dechirp重建结果

图 2.4　匹配滤波重建和 Dechirp 重建性能比较

2.1.2　频率步进类信号距离向高分辨成像

如 2.1.1 节所述，LFM 信号作为一种大时宽带宽的高分辨信号，能够兼顾雷达作用距离和距离分辨率的要求，是雷达目标成像中最为常用的信号形式之一。然而，采用 LFM 信号作为雷达发射信号时，通常需要较大的信号带宽以获得目标高分辨成像能力，而较大的信号带宽意味着较高的信号采样率，这无疑加重了回波信号采样、存储和传输的硬件负担。虽然 Dechirp 重建方法能够降低信号采样率要求，但仍然需要发射机具有发射大带宽信号的能力，这对发射机性能提出了较高要求，也增加了雷达系统的硬件成本。为了解决上述问题，学者们提出可以采用频率步进的方式来合成宽带信号。目前，频率步进类信号(如频率步进信号、SFCS 信号、相位编码步进频率信号、正交频分线性调频信号等)已成为雷达成像中重要的宽带信号形式。频率步进类信号由一组载频步进的子脉冲信号组成，通过在接收端对子脉冲信号做频谱合成处理即可获得一个等效的大带宽信号。采用频率步进类信号作为发射信号时，雷达系统的采样率仅需大于子脉冲带宽的两倍即可，由于每个子脉冲信号带宽都很小，系统所需采样率将远低于等效合成带宽对应的奈奎斯特采样率，同时，发射机仅需具备小带宽信号发射能力即可。因此，频率步进类信号能够在显著降低信号采样率和发射机性能要求的条件下实现目标高分辨成像。

本节以 SFCS 信号为例，介绍频率步进类信号的距离向高分辨成像方法。SFCS 信号波形的频率随时间变化的关系如图 2.5 所示，它将一个大带宽信号分解成多个 LFM 子脉冲信号，各子脉冲的载频按照一定的步进值递增。

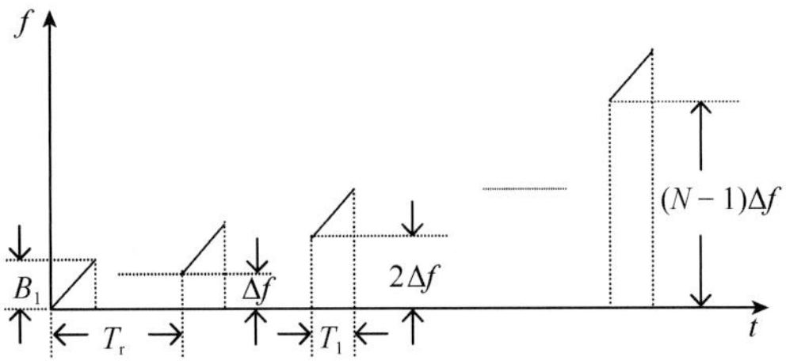

图 2.5　SFCS 信号频率变化规律

设 SFCS 信号由 N 个 LFM 子脉冲组成，每一簇脉冲串中的第 i 个子脉冲信号的表

达式为

$$s(t,i)=\mathrm{rect}\left(\frac{t-iT_{\mathrm{r}}}{T_1}\right)\cdot\exp\left(\mathrm{j}2\pi\left(\left(f_{\mathrm{c}}+i\Delta f\right)(t-iT_{\mathrm{r}})+\frac{\mu}{2}(t-iT_{\mathrm{r}})^2\right)\right)$$

$$i=0,1,\cdots,N-1 \tag{2.13}$$

式中，T_1 为子脉冲宽度；$\mu=B_1/T_1$ 为子脉冲调频率；B_1 为子脉冲带宽；T_{r} 为子脉冲重复周期；f_{c} 为脉冲串起始载频；Δf 为载频步进值；$f_{\mathrm{c}}+i\Delta f$ 为第 i 个子脉冲的载频；t 为快时间，即脉冲串内的时间。假设目标由 Q 个散射点组成，则 SFCS 信号中第 i 个子脉冲的目标回波可表示为

$$s_{\mathrm{r}}(t,i)=\sum_q \sigma_q\cdot\mathrm{rect}\left(\frac{t-iT_{\mathrm{r}}-2R_q/c}{T_1}\right)\cdot\exp\left(\mathrm{j}\pi\mu\left(t-iT_{\mathrm{r}}-\frac{2R_q}{c}\right)^2\right)$$

$$\cdot\exp\left(\mathrm{j}2\pi(f_{\mathrm{c}}+i\Delta f)\left(t-iT_{\mathrm{r}}-\frac{2R_q}{c}\right)\right),\quad i=0,1,\cdots,N-1 \tag{2.14}$$

设参考信号为

$$s_{\mathrm{ref}}(t,i)=\mathrm{rect}\left(\frac{t-iT_{\mathrm{r}}-2R_{\mathrm{ref}}/c}{T_{\mathrm{ref}}}\right)\cdot\exp(\mathrm{j}\pi\mu(t-iT_{\mathrm{r}}-2R_{\mathrm{ref}}/c)^2)$$

$$\cdot\exp(\mathrm{j}2\pi(f_{\mathrm{c}}+i\Delta f)(t_k-iT_{\mathrm{r}}-2R_{\mathrm{ref}}/c)),\quad i=0,1,\cdots,N-1 \tag{2.15}$$

式中，为了获得良好的相干性，参考信号载频与发射信号载频取值相同。同样，对第 i 个子脉冲的目标回波信号进行 Dechirp 处理，可以得到

$$\begin{aligned}s_{\mathrm{c}}(t,i)&=s_{\mathrm{r}}(t,i)\cdot s_{\mathrm{ref}}{}^*(t,i)\\&=\sum_q \sigma_q\cdot\mathrm{rect}\left(\frac{t-iT_{\mathrm{r}}-2R_q/c}{T_1}\right)\cdot\exp\left(-\mathrm{j}\frac{4\pi\mu}{c}\left(t-iT_{\mathrm{r}}-\frac{2R_{\mathrm{ref}}}{c}\right)R_{\Delta q}\right)\\&\quad\cdot\exp\left(-\mathrm{j}\frac{4\pi}{c}(f_{\mathrm{c}}+i\Delta f)R_{\Delta q}\right)\cdot\exp\left(\mathrm{j}\frac{4\pi\mu}{c^2}R_{\Delta q}{}^2\right),\quad i=0,1,\cdots,N-1\end{aligned} \tag{2.16}$$

式中，$R_{\Delta q}=R_q-R_{\mathrm{ref}}$ 表示第 q 个散射点到参考点的距离。令 $t'=t-iT_{\mathrm{r}}-2R_{\mathrm{ref}}/c$，对式(2.16)做关于 t' 的傅里叶变换，可以得到

$$S_{\mathrm{c}}(f,i)=\sum_q \sigma_q\cdot T_1\mathrm{sinc}\left(T_1\left(f+\frac{2\mu}{c}R_{\Delta q}\right)\right)$$

$$\cdot\exp\left(-\mathrm{j}\frac{4\pi}{c}(f_{\mathrm{c}}+i\Delta f)R_{\Delta q}+\mathrm{j}\frac{4\pi\mu}{c^2}R_{\Delta q}{}^2+\mathrm{j}\frac{4\pi f}{c}R_{\Delta q}\right),\quad i=0,1,\cdots,N-1 \tag{2.17}$$

同样，去除 RVP 项和包络斜置项，可以得到

$$S_{\mathrm{c}}(f,i)=\sum_q \sigma_q\cdot T_1\mathrm{sinc}\left(T_1\left(f+\frac{2\mu}{c}R_{\Delta q}\right)\right)\cdot\exp\left(-\mathrm{j}\frac{4\pi}{c}\left(f_{\mathrm{c}}+i\Delta f\right)R_{\Delta q}\right),$$

$$i=0,1,\cdots,N-1 \tag{2.18}$$

从式(2.18)中可以看出，一维距离像 $S_c(f,i)$ 的峰值出现在 $f=-2\mu R_{\Delta q}/c$ 处，距离粗分辨率由子脉冲带宽决定，记为 $\rho_c=c/2B_1$。由于 B_1 取值较小，则 ρ_c 较大，因此称 $S_c(f,i)$ 为目标粗分辨一维距离像(coarse-resolution range profile，CRRP)。通常，当目标跨越多个粗分辨距离单元(即目标径向长度大于 ρ_c)时，由于不同的不模糊距离区间散射点所造成的能量泄漏，基于数字信号处理方法的 SFCS 信号高分辨距离像合成会在目标 HRRP 中产生虚假散射点(Zhang and Jin，2006)。然而，通常的 ISAR 成像目标尺寸较小，可以通过优化雷达发射信号参数，使目标径向长度小于不模糊距离区间的长度。此时，目标 CRRP 表现为单峰值形式，相应距离单元的采样则包含了目标上所有散射点的全部信息。

令 $f=-2\mu R_{\Delta q}/c$，对 $S_c(f,i)$ 进行二次采样，可以得到

$$S_c(i)=\sum_q \sigma_q\cdot T_1\cdot\exp\left(-\mathrm{j}\frac{4\pi}{c}\left(f_c+i\Delta f\right)R_{\Delta q}\right),\quad i=0,1,\cdots,N-1 \tag{2.19}$$

对式(2.19)做关于 i 的傅里叶变换，可以得到目标 HRRP

$$S_H(f)=\sum_q \sigma_q\cdot T_1\,\mathrm{sinc}\left(f+\frac{2\Delta f}{c}R_{\Delta q}\right)\cdot\exp\left(-\mathrm{j}\frac{4\pi f_c}{c}R_{\Delta q}\right) \tag{2.20}$$

从式(2.20)中可以看出，$S_H(f)$ 的峰值出现在 $f=-2\Delta fR_{\Delta q}/c$ 处，距离高分辨率由等效的合成带宽 $N\Delta f$ 决定，记为 $\rho_r=c/2N\Delta f$。

目标的散射点模型如图 2.6 所示，雷达发射信号参数设置如下：$f_c=10\,\text{GHz}$，$B_1=\Delta f=2.34375\,\text{MHz}$，$N=128$，$T_r=7.1825\times10^{-6}\,\text{s}$，$T_1=T_r/8$，等效合成带宽 $B=N\Delta f=300\,\text{MHz}$，可计算出距离粗分辨率为 $\rho_c=64\,\text{m}$，距离高分辨率为 $\rho_r=0.5\,\text{m}$。

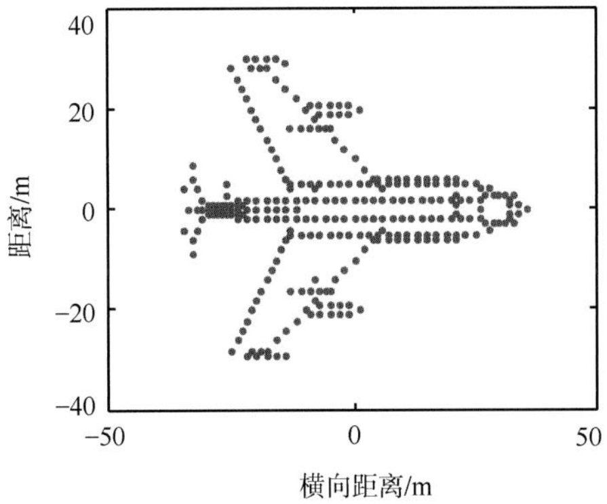

图 2.6　飞机目标散射点模型

目标 CRRP 和 HRRP 分别如图 2.7 和图 2.8 所示，与目标散射分布十分吻合。从图 2.7 中可以看出，目标的 CRRP 只存在一个峰值，说明目标在雷达视线上的径向长度小于粗分辨率 ρ_c，该距离单元包含了目标上所有散射点的全部信息。因此，通过对目标 CRRP

的峰值进行二次采样和傅里叶变换，即可得到如图 2.8 所示的目标 HRRP。

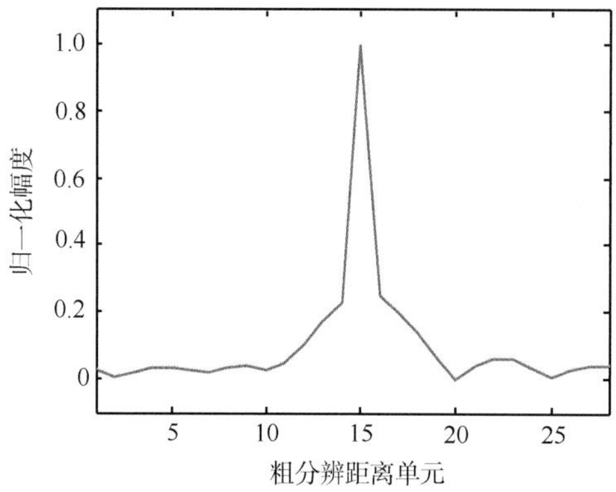

图 2.7　目标粗分辨距离像

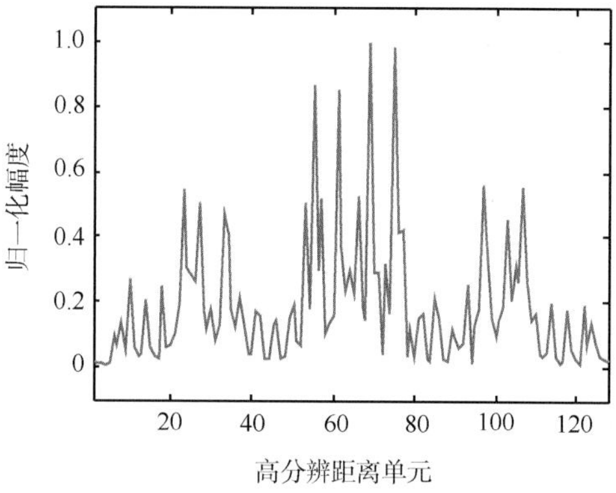

图 2.8　目标高分辨距离像

2.1.3　方位向高分辨成像原理

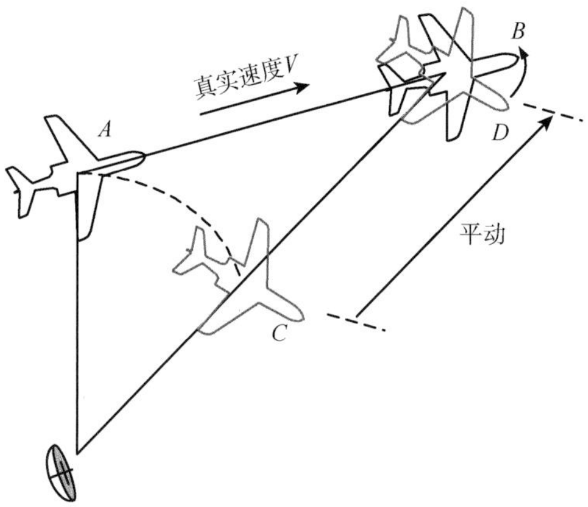

图 2.9　目标运动分解示意图

为了获得目标的二维图像，在实现距离向高分辨的基础上，还需要进一步实现方位向高分辨。ISAR 成像是利用雷达与目标之间存在的相对运动，对目标在不同观测视角下依次发射多个脉冲/多簇脉冲串(各个脉冲/各簇脉冲串的发射时刻记为慢时间 $t_{\mathrm{m}} = mT\ (m = 0, 1, 2, \cdots)$，其中 T=1/PRF)，并对接收到的目标回波信号进行方位向相干处理来实现对目标的方位向高分辨。通常，在 ISAR 成像中，目标相对于雷达的运动可被分解为目标参考点相对于雷达的平动以及目标绕自身参考点的转动，如图 2.9 所示。

图 2.9 中，目标的真实运动轨迹为由 A 以速度 v 运动到 B，可以看到，A 处目标和 C 处目标相对雷达视线的姿态完全一致，并且到雷达的距离也相同，接收到的目标回波将完全一致。因此，目标由 A 到 B 的运动可分解为由 C 到 D 的平动(姿态不变)和由 D 到 B 的转动(绕中心点转动)。

由于 ISAR 成像目标尺寸远小于目标与雷达之间的距离，雷达电波的平面波近似条件成立。因此，当目标只存在平动分量时，目标上各散射点与雷达之间的距离变化量相同，而相同的距离变化量会导致各散射点回波具有相同的多普勒，不仅对雷达成像没有贡献，还会引起图像散焦，降低成像质量，因此需要对平动分量进行补偿。假设目标做平稳飞行，在 ISAR 成像过程中设法将目标平动分量进行补偿后，可以在很小的转角范围(ISAR 成像所需转角通常为$3^\circ \sim 5^\circ$)内等效为匀速转台目标成像，如图 2.10 所示。众所周知，当物体相对于波源做径向运动时，会产生多普勒效应，并且当物体靠近波源时多普勒为正，远离波源时多普勒为负。因此，如图 2.10(a)所示，当目标逆时针转动时，轴线上的散射点与雷达之间不存在相对径向运动，回波多普勒为零，右侧散射点具有远离雷达的径向运动，多普勒为负，同理左侧散射点多普勒为正，并且多普勒值的大小与散射点距轴线的距离成正比。因此，通过傅里叶变换将目标回波变换到多普勒域，即可获得目标散射点的方位向分布信息。这就是雷达成像的基本原理——“距离-多普勒”(range-Doppler，R-D)原理。

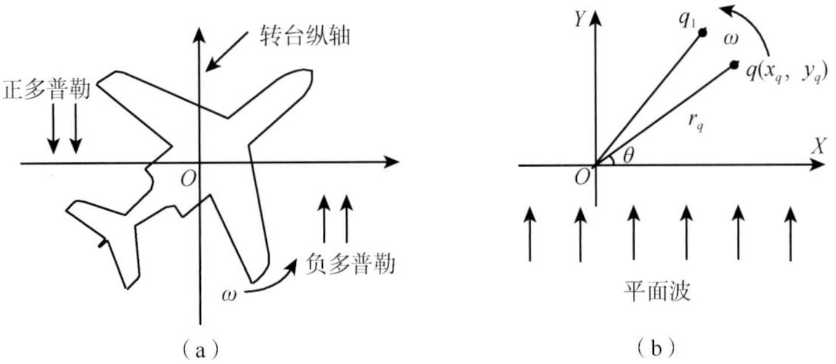

图 2.10　转台目标成像示意图

设目标上某一散射点以角速度 ω 从 q 点移动到了 q_1 点，如图 2.10(b)，则其散射点回波信号的多普勒频率为

$$f_{\mathrm{D}} = -\frac{2\omega}{\lambda} \cdot x_q \tag{2.21}$$

从式(2.21)中可以看出，散射点回波的多普勒频率与其方位向距离成正比。因此，通过傅里叶变换对不同慢时间时刻的目标回波信号进行多普勒频率分析，就可以获得目标散射点的方位向距离分布。当成像相干积累时间为 T_{c} 时，方位分辨率为

$$\rho_{\mathrm{a}} = \frac{\lambda}{2\omega T_{\mathrm{c}}} = \frac{\lambda}{2\Delta\theta} \tag{2.22}$$

式中，$\Delta\theta = \omega T_{\mathrm{c}}$，表示观测过程中目标相对于雷达视线的总转角。显然，转角 $\Delta\theta$ 越大，方位分辨率越高。

在上述分析中，利用了以下两个近似条件：①在成像过程中，目标成像投影平面固定不变，同时目标转速近似恒定，此时散射点的多普勒频率为固定值，利用傅里叶变换即可实现对各散射点的相干积累；②在成像期间，目标各散射点不存在越距离单元走动和越多普勒单元走动，此时散射点保持在一个距离-多普勒单元内。

在上述 R-D 成像原理的分析中，是按距离单元对慢时间回波数据序列进行多普勒分析来实现方位向高分辨的，但是在转动过程中，散射点具有径向移动，且偏离轴线越远的散射点，径向移动也越大。当散射点的径向移动超过了雷达的距离分辨率(即目标散射

点产生了越距离单元走动)时，直接采用 R-D 成像方法进行目标成像会造成图像模糊，且离转轴越远的点，成像质量越差。为了避免图像模糊的产生，目标尺寸与雷达分辨率之间需要满足以下制约条件

$$\begin{cases} \rho_a^2 > \dfrac{\lambda S_y}{4} \\ \rho_a \rho_r > \dfrac{\lambda S_x}{4} \end{cases} \tag{2.23}$$

式中，ρ_r 和 ρ_a 分别表示距离分辨率和方位分辨率；S_y 和 S_x 分别表示目标的距离向尺寸和方位向尺寸。当式(2.23)不成立时，则需要通过越距离单元走动校正处理来获得聚焦良好的目标成像结果。

假设目标平动补偿已完成，成像初始时刻第 q 个散射点到参考点的距离为 $R_{\Delta q,0}$，则慢时间 t_m 时刻第 q 个散射点相对于参考点的距离可表示为

$$R_{\Delta q}(t_m) = R_{\Delta q,0} + v_q t_m \tag{2.24}$$

式中，v_q 表示第 q 个散射点相对于参考点的径向速度。根据式(2.11)，平动补偿后的 LFM 信号目标 HRRP 序列可表示为

$$\begin{aligned} S_H(f,t_m) &= \sum_q \sigma_q T_p \operatorname{sinc}\left(T_p\left(f+\mu\frac{2R_{\Delta q}(t_m)}{c}\right)\right)\cdot\exp\left(-j4\pi f_c\frac{R_{\Delta q}(t_m)}{c}\right) \\ &= \sum_q \sigma_q T_p \operatorname{sinc}\left(T_p\left(f+\mu\frac{2(R_{\Delta q,0}+vt_m)}{c}\right)\right)\cdot\exp\left(-j4\pi f_c\frac{R_{\Delta q,0}+vt_m}{c}\right) \end{aligned} \tag{2.25}$$

假设目标散射点不发生越距离单元走动，则式(2.25)可重新表示为

$$S_H(f,t_m) = \sum_q \sigma_q T_p \operatorname{sinc}\left(T_p\left(f+\mu\frac{2R_{\Delta q,0}}{c}\right)\right)\cdot\exp\left(-j4\pi f_c\frac{R_{\Delta q,0}+vt_m}{c}\right) \tag{2.26}$$

对式(2.26)做关于慢时间 t_m 的傅里叶变换，即可得到目标的二维高分辨 ISAR 像

$$\begin{aligned} S(f,f_{t_m}) = \sum_q \ & \sigma_q \cdot T_p \cdot T_c \operatorname{sinc}\left(f+\mu\frac{2R_{\Delta q,0}}{c}\right) \\ & \cdot \operatorname{sinc}\left(T_c\left(f_{t_m}+\frac{2f_c}{c}v_q\right)\right)\exp\left(\frac{-j4\pi f_c R_{\Delta q,0}}{c}\right) \end{aligned} \tag{2.27}$$

从式(2.27)中可以看出，$S(f,f_{t_m})$ 的峰值出现在 $(-2\mu R_{\Delta q,0}/c,\ -2f_c v_q/c)$ 处，分别与目标散射点相对于参考点的径向距离和径向速度成正比，而径向速度又与目标散射点的方位向距离成正比。因此，通过简单计算即可得到目标的二维散射分布信息，实现目标的二维 ISAR 成像。

需要说明的是，虽然式(2.25)～式(2.27)是以 LFM 信号为例来推导方位向高分辨成像处理方法的，但实际上，对于不同信号形式所获得的目标 HRRP 序列而言，进一步进行方位向高分辨成像时所需的相位项信息是相同的，如式(2.11)和式(2.20)的相位项就完

全一致。因此，在获得目标 HRRP 序列之后，方位向高分辨成像方法通常与发射信号形式无关。

首先进行 LFM 信号 ISAR 成像仿真实验。雷达发射信号参数设置如下：信号载频 $f_c = 10\ \text{GHz}$，信号带宽 $B = 300\ \text{MHz}$，信号脉宽 $T_p = 1\ \mu\text{s}$，脉冲重复频率 PRF=250 Hz，可获得距离分辨率为 ρ_r=0.5 m。采用图 2.6 所示的目标散射点模型，初始成像时目标到雷达的距离设为 10 km，目标以速度 $v = 300$ m/s 沿垂直于雷达视线方向作匀速直线运动，目标成像相干积累时间设为 T_c=1 s，可获得方位分辨率为 ρ_a =0.5 m。

图 2.11(a)给出了第 120 个慢时间单元的目标 HRRP，图 2.11(b)给出了通过方位向傅里叶变换得到的目标二维 ISAR 像。可以看出，成像结果与目标散射点分布十分吻合。

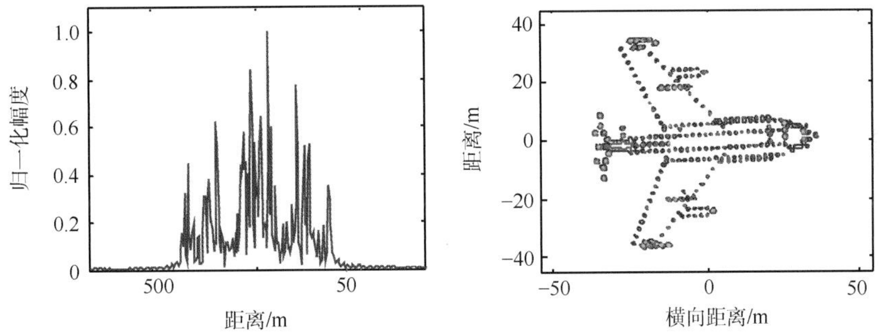

（a）目标HRRP（m=120）　（b）目标ISAR像

图 2.11　LFM 信号目标成像

下面进行 SFCS 信号 ISAR 成像仿真实验。目标散射模型和运动参数设置不变，雷达发射信号参数设置与 2.1.2 节一致。在获得如图 2.8 所示的目标 HRRP 的基础上，对 HRRP 序列进行方位向傅里叶变换，可得到目标二维 ISAR 像，如图 2.12 所示，与目标散射分布十分吻合。

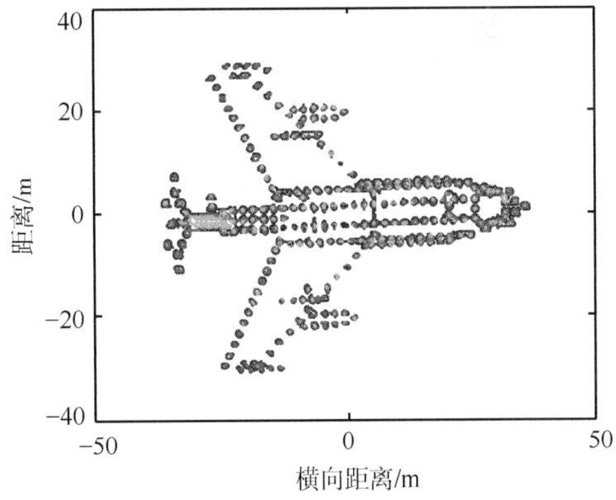

图 2.12　SFCS 信号目标成像

在上述推导过程中，为了更好地说明方位向高分辨成像原理，在方位向成像处理之前，假设目标平动补偿已精确完成并且目标散射点不发生越距离单元走动。在实际中，目标平动补偿精度和越距离单元走动校正精度将直接影响目标成像质量。目标平动补偿通常分为包络对齐和初相校正两步来实现，而 Keyston 变换作为越距离单元走动校正的经典算法能够在频域消除径向速度和频率之间的耦合项，进而消除目标径向速度引起的距离走动。目前，相关研究已有较多成果，本书不再一一赘述，感兴趣的读者可以参阅相关文献。

2.2　稀疏频带与稀疏孔径高分辨成像

从 2.1 节中可以看出，为了获得目标二维高分辨成像结果，需要为目标发射大带宽信号并进行长时间的相干累积观测，即目标成像任务需要消耗大量的、连续的频谱资源和时间资源。然而，雷达系统资源极其宝贵，在多任务多目标条件下，有限的雷达资源难以满足对各目标进行全频带、全孔径长时间连续观测成像的需求，通常只能采用稀疏频谱和稀疏孔径对目标进行观测，这就导致传统的 ISAR 成像方法不再适用。

目前，信号稀疏表示与重构技术已在雷达信号处理中获得了广泛应用，尤其是在目标 ISAR 成像中，目标回波的主要能量仅由少数散射中心贡献，回波信号具有很强的稀疏性，这为实现信号的稀疏表示与重构提供了良好的前提条件。信号的稀疏表示能够有效提取出信号最本质的特征，基于信号稀疏表示理论而提出的 CS 理论一经问世就受到了广泛关注，目前已成功应用于稀疏频带与稀疏孔径高分辨成像中，在保证成像质量的前提下能够显著降低目标成像对雷达资源的需求。此外，与传统全频带、全孔径 ISAR 成像相比，稀疏频带与稀疏孔径高分辨成像所需数据量更少，这无疑减少了数据采样、传输、存储、处理等方面的负担，降低了雷达系统的硬件成本。目前，稀疏微波成像研究在理论、体制、方法和实验等方面均已经取得了较为丰富的成果，感兴趣的读者可以参阅相关文献(吴一戎等，2018)。由于本书在后续章节介绍发射波形认知优化、目标认知成像以及资源优化调度等方面的内容时，有很大一部分方法是在稀疏成像框架下提出的，因此为了保证本书的完整性，下面对相关内容进行简要介绍。

2.2.1　CS 基本原理

传统的先采样后压缩的信号处理方式会造成很大程度的资源浪费，奈奎斯特采样本身也存在冗余度高、有效信息提取效率低下等问题。CS 理论能够利用信号的稀疏特性，将对信号的采样转变成对信息的采样，有效降低信号的冗余度，在非相干投影基的帮助下高效率地获取信息，从远低于奈奎斯特采样率的观测数据中高概率重构出原始信号，其数据处理过程如图 2.13 所示，主要包括以下三个内容：①信号的稀疏表示；②降维观测矩阵设计；③信号重构算法。

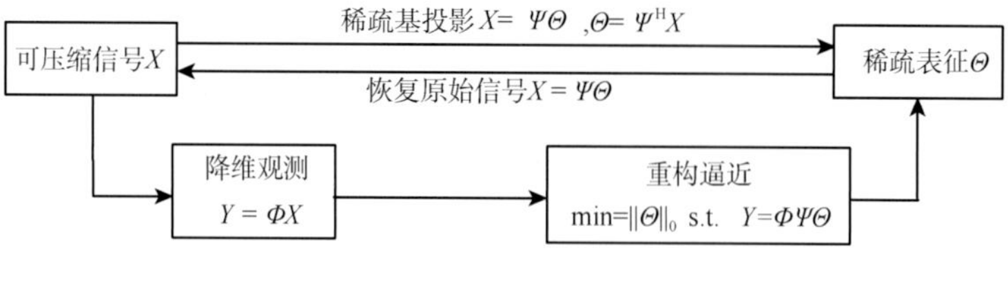

图 2.13　CS 理论处理过程框图

1. 信号的稀疏表示

对于任意一个有限长的一维信号 $\boldsymbol{x}\in\boldsymbol{R}^N$，可以由一组规范正交基 $\boldsymbol{\Psi}=\{\boldsymbol{\psi}_1,\boldsymbol{\psi}_2,\ldots,\boldsymbol{\psi}_N\}$ 线性表示，并且表达式是唯一的，即

$$\boldsymbol{x}=\sum_{i=0}^{N-1}\Theta_i\boldsymbol{\psi}_i \quad 或 \quad \boldsymbol{x}=\boldsymbol{\Psi\Theta} \tag{2.28}$$

式中，$\boldsymbol{\Theta}$ 为 $N\times1$ 维列向量；Θ_i 为信号 $\boldsymbol{x}$ 在基 $\boldsymbol{\psi}_i$ 上的投影系数。显然，$\boldsymbol{x}$ 和 $\boldsymbol{\Theta}$ 是对同一个信号的等价表示，只不过 $\boldsymbol{x}$ 和 $\boldsymbol{\Theta}$ 分别是信号在时域和 $\boldsymbol{\Psi}$ 域的不同表示形式。如果 $\boldsymbol{\Theta}$ 中只有 K 个非零元素，且 $K\ll N$，则说明信号 $\boldsymbol{x}$ 在基 $\boldsymbol{\Psi}$ 下是 K 稀疏的，称正交基 $\boldsymbol{\Psi}$ 为信号 $\boldsymbol{x}$ 的稀疏变换矩阵。一般而言，稀疏信号在某个正交基 $\boldsymbol{\Psi}$ 下展开的系数会按一定量级呈指数性衰减趋势，具有少量（K 个）大系数和大量（$N-K$ 个）小系数，信号能量比较集中地分布在 K 个大系数上，而 $N-K$ 个变换域小系数的贡献可以忽略不计，故只用这 K 个大系数就可以很好地逼近原始信号。

2. 降维观测矩阵设计

CS 理论指出，只要信号 $\boldsymbol{x}$ 在某组正交基或紧框架 $\boldsymbol{\Psi}$ 上是稀疏的，就可以用一个与 $\boldsymbol{\Psi}$ 不相关的 $M\times N$ 维观测矩阵 $\boldsymbol{\Phi}$（$M\ll N$）对信号 $\boldsymbol{x}$ 进行非相关降维观测，得到低维观测集合 $\boldsymbol{y}$，即

$$\boldsymbol{y}_{M\times1}=\boldsymbol{\Phi}_{M\times N}\boldsymbol{x}_{N\times1}=\boldsymbol{\Phi}_{M\times N}\boldsymbol{\Psi}_{N\times N}\boldsymbol{\Theta}_{N\times1} \tag{2.29}$$

式中，$\boldsymbol{y}_{M\times1}$ 表示观测集合中含有 M（$M\ll N$）个元素，通常称 M 为观测数据量或观测维数。显然，观测数据量 M 远小于信号长度 N，从而实现了对信号 $\boldsymbol{x}$ 的压缩采样，数据压缩比（也称降维比）定义为 M/N，降采样率定义为 N/M。

观测矩阵的设计是 CS 理论研究的一个重要内容。观测矩阵设计的目标是如何采样得到尽量少的观测值，并保证利用这些少量的观测值能够高概率地重构出原始信号。观测过程实际就是利用观测矩阵 $\boldsymbol{\Phi}$ 的每个行向量对信号 $\boldsymbol{x}$ 进行投影，分别获取信号的部分信息，得到 M 个观测值。显然，如果观测过程破坏了 $\boldsymbol{x}$ 中的信息，就无法从观测值中有效重构出原始信号。为了保证能够高概率地重构出原始信号，观测矩阵 $\boldsymbol{\Phi}$ 与稀疏变换矩阵 $\boldsymbol{\Psi}$ 的乘积 $\boldsymbol{\Phi\Psi}$ 要满足 RIP 性质，即对于任意的 K 稀疏信号 $\boldsymbol{x}$ 和常数 $\delta_K\in(0,1)$，感知矩阵 $\boldsymbol{A}=\boldsymbol{\Phi\Psi}$ 要满足下式

$$(1-\delta_K)\|\boldsymbol{\Theta}\|_2^2\leqslant\|\boldsymbol{A\Theta}\|_2^2\leqslant(1+\delta_K)\|\boldsymbol{\Theta}\|_2^2 \tag{2.30}$$

RIP 性质的本质是指感知矩阵 $\boldsymbol{A}$ 的所有列向量都接近正交。在实际中，判定 $\boldsymbol{A}$ 是否具有 RIP 性质是一个组合复杂度问题，现有研究已经证明，如果观测矩阵 $\boldsymbol{\Phi}$ 和稀疏变换矩阵 $\boldsymbol{\Psi}$ 不相干，则 $\boldsymbol{A}$ 在高概率条件下满足 RIP 性质，通过判定 $\boldsymbol{\Phi}$ 与 $\boldsymbol{\Psi}$ 之间的相干性可等效判定 $\boldsymbol{A}$ 是否具有 RIP 性质。

随机高斯矩阵是一种较为常用的观测矩阵。它最大的特点是每个元素都独立地服从正态分布，几乎与任意的稀疏变换矩阵 $\boldsymbol{\Psi}$ 都不相关。只要观测维数满足 $M\geqslant c_1K\cdot\log(N/K)$

(其中 c_1 为一个较小的常数)，随机高斯矩阵作为观测矩阵 $\boldsymbol{\Phi}$ 时就能满足 RIP 性质，并进一步重构出原始信号。

与随机高斯矩阵相类似，伯努利矩阵也与大多数稀疏变换矩阵不相关。当该矩阵的观测维数满足 $M \geqslant 2K \ln N$ 时，同样可实现原始信号的高概率准确重构。常见的满足 RIP 性质的观测矩阵还包括部分正交观测矩阵、二值随机观测矩阵、部分哈达玛观测矩阵以及 Toeplitz 观测矩阵等。

下面，利用相变图分析常用的部分正交观测矩阵、二值随机观测矩阵、部分哈达玛观测矩阵以及 Toeplitz 观测矩阵的降维观测性能。相变图的横轴表示稀疏度、纵轴表示降维比。设置 100 次独立重复的压缩感知稀疏观测与重构实验，准确重构记为 1，无法准确重构记为 0(这里准确重构指的是重构结果与原始信号的相关系数大于 95%)。实验结果如图 2.14 所示。可以看出，二值随机观测矩阵完全重构的区域明显高于其余三个观测矩阵，之后是部分正交观测矩阵能够获得较大的完全重构区域，部分哈达玛矩阵与 Toeplitz 矩阵的完全重构区域则相差无几。这说明了部分哈达玛矩阵以及 Toeplitz 矩阵的观测性能相近。综合来看，二值随机观测矩阵的性能最优，之后依次是部分正交阵、部分哈达玛矩阵以及 Toeplitz 矩阵。

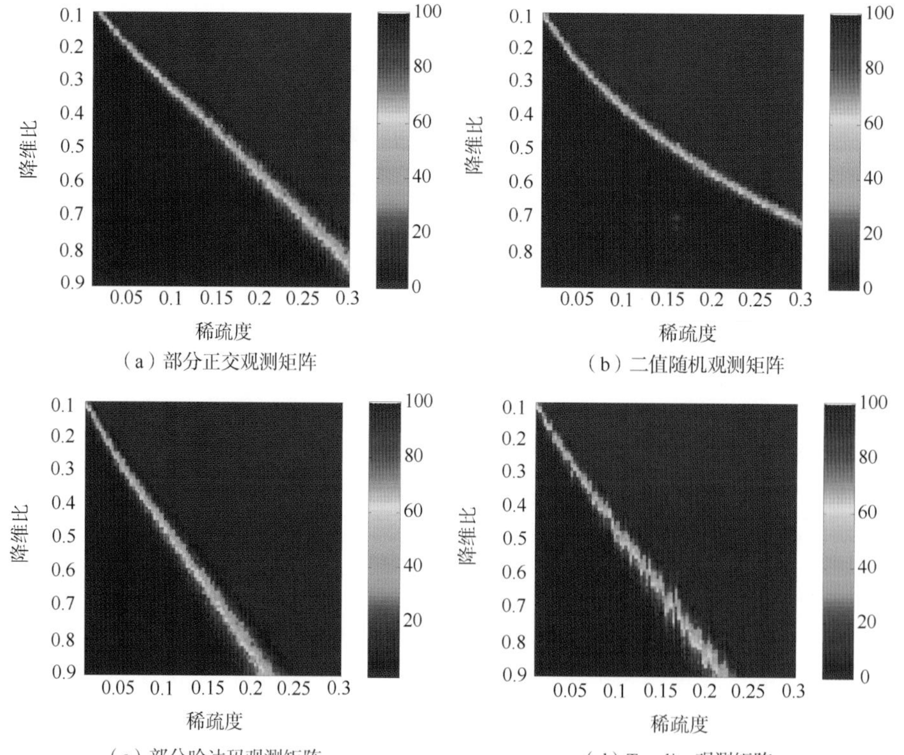

(a) 部分正交观测矩阵　(b) 二值随机观测矩阵

(c) 部分哈达玛观测矩阵　(d) Toeplitz 观测矩阵

图 2.14　不同观测矩阵性能比较

RIPless 理论则进一步指出，若感知矩阵 $\boldsymbol{A}$ 的行向量 $\boldsymbol{a}_i^{\mathrm{T}}(1 \leqslant i \leqslant M)$(上标“T”表示转置操作)是独立同分布的，且概率分布为 $\boldsymbol{F}$，则可从少量的观测数据中高概率重构稀疏信号，而所需的观测维数主要由分布 $\boldsymbol{F}$ 的两个性质决定。

(1) 分布的完备性

概率分布 $\boldsymbol{F}$ 需要满足完备性，即协方差矩阵 $\mathrm{E}[\boldsymbol{a}\boldsymbol{a}^{\mathrm{H}}]^{1/2}$ 是可逆的，其中 $\boldsymbol{a}$ 是满足概率分布 $\boldsymbol{F}$ 的随机向量，上标“H”表示共轭转置操作。协方差矩阵的条件数记为 κ，表示最大奇异值和最小奇异值的比值，它是判断矩阵病态与否的一种度量，条件数越小，信号重构稳定性就越好。

(2) 分布的互相关性

互相关系数 $\bar{\mu}$ 为满足如下关系的最小值

$$\max_{1 \leqslant i \leqslant N} \left|\langle \boldsymbol{a}, \boldsymbol{e}_i \rangle\right|^2 \leqslant \bar{\mu} \tag{2.31}$$

$$\max_{1 \leqslant i \leqslant N} \left|\left\langle \boldsymbol{a}, \mathrm{E}[\boldsymbol{a}\boldsymbol{a}]^{-1} \boldsymbol{e}_i \right\rangle\right|^2 \leqslant \bar{\mu} \tag{2.32}$$

式中，$\boldsymbol{e}_i$ 为单位向量。

定理 1：对于一个 K 稀疏向量 $\boldsymbol{\Theta}$，如果观测维数 M 满足

$$M \geqslant C w^2 \kappa \bar{\mu} K \log N \tag{2.33}$$

式中，C 为常数，$w \geqslant 1$，那么可以以 $1-e^{-w}$ 的概率重构出原信号。从式(2.33)可以看出，观测维数 M 正比于信号稀疏度 K、协方差矩阵的条件数 κ 和互相关系数 $\bar{\mu}$ 的乘积。

定理 2：对于 $\boldsymbol{y} = \boldsymbol{A\Theta}$，若满足

$$\|\boldsymbol{\Theta}\|_0 < \frac{1}{2}\left(1 + \frac{1}{\bar{\mu}(\boldsymbol{A})}\right) \tag{2.34}$$

则 $\boldsymbol{\Theta}$ 是线性方程 $\boldsymbol{y} = \boldsymbol{A\Theta}$ 唯一的最稀疏解，可被高概率准确重构。式中，$\bar{\mu}(\boldsymbol{A})$ 表示感知矩阵 $\boldsymbol{A}$ 的互相关系数，即 $\boldsymbol{A}$ 中任意两列的互相关系数的最大值。

3. 信号重构算法

基于给定的观测集合 $\boldsymbol{y}$，根据式(2.29)求解 $\boldsymbol{x}$ 时，由于方程个数远小于未知数个数，因此是一个欠定问题，无法直接求解。由于信号 $\boldsymbol{x}$ 在稀疏变换矩阵 $\boldsymbol{\Psi}$ 下是稀疏的，因此可将式(2.29)的求解转化为 l_0 范数下的最优化问题

$$\min \|\boldsymbol{\Theta}\|_0 \quad \text{s.t.} \quad \boldsymbol{Y} = \boldsymbol{A\Theta} \tag{2.35}$$

进一步，考虑到 l_0 范数的求解缺乏有效的数值解法，可以将 l_0 范数拓展到 l_p 范数，其中 $0<p \leqslant 2$。图 2.15 从几何角度出发，给出了不同 p 值对求解结果的影响(戴琼海，等，2011)。在二维空间里，等式约束 $\boldsymbol{y} = \boldsymbol{A\Theta}$ 的解集是一条直线，目标函数 l_p 范数则对应着不同的 l_p 球，两者的交点即为优化求解结果。当 p=0 时，目标函数 $\|\boldsymbol{\Theta}\|_0$ 的约束区域是坐标轴，因此直线与坐标轴的交点一定落在坐标轴上，得到的解是最稀疏的；当 $0<p<1$

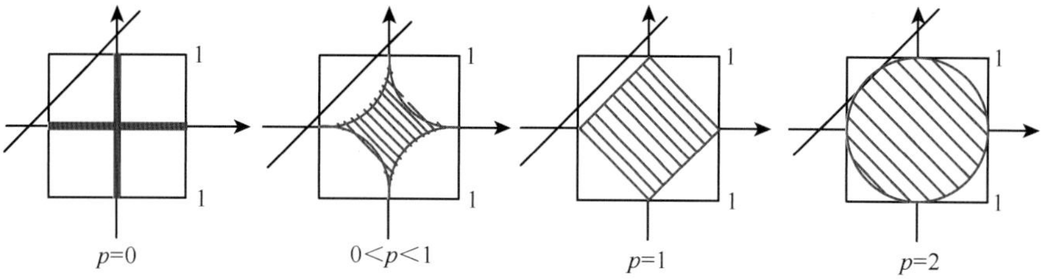

图 2.15　不同 p 值对优化结果影响的几何解释

时，目标函数 $\|\boldsymbol{\Theta}\|_p$ 的约束区域是内凹的，其与直线的交点也一定会落在坐标轴上，同样可以得到稀疏解；p 值进一步扩大，即 l_p 球进一步膨胀，当 p=1 时，其约束区域为菱形，此时直线与其交点以很大概率落在坐标轴上，重构结果以高概率满足稀疏性；而当 p>1 时，l_p 的约束区域是外凸的，此时其与直线的交点不会落于坐标轴，无法得到稀疏解。

由上述分析可知，当 p>1 时 l_p 范数无法获得稀疏解，因此 CS 理论框架下的信号重构算法研究主要是基于 $l_p(p\leqslant1)$ 范数进行的。当前的信号重构算法主要可分为四类：贪婪算法、凸优化算法、非凸优化算法以及组合算法。其中，贪婪追踪算法以匹配追踪(matching pursuit，MP)算法、正交匹配追踪(orthogonal matching pursuit，OMP)算法、分段 OMP 算法，正则化 OMP(regularized orthogonal matching pursuit，ROMP)算法等为代表，该类算法的主要思想是在每一次迭代中选择一个最匹配的局部最优解来逐步实现对原始信号的逼近，优点是计算量较小，缺点是所需的观测数据量较多，并且仅能获得局部最优解；凸优化算法以基追踪算法、内点法、梯度投影法、迭代阈值法等为代表，该类算法的本质是将非凸问题转化成凸问题进行求解，优点是能够使用较少的观测数据量获得全局最优解，缺点是计算量巨大；非凸优化算法以各类 Bayesian 算法为代表，该类算法将贝叶斯学习过程引入到 CS 信号重构过程中，优点是能够在稀疏采样和低信噪比条件下获得较好的信号重构结果，缺点是缺少严格的理论证明；组合算法以傅里叶采样法、链式追踪法、HHS(heavy hitters on steroids)追踪法等为代表，这类方法需要对信号采样进行分组测试快速重建，优点是计算量小，缺点是结果不够准确，且对观测数据量要求高。总体来看，每种算法在重构性能、计算负担以及所需观测数据量方面都具有各自的优缺点，在实际应用中需要综合衡量。

下面对几种典型 CS 重构算法的性能进行比较分析。包括 OMP 算法、ROMP 算法、压缩采样匹配追踪(compressive sampling MP，CoSaMP)算法、梯度投影(gradient projection for sparse reconstruction，GPSR)算法、迭代软阈值(iterative soft thresholding，IST)算法以及平滑 l_0 范数(smoothed l_0 norm，SL0)算法。采用均方误差 $\mathrm{MSE}=\|\boldsymbol{x}-\hat{\boldsymbol{x}}\|_2/\|\boldsymbol{x}\|_2$ (其中，$\hat{\boldsymbol{x}}$ 为信号 $\boldsymbol{x}$ 的重构结果)作为重构算法的性能评估指标，用于表示重构结果的优劣。降维比分别设为 0.2、0.3、0.4 和 0.6。性能曲线如图 2.16 所示，其中横坐标为迭代次数，纵坐标为 MSE。

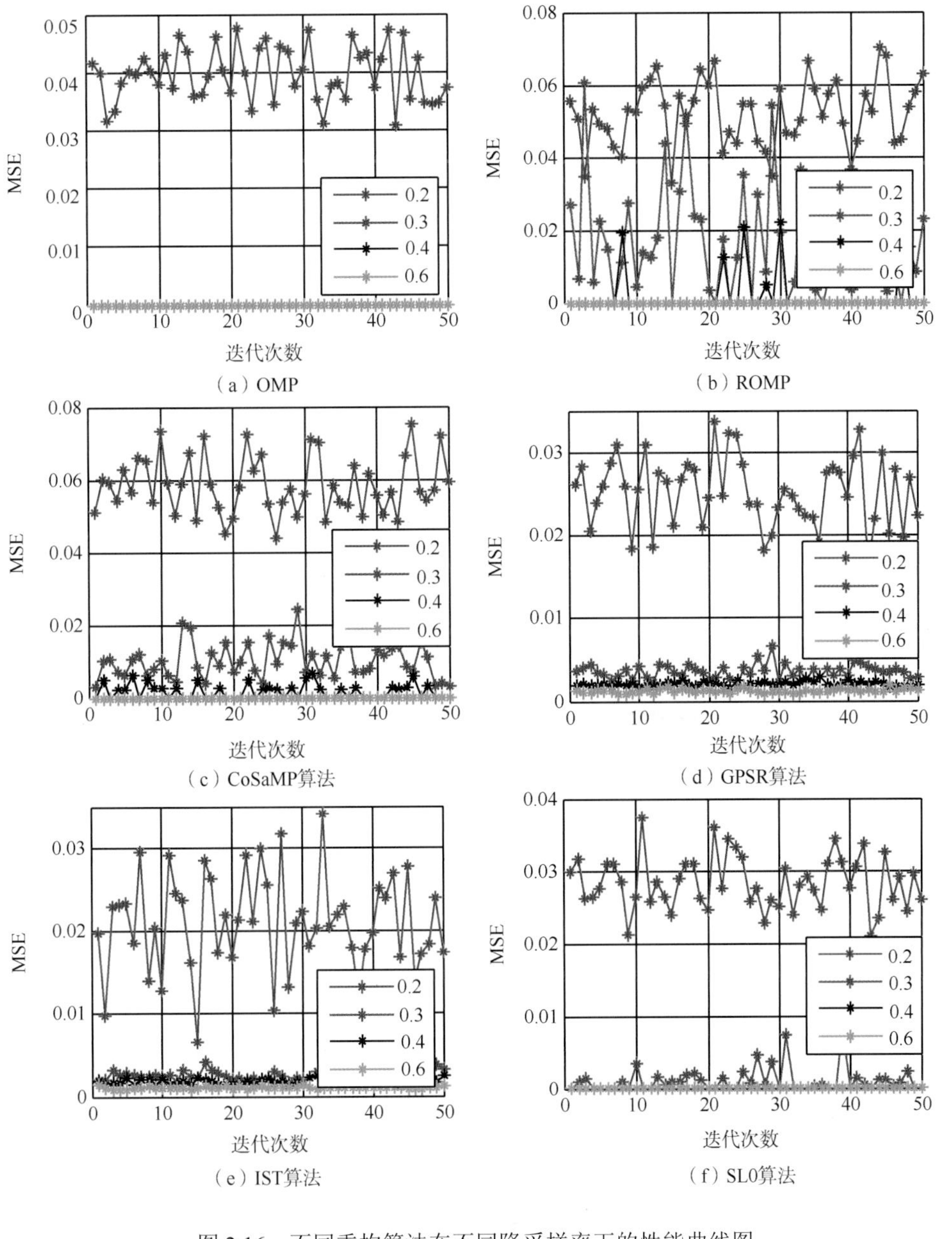

图 2.16　不同重构算法在不同降采样率下的性能曲线图

图 2.16(a)是 OMP 算法的性能曲线，可以看出，当降维比为 0.2 时，MSE 的区间为 0.03～0.05，每次运行的时间大约 0.32s。当降维比大于等于 0.3 时，MSE 已经近似于 0 了，说明此时的重构效果较好。图 2.16(b)是 ROMP 算法的性能曲线，可以看出，当降维比为 0.2 时，MSE 的区间为 0.038～0.065，波动范围较大，每次运行的时间大约 0.15s。当降维比为 0.3 时，MSE 的波动范围为 0～0.06，当降维比为 0.4 时，MSE 的波动范围为 0～0.02，而当降维比增大到 0.6 时，MSE 的值较小近似于 0，说明此时的重构效果较好。相比于 OMP 算法，ROMP 算法虽然重构效率较高，但是要获得相同的重构效果所

需要的数据量较多。图 2.16(c)是 CoSaMP 算法的性能曲线，可以看出，当降维比为 0.2 时，MSE 的区间为 0.042～0.07，波动范围同样较大，每次运行的时间大约在 0.22s。当降维比为 0.3 时，MSE 的波动范围为 0～0.022，当降维比为 0.4 时，MSE 的波动范围为 0～0.005，而当降维比为 0.6 时，MSE 的值较小近似于 0，说明了此时的重构效果较好。相比于 OMP 与 ROMP 算法，CoSaMP 算法的综合性能介于这两者之间。图 2.16(d)是 GPSR 算法的性能曲线，可以看出当降维比为 0.2 时，MSE 的区间为 0.019～0.035，波动范围明显小于上述三种贪婪算法，每次运行的时间在 0.05s。但是当降维比大于等于 0.3 时，MSE 的波动范围虽然较小但是没有近似于 0，因此该算法在高采样率时的重构性能低于 OMP 算法。图 2.16(e)是 IST 算法的性能曲线，可以看出当降维比为 0.2 时，MSE 的区间为 0.01～0.04，波动范围略高于 GPSR 算法。但是当降维比大于等于 0.3 时，MSE 的波动范围与 GPSR 算法相近，因此该算法的总体性能与 GPSR 算法相一致。图 2.16(f)是 SL0 算法的性能曲线，可以看出当降维比为 0.2 时，MSE 的区间为 0.002～0.035，虽然略高于 GPSR 算法，但是其波动范围明显小于三种贪婪算法，每次运行的时间在 0.64s，该运行时间是所有算法中最长的。但是当降维比大于等于 0.3 时，MSE 也近似于 0，说明取得了较好的重构结果。

进一步分析上述六种重构算法在不同观测数据量(即降维数据长度)条件下的重构性能与运行时间，结果如图 2.17 所示。从图 2.17(a)可以看出，随着信号长度不断提高，OMP 算法与 ROMP 算法所需要的时间逐渐变长，但其余四种重构算法的运行时间基本没有变化。总的来看，GPSR 算法所需要的运行时间最短，之后是 SL0 算法，而 OMP 算法需要的运行时间最长。其次，再比较这六种算法重构结果的 MSE。从图 2.17(b)可以看出，MSE 值较小也就是重构质量比较高的是 GPSR 算法、SL0 算法以及 IST 算法。总体来说，当信号长度大于 400 时，各算法均能够实现较高质量的信号重构。简单起见，本书的后续内容中主要采用基于 l_0 范数的 OMP 算法进行信号重构。

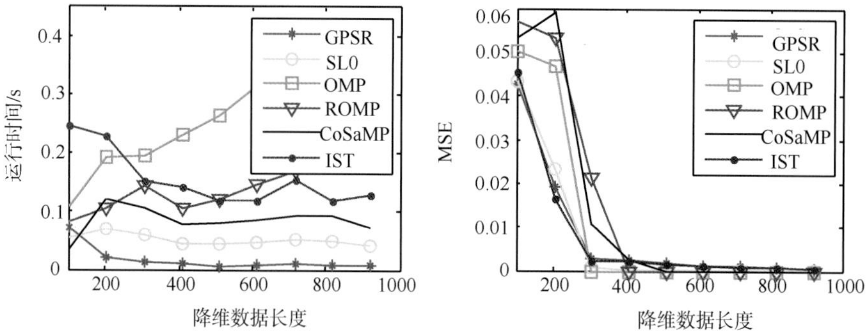

(a) 运行时间　　(b) MSE对比

图 2.17　不同重构算法重构质量与运行时间对比曲线图

综上所述，与奈奎斯特采样不同，CS 理论框架下的信号采样具有以下特点：①采样速率不再取决于信号带宽，而是取决于信号中信息的结构和内容；②采样方式不再是局部、均匀等间隔采样，而是全局、随机采样；③不再通过线性变换实现信号恢复，而是通过求解最优化问题实现原始信号的重构。CS 理论突破了传统奈奎斯特采样率的限制，实现了信号采样与重构的重要创新，具有重大的理论与应用价值。

2.2.2　稀疏频带高分辨成像

在传统 ISAR 成像中，为了实现距离向高分辨，需要为目标发射全频带的大带宽信号，导致目标成像任务会消耗大量雷达资源，这也极大限制了目标成像功能在实际中的应用。虽然频率步进类信号能够显著降低雷达系统对信号采样率和发射机性能的要求，但其依然是通过发射载频依次步进的多个子脉冲来实现全频带覆盖的，并不能减少目标成像对雷达频谱资源的需求。

利用 ISAR 成像中目标回波的稀疏特性，将 CS 理论引入到频率步进类信号高分辨成像中，从全部 N 个子脉冲中选择少量 $M(M<N)$ 个子脉冲(意味着少量子载频)构成发射信号脉冲串来对目标进行观测，并从这些少量观测数据中重构目标高分辨成像结果，是目前稀疏频带高分辨成像中最为常用的方法之一。显然，稀疏频带高分辨成像能够有效节约雷达时间和频谱资源，并提高频率步进类信号的等效重复频率及其抗干扰、抗截获能力。

本节以 SFCS 信号为例，通过分析稀疏 SFCS 信号脉冲串中子脉冲的缺失情况与降维观测矩阵之间的一一对应关系，建立并求解稀疏频带信号高分辨成像模型，从而仅使用少量子脉冲就能够获得满意的成像结果，而少量子脉冲就意味着少量的频谱资源，最终大幅降低目标成像对资源的需求，在多任务多目标协同工作中具有重要意义。

稀疏 SFCS 信号，即从 SFCS 信号脉冲串中的 N 个子脉冲中选择 $M(M<N)$ 个子脉冲构成发射信号脉冲串。每个子脉冲的载频为 $f_c+l_i\Delta f\,(i=0,\cdots,M-1)$，其中 l_i 为 $0\sim N-1$ 之间的一个随机不重复整数。将式(2.19)所示的完全子脉冲回波信号的二次采样观测向量记为

$$\boldsymbol{S}_\mathrm{c}=[S_\mathrm{c}(0),\cdots,S_\mathrm{c}(i),\cdots,S_\mathrm{c}(N-1)]^\mathrm{T} \tag{2.36}$$

则稀疏 SFCS 信号相应的观测向量可表示为

$$\boldsymbol{S}_\mathrm{c}'=[S_\mathrm{c}(l_0),\cdots,S_\mathrm{c}(l_i),\cdots,S_\mathrm{c}(l_{M-1})]^\mathrm{T} \tag{2.37}$$

根据稀疏 SFCS 信号脉冲串中子脉冲的缺失情况，构造 $M\times N$ 维的部分单位阵作为观测矩阵 $\boldsymbol{\Phi}$，其中第 i+1 行第 i'+1 列元素 $\phi_{i+1,i'+1}$ 满足

$$\phi_{i+1,i'+1}=\begin{cases}1, & \left\{(i+1,i'+1)\big|_{i'=l_i}\right\} \\ 0, & \text{其他}\end{cases},\quad i=0,1,\cdots,M-1 \tag{2.38}$$

此时，可以将稀疏 SFCS 信号的回波观测向量 $\boldsymbol{S}_\mathrm{c}'$ 看作是用观测矩阵 $\boldsymbol{\Phi}$ 对完全子脉冲 SFCS 信号的回波观测向量 $\boldsymbol{S}_\mathrm{c}$ 进行降维观测的结果。由于对 $\boldsymbol{S}_\mathrm{c}$ 进行傅里叶变换，即可获得目标的 HRRP，记为 $\boldsymbol{\sigma}$。因此，可以将 $\boldsymbol{S}_\mathrm{c}'$ 表示为

$$\boldsymbol{S}_\mathrm{c}'=\boldsymbol{\Phi}\boldsymbol{S}_\mathrm{c}=\boldsymbol{\Phi}\boldsymbol{\Psi}\boldsymbol{\sigma} \tag{2.39}$$

式中，$\boldsymbol{\Psi}$ 为傅里叶变换矩阵。显然，$\boldsymbol{\sigma}$ 具有稀疏性，式(2.39)是一个典型的压缩感知模型，只要观测数据量满足要求，就能够采用 2.2.1 节所述重构算法以高概率实现 $\boldsymbol{\sigma}$ 的准确重构。

2.2.3　稀疏孔径高分辨成像

目前，常用的稀疏孔径高分辨成像方法与 2.2.2 节所述的稀疏频带高分辨成像方法在本质上是一致的，都是在 CS 理论框架下，利用回波信号的稀疏特性，从少量观测数据中高概率重构原始信号，进而获得目标的散射分布信息。不同的是，稀疏频带高分辨成像主要用于实现距离向高分辨，而稀疏孔径高分辨成像主要用于实现方位向高分辨。

由式(2.25)～式(2.27)可知，对不同慢时间的回波序列做方位向傅里叶变换，会在多普勒域呈现出多个不同的峰值，这说明慢时间回波序列在傅里叶变换基下同样具有稀疏性，因此可以利用 CS 理论实现稀疏孔径条件下的方位像重构。

目标成像相干积累时间为 T_{c}，则雷达在慢时间域共发射 $N_{\mathrm{c}}=\mathrm{PRF}\cdot T_{\mathrm{c}}$ 个脉冲，将全孔径回波信号的一维距离像序列 $S_{\mathrm{H}}(f,t_{\mathrm{m}})$ 表示为离散形式 $S_{\mathrm{H}}(f,m), m=1,2,\cdots,N_{\mathrm{c}}$。在多任务、多目标条件下，雷达系统根据实际应用的需要，通常仅能为目标发射 $M_{\mathrm{c}}(M_{\mathrm{c}}<N_{\mathrm{c}})$ 个脉冲，如图 2.18 所示。设共有 P 段有效孔径，其中有效孔径 $S_p\,(p=1,2,\cdots,P)$ 包含 L_p（全孔径中序号为 M_p+1 到 M_p+L_p）个脉冲，序号记为 $I_p=[M_p+1,\cdots,M_p+L_p]^{\mathrm{T}}$，则有 $M_{\mathrm{c}}=L_1+L_2+\cdots+L_P$，稀疏孔径条件下有效孔径序号为 $I=[I_1^{\mathrm{T}},I_2^{\mathrm{T}},\cdots,I_P^{\mathrm{T}}]^{\mathrm{T}}$，那么稀疏孔径信号可表示为 $S_{\mathrm{H}}(f,m')$，$m'\in I$。

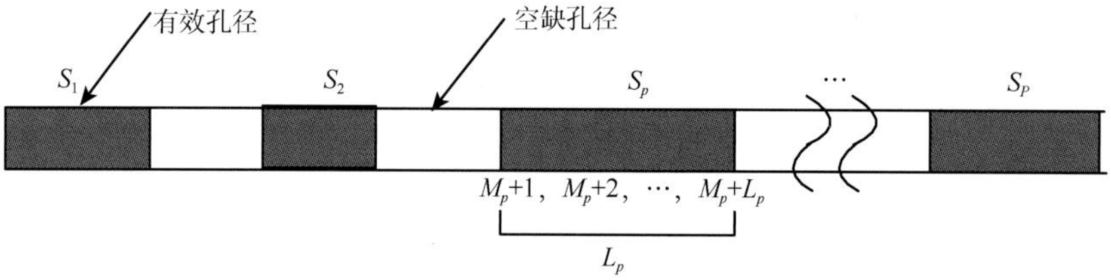

图 2.18　稀疏孔径示意图

根据子孔径的分布情况，将降维观测矩阵 $\boldsymbol{\Phi}$ 设计为一个 $M_{\mathrm{c}}\times N_{\mathrm{c}}$ 维的随机部分单位矩阵，其中第 m 行第 m' 列元素 $\phi_{m,m'}$ 满足

$$\phi_{m,m'}=\begin{cases}1, & \{(m,m')|_{m'=I(m)}\}\\ 0, & \text{其他}\end{cases},\quad m=1,\cdots,M_{\mathrm{c}} \tag{2.40}$$

由于慢时间回波序列在傅里叶变换基下具有稀疏性，因此选择傅里叶变换矩阵作为稀疏变换矩阵 $\boldsymbol{\Psi}$。可以证明(Luo et al.，2012)，观测矩阵 $\boldsymbol{\Phi}$ 与稀疏变换矩阵 $\boldsymbol{\Psi}$ 不相关，因此通过求解一个最优化问题即可实现方位向信息 $\boldsymbol{\varsigma}$ 的重构

$$\varsigma=\arg\min\|\varsigma\|_0 \qquad \text{s.t.} \quad S_{\mathrm{H}}(f,m')=\boldsymbol{\Phi}\boldsymbol{\Psi}^{\mathrm{H}}\varsigma \tag{2.41}$$

目标函数ς即为所期望的目标方位像。因此，对目标回波信号完成距离向成像和平动补偿处理后，对每一距离单元按上述方法进行方位向成像，并将结果排列成一个矩阵，即可得到目标的二维 ISAR 像。

综上所述，稀疏孔径 ISAR 成像方法的具体步骤可归纳如下。

步骤 1　对回波信号进行距离向脉冲压缩处理得到目标 HRRP 序列，在此基础上对目标平动进行补偿；

步骤 2　对于给定的距离单元，选择傅里叶变换矩阵作为稀疏变换矩阵，并根据式(2.40)构造降维观测矩阵，在此基础上利用压缩感知信号重构算法获得该距离单元的方位像；

步骤 3　对每一距离单元按步骤 2 中方法进行方位向成像，并排列成一个矩阵，即可得到目标的二维 ISAR 像。

以图 2.6 所示的目标散射点模型为例，进行基于 CS 的稀疏孔径高分辨成像方法的仿真实验。目标方位向稀疏度为$K=22$。雷达发射信号参数设置如下：信号载频$f_{\mathrm{c}}=10\,\mathrm{GHz}$，信号带宽$B=300\,\mathrm{MHz}$，信号脉宽$T_{\mathrm{p}}=1\,\mu\mathrm{s}$，脉冲重复频率$\mathrm{PRF}=1000\,\mathrm{Hz}$，可获得距离分辨率为$\rho_{\mathrm{r}}$=0.5 m。初始成像时目标到雷达的距离设为 10 km，目标垂直于雷达视线方向作匀速直线运动，运动速度$v=300\,\mathrm{m/s}$，目标成像相干积累时间为T_{c}=1s，可获得方位分辨率为ρ_{a}=0.5 m，此时方位向全孔径采样点数为$N_{\mathrm{c}}=1000$。采用 2.1.3 节所述的 R-D 成像算法对全孔径回波数据进行处理，图 2.19(a)、(b)分别为第 272 个距离单元的方位像和目标二维 ISAR 像。

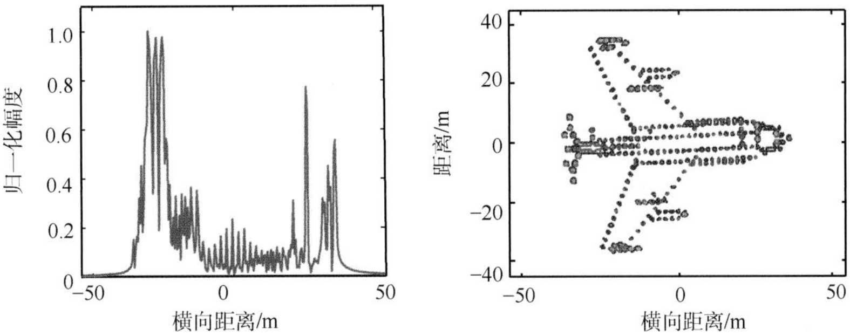

（a）目标方位像（第272个距离单元）　　（b）目标二维ISAR像

图 2.19　基于 R-D 算法的目标成像结果

下面考虑稀疏孔径观测的情况，使用本节所述的稀疏孔径 ISAR 成像方法对目标进行成像。在采用 OMP 算法进行信号重构时，要求观测维数满足$M_{\mathrm{c}}\geqslant c_1K\cdot\ln N_{\mathrm{c}}$，根据目标方位向稀疏度，取方位向观测维数$M_{\mathrm{c}}=152$，对原始信号进行随机稀疏孔径采样，此时降采样率达到 6.58。若对稀疏孔径数据直接采用 R-D 成像算法，获得的目标二维 ISAR 像如图 2.20 所示，显然，由于低维观测破坏了数据之间的相关性，无法获得有效的成像结果。对稀疏孔径数据采用本节所述 CS 方法进行重构，图 2.21(a)、(b)分别为基于 CS 重构的方位像(第 272 个距离单元)和目标二维 ISAR 像。

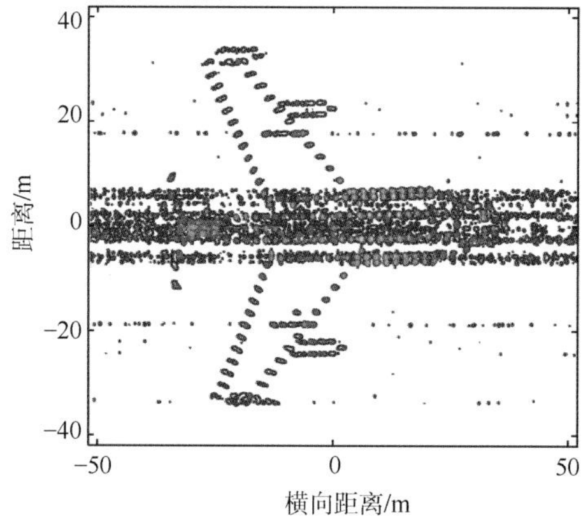

图 2.20　稀疏孔径条件下基于 R-D 成像算法的目标二维 ISAR 像（$M_c=152$）

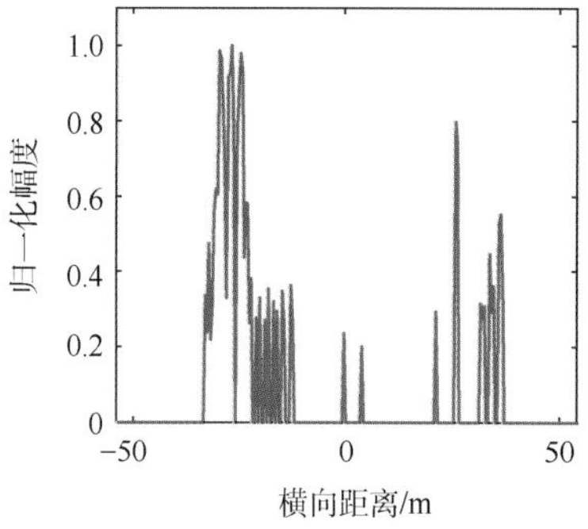

（a）CS重构的目标方位像（第272个距离单元）

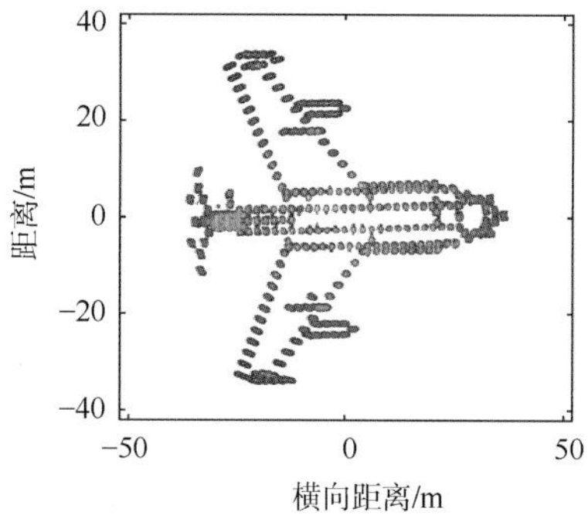

（b）CS重构的目标二维ISAR像

图 2.21　稀疏孔径条件下基于 CS 的目标成像结果（$M_c=152$）

比较图 2.19(a)和图 2.21(a)所示的目标第 272 个距离单元的方位像，可以看出，图 2.21(a)有效抑制了旁瓣，改善了目标方位向的成像质量，同时，图 2.21(a)中表示目标散射点位置的峰值个数略少于图 2.19(a)。然而，比较图 2.19(b)和图 2.21(b)所示的目标二维 ISAR 像，可以看出，稀疏孔径条件下基于 CS 的目标成像质量并没有下降，这是因为虽然每一个距离单元的方位像都不能反映出目标散射点的所有信息，但每次观测过程都反映了目标散射点不同部分的信息，因此通过重构处理，仍可以获得完整的目标二维 ISAR 像。

下面分析观测维数对目标成像质量的影响。目标和雷达参数不变，观测维数分别选为 $M_c=70$、$M_c=130$ 和 $M_c=210$。图 2.22 为不同观测维数下基于 CS 重构的目标二维 ISAR 像。可以看出当观测维数不满足 $M_c \geqslant c_1 K \cdot \ln N_c$ 时，即当 $M_c=70$ 和 $M_c=130$ 时成像结果较差，如图 2.22(a)、(b)所示。反之，当观测维数满足 $M_c \geqslant c_1 K \cdot \ln N_c$ 时，即当 $M_c = 210$ 时可以高概率准确重构出目标二维 ISAR 像，如图 2.22(c)所示。

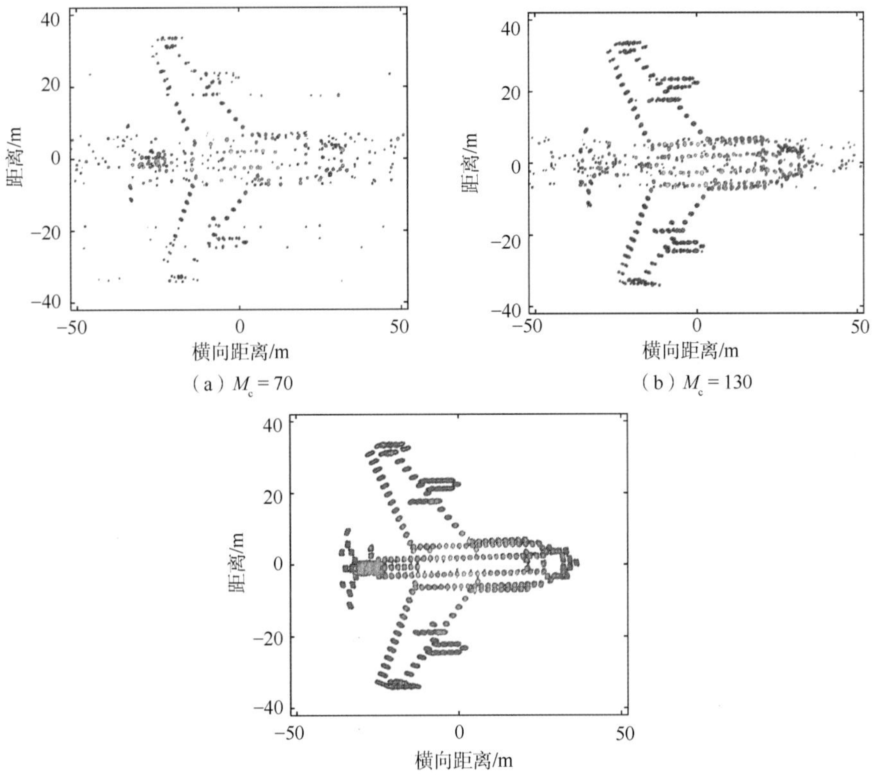

(a) $M_c = 70$　(b) $M_c = 130$　(c) $M_c = 210$

图 2.22　不同观测维数下基于 CS 重构的目标二维 ISAR 像

为了分析基于 CS 的 ISAR 成像方法的鲁棒性，现选取观测维数 $M_c = 152$，对不同信噪比条件下的成像结果进行仿真实验。信噪比为 5 dB、0 dB 和−10 dB 时，基于 CS 重构出的目标二维 ISAR 像分别如图 2.23(a)、(b)、(c)所示。可以看出，随着信噪比的降低，噪声的存在对目标回波信号稀疏性的影响逐步加大，重构出的目标二维 ISAR 像的质量也逐步变差。在信噪比大于 0 dB 时，利用 CS 方法能较好地重构出目标的大部分散射点信息，得到较为理想的目标二维 ISAR 像，如图 2.23(a)、(b)所示。而当信噪比降低到−10 dB 时，由于噪声已经完全破坏了目标回波信号的稀疏性，散射点信息被噪声淹没，利用 CS 方法无法重构出有效的目标二维 ISAR 像，如图 2.23(c)所示。

根据上述仿真结果可以看出，在满足观测维数要求的条件下，基于 CS 的稀疏孔径 ISAR 成像方法能够在保证目标成像质量不降低的前提下，大幅减少目标成像所需的观测数据量，有效节约了雷达资源，缓解了雷达系统的数据存储、传输和处理压力，并且具有较好的鲁棒性。

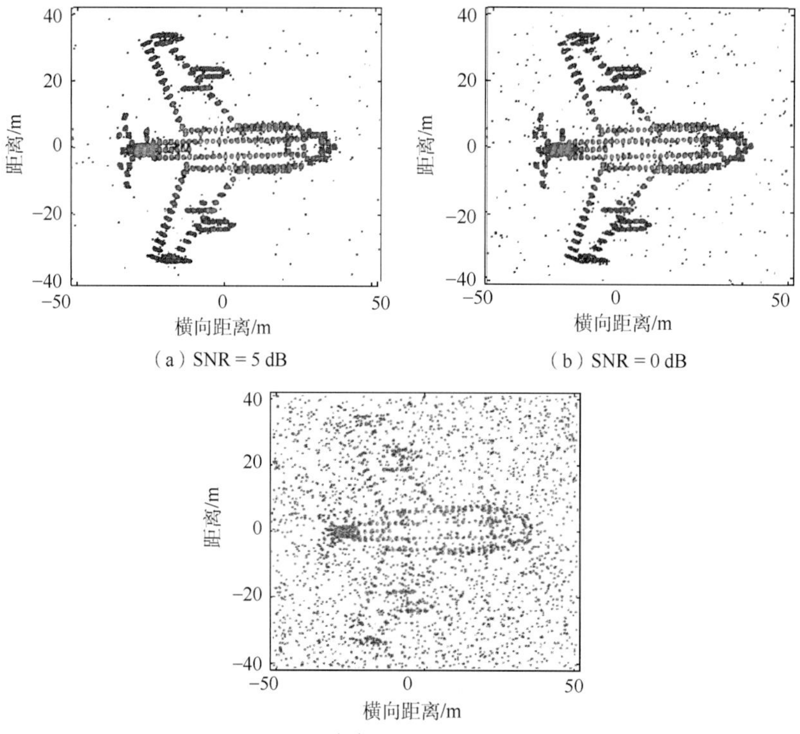

（a）SNR = 5 dB　　（b）SNR = 0 dB　　（c）SNR = −10 dB

图 2.23　不同信噪比下基于 CS 重构的目标二维 ISAR 像

2.3　微动目标的微多普勒效应与高分辨成像

雷达目标或目标部件的运动有可能除质心平动以外，还伴随着振动、旋转和翻滚等微动(micro-motion 或 micro-dynamics)。目标微动会对雷达回波的相位进行调制，进而产生相应的频率调制，在由目标主体平动产生的雷达回波多普勒频移信号附近引入额外的调制边带。这个额外的调制信号称为微多普勒信号，这种由微动引起的调制现象称为微多普勒效应(micro-Doppler effect)。早期人们在进行信号处理时，通常把微多普勒信号当作旁瓣或干扰等不利因素而设法加以剔除。其实，微多普勒效应可被视为目标结构部件与目标主体之间相互作用的结果，反映的是多普勒频移的瞬时特性，表征了目标微动的瞬时径向速度。微多普勒信号中所包含的信息可以反演出目标的形状、结构、姿态、表面材料电磁参数、受力状态以及目标独一无二的运动特性。通过现代信号处理技术分析目标的微多普勒效应，是实现目标高分辨成像和高精度分类识别的重要手段。

2000 年，V. C. Chen 将“微动”及“微多普勒”的概念正式引入到微波雷达观测领域，并证实了尽管微多普勒效应对雷达系统工作波长敏感，但借助于高分辨的时频分析技术，在微波雷达中仍然可以观测到目标的微多普勒效应，从而开拓了基于雷达信号的目标微动特性研究这一新领域。此后，微动目标特征提取、成像与识别技术受到了国内外大量科研机构和学者的重视与关注，并取得了丰富的研究成果。

2.3.1　微动目标回波模型

对于旋转等简单形式的微动，其在 LOS 方向上的运动形式为简谐运动，理想条件下微多普勒频率可表示为

$$f_{\mathrm{m-D}}(t)=\frac{2}{\lambda}\left[\boldsymbol{w}\times\boldsymbol{r}(t)\right]^{\mathrm{T}}\cdot\boldsymbol{n}=\frac{2r\Omega}{\lambda}\cos(\Omega t+\theta) \tag{2.42}$$

式中，λ 为雷达发射信号波长；$\boldsymbol{w}$ 为旋转角速度矢量；$\boldsymbol{r}(t)$ 为 t 时刻旋转半径矢量；$\boldsymbol{n}$ 表示 LOS 方向；r 为径向微动最大幅度，即目标旋转半径矢量在 LOS 方向上投影的最大值；Ω 为目标旋转角速度；θ 为简谐运动的初始相位。对于振动、翻滚等其他简单形式的微动，其微多普勒频率在理论上也具有如式(2.42)所示的表达形式。图 2.24(b)给出了暗室环境下单散射点目标(金属球目标)做旋转运动时雷达回波的时频分析结果。从式(2.42)中可以看出，目标简单形式的微动产生的微多普勒频率与其微动幅度、旋转频率等因素相关，其随时间的变化规律表现为正弦调频形式，因此在时频图像中也呈现出正弦变化规律，与图 2.24(b)相吻合。

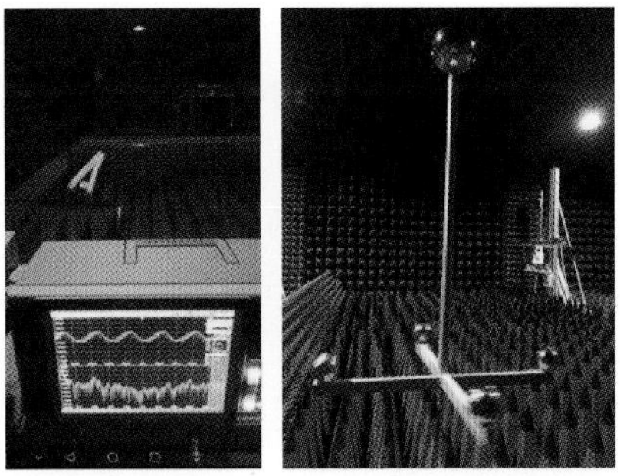

(a) 实验场景

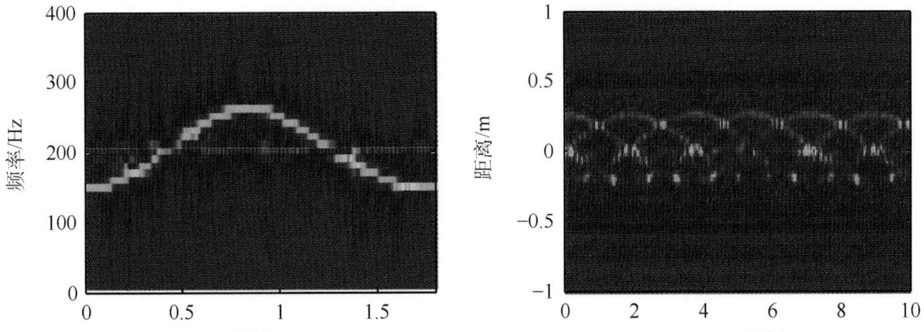

(b) 单个旋转金属球的微多普勒时频分析结果　　(c) 四个金属球旋转的距离-慢时间像

图 2.24　微动目标暗室观测回波分析

在宽带成像雷达中，由于雷达的距离高分辨能力，目标径向微动幅度有可能远大于雷达的距离分辨单元，因此在完成回波平动补偿后，目标的微动通常导致散射点发生越

距离单元走动，目标回波在 HRRP 序列中呈现为对应于各微动散射点径向微动历程 $\boldsymbol{r}(t)^{\mathrm{T}}\boldsymbol{n}$ 的多条距离-慢时间平面上的变化曲线。此时，除了可用式(2.42)所示的表达式来描述微动引起的雷达回波调制特征以外，还可以直接用 $\boldsymbol{r}(t)^{\mathrm{T}}\boldsymbol{n}$ 来描述距离-慢时间域的调制特征。图 2.24(c)为暗室采集的四个金属球目标进行旋转运动时的距离-慢时间像。

在现实场景中，很难找到仅具有单一运动模式的目标，多数雷达目标的运动都呈现为多种运动形式的复合。根据运动分量的不同，可以分为以下两种主要复合运动类型：①平动与简单形式微动的复合。目标在整体平动的同时，目标或目标部件具有旋转、振动等简单形式微动，如空间自旋碎片、直升机、螺旋桨飞机、行进车辆等。在补偿完平动分量引起的回波调制后，其微动回波在时频域和距离-慢时间域均具有正(余)弦调制规律。②平动与复杂形式微动的复合。目标在整体平动的同时，目标或目标部件还复合有多种微动形式，如弹头目标、海面舰船目标、坦克目标、人体目标、鸟类目标等。中段飞行的弹道目标往往需要绕其自身对称轴自旋以保持飞行稳定，同时由于外力的作用(如弹箭分离、释放诱饵等产生的反作用力或气流扰动等)，目标通常还会绕空间某轴进行锥旋或摆动，因此其微动形式表现为合成的进动或章动，微多普勒不再服从简单的正弦规律，而是表现为多个正弦分量的叠加；人体目标的运动状态(如静止、行进、踏步、匍匐前进等)变化复杂、属性(如性别、年龄、身高、体重等)差异明显，其微动形式(躯体非匀速行进、心脏跳动、胸腔起伏、手腿摆动等)表现多样，对其进行回波建模是一个非常复杂的问题，到目前为止还没有一个理想的解决方案。通常的做法是从建立人体目标运动学模型来逼近人体目标真实运动、建立人体目标结构模型来逼近人体目标组成、建立人体目标 RCS 模型来逼近人体目标雷达回波特性等角度来对人体目标进行雷达回波建模。此外，还有学者研究了鸟类目标等其他生物目标的微多普勒效应，建立了鸟类目标飞行时振翅所引起的回波调制模型，分析了其产生的微多普勒调制特征。

然而，在单基雷达中，雷达目标回波的微多普勒特征仅由目标微动部件运动矢量在 LOS 上的投影值决定，这使得在不同雷达视角下，目标的一些主要微动特征将呈现出显著差异，即目标微多普勒特征具有姿态敏感性。此外，在实际中还需要考虑目标回波不连续、遮挡效应等因素对回波信号和微多普勒效应的影响。

近年来，基于双基雷达、分布式 MIMO 雷达、阵列雷达或组网雷达等多通道雷达来探测微动目标也是一个重要的发展趋势。这类雷达的多视角特性可以克服单基雷达姿态敏感性的局限以及遮挡效应的影响，形成多视角资源互补，从而获得目标更为准确的微动特征。同时，多通道处理还可以更好地实现微动特征与目标运动特性之间的关联匹配，提高目标分类识别的准确性。对比单基雷达中的目标微多普勒效应，分布式 MIMO 雷达或组网雷达中的目标微多普勒效应被称为“三维微多普勒”(three-dimensional micro-Doppler)效应。由于多通道雷达收发分置的特殊空间结构以及目标的散射各向异性，目标微多普勒效应与雷达构型以及目标相对于雷达的姿态之间都存在耦合(如表 2.1 所示，组网雷达中各子雷达所观测到的目标微动特征都不相同)，这为提取目标的空间三维微动特征提供了前提基础。文献(张群和罗迎，2013)中详细介绍了雷达目标三维微多普勒效应以及三维微动特征提取方法，本书不再赘述。

表 2.1　分布式 MIMO 雷达系统(2 个发射阵元和 4 个接收阵元)
每对收发阵元获得的三个旋转散射点目标微动特征

	接收 1	接收 2	接收 3	接收 4
发射 1	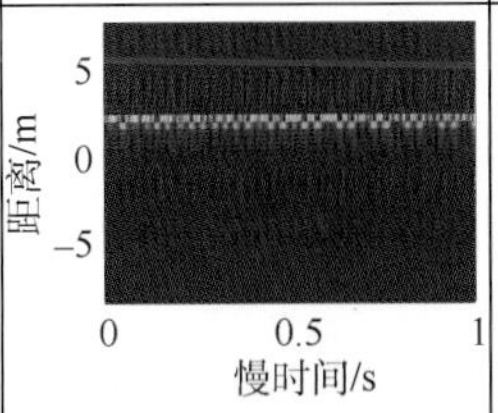	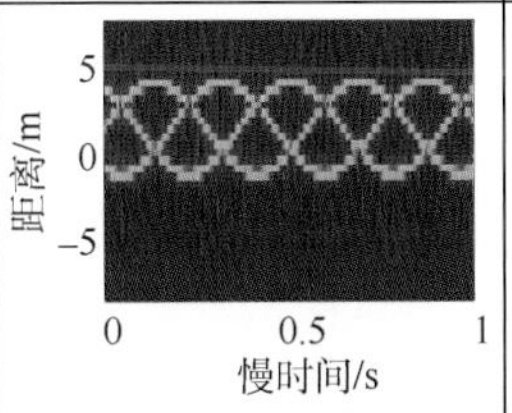	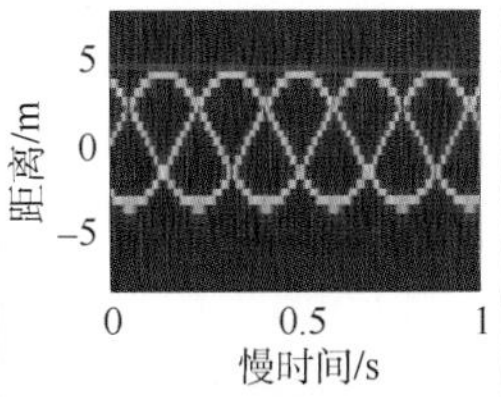	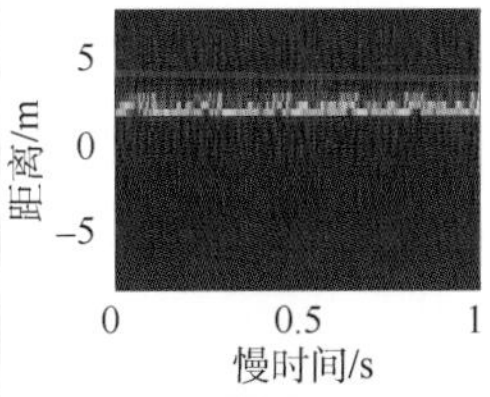
发射 2	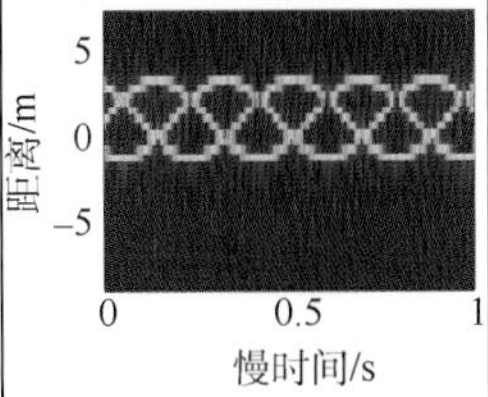	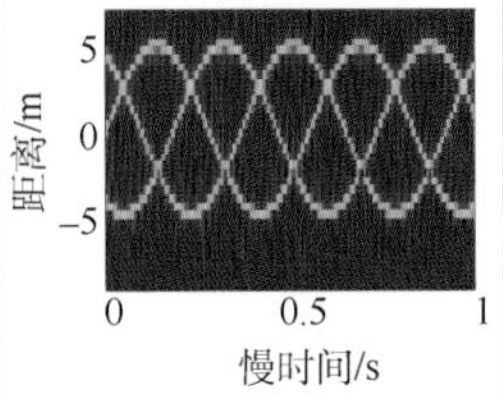	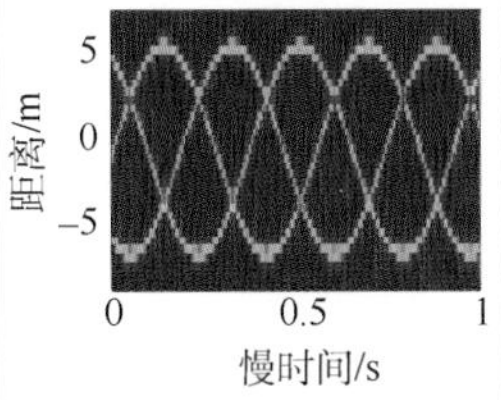	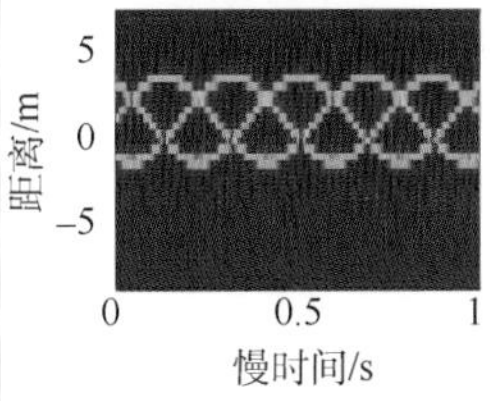

2.3.2　微动特征提取

微动特征提取主要是通过分析回波的调制特征，从中获取反映目标结构、运动状态等信息的特征量，并基于特征量实现对目标尺寸、属性、类别、结构和运动状态等参数的估计，为目标成像、分类与识别提供依据。

微动本质上是一种非匀速或非刚体运动，微动目标对雷达信号的响应相当于非线性系统的响应，因此微多普勒信号具有时变非平稳的特点。早期利用傅里叶变换，通过频谱分析来进行微动特征提取的方法只能获得信号在频域的全局特性，缺乏频域的定位功能，对非平稳信号不再适用。时频分析通过构造同时关联目标时间和频率的密度函数，将微多普勒信号变换到时频域，能够揭示信号中包含的频率分量及其演化特性，是微多普勒特征分析中最经典的手段之一。在时频域中(对于宽带雷达，则在距离-慢时间域中)，一般是通过 Hough 变换、广义 Radon 变换、逆 Radon 变换等方法将边缘检测问题转化为参数空间中的峰值检测问题来提取目标的微动特征。应当指出的是，这类方法的运算量是随着特征提取精度要求和参数空间维数成指数增长的，并且时频分辨率直接制约着微动特征提取性能。

在 2.3.1 节中已经提到，由旋转、振动等微动引起的微多普勒信号均表现为正弦调频信号形式。由于傅里叶基、线性调频基与微多普勒信号频率时变、调制非线性的特点不相吻合，因此难以直接用于分析微多普勒信号。根据微多普勒信号形式，建立具有独特运算定义的正弦调频信号域，并进一步定义正弦调频傅里叶变换(sinusoidal frequency modulation Fourier transform，SFMFT) (Peng et al.，2014)，能够长时间有效积累信号的微多普勒信息，因此可以实现小幅微动情况下的微动特征提取，较传统时频分析方法大幅度提高了参数估计精度和抗噪性能。但是当信号分量达到三个以上时，信号在 SFMFT 域中产生的交叉干扰项将导致难以根据变换域频谱准确判断信号实际的频率成分。在非平稳信号处理中，另一种以 Bessel 函数为基函数的变换也得到了广泛应用，即

Fourier-Bessel 变换(Fourier-Bessel transform，FBT)(Suresh et al.，2015)。由于信号频率与 FB 级数项数的一一对应关系，FB 级数展开在多分量信号处理中具有良好的性能。然而，由于信号的频率成分与 Bessel 函数基中的 Bessel 函数正根相对应，信号的频率分辨率固定且不可细分，因此信号频率的估计精度受到了 Bessel 函数的限制。鉴于此，本节介绍一种新的变换——正弦调频 Fourier-Bessel 变换，该变换根据正弦调频信号特点对 Bessel 函数基进行了改进，能够实现多分量信号的分离与重构。进一步地，以进动目标为例，介绍基于正弦调频 Fourier-Bessel 变换的目标微动特征提取方法。

1. 基于正弦调频 Fourier-Bessel 变换的多分量信号分离与重构

对于无限时域信号 $s(t)$，正弦调频 Fourier-Bessel 变换将信号的相位历程分解为无限项改进的 Bessel 函数的加权和，信号 $s(t)$ 的正弦调频 Fourier-Bessel 变换定义为

$$S_\alpha(\omega)=\mathrm{SFMFBT}\left[s(t)\right]=\int_0^\infty \mathrm{j}t\ln\left[s(t)\right]J_\alpha(\omega t)\,\mathrm{d}t \tag{2.43}$$

式中，$J_\alpha(\omega t)$ 为第一类 α 阶 Bessel 函数；ω 为正弦调频 Fourier-Bessel 域的自变量。相应地，正弦调频 Fourier-Bessel 反变换定义为

$$s(t)=\mathrm{ISFMFBT}\left[S_\alpha(\omega)\right]=\exp\left[\mathrm{j}\int_0^\infty \omega S_\alpha(\omega)J_\alpha(\omega t)\,\mathrm{d}\omega\right] \tag{2.44}$$

将 k 分辨参数引入 Bessel 函数基，在有限时域区间 $(0, T)$ 上，信号可被表示为若干 Bessel 函数的加权和

$$s(t)=\exp\left[\mathrm{j}\sum_{p=1}^{P}C_pJ_\alpha(\lambda_p t/kT)\right], t\in\left[0,T\right] \tag{2.45}$$

式中，$J_\alpha(\cdot)$ 为 α 阶贝塞尔函数；λ_p 为 α 阶 Bessel 函数的第 p 项升序正根；C_p 为第 p 项正弦调频 Fourier-Bessel 级数，可表示为

$$C_p=2/[kTJ_{\alpha+1}(\lambda_p)]^2\int_0^T \mathrm{j}t\ln[s(t)]J_\alpha(\lambda_p t/kT)\,\mathrm{d}t \tag{2.46}$$

下面分析正弦调频 Fourier-Bessel 变换的正交性、准周期性和幅值特性。

1) 正交性

基函数的正交性确保了信号分解的有效性。根据正弦调频 Fourier-Bessel 级数定义，第 p_1 项 Bessel 函数基 $J_\alpha(\lambda_{p_1}t/k)$ 与第 p_2 项 Bessel 函数基 $J_\alpha(\lambda_{p_2}t/k)$ 的内积为

$$\left\langle J_\alpha(\lambda_{p_1}t/k),J_\alpha(\lambda_{p_2}t/k)\right\rangle=\frac{k^2}{\lambda_{p_1}}\delta(\lambda_{p_1}-\lambda_{p_2}) \tag{2.47}$$

式中，$\delta(\cdot)$ 为冲激函数，当且仅当 $p_1=p_2$ 时式(2.47)中内积不为零。Bessel 基函数正交性证明如下。

如文献（Suresh et al.，2014）所述

$$\int_0^\infty tJ_\alpha(\lambda_{p_1}t)J_\alpha(\lambda_{p_2}t)\,\mathrm{d}t=\frac{1}{\lambda_{p_1}}\delta\left(\lambda_{p_1}-\lambda_{p_2}\right) \tag{2.48}$$

令 $\tau=t/k$，则

$$\left\langle J_\alpha\left(\frac{\lambda_{p_1}}{k}t\right),J_\alpha\left(\frac{\lambda_{p_2}}{k}t\right)\right\rangle=k^2\int_0^\infty \tau J_\alpha(\lambda_{p_1}\tau)J_\alpha(\lambda_{p_2}\tau)\,\mathrm{d}\tau=\frac{k^2}{\lambda_{p_1}}\delta(\lambda_{p_1}-\lambda_{p_2}) \tag{2.49}$$

式(2.49)表示函数 $J_\alpha(\lambda_{p_1}t/k)$ 与函数 $J_\alpha(\lambda_{p_2}t/k)$ 以 t 为权函数正交。

2) 准周期性

第 p 项 α 阶 Bessel 函数正根 λ_p 的准周期性表示为

$$\lambda_{p+i}-\lambda_p\approx i\pi,\ p\geqslant 1 \tag{2.50}$$

式中，$i=0,1,\cdots$。根据 Bessel 函数的性质，当 $k\to\infty$ 时，两连续正根的差值趋近于 π，即

$$\lim_{p\to\infty}(\lambda_{p+1}-\lambda_p)=\pi \tag{2.51}$$

当 $p\geqslant 7$ 时，两连续正根之差满足 $\left|(\lambda_{p+1}-\lambda_p)-\pi\right|<10^{-3}$，且随着阶数增大这一差值更加趋近于零。Bessel 函数正根的准周期性提供了一种由 p 项正根近似计算 $p+i(i\geqslant 1)$ 项正根的方法。

3) 幅值特性

正弦调频 Fourier-Bessel 级数的幅值特性反映了 k 分辨参数、信号频率和正弦调频 Fourier-Bessel 级数项数的关系。设正弦调频信号为

$$s(t)=A\exp\left\{\mathrm{j}\left[a\sin(2\pi ft)+b\cos(2\pi ft)\right]\right\} \tag{2.52}$$

式中，A 为幅度；f 为信号频率；a 和 b 分别为正弦项和余弦项的调制系数。则 k 分辨参数、信号频率和正弦调频 Fourier-Bessel 级数项数的关系可表示为

$$f=\frac{\lambda_{p_{\max}}}{2\pi kT} \tag{2.53}$$

式中，$p_{\max}=\arg\max\limits_p\left\{\left|\mathrm{Re}(C_p)\right|\right\}$。

将式(2.52)所示 $s(t)$ 进行正弦调频 Fourier-Bessel 级数展开，由 $\omega=2\pi f$，可以得到

$$C_p=C_0-\frac{2(aC_1+bC_2)}{k^2T^2J_{\alpha+1}^2(\lambda_p)} \tag{2.54}$$

式中

$$C_0=\mathrm{j}\frac{2\ln A}{k^2T^2J_{\alpha+1}^2(\lambda_p)}\int_0^T tJ_\alpha\left(\frac{\lambda_p}{kT}t\right)\mathrm{d}t=\mathrm{j}\frac{2\ln A}{\lambda_pJ_{\alpha+1}(\lambda_p)} \tag{2.55}$$

$$C_1 = \int_0^T t\sin(\omega t) J_\alpha\left(\frac{\lambda_p}{kT}t\right)\mathrm{d}t \tag{2.56}$$

$$C_2 = \int_0^T t\cos(\omega_2 t) J_\alpha\left(\frac{\lambda_p}{kT}t\right)\mathrm{d}t \tag{2.57}$$

由 Bessel 函数的不定积分性质，可以得到

$$\int tJ_\alpha(t)\,\mathrm{d}t = tJ_{\alpha+1}(t) \tag{2.58}$$

$$\int J_{\alpha+1}(t)\,\mathrm{d}t = -J_\alpha(t) \tag{2.59}$$

C_1 可推导为

$$C_1 = \frac{k^2T^2}{\lambda_p^2 - k^2T^2\omega^2}\cdot\left[\lambda_p\sin(kT\omega)J_{\alpha+1}(\lambda_p) - \omega\int_0^T J_\alpha\left(\frac{\lambda_p}{kT}t\right)\cos(\omega t)\,\mathrm{d}t\right] \tag{2.60}$$

同样地，C_2 可推导为

$$C_2 = \frac{k^2T^2}{\lambda_p^2 - k^2T^2\omega^2}\cdot\left[\lambda_p\cos(kT\omega)J_{\alpha+1}(\lambda_p) + \omega\int_0^T J_\alpha\left(\frac{\lambda_p}{kT}t\right)\sin(\omega t)\,\mathrm{d}t\right] \tag{2.61}$$

由文献(Persidis，2007)有

$$\int_0^T J_\alpha\left(\frac{\lambda_p}{T}t\right)\exp(\mathrm{j}\omega t)\,\mathrm{d}t = \frac{TJ_{\alpha+1}(\lambda_p)\exp(\mathrm{j}T\omega)}{(\lambda_p^2 - T^2\omega^2)^2 + \mathrm{j}T\omega} \tag{2.62}$$

将 Bessel 函数基 $J_\alpha(\lambda_p t/k)$ 代入式(2.62)，则其实部与虚部分别计算为

$$\begin{aligned}&\int_0^T J_\alpha\left(\frac{\lambda_p}{kT}t\right)\cos(\omega t)\,\mathrm{d}t\\&= \frac{kT\lambda_p J_{\alpha+1}(\lambda_p)}{(\lambda_p^2 - k^2T^2\omega^2)^2 + k^2T^2\omega^2}\cdot\left[kT\omega\sin(kT\omega) + (\lambda_p^2 - k^2T^2\omega^2)\cos(kT\omega)\right]\end{aligned} \tag{2.63}$$

$$\begin{aligned}&\int_0^T J_\alpha\left(\frac{\lambda_p}{kT}t\right)\sin(\omega t)\,\mathrm{d}t\\&= \frac{kT\lambda_p J_{\alpha+1}(\lambda_p)}{(\lambda_p^2 - k^2T^2\omega^2)^2 + k^2T^2\omega^2}\cdot\left[(\lambda_p^2 - k^2T^2\omega^2)\sin(kT\omega) - kT\omega\cos(kT\omega)\right]\end{aligned} \tag{2.64}$$

联立式(2.60)与式(2.63)，联立式(2.61)与式(2.64)，则可得 C_1 和 C_2 分别为

$$C_1 = \frac{k^2T^2\lambda_p J_{\alpha+1}(\lambda_p)}{(\lambda_p^2 - k^2T^2\omega^2)^2 + k^2T^2\omega^2}\cdot\left[\sin(kT\omega)(\lambda_p^2 - k^2T^2\omega^2) - \cos(kT\omega)kT\omega\right] \tag{2.65}$$

$$C_2 = \frac{k^2T^2\lambda_p J_{\alpha+1}(\lambda_p)}{(\lambda_p^2 - k^2T^2\omega^2)^2 + k^2T^2\omega^2}\cdot\left[\cos(kT\omega)(\lambda_p^2 - k^2T^2\omega^2) + \sin(kT\omega)kT\omega\right] \tag{2.66}$$

联立式(2.65)、式(2.66)和式(2.54)，则信号 $s(t)$ 的正弦调频 Fourier-Bessel 级数为

$$C_p = C_0 - \frac{-2\sqrt{a^2+b^2}\lambda_p}{J_{\alpha+1}(\lambda_p)} \frac{\sin(kT\omega-\beta-\phi)}{\sqrt{(\lambda_p^2-k^2T^2\omega^2)^2+k^2T^2\omega^2}} \tag{2.67}$$

式中，C_0 为一虚数，$\tan\beta=(\lambda_p-k^2T^2\omega^2)/kT\omega$，$\tan\phi=b/a$。由于 f 与 T 均为常量，正弦调频 Fourier-Bessel 级数的幅度随项数 p 而改变。当 $\omega\to\lambda_p/kT$ 时，正弦调频 Fourier-Bessel 级数的实部绝对值 $|\mathrm{Re}(C_p)|$ 取得最大值。

由式(2.50)的准周期性和式(2.53)的幅值特性可知，相邻两项正弦调频 Fourier-Bessel 级数对应的理论频率之差为

$$\Delta f_k = \frac{\lambda_{p+1}}{2\pi kT} - \frac{\lambda_p}{2\pi kT} < \frac{1}{2kT} \tag{2.68}$$

如式(2.53)所述，当 $\lambda_p\to 2\pi kTf$，正弦调频 Fourier-Bessel 级数实部绝对值达到最大值，则信号的调制频率可估计为

$$f_{p_{\max}} = \frac{\lambda_{p_{\max}}}{2\pi kT} \tag{2.69}$$

式中，$p_{\max}=\arg\max\limits_{p}\{|\mathrm{Re}(C_p)|\}$。定义调制频率估计的绝对误差为

$$f_{\mathrm{e}} = |f_{p_{\max}} - f| \tag{2.70}$$

显然，最大绝对误差 $\max(f_{\mathrm{e}})$ 将不超过频率分辨精度 Δf_k，即 $\max\{f_{\mathrm{e}}\}<1/(2kT)$，且随着 k 值的增大，频率分辨精度将进一步提升。

在基于正弦调频 Fourier-Bessel 变换对多分量正弦调频信号进行调制频率提取与多分量信号分离重构的过程中，可以以能量大小作为判别信号展开的正弦调频 Fourier-Bessel 级数中是否含有正弦调频信号的依据。由于正弦调频 Fourier-Bessel 级数与信号频率成分一一对应，因此信号能量与正弦调频 Fourier-Bessel 级数的平方成正比。令

$$\eta_{p_{\max}} = \sum (C_{p'_{\max}})^2 \bigg/ \sum_{p=1}^{P} (C_p)^2 \tag{2.71}$$

式中，$C_{p'_{\max}}$ 为以 $C_{p_{\max}}$ 为中心的邻域 $\left(C_{p_{\max}}-p_0, C_{p_{\max}}+p_0\right)$。给定阈值 η，若 $\eta_{p_{\max}}>\eta$，则判定信号展开级数中存在信号分量，若 $\eta_{p_{\max}}\leqslant\eta$，则判定展开级数中不存在信号分量。综上所述，利用正弦调频 Fourier-Bessel 变换进行多分量正弦调频信号调制频率估计与分离的具体流程如下。

输入：多分量信号 $s(t)$，阈值 η；

步骤 1：初始化信号分量数 $U=1$，选择满足精度要求的 k 值；

步骤 2：计算正弦调频 Fourier-Bessel 级数 C_p $(p=1,2,\cdots,P)$；

步骤 3：根据式(2.69)，寻找 $p_U=\arg\max\limits_{p}\{|\mathrm{Re}(C_p)|\}$，计算信号的调制频率估计值 $f_U=\lambda_{p_U}/(2\pi kT)$；

步骤 4：根据式(2.46)，以系数 $C_U \in (C_{p_U} - p_0, C_{p_U} + p_0)$ 重构信号分量 $s_U(t)$；

步骤 5：若 $\eta_{p_{\max}} > \eta$，移除系数 C_U，更新 $U = U + 1$，转步骤 3；否则，算法结束。

输出：信号分量数 U，调制频率估计值 f_u，各信号分量 $s_u(t)$，其中 $u = 1, \cdots, U$。

通过以上步骤，能够获得多分量正弦调频信号中所包含的全部调制频率并重构得到各信号分量。

下面，对基于正弦调频 Fourier-Bessel 变换的多分量正弦调频信号调制频率估计与信号分离方法进行仿真实验。设信号由式(2.52)所述的三个正弦调频信号分量组成，信号幅度、调制系数和调制频率设置如下。分量 1：$A_1 = 3$，$a_1 = b_1 = 2$，$f_1 = 5.25\ \text{Hz}$；分量 2：$A_2 = 3$，$a_2 = b_2 = 1$，$f_2 = 19.63\ \text{Hz}$；分量 3：$A_3 = 2$，$a_3 = b_3 = 1$，$f_3 = 34.38\ \text{Hz}$。取 $k = 10$，对多分量正弦调频信号进行调制频率估计及信号分离重构，则各分量调制频率的估计结果及其绝对估计误差如表 2.2 所示。

表 2.2　信号的调制频率估计结果

项　目	分量 1	分量 2	分量 3
SFMFB 级数项	104	392	688
实际频率/Hz	5.19	19.64	34.39
估计频率/Hz	5.1875	19.6425	34.3925
绝对估计误差/Hz	0.0025	0.0025	0.0025

原始信号及分离重构后各信号分量的时频分析结果如图 2.25 所示。从图 2.25(a)中可以看出，多分量正弦调频信号的时频分析结果很难反映信号的时频特征。而从图 2.25(b)、(c)、(d)中可以看出，分离后各信号分量的时频分布中，除了图像边缘处有误差引起的不规则时频分布抖动，其时频分析结果能够较好地反映各信号分量的时频特征。

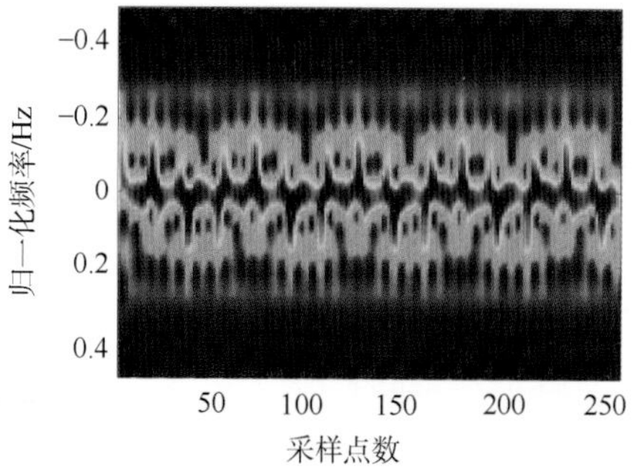

(a) 多分量正弦调频信号

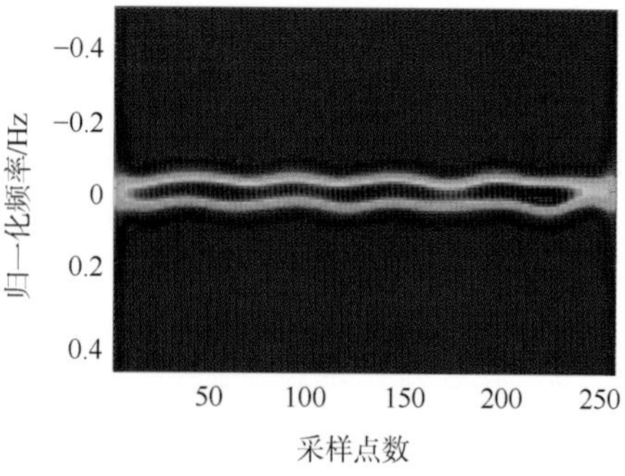

(b) 分离后的信号分量 1

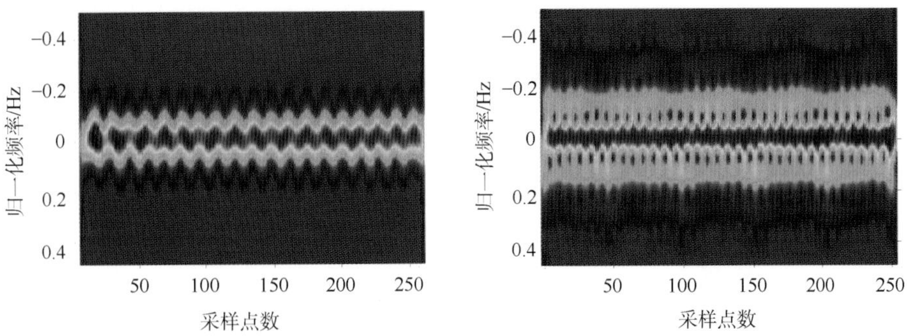

（c）分离后的信号分量 2　　（d）分离后的信号分量 3

图 2.25　原始信号及分离后各信号分量的时频分析结果

2. 进动目标微动特征提取

进动是中段弹道目标的一种典型运动形式。本节以锥体进动目标为例，介绍基于正弦调频 Fourier-Bessel 变换的进动目标微动特征提取方法。目标与雷达的相对位置关系如图 2.26 所示。以目标质心 O 为原点，以目标旋转对称轴为 Z 轴建立空间直角坐标系，X 轴和 Y 轴遵从右手螺旋定则。同样以 O 为原点建立参考坐标系 (X',Y',Z')，(X',Y',Z') 的坐标轴与以雷达为原点的雷达坐标系坐标轴平行，且不随目标的运动而改变。

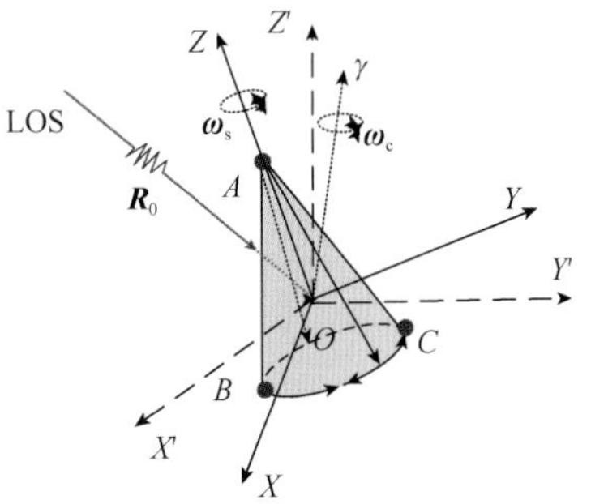

图 2.26　锥体进动目标三维位置示意图

设在坐标系 (X',Y',Z') 中，目标质心到雷达的位移矢量为 $\boldsymbol{R}_0$。空间进动目标的运动可分为两个部分，即平动和进动，其中平动部分体现了目标质心的运动。为保持自身的稳定性，目标在围绕锥旋轴 γ 轴以 $\boldsymbol{\omega}_{\rm c}=(\omega_{{\rm c}X'},\omega_{{\rm c}Y'},\omega_{{\rm c}Z'})^{\rm T}$ 为角速度进行锥旋的同时，还围绕自身对称轴 Z 轴以 $\boldsymbol{\omega}_{\rm s}=(\omega_{{\rm s}X'},\omega_{{\rm s}Y'},\omega_{{\rm s}Z'})^{\rm T}$ 为角速度进行自旋。假设目标存在三个强散射点 A、B 和 C，其中散射点 A 位于目标自旋轴上，它仅以 $\boldsymbol{\omega}_{\rm c}$ 进行锥旋，散射点 B 和 C 在锥旋的同时进行自旋。在 t 时刻，散射点 A 与雷达的瞬时距离为

$$r_A(t)=\left\|\boldsymbol{R}_0+\boldsymbol{v}t+\boldsymbol{R}_{\rm c}(t)\boldsymbol{R}_{\rm init}\boldsymbol{r}_{A0}\right\| \tag{2.72}$$

式中，$\boldsymbol{v}$ 为目标在参考坐标系中的平动速度向量；$\boldsymbol{r}_{A0}=(r_{A0X},r_{A0Y},r_{A0Z})^{\rm T}$ 为 (X,Y,Z) 中目标质心到散射点 A 的初始距离向量；$\boldsymbol{R}_{\rm init}$ 为描述坐标系 (X,Y,Z) 与坐标系 (X',Y',Z') 之间变换关系的欧拉旋转矩阵；$\boldsymbol{R}_{\rm c}(t)$ 为锥旋矩阵。

同样地，在 t 时刻，散射点 B（或 C）与雷达的距离为

$$r_B(t)=\left\|\boldsymbol{R}_0+\boldsymbol{v}t+\boldsymbol{R}_{\rm c}(t)\boldsymbol{R}_{\rm s}(t)\boldsymbol{R}_{\rm init}\boldsymbol{r}_{B0}\right\| \tag{2.73}$$

式中，$\boldsymbol{r}_{B0}=(r_{B0X}, r_{B0Y}, r_{B0Z})^{\mathrm{T}}$ 为 (X,Y,Z) 中目标质心到散射点 B 的初始距离向量；$\boldsymbol{R}_{\mathrm{s}}(t)$ 为自旋矩阵。

$\boldsymbol{R}_{\mathrm{c}}(t)$ 和 $\boldsymbol{R}_{\mathrm{s}}(t)$ 的计算方法如下：记 $\boldsymbol{\omega}'_{\mathrm{s}}=\boldsymbol{\omega}_{\mathrm{s}}/\Omega_{\mathrm{s}}=(\omega'_{\mathrm{s}X'}, \omega'_{\mathrm{s}Y'}, \omega'_{\mathrm{s}Z'})^{\mathrm{T}}$，$\boldsymbol{\omega}'_{\mathrm{c}}=\boldsymbol{\omega}_{\mathrm{c}}/\Omega_{\mathrm{c}}=(\omega'_{\mathrm{c}X'}, \omega'_{\mathrm{c}Y'}, \omega'_{\mathrm{c}Z'})^{\mathrm{T}}$，$\Omega_{\mathrm{s}}=\|\boldsymbol{\omega}_{\mathrm{s}}\|$，$\Omega_{\mathrm{c}}=\|\boldsymbol{\omega}_{\mathrm{c}}\|$，定义如下斜对称阵

$$\hat{\boldsymbol{\omega}}'_{\mathrm{s}}=\begin{bmatrix} 0 & -\omega'_{\mathrm{s}Z'} & \omega'_{\mathrm{s}Y'} \\ \omega'_{\mathrm{s}Z'} & 0 & -\omega'_{\mathrm{s}X'} \\ -\omega'_{\mathrm{s}Y'} & \omega'_{\mathrm{s}X'} & 0 \end{bmatrix},\quad \hat{\boldsymbol{\omega}}'_{\mathrm{c}}=\begin{bmatrix} 0 & -\omega'_{\mathrm{c}Z'} & \omega'_{\mathrm{c}Y'} \\ \omega'_{\mathrm{c}Z'} & 0 & -\omega'_{\mathrm{c}X'} \\ -\omega'_{\mathrm{c}Y'} & \omega'_{\mathrm{c}X'} & 0 \end{bmatrix} \tag{2.74}$$

则 $\boldsymbol{R}_{\mathrm{c}}(t)$ 和 $\boldsymbol{R}_{\mathrm{s}}(t)$ 可计算为

$$\boldsymbol{R}_{\mathrm{s}}(t)=\exp(\Omega_{\mathrm{s}}\hat{\boldsymbol{\omega}}'_{\mathrm{s}}t)=\boldsymbol{I}+\hat{\boldsymbol{\omega}}'_{\mathrm{s}}\sin(\Omega_{\mathrm{s}}t)+\hat{\boldsymbol{\omega}}'^{2}_{\mathrm{s}}(1-\cos(\Omega_{\mathrm{s}}t)) \tag{2.75}$$

$$\boldsymbol{R}_{\mathrm{c}}(t)=\exp(\Omega_{\mathrm{c}}\hat{\boldsymbol{\omega}}'_{\mathrm{c}}t)=\boldsymbol{I}+\hat{\boldsymbol{\omega}}'_{\mathrm{c}}\sin(\Omega_{\mathrm{c}}t)+\hat{\boldsymbol{\omega}}'^{2}_{\mathrm{c}}(1-\cos(\Omega_{\mathrm{c}}t)) \tag{2.76}$$

假设雷达发射单频信号

$$s(t)=\exp(\mathrm{j}2\pi f_{\mathrm{c}}t) \tag{2.77}$$

设目标由 Q 个散射点组成，则经过基带变换后的回波信号为

$$s_{\mathrm{r}}(t)=\sum_{q}\sigma_q\exp\left(\mathrm{j}2\pi\frac{2R_q(t)}{\lambda}\right) \tag{2.78}$$

式中，λ 为雷达发射信号波长；σ_q 为第 q 个散射点的散射系数。经平动补偿后，对单个散射点回波信号的相位项进行求导即可得到该散射点的瞬时微多普勒频移。以散射点 B 为例，回波微多普勒频移为

$$f_B=\frac{2}{\lambda}\left(\frac{\mathrm{d}}{\mathrm{d}t}\big(\boldsymbol{R}_{\mathrm{c}}(t)\boldsymbol{R}_{\mathrm{s}}(t)\boldsymbol{R}_{\mathrm{init}}\boldsymbol{r}_{B0}\big)\right)^{\mathrm{T}}\boldsymbol{n}=\frac{2}{\lambda}\boldsymbol{R}_{\mathrm{init}}\boldsymbol{r}_{B0}{}^{\mathrm{T}}\left(\frac{\mathrm{d}}{\mathrm{d}t}(\boldsymbol{R}_{\mathrm{c}}(t)\boldsymbol{R}_{\mathrm{s}}(t))\right)^{\mathrm{T}}\boldsymbol{n} \tag{2.79}$$

式中，$\boldsymbol{n}$ 为 LOS 方向。式(2.79)可进一步表示为

$$\begin{aligned} f_B={}&a_1\sin(\Omega_{\mathrm{c}}t)+a_2\cos(\Omega_{\mathrm{c}}t)+a_7\sin(\Omega_{\mathrm{s}}t)+a_8\cos(\Omega_{\mathrm{s}}t)\\ &-\frac{1}{2}a_3\cos\big[(\Omega_{\mathrm{s}}+\Omega_{\mathrm{c}})t\big]+\frac{1}{2}a_3\cos\big[(\Omega_{\mathrm{s}}-\Omega_{\mathrm{c}})t\big]\\ &+\frac{1}{2}a_4\sin\big[(\Omega_{\mathrm{s}}+\Omega_{\mathrm{c}})t\big]+\frac{1}{2}a_4\sin\big[(\Omega_{\mathrm{s}}-\Omega_{\mathrm{c}})t\big]\\ &+\frac{1}{2}a_5\sin\big[(\Omega_{\mathrm{s}}+\Omega_{\mathrm{c}})t\big]-\frac{1}{2}a_5\sin\big[(\Omega_{\mathrm{s}}-\Omega_{\mathrm{c}})t\big]\\ &+\frac{1}{2}a_6\cos\big[(\Omega_{\mathrm{s}}+\Omega_{\mathrm{c}})t\big]+\frac{1}{2}a_6\cos\big[(\Omega_{\mathrm{s}}-\Omega_{\mathrm{c}})t\big] \end{aligned} \tag{2.80}$$

式中，a_1 至 a_8 为以 λ 、Ω_{c} 和 Ω_{s} 为参数的系数。

考虑到自旋频率为 $\Omega_{\mathrm{s}}/2\pi$，锥旋频率为 $\Omega_{\mathrm{c}}/2\pi$，因此散射点的瞬时微多普勒频移包含四个频率分量 $\dfrac{\Omega_{\mathrm{s}}}{2\pi}$、$\dfrac{\Omega_{\mathrm{c}}}{2\pi}$、$\dfrac{\Omega_{\mathrm{s}}+\Omega_{\mathrm{c}}}{2\pi}$ 和 $\dfrac{\Omega_{\mathrm{s}}-\Omega_{\mathrm{c}}}{2\pi}$。将回波信号中包含的频率分量从大到小记为 f_1, f_2, f_3 和 f_4，若其满足

$$f_1 = f_2 + f_3 ,\quad f_4 = |f_2 - f_3| \tag{2.81}$$

则自旋频率和锥旋频率可被确定为 f_2 和 f_3（或 f_3 和 f_2）。进动周期为自旋周期 $T_2 = 1/f_2$（或 $T_3 = 1/f_3$）和锥旋周期 $T_3 = 1/f_3$（或 $T_2 = 1/f_2$）的最小公倍数。

利用正弦调频 Fourier-Bessel 变换方法提取进动目标自旋周期和锥旋周期的具体步骤可描述如下。

步骤 1：初始化迭代次数 $z = 1$，最大幅值项数 $p_{\max,z}=1$，k 分辨参数，信号能量阈值 η；

步骤 2：计算回波的前 P 项正弦调频 Fourier-Bessel 级数 C_p=SFMFBT[$s(t)$]，寻找 $p_{\max,z} = \arg\max\limits_{p}\{|\mathrm{Re}(C_p)|\}$，计算信号的调制频率估计值 $f_z = f_{p_{\max,z}}$；

步骤 3：计算 $\eta_{p_{\max,z}}$。若 $\eta_{p_{\max,z}} > \eta$，转步骤 4；若 $\eta_{p_{\max,z}} \leqslant \eta$，转步骤 5；

步骤 4：移除系数 $C_{p_{\max,z}}$。若 $z<4$，令 $z = z+1$，重复步骤 2 至步骤 4；若 $z=4$，停止迭代，转步骤 5；

步骤 5：将得到的 4 个频率分量由大到小记为 f_1、f_2、f_3、f_4，并计算频率分量是否满足 $f_1 = f_2 + f_3$ 且 $f_4 = |f_2 - f_3|$；若满足，则进行自旋周期、锥旋周期以及进动周期的计算；否则，认为不存在进动目标。

下面给出一组仿真实验。设空间进动目标以角速度 $\Omega_s = \|\boldsymbol{\omega}_s\| = 24\pi \mathrm{rad/s}$ 进行自旋，以角速度 $\Omega_c = \|\boldsymbol{\omega}_c\| = 8\pi\,\mathrm{rad/s}$ 进行锥旋。

目标上存在两个散射点，其中锥顶散射点 A 位于自旋轴 Z 轴上，仅进行锥旋运动，与目标质心的初始距离向量为 $\boldsymbol{r}_{A0}=(0, 0, 1)\mathrm{m}$。散射点 B 位于目标底面边缘，同时围绕自旋轴 Z 轴和锥旋轴 γ 轴进行自旋和锥旋运动，与目标质心的初始距离向量为 $\boldsymbol{r}_{B0}=(0.5, 0, 0.5)\mathrm{m}$。目标质心到雷达的初始距离为 $\boldsymbol{R}_0 = (100, 500, 200)\ \mathrm{km}$。回波信号时频图及在 k=20 条件下回波的正弦调频 Fourier-Bessel 级数分别如图 2.27 和图 2.28 所示。

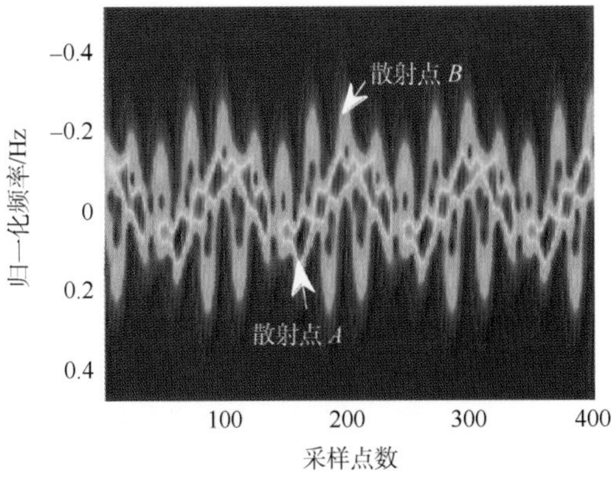

图 2.27　进动目标回波时频分析结果

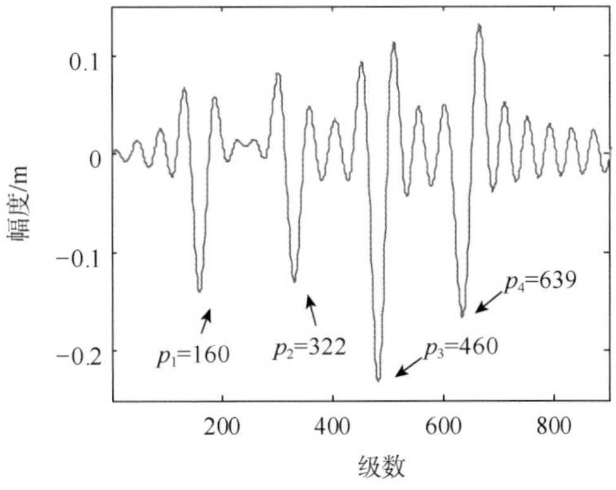

图 2.28　进动目标回波的正弦调频 Fourier-Bessel 级数

由式(2.80)可知，锥旋目标回波包含四个频率分量$\frac{\Omega_s}{2\pi}$、$\frac{\Omega_c}{2\pi}$、$\frac{\Omega_s+\Omega_c}{2\pi}$和$\frac{\Omega_s-\Omega_c}{2\pi}$。从图 2.22 中可以看出，信号的正弦调频 Fourier-Bessel 级数幅值的平方分别在第 $p_1=160$ 项、第 $p_2=322$ 项、第 $p_3=460$ 项和第 $p_4=639$ 项处取得极大值，与进动目标回波包含的频率分量相对应。由式(2.81)可知，目标自旋周期为 0.083 s(或 0.25s)，锥旋周期为 0.25 s(或 0.083 s)，进动周期为自旋周期和锥旋周期的最小公倍数 0.25 s。

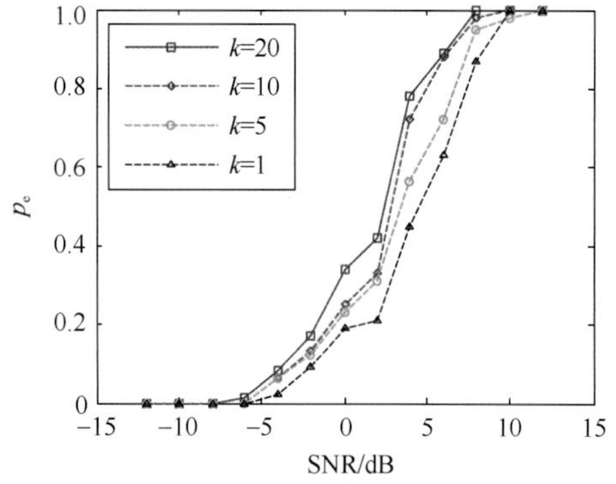

图 2.29　不同 SNR 及 k 分辨参数条件下的进动目标频率分量正确提取概率

在不同 SNR 和 k 分辨参数条件下各进行 200 次蒙特卡洛仿真实验。定义 p_e 为四个频率分量均正确提取的概率，则 p_e 随不同 k 分辨参数和 SNR 的变化曲线如图 2.29 所示。

从图 2.29 中可以看出，在相同 SNR 条件下，k 分辨参数的取值越大，算法的频率正确提取概率就越高。这是由于随着 k 分辨参数的增大频率分辨能力增加，频率提取精度增高。在 k 分辨参数为 1 且SNR＞6 dB 的条件下，算法的频率正确提取概率 $p_e>0.9$，当SNR＞8 dB 时频率正确提取概率 p_e 趋近于 1。

需要说明的是，在单基雷达条件下，通过回波信号只能提取到目标微动在 LOS 方向上的特征，而多通道雷达能够获得目标在各个视角上的信息，利用各天线接收到的回波信号差异能够有效提取目标三维微动特征，从而提高雷达的目标识别能力。目前，三维微动特征提取方法的主要思路可概括为：首先，根据目标微动方程，分析不同视角下目标微动导致的散射中心位置时敏变化规律，建立三维微动参数与不同视角下时频曲线特征或距离-慢时间曲线特征之间的联系；其次，在此基础上，采用数学形态学、Hough 变换、正交匹配追踪分解、经验模态分解(empirical mode decomposition，EMD)以及信号自相关等方法，从不同视角下的回波信号中提取目标时频曲线特征或距离-慢时间曲线特征；最后，基于获得的曲线特征，根据三维微动参数与曲线特征之间的联系，以三维微动特征参数为自变量，建立非线性方程组并求解，从而实现目标三维微动特征的有效提取(张群和罗迎，2013)。

2.3.3　微动目标成像

微动目标成像的特点是目标在成像相干积累时间内存在的微动会引起目标多普勒频率非线性时变和成像平面的变化，从而导致传统方法无法清晰成像。目前，实现微动目标成像主要有四种思路：一是根据微动特征提取结果重构目标散射点分布信息，即根据微动特征参数(如旋转目标的旋转半径、旋转周期，进动目标的旋转半径、锥旋角、自旋周期、锥旋周期等)提取结果，结合目标运动方程即可反演目标散射分布；二是根据回波信号特点，构造目标散射点在各种可能分布条件下的信号形式，与回波信号进行内积处理来实现微动目标成像；三是计算目标各散射点的瞬时频率，获得目标的瞬时成像结果；四是通过干涉处理重构目标三维成像结果。目前，前三种微动目标成像技术的发展较为成熟，已有较多研究成果。下面，对近几年新提出的微动目标三维干涉成像技术进行详细介绍。

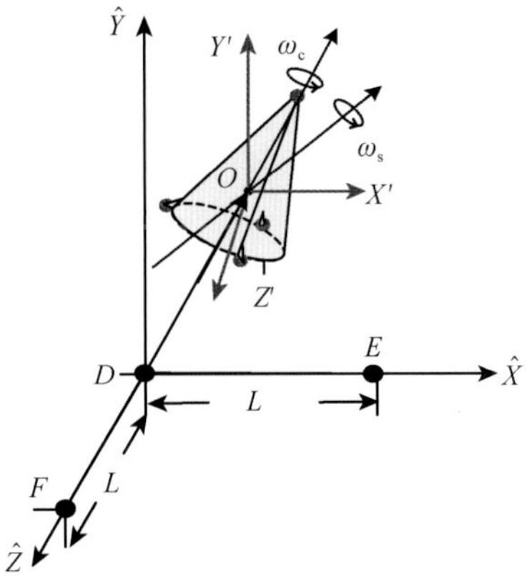

图 2.30　三天线干涉成像系统和空间目标几何模型

以 L 型三天线干涉成像系统为例，建立微动目标干涉成像模型如图 2.30 所示。

收发一体的天线 D 以及接收天线 E、F 分别位于雷达坐标系 $(\hat{X},\hat{Y},\hat{Z})$ 的 $(0,0,0)$ 、 $(L,0,0)$ 和 $(0,0,L)$ 处，构成两对相互垂直的基线，基线长度为 L 。假设目标上存在一个旋转散射点 q，q 点到天线 D、E、F 的距离分别为 R_{Dq} 、 R_{Eq} 和 R_{Fq} ，目标质心 O 在坐标系 $(\hat{X},\hat{Y},\hat{Z})$ 中的坐标为 $(\hat{X}_0,\hat{Y}_0,\hat{Z}_0)$ ，其到天线 D、E、F 的距离分别为 R_{DO} 、 R_{EO} 和 R_{FO} 。以目标质心 O 为原点建立与 $(\hat{X},\hat{Y},\hat{Z})$ 平行的参考坐标系 (X',Y',Z') 。雷达发射 LFM 信号，对天线 D 接收到的回波信号进行 Dechirp 处理并去除 RVP 项和包络斜置项后，得到目标 HRRP 序列

$$S_D(f,t_{\mathrm{m}})=\sigma_q T_{\mathrm{p}}\operatorname{sinc}\left(T_{\mathrm{p}}\left(f+\frac{2\mu}{c}R_{\Delta Dq}(t_{\mathrm{m}})\right)\right)\cdot\exp\left(-\mathrm{j}\frac{4\pi}{c}f_{\mathrm{c}}R_{\Delta Dq}(t_{\mathrm{m}})\right) \tag{2.82}$$

式中， $R_{\Delta Dq}(t_{\mathrm{m}})=R_{Dq}(t_{\mathrm{m}})-R_{DO}(t_{\mathrm{m}})$ ； σ_q 为散射点 q 的散射系数。

同理，对于天线 E 和 F，可以分别得到

$$\begin{aligned}S_E(f,t_{\mathrm{m}})=&\sigma_q T_{\mathrm{p}}\operatorname{sinc}\left(T_{\mathrm{p}}\left(f+\frac{\mu}{c}(R_{\Delta Eq}(t_{\mathrm{m}})+R_{\Delta Eq}(t_{\mathrm{m}}))\right)\right)\\&\cdot\exp\left(-\mathrm{j}\frac{2\pi}{c}f_{\mathrm{c}}(R_{\Delta Eq}(t_{\mathrm{m}})+R_{\Delta Eq}(t_{\mathrm{m}}))\right)\end{aligned} \tag{2.83}$$

$$\begin{aligned}S_F(f,t_{\mathrm{m}})=&\sigma_q T_{\mathrm{p}}\operatorname{sinc}\left(T_{\mathrm{p}}\left(f+\frac{\mu}{c}(R_{\Delta Fq}(t_{\mathrm{m}})+R_{\Delta Fq}(t_{\mathrm{m}}))\right)\right)\\&\cdot\exp\left(-\mathrm{j}\frac{2\pi}{c}f_{\mathrm{c}}\cdot(R_{\Delta Fq}(t_{\mathrm{m}})+R_{\Delta Fq}(t_{\mathrm{m}}))\right)\end{aligned} \tag{2.84}$$

式中

$$\begin{cases}R_{\Delta Eq}(t_{\mathrm{m}})=R_{Eq}(t_{\mathrm{m}})-R_{EO}(t_{\mathrm{m}})\\R_{\Delta Fq}(t_{\mathrm{m}})=R_{Fq}(t_{\mathrm{m}})-R_{FO}(t_{\mathrm{m}})\end{cases} \tag{2.85}$$

2.3.1 节中提到，在宽带雷达中，目标散射点径向微动历程表现为多条距离-慢时间平面上的变化曲线。因此，可以从距离-慢时间平面来分析目标微动引起的回波调制效应。$R_{\Delta Dq}(t_{\mathrm{m}})$ 可表示为

$$R_{\Delta Dq}(t_{\mathrm{m}})=d_0+r_q\cos(\varOmega t_{\mathrm{m}}+\theta_q) \tag{2.86}$$

式中，d_0 为回波曲线在距离-慢时间平面的基线位置；r_q 为振幅，与散射点的旋转半径有关；Ω 为旋转角速度；θ_q 为初始相位。在距离-慢时间平面将不同散射点的微动曲线进行分离，并对各散射点曲线在每个 t_{m} 时刻的相位分别进行干涉处理，即可得到干涉相位差为

$$\begin{aligned}\Delta\varphi_{DE}(t_{\mathrm{m}}) &= \mathrm{angle}(S_D^{\ *}(f,t_{\mathrm{m}})\cdot S_E(f,t_{\mathrm{m}})) \\ &= \frac{2\pi}{\lambda}(R_{\Delta Dq}(t_{\mathrm{m}})-R_{\Delta Dq}(t_{\mathrm{m}}))=\frac{2\pi}{\lambda}R_{\Delta DE}(t_{\mathrm{m}})\end{aligned} \tag{2.87}$$

$$\begin{aligned}\Delta\varphi_{DF}(t_{\mathrm{m}}) &= \mathrm{angle}(S_D^{\ *}(f,t_{\mathrm{m}})\cdot S_F(f,t_{\mathrm{m}})) \\ &= \frac{2\pi}{\lambda}(R_{\Delta Dq}(t_{\mathrm{m}})-R_{\Delta Fq}(t_{\mathrm{m}}))=\frac{2\pi}{\lambda}R_{\Delta DF}(t_{\mathrm{m}})\end{aligned} \tag{2.88}$$

式中，angle(·) 表示提取复数的相位；上标“*”表示取共轭。

需要说明的是，为保证不发生相位模糊，应使得 $|\Delta\varphi_{DE}(t_{\mathrm{m}})|<\pi$ 和 $|\Delta\varphi_{DF}(t_{\mathrm{m}})|<\pi$。远场条件下，散射点到雷达天线的距离与散射点在 Y' 轴坐标 $Y_q'(t_{\mathrm{m}})$ 之间满足 $2\times(Y_q'(t_{\mathrm{m}})+Y_0)\approx R_{Dq}(t_{\mathrm{m}})+R_{Eq}(t_{\mathrm{m}})$，由目标和天线的几何关系，可得散射点 q 在参考坐标系 (X',Y',Z') 中 X' 轴和 Z' 轴的坐标随慢时间的变化关系为

$$X_q'(t_{\mathrm{m}})=\frac{\Delta\varphi_{DE}(t_{\mathrm{m}})\lambda\cdot(Y_q'(t_{\mathrm{m}})+\hat{Y}_0)}{2\pi L}+\frac{L}{2}-\hat{X}_0 \tag{2.89}$$

$$Z_q'(t_{\mathrm{m}})=\frac{\Delta\varphi_{DF}(t_{\mathrm{m}})\lambda\cdot(Y_q'(t_{\mathrm{m}})+\hat{Y}_0)}{2\pi L}+\frac{L}{2}-\hat{Z}_0 \tag{2.90}$$

散射点的径向距离 $Y_q'(t_{\mathrm{m}})$ 可由一维距离像结合雷达测距信息来获得，再根据式(2.89)和式(2.90)即可获得目标散射点的三维位置坐标，从而实现对空间自旋目标的三维成像。

需要说明的是，当目标上存在多个散射点时，距离-慢时间平面上的曲线交叉和一维距离像的旁瓣都会对各散射点干涉相位的准确提取产生影响。由式(2.82)可以看出，对于距离-慢时间平面上不同曲线相互交叉的部分，直观上表现为在某特定慢时间 t_{m} 时刻不同散射点具有相同的 $R_\Delta(t_{\mathrm{m}})$，以两散射点微动曲线在 t_{m} 时刻相交为例，交叉点处的叠加信号可表示为

$$S_{A\_\mathrm{overlap}}(f)=(\sigma_1+\sigma_2)T_{\mathrm{p}}\mathrm{sinc}\left(T_{\mathrm{p}}\left(f+\frac{2\mu}{c}\cdot R_\Delta(t_{\mathrm{m}})\right)\right)\cdot\exp\left(-\mathrm{j}\frac{4\pi}{c}f_{\mathrm{c}}\cdot R_\Delta(t_{\mathrm{m}})\right) \tag{2.91}$$

从式(2.91)可以看出，叠加信号只存在散射系数的叠加，并不影响各散射点用于各自干涉处理的相位信息。然而，考虑到距离分辨率的限制，式(2.91)并不完全成立。实际中同一距离分辨单元内，不同散射点之间仍然存在距离差，即散射点 $R_\Delta(t_{\mathrm{m}})$ 之间存在差异，虽然该差异小于一个距离分辨单元，但会导致回波叠加时相位信息被破坏，使得干涉处理之后得到的散射点坐标位置发生错误，因此对于距离-慢时间平面中不同曲线的交叉部分无法直接对其进行干涉处理，需要将其剔除。

由式(2.82)可知，曲线交叉处存在多个sinc函数的主瓣相互交叠，且sinc函数的主瓣宽度为$1/T_{\rm p}$，所占距离分辨单元数$n_{\rm x}$为

$$n_{\rm x}=\frac{\left|\frac{1}{T_{\rm p}}\cdot(-c/(2\mu))\right|}{\rho_{\rm r}} \tag{2.92}$$

式中，$\rho_{\rm r}$为距离分辨率。由于sinc函数主瓣能量较高，会对干涉相位造成影响，因此需要对交叉点邻近范围进行搜索，将同一慢时间时刻距离-慢时间平面曲线上的距离向分辨单元数之差不大于$n_{\rm x}$的点剔除。

此外，目标HRRP不可避免地存在旁瓣，旁瓣也会对其他散射点的干涉相位造成一定影响。为分析旁瓣的影响，假设存在两个散射点q_1和q_2，q_1点和q_2点在距离像峰值处的信号分别表示为

$$s_{q_1}=A_{q_1}{\rm e}^{{\rm j}\varphi_{q1}} \tag{2.93}$$

$$s_{q_2}=A_{q_2}{\rm e}^{{\rm j}\varphi_{q2}} \tag{2.94}$$

q_1点的第g级距离旁瓣可表示为

$$s_{q_{1g}}=A_{q_{1g}}{\rm e}^{{\rm j}\varphi_{q1g}} \tag{2.95}$$

式中，$A_{q_{1g}}$和$\varphi_{q_{1g}}$分别为第g级距离旁瓣的幅值和相位，当其叠加到q_2点的距离像峰值信号上时，有

$$\begin{aligned} s'_{q_2}&=A_{q_{1g}}{\rm e}^{{\rm j}\varphi_{q1g}}+A_{q_2}{\rm e}^{{\rm j}\varphi_{q2}}\\ &=A_{q_2}{\rm e}^{{\rm j}\varphi_{q2}}\cdot(1+\vartheta\chi\cdot{\rm e}^{{\rm j}(\varphi_{q1g}-\varphi_{q2})}) \end{aligned} \tag{2.96}$$

式中，$\vartheta=A_{q_{1g}}/A_{q_1}$，$\chi=A_{q_1}/A_{q_2}$。

从式(2.96)中可以看出，当叠加了距离旁瓣之后，旁瓣幅值$A_{q_{1g}}$、两散射点峰值处的幅值之比χ以及相位差$(\varphi_{q_{1g}}-\varphi_{q_2})$都会对$q_2$点的相位产生影响。

设叠加距离旁瓣之后q_2点的相位为φ'。在某一慢时间时刻，假设$\varphi_{q_2}=\pi/3$，$(\varphi_{q_{1g}}-\varphi_{q_2})$在$(-\pi,\pi)$范围内变化，$\chi$在$(0,10]$范围内变化时，相位改变量$\varphi'-\varphi_{q_2}$在第1旁瓣$\vartheta=-0.217$处、第5旁瓣$\vartheta=-0.0579$处以及第10旁瓣$\vartheta=0.0303$处随$(\varphi_{q_{1g}}-\varphi_{q_2})$、$\chi$的变化情况如图2.31所示，该变化情况可归纳如下。

(1) 相位改变量$\varphi'-\varphi_{q_2}$随$(\varphi_{q_{1g}}-\varphi_{q_2})$在$(-\pi,\pi)$的一个周期内波动变化，当$\varphi_{q_{1g}}-\varphi_{q_2}=0$时，$\varphi'-\varphi_{q_2}$达到极小值，此时趋于零；

(2) 除$\varphi_{q_{1g}}-\varphi_{q_2}=-\pi$、0、$\pi$处，随着幅值比$\chi$的增加，相位改变量逐渐增加；

(3) 第一级旁瓣范围内相位改变量最大，随着旁瓣级的增加相位改变量逐渐减小；

(4) 在幅值比 χ 较低的情况下，一般当 $\chi<5$ 时，相位改变量趋于零。

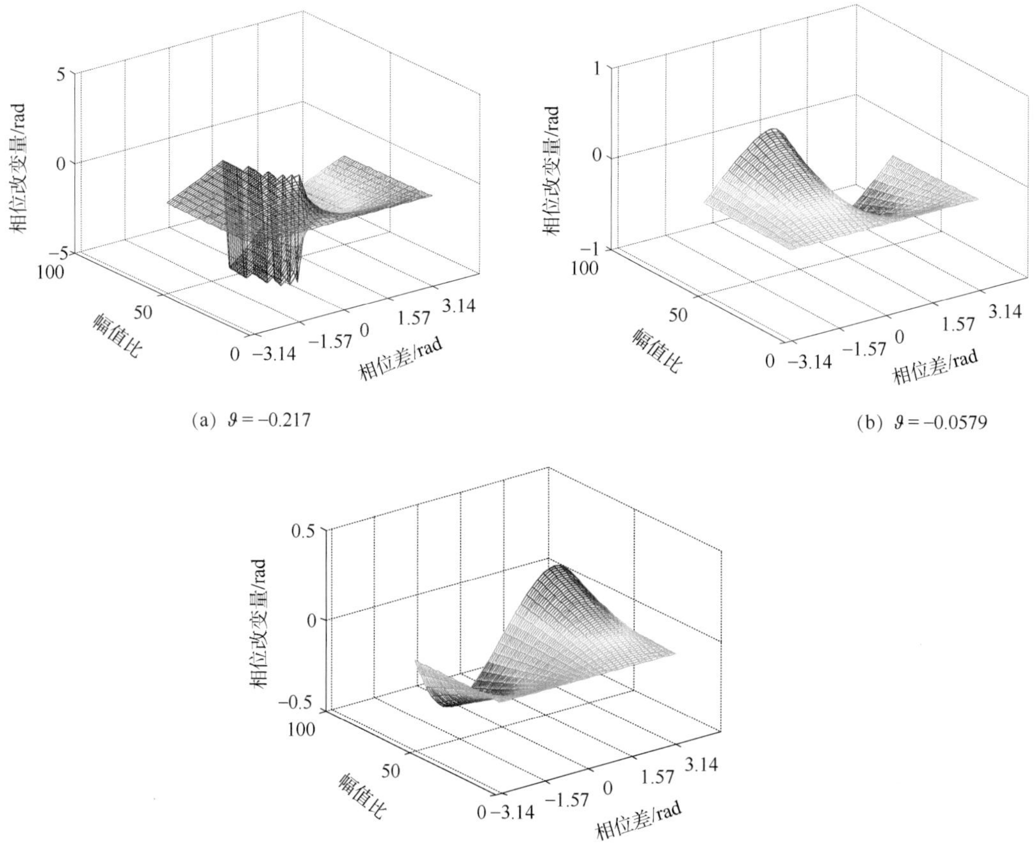

(a) $\vartheta=-0.217$　　(b) $\vartheta=-0.0579$

(c) $\vartheta=-0.0303$

图 2.31　干涉相位改变量随幅值比和相位差的变化关系

由于一维距离像旁瓣的影响，当散射点峰值处的幅值相差较大时，强散射点的旁瓣会对弱散射点的相位造成较大影响；但当幅值相差不大时，旁瓣的影响较小，在一定误差范围内可以将其忽略。当两天线进行相位干涉时，两天线干涉相位改变量的随机性以及在较短时间内叠加旁瓣幅值的波动变化性，使得叠加了距离旁瓣之后的干涉相位差在真实值附近随机变化。

综上所述，在进行微动目标干涉三维成像处理时，需要将交叉点及邻近区域受一维距离像旁瓣影响较大的点剔除。

下面给出仿真实验结果并进行相应的性能分析。采用图 2.30 所示的三天线结构对远场自旋目标进行仿真实验。初始时刻目标自旋中心位于雷达坐标系的 $(0, 500, 0)$km 处，自旋角速度矢量 $\boldsymbol{\omega}_{\mathrm{s}}=(2\pi, 4\pi, 2\pi)^{\mathrm{T}}\,\mathrm{rad/s}$ 。假设目标由 10 个散射点组成，其初始位置分别为 $(1.5, 12, 1.5)$ ， $(-1.5, -12, -3)$ ， $(-2.5, -10, 5)$ ， $(3.3, 8.4, -9.8)$ ， $(-2, 2.75, -1.2)$ ，

(2, 20,1)，(−6, − 6.5, − 10)，(−8, − 12, − 12.5)，(−2.5,11, 5.5)，(−8, 8, − 10)，单位为 m。雷达发射信号参数设置如下：信号载频 $f_c = 10$ GHz，带宽 300 MHz，成像相干积累时间为1 s，脉冲重复频率 PRF = 1000 Hz，距离分辨率为 0.5 m，基线长度 $L = 200$ m。

步骤 1：对各天线接收到的回波信号分别进行 Dechirp 处理，获得目标 HRRP 序列，并对距离-慢时间平面上不同散射点的回波曲线进行骨架提取与分离，计算 sinc 函数第一零点与峰值点之间的距离分辨单元数 n_x，将交叉点以及邻近距离分辨单元数之差不大于 n_x 的点剔除。目标 HRRP、骨架提取以及曲线分离结果分别如图 2.32(a)、(b)、(c)所示。

步骤 2：根据式(2.87)～式(2.90)，对三天线得到的距离-慢时间曲线进行干涉处理，得到 X' 轴和 Z' 轴的重构坐标，对于每一交叉点周围区域由一维距离像旁瓣引起的不理想的重构坐标进行剔除，并根据目标 HRRP 得到 Y' 轴坐标，结果分别如图 2.32(d)、(e)、(f)所示。

步骤 3：X' 轴和 Z' 轴的重构坐标在一维距离像旁瓣的影响下，在真实坐标周围做小范围的随机波动，Y' 轴坐标受距离分辨率的限制，并不是平滑的曲线。因此，对三维重构坐标进行曲线拟合以实现平滑处理，结果如图 2.32(g)、(h)、(i)所示。

图 2.33 给出了在 0.15 s 和 0.8 s 时刻的瞬时三维成像结果以及目标在成像时间内的运动轨迹。目标上 10 个散射点的坐标重构误差如表 2.3 所示。

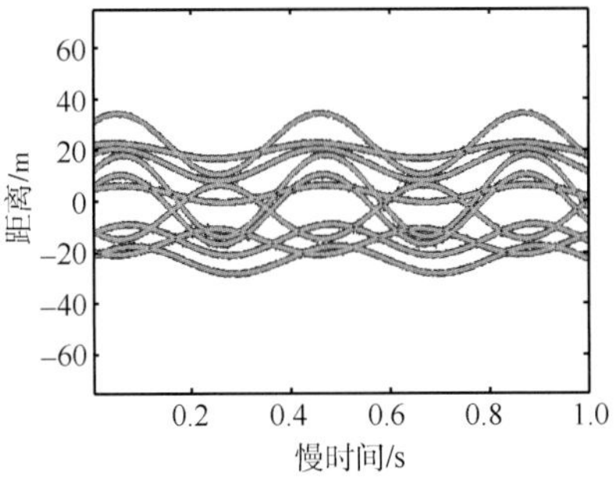

（a）D天线距离-慢时间平面成像

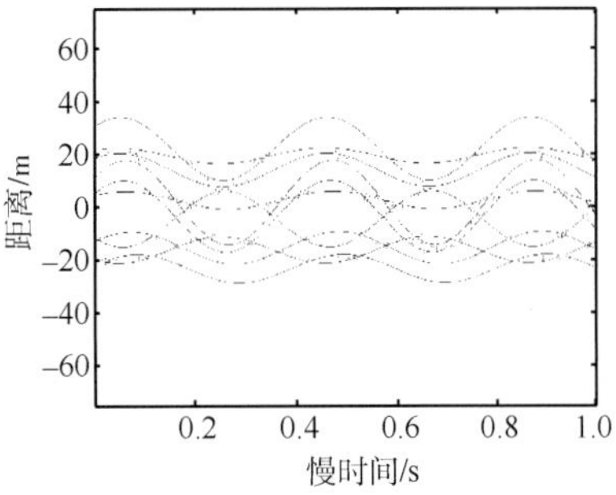

（b）D天线距离-慢时间平面骨架提取结果

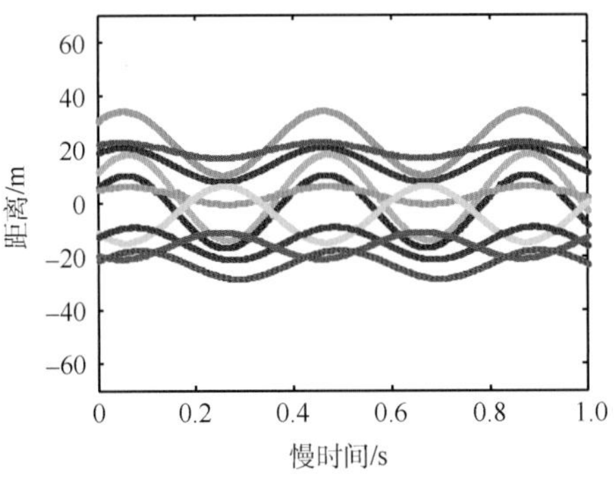

（c）D天线距离-慢时间平面曲线分离

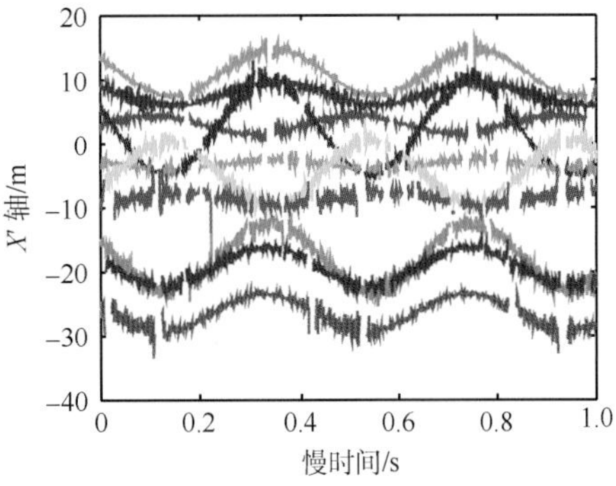

（d）重构X′轴坐标

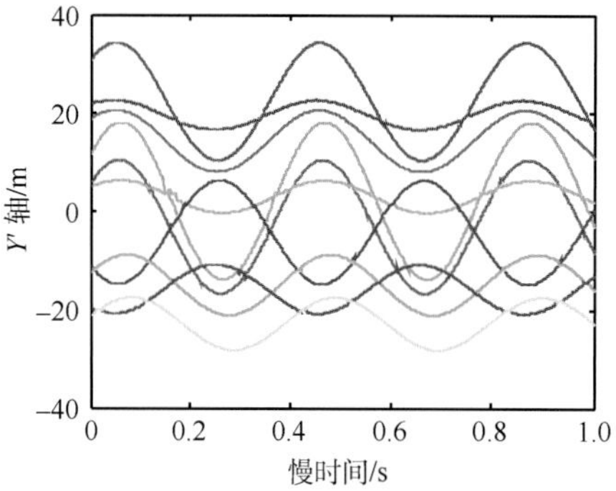

（e）重构Y′轴坐标

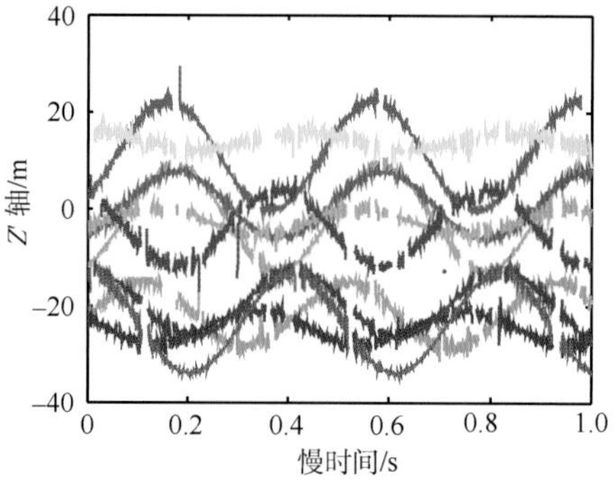

（f）重构Z′轴坐标

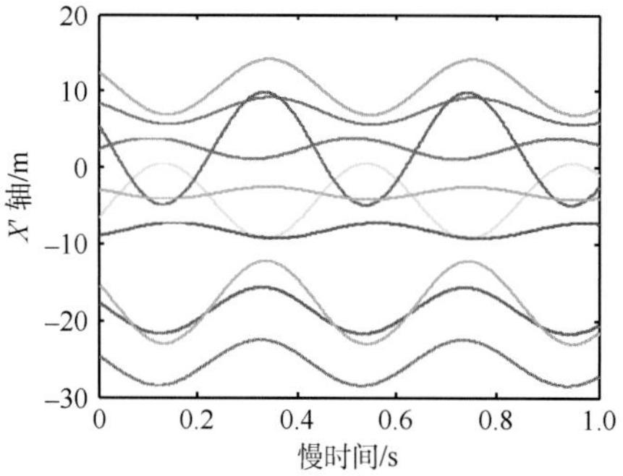

（g）X′轴坐标拟合结果

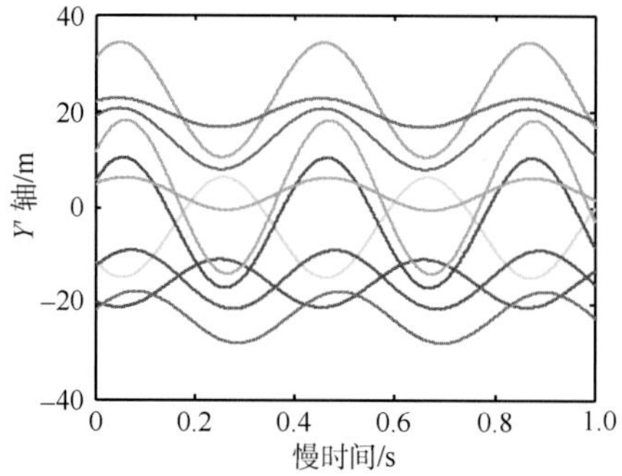

（h）Y′轴坐标拟合结果

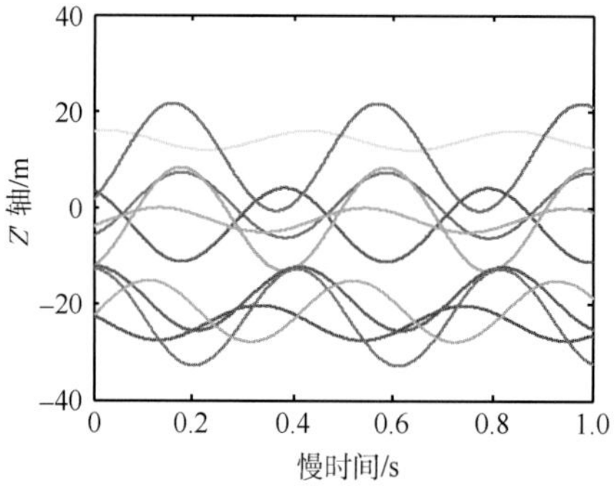

（i）Z′轴坐标拟合结果

图 2.32　干涉成像处理结果

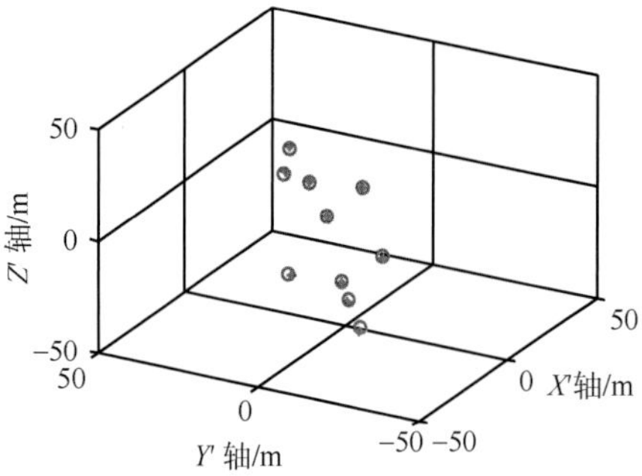

（a）$t_m = 0.15$s时三维成像结果

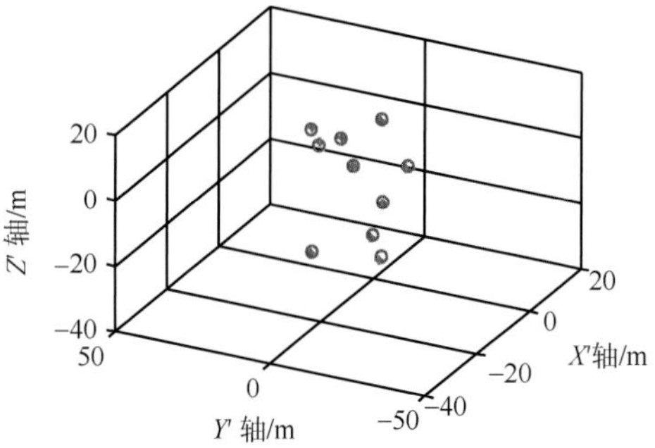

（b）$t_m = 0.8$s时三维成像结果

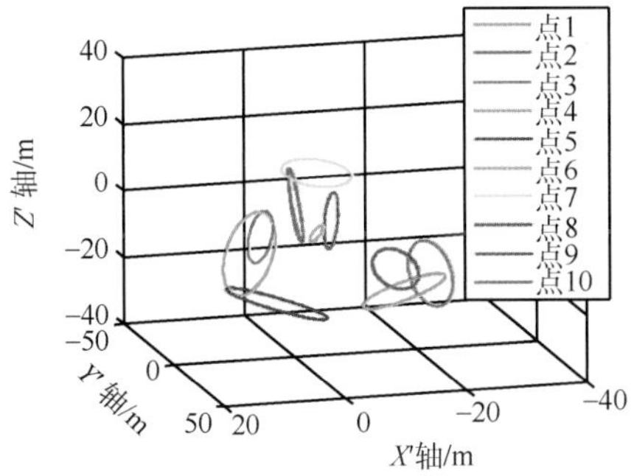

（c）成像时间内三维运动轨迹

图 2.33　三维成像结果

表 2.3　重构坐标值与真实值之间的绝对误差　（单位：m）

坐标轴	X′ 轴	Y′ 轴	Z′ 轴
点 1	0.3667	0.2413	0.0084
点 2	0.2248	0.2452	0.0131
点 3	0.1562	0.0980	0.0048
点 4	0.0425	0.0805	0.0352
点 5	0.0410	0.1850	0.0158
点 6	0.0039	0.0075	0.0321
点 7	0.0555	0.0202	0.0184
点 8	0.3455	0.3469	0.0111
点 9	0.2652	0.2469	0.0730
点 10	0.4649	0.4265	0.0072

进一步，在回波中加入 5 dB 的高斯白噪声，X' 轴重构坐标如图 2.34(a)、(b)所示，Z' 轴重构坐标如图 2.34(c)、(d)所示，图 2.34(e)为 Y' 轴重构坐标。经过曲线拟合得到的坐标重构误差如表 2.4 所示，比较表 2.3 和表 2.4 可以看出，噪声与一维距离像旁瓣的共同作用既有可能加剧干涉相位的波动，对坐标重构产生不利影响，也可能两者对相位产生的波动相互抵消，从而改善重构精度。

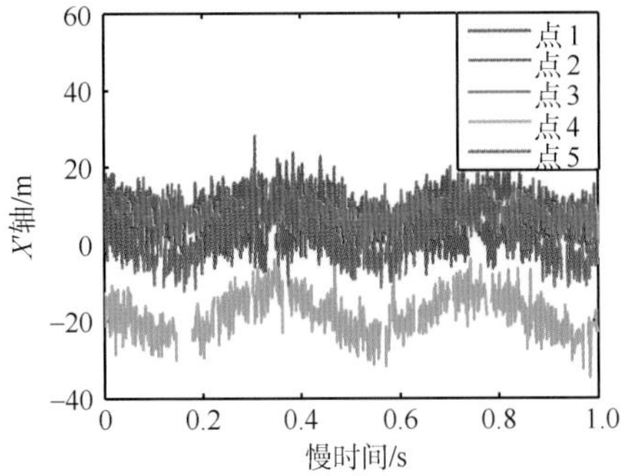

（a）前五个散射点重构X′轴坐标

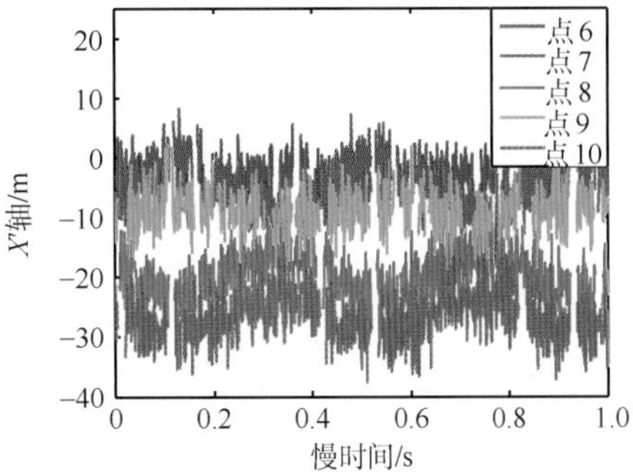

（b）后五个散射点重构X′轴坐标

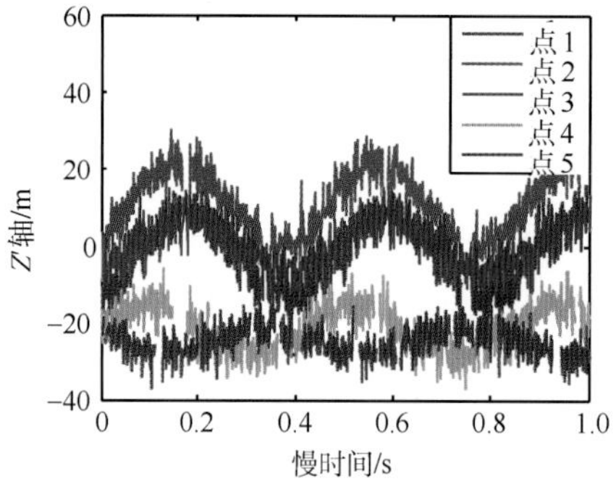

（c）前五个散射点重构Z'轴坐标

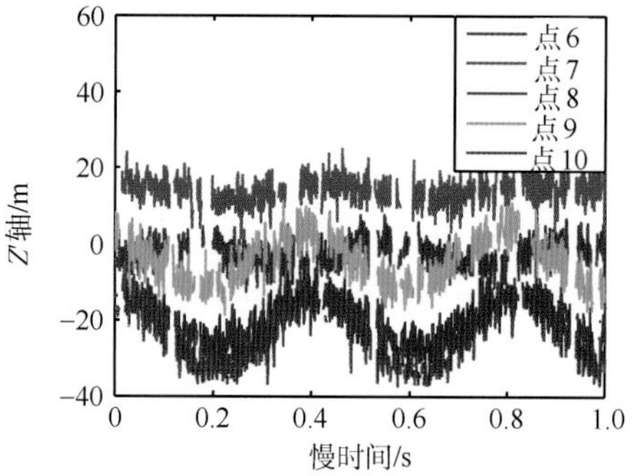

（d）后五个散射点重构Z'轴坐标

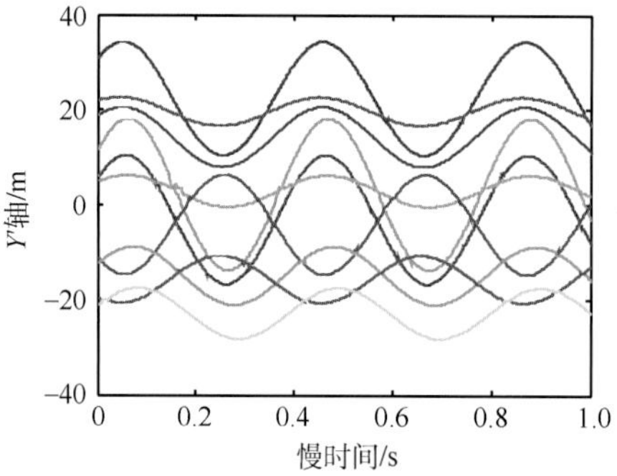

（e）Y'轴重构坐标

图 2.34　SNR=5 dB 时干涉成像处理结果

表 2.4　SNR=5 dB 时重构坐标值与真实值之间的绝对误差　　（单位：m）

坐标轴	X' 轴	Y' 轴	Z' 轴
点 1	0.4443	0.2645	0.0083
点 2	0.0873	0.1964	0.0128
点 3	0.1542	0.1043	0.0051
点 4	0.1827	0.0273	0.0352
点 5	0.1634	0.1654	0.0158
点 6	0.4057	0.0457	0.0321
点 7	0.1228	0.0536	0.0184
点 8	0.2284	0.2811	0.0111
点 9	0.3900	0.3482	0.0740
点 10	0.2130	0.2873	0.0072

参 考 文 献

保铮, 邢孟道, 王彤. 2005. 雷达成像技术. 北京: 电子工业出版社.
戴琼海, 付长军, 季向阳. 2011. 压缩感知研究. 计算机学报, 34(3): 425-434.
吴一戎, 洪文, 张冰尘. 2018. 稀疏微波成像导论. 北京: 科学出版社.

张群, 罗迎. 2013. 雷达目标微多普勒效应. 北京: 国防工业出版社.

Luo Y, Zhang Q, Hong W, et al. 2012. Waveform design and high-resolution imaging of cognitive radar based on compressive sensing. Sci China Inf Sci, 55(11): 2590-2603.

Peng B, Wei X Z, Deng B, et al. 2014. A sinusoidal frequency modulation Fourier transform for radar-based vehicle vibration estimation. 2014. IEEE Transactions on Instrumentation and Measurement, 63(9): 2188-2199.

Persidis S. 2007. Mathematical Handbook. Athens: ESPI Publishing.

Suresh P, Thayaparan T, Obulesu T, et al. 2014. Extracting micro-Doppler radar signatures from rotating targets using Fourier-Bessel transform and time-frequency analysis. IEEE Transactions on Geoscience Remote Sensing, 52(6): 3204-3210.

Suresh P, Thayaparan T, Venkataramaniah K. 2015. Fourier-Bessel transform and time-frequency-based approach for detecting manoeuvering air target in sea-clutter. IET Radar Sonar & Navigation, 9(5): 481-491.

Zhang Q, Jin Y Q. 2006. Aspects of radar imaging using frequency-stepped chirp signals. EURASIP Journal on Applied Signal Processing, (1): 1-8.

第3章　雷达发射波形认知优化设计与成像

雷达发射波形优化设计是充分发挥认知雷达性能优势的关键，也是实现认知雷达闭环反馈调整的重要环节。目前，雷达发射波形优化设计研究还是以目标搜索、跟踪和识别任务为主，而成像任务的波形优化设计虽有少量报道，但还缺少较为系统性、完整性的论述。本章面向雷达成像任务，从脉间波形设计和脉内波形设计两个方面，以雷达目标高分辨成像中的常用波形为基础，介绍几种发射波形优化设计方法及相应的目标认知成像方法。

目前，脉间波形设计主要是通过自适应调整发射信号的 PRF，在合适的慢时间时刻发射最少的脉冲信号来获得满意的方位向聚焦效果。显然，脉间波形设计是在慢时间域进行的，与快时间域的信号形式无关。因此，本章以 LFM 信号为例，介绍两种脉间波形设计方法——随机 PRF 信号认知优化设计方法和多 PRF 信号认知优化设计方法。

与脉间波形设计不同，脉内波形设计是在快时间域进行的。为了获得更好的距离向高分辨成像结果，我们通常选择自由度高、易于大带宽合成、抗干扰截获能力强的信号形式来进行波形优化设计。因此，本章以频率步进类信号和 MIMO 雷达相位编码信号为例，从模糊函数最优、资源消耗最少、多目标成像性能最佳等不同的优化目标出发，介绍三种脉内波形设计方法——频率步进信号认知优化设计方法、调频步进信号认知优化设计方法和 MIMO 雷达波形认知优化设计方法。

3.1　随机 PRF 信号认知优化设计

本书 2.1.3 节介绍了方位向高分辨成像原理，其基本思想是利用雷达与目标之间存在的相对运动，对目标依次发射多个脉冲信号以实现不同视角的观测，并对接收到的目标回波信号进行方位向相干处理来实现目标方位向高分辨成像。实际上，发射信号的 PRF 决定了回波信号的多普勒不模糊区间，而目标方位向尺寸是影响回波信号是否处于多普勒不模糊区间内的重要因素。因此，为了节约雷达资源，可以根据目标方位向尺寸来设计发射信号的 PRF，使其在满足回波信号不存在多普勒模糊的条件下取最小值。

此外，为了进一步适应雷达系统多目标工作模式需求和节约雷达资源，2.2.3 节介绍了经典的稀疏孔径 ISAR 成像方法，其基本思想是在 CS 理论框架下，从 N_c 个慢时间时刻中随机选择 M_c 个时刻发射雷达信号进行目标观测，并通过求解最优化问题实现目标高分辨成像。为了实现原始信号的准确重构，获得满意的成像结果，观测数据量 M_c 的取值与目标稀疏度成正比。通常，目标稀疏度是未知的，因此，在成像处理之

前只能凭经验给定 M_c 值。显然，若 M_c 值过小，无法有效重构目标像；若 M_c 值过大，则会造成时间、存储、计算等雷达资源的浪费。若能够在线感知目标稀疏度信息用以指导观测数据量 M_c 的自适应调整，则能够在保证成像质量的前提下有效节约雷达资源。

因此，本节介绍一种随机 PRF 信号认知优化设计方法。首先以 PRF_0 对目标发射少量脉冲并对回波信号进行分析，可以获得目标的粗分辨 ISAR 像 $S(f,f_{t_m})$，对该 ISAR 像进行归一化处理

$$S'(f,f_{t_m})=\frac{|S(f,f_{t_m})|-\min\limits_{f,f_{t_m}}|S(f,f_{t_m})|}{\max\limits_{f,f_{t_m}}|S(f,f_{t_m})|-\min\limits_{f,f_{t_m}}|S(f,f_{t_m})|} \tag{3.1}$$

设置阈值 T_h，记 $f_{\text{small}\_t_m}=\min\limits_{f_{t_m}}\{f_{t_m}\,|\,S'(f,f_{t_m})>T_h\}$，$f_{\text{big}\_t_m}=\max\limits_{f_{t_m}}\{f_{t_m}\,|\,S'(f,f_{t_m})>T_h\}$，可以得到目标方位向尺寸估计值

$$\hat{S}_x=(f_{\text{big}\_t_m}-f_{\text{small}\_t_m})\frac{\lambda\hat{R}}{2\hat{v}\cos\hat{\theta}} \tag{3.2}$$

式中，$\hat{R}$、$\hat{v}$ 和 $\hat{\theta}$ 分别为目标距离、速度和航向(本书中指目标运动方向与雷达视线的夹角)的估计值，可采用传统雷达常规算法在目标检测和跟踪过程中进行测定。

根据目标方位向尺寸 $\hat{S}_x$，可计算出目标回波信号的多普勒频率最大值为 $f_{t_m\max}=\frac{2\hat{v}\cos\hat{\theta}}{\lambda\hat{R}}\cdot\frac{\hat{S}_x}{2}=\frac{(f_{\text{big}\_t_m}-f_{\text{small}\_t_m})}{2}$。由于回波信号的多普勒不模糊区间为 $[-\mathrm{PRF}/2,\ \mathrm{PRF}/2]$，因此，为避免回波信号多普勒模糊，发射信号应满足 $\mathrm{PRF}\geqslant 2f_{t_m\max}$，同时为了最大限度地减少目标成像对雷达资源的需求，PRF 应尽量小，因此，可根据目标方位向尺寸确定发射信号 $\hat{\mathrm{PRF}}=f_{\text{big}\_t_m}-f_{\text{small}\_t_m}$。

进一步地，可采用 2.2.3 节方法实现稀疏孔径高分辨成像，然而 2.2.3 节中 M_c 的取值是凭经验给定的，实际上，可根据粗分辨像 $S(f,f_{t_m})$ 来估计目标方位向稀疏度，用于指导观测数据量 M_c 的选取。通常，在稀疏孔径高分辨成像中，首先进行距离向 Dechirp 处理；在此基础上，抽取各距离单元的慢时间信号序列进行方位向聚集处理。因此，我们需要估计每一个距离单元的方位向稀疏度，并将所有距离单元方位向稀疏度的最大值定义为目标方位向稀疏度估计值 $\hat{K}$，进一步根据 CS 理论的要求计算目标成像所需的观测数据量 M_c。最后，从 $N_c=\hat{\mathrm{PRF}}\cdot T_c$ 个全孔径中随机选择 M_c 个稀疏孔径进行目标观测，并采用 2.2.3 节方法即可获得目标高分辨像。

方位向稀疏度的具体计算方法如下。

假设 Dechirp 处理完成后共有 U 个距离单元，对粗分辨像 $S(f,f_{t_m})$ 每一个距离单元 $S(f_u,f_{t_m})$（$u=1,2,\cdots,U$）进行如下归一化处理

$$S''_u(f_{t_m})=\frac{|S(f_u,f_{t_m})|-\min\limits_{f_{t_m}}|S(f_u,f_{t_m})|}{\max\limits_{f_{t_m}}|S(f_u,f_{t_m})|-\min\limits_{f_{t_m}}|S(f_u,f_{t_m})|} \tag{3.3}$$

设置阈值 T_s，将 $S''_u(f_{t_m})$ 离散化表示为向量 $\boldsymbol{S}''_u$，则可将第 u 个距离单元的方位向稀疏度 $\hat{K}_u$ 定义为向量 $\boldsymbol{S}''_u$ 中大于 T_s 的元素个数。进一步，计算目标方位向稀疏度

$$\hat{K}=\max_u \hat{K}_u \tag{3.4}$$

根据 CS 理论，观测数据量 M_c 大于 $c_1\hat{K}\ln(\mathrm{P\hat{R}F}\cdot T_c)$ 时，OMP 算法能够高概率重构原始信号。

实际上，根据初始时刻发射的少量脉冲信号得到的目标方位向尺寸和稀疏度估计值通常存在较大误差，需要在成像过程中进行更新。将成像相干积累时间分为若干个成像间隔，每个间隔长度记为 T，在每一个间隔结束后，利用到该间隔为止的之前所有间隔为目标发射的全部脉冲信号进行目标 ISAR 成像，并根据式(3.1)～式(3.4)更新目标尺寸和方位向稀疏度估计值，进一步计算目标成像所需的最小 $\mathrm{P\hat{R}F}$ 和最小观测数据量 $M_s=c_1\hat{K}\ln(\mathrm{P\hat{R}F}\cdot T_c)$，则每一个成像间隔所需的观测维数为

$$M'=(T/T_c)\cdot M_s=c_1(T/T_c)\hat{K}\ln(\mathrm{P\hat{R}F}\cdot T_c) \tag{3.5}$$

综上所述，图 3.1 给出了随机 PRF 信号认知优化设计框图。显然，该方法针对目标成像任务，建立了接收端到发射端的闭环反馈结构，能够根据目标实时成像结果，在线调整发射信号波形参数。

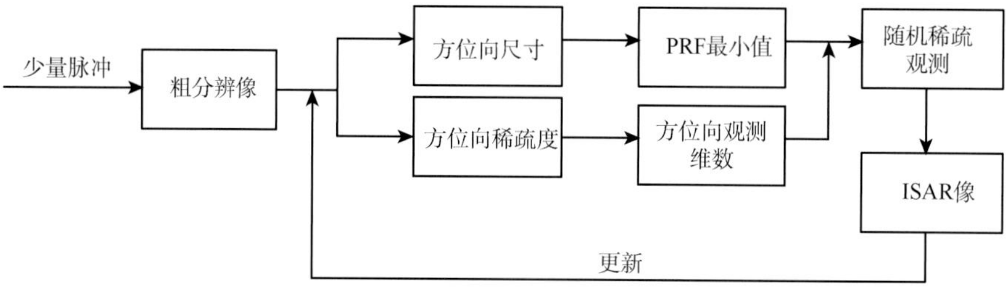

图 3.1　随机 PRF 信号认知优化设计框图

3.2　多 PRF 信号认知优化设计

3.1 节中介绍的随机 PRF 信号认知优化设计能够在保证成像质量的条件下，显著减少目标成像对雷达资源的消耗。但该方法在重构目标高分辨像时，要求尽量随机地选取稀疏孔径来构成观测值集合，对应的观测矩阵为随机部分单位阵。然而，在实际工程应用中，设计随机采样器远比均匀采样器复杂得多。那么能否应用均匀采样代替随机采样，并构建相应的非相干观测矩阵以实现对信号的 CS 观测与重构？本节针对该问题进行探讨，证明采用均匀降采样实现信号 CS 重构时的几条性质。

定理 1：设信号 $\boldsymbol{x}\in\boldsymbol{C}^{N\times1}$ 频域稀疏，其采样频率为 f_s，$\boldsymbol{x}$ 的任一均匀降采样集合为 $\boldsymbol{x}'=\left\{x_{m\gamma+b}\mid m\gamma+b\leqslant N, m>0, m\in Z^{+}\right\}$，其中 γ 为降采样率，$\gamma>1$，$\gamma\in Z^{+}$，$b\in Z^{+}$，Z^{+} 表示正整数集合。则采用 $\boldsymbol{x}'$ 作为 CS 观测值 $\boldsymbol{y}$、傅里叶变换矩阵作为稀疏变换矩阵时，无法实现 $\boldsymbol{x}$ 的准确重构。

证明：当 $\boldsymbol{y}$ 为 $\boldsymbol{x}$ 的均匀降采样时，有

$$\boldsymbol{y}^{M\times1}=\boldsymbol{\Phi}^{M\times N}\boldsymbol{x}^{N\times1}=\boldsymbol{\Phi}^{M\times N}\boldsymbol{\Psi}^{N\times N}\boldsymbol{\Theta}_{\boldsymbol{x}}^{N\times1} \tag{3.6}$$

式中，观测矩阵 $\boldsymbol{\Phi}^{M\times N}$ 为部分单位阵，当 $\boldsymbol{y}$ 的采样率为 f_s/γ（$\gamma>1,\gamma\in Z^{+}$）时，有

$$\begin{array}{l}\text{列序号}\quad\ \ \begin{array}{cccc}1 & \gamma+1 & 2\gamma+1 & (M-1)\gamma+1\\ \downarrow & \downarrow & \downarrow & \downarrow\end{array}\\ \boldsymbol{\Phi}^{M\times N}=\begin{bmatrix}1 & 0 & \cdots & & & & & & & 0\\ 0 & 0 & \cdots & 0 & 1 & 0 & \cdots & & & \vdots\\ 0 & 0 & \cdots & 0 & 0 & 0 & \cdots & 0 & 1 & \\ \vdots & \vdots & & & & & & & & \\ 0 & 0 & \cdots & & & & & & 0 & \cdots & 1\end{bmatrix}\end{array} \tag{3.7}$$

显然有 $N=(M-1)\gamma+1$。稀疏变换矩阵 $\boldsymbol{\Psi}^{N\times N}$ 为逆离散傅里叶变换（inverse discrete Fourier transform，IDFT）矩阵 $\boldsymbol{D}_N^{-1}$

$$\boldsymbol{D}_N^{-1}=\frac{1}{N}\begin{bmatrix}1 & 1 & 1 & \cdots & 1\\ 1 & W_N^{-1} & W_N^{-2} & \cdots & W_N^{-(N-1)}\\ 1 & W_N^{-2} & W_N^{-4} & \cdots & W_N^{-2(N-1)}\\ \vdots & \vdots & \vdots & \vdots & \vdots\\ 1 & W_N^{-(N-1)} & W_N^{-2(N-1)} & \cdots & W_N^{-(N-1)^2}\end{bmatrix},\quad W_N=\exp\left(-\mathrm{j}\frac{2\pi}{N}\right) \tag{3.8}$$

对式(3.6)两边同乘以 M 维离散傅里叶变换（discrete Fourier transform，DFT）矩阵，有

$$\boldsymbol{\Theta}_{\boldsymbol{y}}^{M\times1}=\boldsymbol{D}_M\boldsymbol{y}^{M\times1}=\boldsymbol{D}_M\boldsymbol{\Phi}^{M\times N}\boldsymbol{D}_N^{-1}\boldsymbol{\Theta}_{\boldsymbol{x}}^{N\times1} \tag{3.9}$$

式中，$\boldsymbol{D}_M$ 为 DFT 矩阵，即

$$\boldsymbol{D}_M=\begin{bmatrix}1 & 1 & 1 & \cdots & 1\\ 1 & W_M & W_M^{2} & \cdots & W_M^{M-1}\\ 1 & W_M^{2} & W_M^{4} & \cdots & W_M^{2(M-1)}\\ \vdots & \vdots & \vdots & \vdots & \vdots\\ 1 & W_M^{M-1} & W_M^{2(M-1)} & \cdots & W_M^{(M-1)^2}\end{bmatrix},\quad W_M=\exp\left(-\mathrm{j}\frac{2\pi}{M}\right) \tag{3.10}$$

由于 $\boldsymbol{y}$ 为 $\boldsymbol{x}$ 的均匀降采样，因此 $\boldsymbol{\Theta}_{\boldsymbol{y}}^{M\times1}$ 也是稀疏的。由于 $\boldsymbol{D}_M$ 为正交矩阵，故方程组(3.6)与方程组(3.9)同解。式(3.9)中，定义新的观测矩阵 $\boldsymbol{\Phi}_1^{M\times N}=\boldsymbol{D}_M\boldsymbol{\Phi}^{M\times N}$，计算可得

$$
\begin{array}{c}
\text{列序号} \quad 1 \qquad\qquad \gamma+1 \qquad\qquad 2\gamma+1 \qquad\qquad (M-1)\gamma+1 \\
\downarrow \qquad\qquad\quad \downarrow \qquad\qquad\quad \downarrow \qquad\qquad\quad \downarrow
\end{array}
\tag{3.11}
$$

$$
\boldsymbol{\Phi}_1^{M\times N}=\begin{bmatrix}
1 & 0 & \cdots & 0 & 1 & 0 & \cdots & 0 & 1 & 0 & \cdots & 0 & 1 \\
1 & 0 & & 0 & W_M & 0 & & 0 & W_M^2 & 0 & & 0 & W_M^{M-1} \\
1 & 0 & & 0 & W_M^2 & 0 & & 0 & W_M^4 & 0 & & 0 & W_M^{2(M-1)} \\
\vdots & \vdots & & \vdots & \vdots & \vdots & & \vdots & \vdots & \vdots & & \vdots & \vdots \\
1 & 0 & \cdots & 0 & W_M^{M-1} & 0 & \cdots & 0 & W_M^{2(M-1)} & 0 & \cdots & 0 & W_M^{(M-1)^2}
\end{bmatrix}
$$

若感知矩阵$\boldsymbol{\Phi}_1\boldsymbol{D}_N^{-1}$满足 RIP 性质，则可通过求解一个最优化问题得到$\boldsymbol{\Theta}_{\boldsymbol{x}}$。如 2.2.1 节所述，当$\boldsymbol{\Phi}_1$与$\boldsymbol{D}_N^{-1}$不相干(即$\boldsymbol{\Phi}_1$中的行向量无法由$\boldsymbol{D}_N^{-1}$中的列向量稀疏表示)时，$\boldsymbol{\Phi}_1\boldsymbol{D}_N^{-1}$在很大概率上满足 RIP 性质。设$\boldsymbol{\phi}_{1a}$为$\boldsymbol{\Phi}_1$中的第$a$行向量，$a=1,2,\cdots,M$，根据下式

$$
\boldsymbol{\phi}_{1a}^{\mathrm{T}}=\boldsymbol{D}_N^{-1}\boldsymbol{D}_N\boldsymbol{\phi}_{1a}^{\mathrm{T}}=\boldsymbol{D}_N^{-1}(\boldsymbol{D}_N\boldsymbol{\phi}_{1a}^{\mathrm{T}})=\boldsymbol{D}_N^{-1}\left[0,\frac{1-W_N^{M\gamma}}{1-W_M^{a-1}W_N^{\gamma}},\cdots,\frac{1-W_N^{(N-1)M\gamma}}{1-W_M^{a-1}W_N^{(N-1)\gamma}}\right]^{\mathrm{T}}
\tag{3.12}
$$

且$\mathrm{Rank}(\boldsymbol{D}_N^{-1})=N$，由克拉默法则可知非齐次线性方程组$\boldsymbol{D}_N^{-1}\boldsymbol{\alpha}=\boldsymbol{\phi}_{1a}^{\mathrm{T}}$具有唯一解，即

$$
\boldsymbol{\alpha}=\left[0,\ \frac{1-W_N^{M\gamma}}{1-W_M^{a-1}W_N^{\gamma}},\ \cdots,\ \frac{1-W_N^{(N-1)M\gamma}}{1-W_M^{a-1}W_N^{(N-1)\gamma}}\right]^{\mathrm{T}}
\tag{3.13}
$$

对于$\boldsymbol{\alpha}$中的第n个元素α_n（$n=1,2,\cdots,N$），有

$$
|\alpha_n|=\left|\frac{1-W_N^{(n-1)M\gamma}}{1-W_M^{a-1}W_N^{(n-1)\gamma}}\right|=\frac{1-\cos\left(\dfrac{2\pi}{N}(n-1)M\gamma\right)}{1-\cos\left(2\pi\left(\dfrac{a-1}{M}+\dfrac{(n-1)\gamma}{N}\right)\right)}
\tag{3.14}
$$

其峰值位于

$$
\frac{(n-1)\gamma}{N}=-\frac{a-1}{M}+l,\quad l\in\mathbb{Z}
\tag{3.15}
$$

式中，$\mathbb{Z}$表示整数集合。由$N=(M-1)\gamma+1$，可以得到

$$
n=-a+2+\frac{(r-1)(a-1)}{Mr}+l\left(M-1+\frac{1}{r}\right)\lfloor n\rfloor=-a+2+l(M-1)
\tag{3.16}
$$

式中，$\lfloor\cdot\rfloor$表示下取整。这表明当$n=-a+2+\gamma(M-1)$时，$|\alpha_n|$取极值，而当n取其余值时，$|\alpha_n|$取值很小，这意味着$\{|\alpha_n|\}$是稀疏的。同理易证$\{\mathrm{real}(\alpha_n)\}$和$\{\mathrm{imag}(\alpha_n)\}$也是稀疏的。这说明$\boldsymbol{\phi}_{1a}$可由$\boldsymbol{D}_N^{-1}$中的列向量稀疏表示，即$\boldsymbol{\Phi}_1$与$\boldsymbol{D}_N^{-1}$相干，不满足 RIP 性质，从而无法实现$\boldsymbol{x}$的准确重构。

图 3.2 给出了$M=64$，$\gamma=16$，$a=10$时，$\{|\alpha_n|\}$、$\{\mathrm{real}(\alpha_n)\}$和$\{\mathrm{imag}(\alpha_n)\}$的计算结果，可见均具有明显的稀疏性，且峰值出现位置与理论分析相吻合。

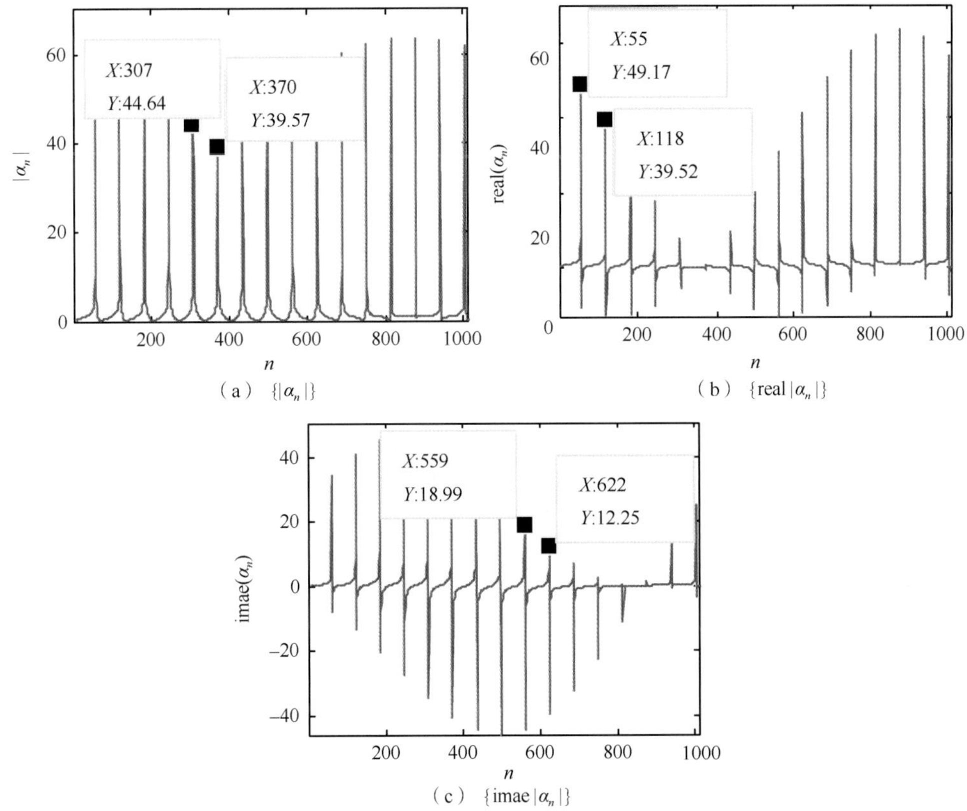

（a）$\{|\alpha_n|\}$　　（b）$\{\mathrm{real}\,|\alpha_n|\}$

（c）$\{\mathrm{imae}\,|\alpha_n|\}$

图 3.2　M=64，r=16，a=10 时 α_n 稀疏性验证

推论 1：设信号 $\boldsymbol{x} \in \boldsymbol{C}^{N\times 1}$ 频域稀疏，其采样频率为 f_s，$\boldsymbol{x}$ 的任一均匀降采样集合为 $\boldsymbol{x}' = \left\{x_{m\gamma+b} \mid m\gamma + b \leqslant N, m>0, m \in Z^+\right\}$，其中 γ 为降采样率，$\gamma>1$，$\gamma \in Z^+$，$b \in Z^+$。从 $\boldsymbol{x}'$ 中随机抽取元素构成 CS 观测值 $\boldsymbol{y}$，采用傅里叶变换矩阵作为稀疏变换矩阵时，无法实现 $\boldsymbol{x}$ 的准确重构。

证明：从 $\boldsymbol{x}'$ 中随机抽取元素等价于以某部分单位阵 $\boldsymbol{\Phi}_2$ 对 $\boldsymbol{x}'$ 进行观测。设 $\boldsymbol{x}'$ 的长度为 M，且

$$\boldsymbol{y} = \boldsymbol{\Phi}_2 \boldsymbol{x}' = \boldsymbol{\Phi}_2 \boldsymbol{\Phi} \boldsymbol{D}_N^{-1} \boldsymbol{\Theta}_{\boldsymbol{x}} \tag{3.17}$$

当 $\boldsymbol{\Phi}_2$ 大小为 $M \times M$ 时，由于 $\mathrm{Rank}(\boldsymbol{\Phi}_2) = M$，存在 $\boldsymbol{\Phi}_2^{-1}$ 使得 $\boldsymbol{\Phi}_2^{-1}\boldsymbol{\Phi}_2 = \boldsymbol{I}$，所以方程组(3.17)与如下方程组同解

$$\boldsymbol{x}' = \boldsymbol{\Phi}_2^{-1}\boldsymbol{\Phi}_2 \boldsymbol{x}' = \boldsymbol{\Phi}_2^{-1}\boldsymbol{\Phi}_2 \boldsymbol{\Phi} \boldsymbol{D}_N^{-1} \boldsymbol{\Theta}_{\boldsymbol{x}} = \boldsymbol{\Phi} \boldsymbol{D}_N^{-1} \boldsymbol{\Theta}_{\boldsymbol{x}} \tag{3.18}$$

由于 $\boldsymbol{x}'$ 为 $\boldsymbol{x}$ 的任一均匀降采样集合，由定理 1 可知，此时无法保证 $\boldsymbol{x}$ 的准确重构。

当 $\boldsymbol{\Phi}_2$ 大小为 $L \times M(L<M)$ 时，可认为 $\boldsymbol{\Phi}_2$ 是从 $M \times M$ 维单位阵 $\boldsymbol{\Phi}_3$ 中抽取的任意 L 行。对于如下方程组

$$\boldsymbol{y} = \boldsymbol{\Phi}_3 \boldsymbol{x}' = \boldsymbol{\Phi}_3 \boldsymbol{\Phi} \boldsymbol{D}_N^{-1} \boldsymbol{\Theta}_{\boldsymbol{x}} \tag{3.19}$$

方程组(3.19)的解集显然是方程组(3.17)解集的子集。由于$\boldsymbol{\Phi}_3$为单位矩阵，因此方程组(3.19)即为方程组(3.18)。由于方程组(3.18)的解集已经包括了$\boldsymbol{\Theta}_{\boldsymbol{x}}$的多组解，方程组(3.17)显然也无法求得$\boldsymbol{\Theta}_{\boldsymbol{x}}$的唯一解，即无法保证信号重构的准确性。

定理 2(多采样率条件下的 CS 重构)：设信号$\boldsymbol{x} \in \boldsymbol{C}^{N\times 1}$的采样频率为$f_{\mathrm{s}}$。用$f_{\mathrm{s}}/\gamma_1$，$f_{\mathrm{s}}/\gamma_2$，…，$f_{\mathrm{s}}/\gamma_i$，…，$f_{\mathrm{s}}/\gamma_I$ ($i=1,2,\cdots,I$)对$\boldsymbol{x} \in \boldsymbol{C}^{N\times 1}$进行降采样，得到的所有采样值作为对$\boldsymbol{x}$的观测值$\boldsymbol{y}_{M\times 1}$。$\boldsymbol{x}$在频域表示为$\boldsymbol{\Theta}_{\boldsymbol{x}}$，其为$K$稀疏信号，设其$K$个非零值对应的频率为$f_h (h=1,2,\cdots,K)$，则当下式成立时，由$\boldsymbol{y}$可以准确重构$\boldsymbol{x}$

$$\begin{aligned}
&\left\{ f_h + \frac{k_1 f_{\mathrm{s}}}{\gamma_1} \middle| h=1,2,\cdots,K;\, k_1 \in \mathbb{Z};\, \left| f_h + \frac{k_1 f_{\mathrm{s}}}{\gamma_1} \right| \leqslant \frac{f_{\mathrm{s}}}{2} \right\} \\
&\cap \left\{ f_h + \frac{k_2 f_{\mathrm{s}}}{\gamma_2} \middle| h=1,2,\cdots,K;\, k_2 \in \mathbb{Z};\, \left| f_h + \frac{k_2 f_{\mathrm{s}}}{\gamma_2} \right| \leqslant \frac{f_{\mathrm{s}}}{2} \right\} \\
&\cap \cdots \\
&\cap \left\{ f_h + \frac{k_I f_{\mathrm{s}}}{\gamma_I} \middle| h=1,2,\cdots,K;\, k_I \in \mathbb{Z};\, \left| f_h + \frac{k_I f_{\mathrm{s}}}{\gamma_I} \right| \leqslant \frac{f_{\mathrm{s}}}{2} \right\} \\
&= \left\{ f_h \middle| h=1,2,\cdots,K \right\}
\end{aligned} \tag{3.20}$$

证明：由$\boldsymbol{y}$重构$\boldsymbol{x}$实质上就是求解如下欠定方程组

$$\begin{cases}
\boldsymbol{y}_1 = \boldsymbol{\Phi}_1 \boldsymbol{x} = \boldsymbol{\Phi}_1 \boldsymbol{D}_N^{-1} \boldsymbol{\Theta}_{\boldsymbol{x}} \\
\boldsymbol{y}_2 = \boldsymbol{\Phi}_2 \boldsymbol{x} = \boldsymbol{\Phi}_2 \boldsymbol{D}_N^{-1} \boldsymbol{\Theta}_{\boldsymbol{x}} \\
\qquad\vdots \\
\boldsymbol{y}_I = \boldsymbol{\Phi}_I \boldsymbol{x} = \boldsymbol{\Phi}_I \boldsymbol{D}_N^{-1} \boldsymbol{\Theta}_{\boldsymbol{x}}
\end{cases} \tag{3.21}$$

式中，$\boldsymbol{\Phi}_i$表示降采样率为γ_i时对应的观测矩阵；$\boldsymbol{y}_i$为对$\boldsymbol{x}$以f_{s}/γ_i采样得到的采样值。由欠采样条件下信号在频域的卷绕性质可知，第i个方程解得的$\boldsymbol{\Theta}_{\boldsymbol{x}}$的非零值位置集合为

$$\left\{ \hat{f}_{hi} \right\} \subseteq \left\{ f_h + \frac{k_i f_{\mathrm{s}}}{\gamma_i} \middle| h=1,2,\cdots,K;\, k_i \in \mathbb{Z};\, \left| f_h + \frac{k_i f_{\mathrm{s}}}{\gamma_i} \right| \leqslant \frac{f_{\mathrm{s}}}{2} \right\} \tag{3.22}$$

因此方程组(3.21)求得的$\boldsymbol{\Theta}_{\boldsymbol{x}}$的非零值位置集合为

$$\bigcap \left\{ \hat{f}_{hi} \right\} \subseteq \bigcap \left\{ f_h + \frac{k_i f_{\mathrm{s}}}{\gamma_i} \middle| h=1,2,\cdots,K;\, k_i \in \mathbb{Z};\, \left| f_h + \frac{k_i f_{\mathrm{s}}}{\gamma_i} \right| \leqslant \frac{f_{\mathrm{s}}}{2} \right\} \tag{3.23}$$

当且仅当

$$\begin{aligned}&\left\{f_h+\frac{k_1 f_s}{\gamma_1}\middle|h=1,2,\cdots,K;k_1\in\mathbb{Z};\left|f_h+\frac{k_1 f_s}{\gamma_1}\right|\leqslant\frac{f_s}{2}\right\}\\&\cap\left\{f_h+\frac{k_2 f_s}{\gamma_2}\middle|h=1,2,\cdots,K;k_2\in\mathbb{Z};\left|f_h+\frac{k_2 f_s}{\gamma_2}\right|\leqslant\frac{f_s}{2}\right\}\\&\cap\cdots\\&\cap\left\{f_h+\frac{k_I f_s}{\gamma_I}\middle|h=1,2,\cdots,K;k_I\in\mathbb{Z};\left|f_h+\frac{k_I f_s}{\gamma_I}\right|\leqslant\frac{f_s}{2}\right\}\\&=\left\{f_h\middle|h=1,2,\cdots,K\right\}\end{aligned}\tag{3.24}$$

成立时，在 K 稀疏约束下，有

$$\cap\left\{\hat{f}_{hi}\right\}=\left\{f_h\middle|h=1,2,\cdots,K\right\}\tag{3.25}$$

从而实现了 $\boldsymbol{x}$ 的准确重构。

定理 2 指出了在 CS 中利用均匀采样代替随机采样的可行性，即利用多种具有不同采样频率的低速率采样来对信号进行观测，在满足定理 2 所述条件时，可以准确重构出原始信号。然而，在给定 $\boldsymbol{x}$ 和 γ_i 时，验证式(3.20)是否成立是一件非常繁琐的工作。我们期望能找到一个更为宽松的、现实易行的约束条件来指导我们对 γ_i 的选择。我们发现，当 γ_i（$i=1,2,\cdots,I;I\geqslant3$）互质时，式(3.20)有着较高的成立概率。对于 $\boldsymbol{\Theta}_{\boldsymbol{x}}$ 中某非零值对应的频率 f_h，可求得在不同 γ_i 条件下观测值 $\boldsymbol{\Theta}_{\boldsymbol{y}}$ 中对应频率位置为

$$f_{hi}=f_h\bmod\left(f_s/\gamma_i\right)\tag{3.26}$$

由中国留数定理可知，根据已知的 f_{hi} 和 γ_i，可求得 $[-F/2,\ F/2\ ]$ 内 f_h 的唯一解，其中 F 为 f_s/γ_i 的最小公倍数，当 γ_i 互质时，$F=f_s$。这为高概率重构 $\boldsymbol{\Theta}_{\boldsymbol{x}}$ 提供了坚实基础。

下面，给出两组仿真结果来对多采样率条件下信号重构的准确率进行分析。仿真中，信号长度为 1024，$f_s=1000\,\text{Hz}$，采用 OMP 算法重构信号。随机产生 100 个稀疏度为 K 的信号，信号重构准确率定义为准确重构出的频率分量数量与总的频率分量数量的百分比。信号重构准确率与观测数据量 M、稀疏度 K 的关系如图 3.3 所示。其中，图 3.3(a)采用了三组采样频率，图 3.3(b)采用了四组采样频率。由图 3.3 可以大致估计当 $M\geqslant c_1K\ln N$ 时，能够以高于 0.95 的概率准确恢复信号。

上述仿真实验说明了利用均匀采样代替随机稀疏采样来实现信号重构的可行性，也就是验证了利用均匀降采样来实现目标高分辨成像是可行的，这将显著降低雷达系统的复杂度。

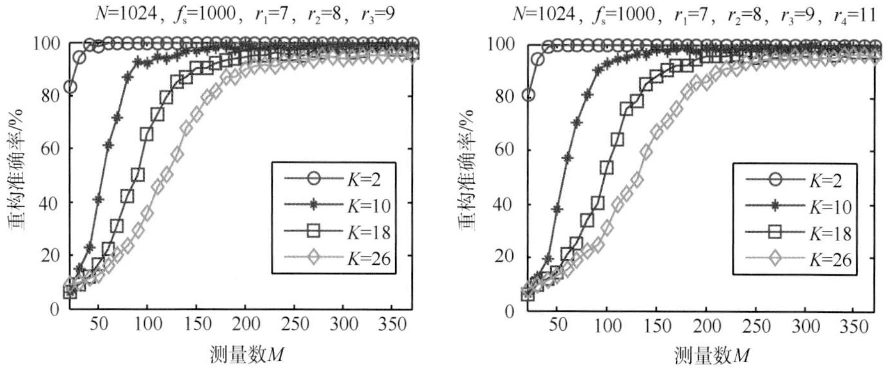

（a）三组采样频率　（b）四组采样频率

图 3.3　多采样率条件下信号重构准确率

实际上，在 ISAR 成像中，随着成像相干积累时间的增加，目标成像质量快速提高并逐渐收敛于最优成像结果。当成像质量达到最优后，继续增加相干积累时间，不但不能继续提高成像质量，反而可能会引起成像质量的下降。因此，设置脉冲重复频率集 $\mathrm{PRF}_1 < \mathrm{PRF}_2 < \cdots < \mathrm{PRF}_I$，并保证 $\mathrm{PRF}_i\,(i=1,\cdots I)$ 互质。以 T 为成像时间间隔，第 i 个时间间隔内采用 PRF_i 发射脉冲信号进行目标观测。在每一个成像时间间隔结束后，利用到该成像时间间隔为止的之前所有成像时间间隔为目标发射的全部脉冲信号进行 ISAR 成像，并将相邻两个成像时间间隔结束后得到的两幅目标 ISAR 像 $S_{i-1}(f, f_{t_\mathrm{m}})$ 和 $S_i(f, f_{t_\mathrm{m}})$ 的互相关系数 α 作为评判目标成像质量的准则函数，用以指导成像相干积累时间的自适应调整。

α 的计算公式为

$$\alpha = \frac{\sum_{f}\sum_{f_{t_\mathrm{m}}} F_{i-1}(f, f_{t_\mathrm{m}}) \odot F_i(f, f_{t_\mathrm{m}})}{\sqrt{\left\|F_{i-1}(f, f_{t_\mathrm{m}})\right\|_2 \left\|F_i(f, f_{t_\mathrm{m}})\right\|_2}} \tag{3.27}$$

式中，$\odot$ 表示阿达玛乘积；$\|\cdot\|_2$ 表示对矩阵取 l_2 范数运算。

显然，当互相关系数较小时，说明相邻两次目标像的相似度低，成像结果中没有包含目标的全部信息，成像结果与目标散射点真实分布情况不吻合，需要继续增加新的 PRF 对目标进行成像；反之，互相关系数较大时，说明成像质量已经开始收敛，成像结果与真实情况相吻合，已经实现了较高质量的 ISAR 成像。

因此，选择适当的阈值 T_α，在第 i 个成像时间间隔结束后，若 α 小于此阈值，则说明未能获得准确目标像，需要在下一个成像时间间隔 T 内增大脉冲重复频率，使用 PRF_{i+1} 对目标进行观测；否则，认为已获得了理想的成像结果，不再为目标成像发射观测脉冲。

上述方法流程如图 3.4 所示。

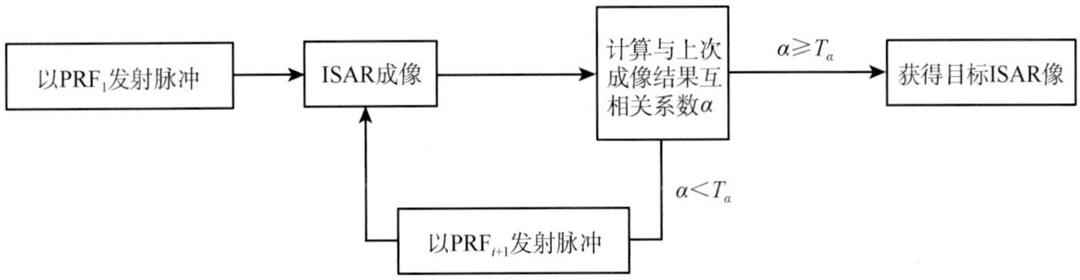

图 3.4　多 PRF 信号认知优化设计流程图

3.3　频率步进信号认知优化设计

雷达发射信号的模糊函数反映了雷达系统对目标在距离向和方位向的分辨能力，因此，对于脉内波形优化设计问题，根据发射信号的模糊函数来建立代价函数，进而实现发射波形的优化设计，是常用的思路之一。此外，利用回波信号的稀疏特性，通过建立回波信号稀疏表示模型来构造发射波形优化的代价函数，最终实现发射波形的优化设计，也是一种有效的波形优化设计思路。

因此，本节将这两种思路综合考虑，面向目标高分辨成像任务，以频率步进（stepped frequency，SF）信号为例建立目标回波信号的稀疏表示模型，通过分析其与发射信号模糊函数之间的关系，分别介绍随机 PRI-SF 信号（PRI：脉冲重复间隔，pulse repetition interval）和随机步进频（random stepped frequency，RSF）信号认知优化设计方法。

3.3.1　SF 信号回波分析

SF 信号是一种典型的频率步进类信号，也是雷达目标高分辨成像中较为常用的信号形式之一。SF 信号由一串载频以 Δf 步进的子脉冲构成，各子脉冲为单频信号形式。第 i 个子脉冲可表示为

$$s(t,i)=\mathrm{rect}\left(\frac{t-iT_{\mathrm{r}}}{T_1}\right)\exp(\mathrm{j}2\pi f_i(t-iT_{\mathrm{r}}))\quad ,\quad i=0,1,\cdots,N-1 \tag{3.28}$$

式中，N 为发射信号的子脉冲数；T_1 为子脉冲宽度；T_{r} 为子脉冲重复周期；$f_i=f_{\mathrm{c}}+i\Delta f$ 为第 i 个子脉冲的载频；f_{c} 为脉冲串起始载频。

假设在成像初始时刻，目标上第 q 个散射点与雷达之间的距离为 R_{q0}，则第 q 个散射点的第 i 个子脉冲的基带回波信号可表示为

$$s_{\mathrm{r}}(t,i)=\sigma_q\mathrm{rect}\left(\frac{t-iT_{\mathrm{r}}-2R_q(i)/c}{T_p}\right)\exp\left(-\mathrm{j}\frac{4\pi f_i R_q(i)}{c}\right)\exp(-\mathrm{j}2\pi f_i iT_{\mathrm{r}}) \tag{3.29}$$

式中，σ_q 为第 q 个散射点的散射系数；c 为光速；$R_q(i)$ 为第 i 个子脉冲发射时第 q 个散射点与雷达之间的距离。假设目标以径向速度 v 做匀速直线运动，则 $R_q(i)$ 可以表示为

$$R_q(i) = R_{q0} + ivT_{\mathrm{r}} \tag{3.30}$$

对每一个子脉冲回波信号进行一次采样(James and William，2005)，第 i 个子脉冲回波信号的采样值可表示为

$$\begin{aligned} s_{\mathrm{r}}(i) &= \sigma_q \exp\left(-\mathrm{j}\frac{4\pi f_i R_q(i)}{c}\right)\exp(-\mathrm{j}2\pi f_i i T_{\mathrm{r}}) \\ &=\sigma_q \exp\left(-\mathrm{j}4\pi f_i \frac{R_{q0}}{c}\right)\exp\left(-\mathrm{j}4\pi f_i \frac{ivT_{\mathrm{r}}}{c}\right)\exp(-\mathrm{j}2\pi f_i i T_{\mathrm{r}}) \end{aligned} \tag{3.31}$$

假设雷达观测区域共有 U 个距离单元，记为 $\boldsymbol{R}=[R_1,\cdots,R_u,\cdots,R_U]$，根据式(3.31)构造回波信号的稀疏表示字典

$$\boldsymbol{D}=[\boldsymbol{d}_1,\cdots,\boldsymbol{d}_u,\cdots,\boldsymbol{d}_U],$$

$$\boldsymbol{d}_u=\begin{bmatrix} \exp\left(-\mathrm{j}4\pi f_0\dfrac{R_u}{c}\right)\cdot\exp\left(-\mathrm{j}4\pi f_0\dfrac{vT_{\mathrm{r}}}{c}\right)\exp(-\mathrm{j}2\pi f_0 T_{\mathrm{r}}) \\ \exp\left(-\mathrm{j}4\pi f_1\dfrac{R_u}{c}\right)\cdot\exp\left(-\mathrm{j}4\pi f_1\dfrac{2vT_{\mathrm{r}}}{c}\right)\exp(-\mathrm{j}4\pi f_1 T_{\mathrm{r}}) \\ \vdots \\ \exp\left(-\mathrm{j}4\pi f_{N-1}\dfrac{R_u}{c}\right)\cdot\exp\left(-\mathrm{j}4\pi f_{N-1}\dfrac{(N-1)vT_{\mathrm{r}}}{c}\right)\exp(-\mathrm{j}2(N-1)\pi f_{N-1}T_{\mathrm{r}}) \end{bmatrix} \tag{3.32}$$

根据式(3.31)，记目标回波观测向量为 $\boldsymbol{s}_{\mathrm{r}}=[s_{\mathrm{r}}(0),\cdots,s_{\mathrm{r}}(i),\cdots,s_{\mathrm{r}}(N-1)]^{\mathrm{T}}$，可采用 $\boldsymbol{D}$ 对 $\boldsymbol{s}_{\mathrm{r}}$ 进行稀疏表示

$$\boldsymbol{s}_{\mathrm{r}} = \boldsymbol{D\sigma} \tag{3.33}$$

式中，$\boldsymbol{\sigma}=[\sigma_1,\cdots,\sigma_u,\cdots,\sigma_U]^{\mathrm{T}}$，即为目标 HRRP。通常，在 ISAR 成像时，目标回波的大部分能量仅由少数散射中心贡献，因此 $\boldsymbol{\sigma}$ 具有稀疏性。当 $N<U$ 时，利用 $\boldsymbol{\sigma}$ 的稀疏性可对其进行准确重构

$$\boldsymbol{\sigma}=\arg\min\|\boldsymbol{\sigma}\|_0 \qquad \text{s.t.}\quad \boldsymbol{s}_{\mathrm{r}}=\boldsymbol{D\sigma} \tag{3.34}$$

基于上述回波信号稀疏表示模型，分析 SF 信号模糊函数与字典 $\boldsymbol{D}$ 之间的关系。发射信号可表示为

$$s(t)=\frac{1}{\sqrt{N}}\sum_{i=0}^{N-1}s(t,i) \tag{3.35}$$

发射信号模糊函数反映了匹配滤波器对不同时延和频移的回波信号输出的全景图，若目标上两散射点的时延差和多普勒频差分别为 τ 和 f_{d}，则发射信号模糊函数可表示为

$$\chi(\tau,f_{\mathrm{d}})=\int_{-\infty}^{\infty}s(t)s^*(t-\tau)\exp(\mathrm{j}2\pi f_{\mathrm{d}}t)\mathrm{d}t \tag{3.36}$$

将式(3.35)代入式(3.36)可得

$$\chi(\tau,f_{\mathrm{d}})=\frac{1}{N}\sum_{i=0}^{N-1}\sum_{i'=0}^{N-1}\int_{-\infty}^{\infty}s(i,t-iT_{\mathrm{r}})s^*(i,t-i'T_{\mathrm{r}}-\tau)\exp(\mathrm{j}2\pi f_{\mathrm{d}}t)\mathrm{d}t \tag{3.37}$$

记 $t'=t-iT_r$，$i''=i-i'$，则模糊函数可表示为

$$\chi(\tau,f_d)=\frac{1}{N}\sum_{i=0}^{N-1}\exp(j2\pi f_d iT_r)\sum_{i'=0}^{N-1}\int_{-\infty}^{\infty}s(i,t')s^*(i,t'-(\tau-i''T_r))\exp(j2\pi f_d t')dt' \tag{3.38}$$

当时延差 $\tau=0$ 时，可以得到多普勒模糊函数

$$\chi(0,f_d)=\frac{1}{N}\sum_{i=0}^{N-1}\exp(j2\pi f_d iT_r)\sum_{i'=0}^{N-1}\int_{-\infty}^{\infty}s(i,t')s^*(i,t'+i''T_r)\exp(j2\pi f_d t')dt' \tag{3.39}$$

若 $i''=0$，则在多普勒频域可由 $|\chi(0,f_d)|$ 获得主峰(James and William，2005)。若 $\tau=0$ 且 $i''\neq 0$，则在多普勒频率域可由 $|\chi(0,f_d)|$ 获得副峰。

当多普勒频差 $f_d=0$ 时，可以得到距离模糊函数

$$\chi(\tau,0)=\frac{1}{N}\sum_{i=0}^{N-1}\sum_{i'=0}^{N-1}\int_{-\infty}^{\infty}s(i,t')s^*(i,t'-(\tau-i''T_r))dt' \tag{3.40}$$

若 $i''=0$，则在时延域可由 $|\chi(\tau,0)|$ 获得主峰(James and William，2005)。当 τ 一定时，$|\chi(\tau,0)|$ 值越小，获得的主峰越窄。

实际上，对于所构造的稀疏表示字典 $\boldsymbol{D}$，可以从两个不同角度对其行、列向量进行理解：一是不同行之间具有不同的多普勒频率，同一列具有相同的时间延迟；二是列向量表示同一距离单元内的一串子脉冲，同一行向量中元素之间具有相同的多普勒频差。

综上可知，字典 $\boldsymbol{D}$ 与模糊函数之间的物理含义具有一致性。因此在对字典 $\boldsymbol{D}$ 进行优化设计的同时，可以实现发射信号模糊函数的优化。

3.3.2　随机 PRI-SF 信号与 RSF 信号波形优化

实际上，式(3.32)中的字典 $\boldsymbol{D}$ 即为 2.2.1 节所述 CS 基本理论中的感知矩阵，而感知矩阵的性质直接决定了信号重构性能。因此，根据目标特征信息对字典 $\boldsymbol{D}$ 进行优化设计，能够有效地提升目标成像质量。同时，从式(3.32)中可以看出，发射信号参数直接决定了字典 $\boldsymbol{D}$ 中各元素的取值，因此对字典 $\boldsymbol{D}$ 的优化本质上是对发射信号波形参数的优化。

下面，详细介绍随机 PRI-SF 信号与 RSF 信号认知优化设计方法。

随机 PRI-SF 信号形式如图 3.5 所示。对于随机 PRI-SF 信号，各子脉冲之间的发射时间间隔相互独立。假设第 i 个子脉冲的发射时刻为 $T_i\in[0,T_p]$，$i=1,2,\cdots,N$。其中，T_p 为脉冲串时间宽度，$T_i=k_iT_{ra}$，T_{ra} 为雷达系统允许的最小发射时间间隔，k_i 为整数且 $k_i\in[0,T_p/T_{ra}]$，且 $k_i\neq k_j$，$(i,j=1,2,\cdots,N,i\neq j)$。将子脉冲发射时刻序列记为 $\boldsymbol{T}=[k_1,k_2,\cdots,k_N]$，式(3.32)可表示为

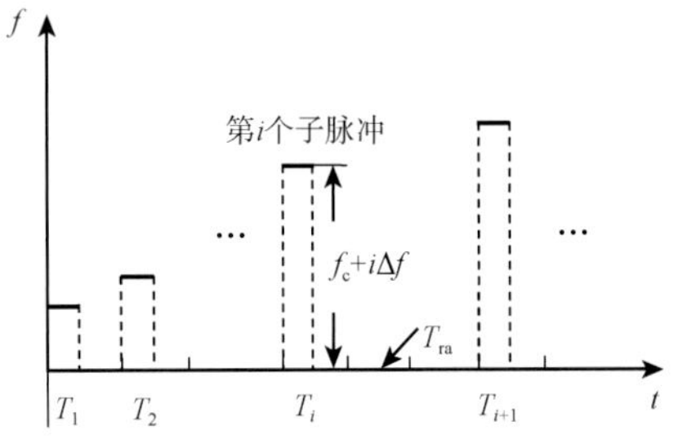

图 3.5　随机 PRI-SF 信号示意图

$$\boldsymbol{d}_u=\begin{bmatrix}\exp\left(-\mathrm{j}4\pi f_0\dfrac{R_u}{c}\right)\cdot\exp\left(-\mathrm{j}4\pi f_0\dfrac{vk_1T_{\mathrm{ra}}}{c}\right)\exp(-\mathrm{j}2\pi f_0k_1T_{\mathrm{ra}})\\ \exp\left(-\mathrm{j}4\pi f_1\dfrac{R_u}{c}\right)\cdot\exp\left(-\mathrm{j}4\pi f_1\dfrac{vk_2T_{\mathrm{ra}}}{c}\right)\exp(-\mathrm{j}2\pi f_1k_2T_{\mathrm{ra}})\\ \vdots\\ \exp\left(-\mathrm{j}4\pi f_{N-1}\dfrac{R_u}{c}\right)\cdot\exp\left(-\mathrm{j}4\pi f_{N-1}\dfrac{vk_NT_{\mathrm{ra}}}{c}\right)\exp(-\mathrm{j}2\pi f_{N-1}k_NT_{\mathrm{ra}})\end{bmatrix}\tag{3.41}$$

RSF 信号形式如图 3.6 所示，假设第 i 个子脉冲的载频为 $f_{\mathrm{c}}+l_i\Delta f$ ，$i=1,2,\cdots,N$ ；Δf 为载频步进值； l_i 为整数且 $l_i\in[0,B/\Delta f]$，其中信号带宽 $B=N\Delta f$ 。将子脉冲载频序列记为 $\boldsymbol{L}=[l_0,l_1,\cdots,l_{N-1}]$，式(3.32)可表示为

$$\boldsymbol{d}_u=\begin{bmatrix}\exp\left(-\mathrm{j}4\pi(f_{\mathrm{c}}+l_0\Delta f)\dfrac{R_u}{c}\right)\cdot\exp\left(-\mathrm{j}4\pi(f_{\mathrm{c}}+l_0\Delta f)\dfrac{vT_{\mathrm{r}}}{c}\right)\\ \cdot\exp(-\mathrm{j}2\pi(f_{\mathrm{c}}+l_0\Delta f)T_{\mathrm{r}})\\ \exp\left(-\mathrm{j}4\pi(f_{\mathrm{c}}+l_1\Delta f)\dfrac{R_u}{c}\right)\cdot\exp\left(-\mathrm{j}4\pi(f_{\mathrm{c}}+l_1\Delta f)\dfrac{2vT_{\mathrm{r}}}{c}\right)\\ \cdot\exp(-\mathrm{j}4\pi(f_{\mathrm{c}}+l_1\Delta f)T_{\mathrm{r}})\\ \vdots\\ \exp\left(-\mathrm{j}4\pi(f_{\mathrm{c}}+l_{N-1}\Delta f)\dfrac{R_u}{c}\right)\cdot\exp\left(-\mathrm{j}4\pi(f_{\mathrm{c}}+l_{N-1}\Delta f)\dfrac{(N-1)vT_{\mathrm{r}}}{c}\right)\\ \cdot\exp(-\mathrm{j}2(N-1)\pi(f_{\mathrm{c}}+l_{N-1}\Delta f)T_{\mathrm{r}})\end{bmatrix}\tag{3.42}$$

显然，基于回波信号稀疏表示模型，将目标运动速度作为先验信息，可以通过优化随机 PRI-SF 信号的子脉冲发射时刻序列 $\boldsymbol{T}$ 和 RSF 信号的子脉冲载频序列 $\boldsymbol{L}$ ，得到重构性能最优的字典 $\boldsymbol{D}$ ，从而实现目标高分辨像的准确重构。

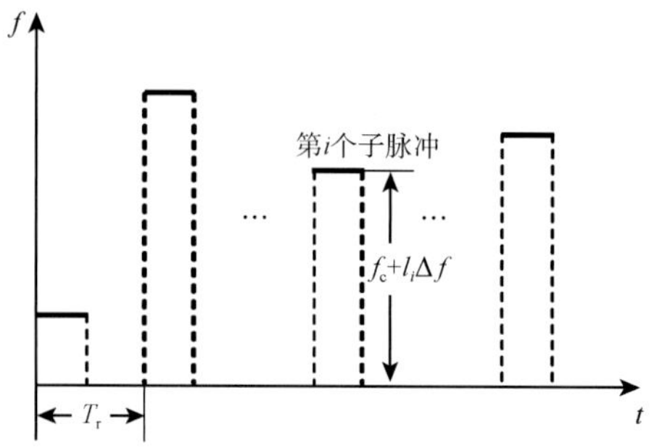

图 3.6　RSF 信号示意图

本书第 2 章已经提到，字典 $\boldsymbol{D}$ 的互相关系数越小，信号重构质量就越好。因此，以最小化字典 $\boldsymbol{D}$ 的互相关系数为优化目标函数，对子脉冲发射时刻序列 $\boldsymbol{T}$ 和子脉冲载频序列 $\boldsymbol{L}$ 进行优化设计，可以实现发射信号波形参数的认知优化。因此，发射信号波形参数的认知优化的本质是求解一个最优化问题。目前，智能优化算法(如遗传算法、蚁群算法、粒子群算法等)是一类通用性较强的最优化算法，其中粒子群优化(particle swarm optimization，PSO)算法常用于多变量、非线性、不连续等问题的求解，优化效率较高。因此，本节采用 PSO 算法来优化 $\boldsymbol{T}$ 和 $\boldsymbol{L}$，为了提高算法效率，在优化过程中，若字典 $\boldsymbol{D}$ 的互相关系数与目标稀疏度满足式(2.34)，认为所得优化波形能够实现目标高分辨成像，PSO 算法结束；反之，若字典 $\boldsymbol{D}$ 的互相关系数与目标稀疏度不满足式(2.34)，则需要继续执行 PSO 算法。此外，考虑到通过在线感知获得的目标稀疏度估计值可能与真实值存在较大误差，在获得满足式(2.34)的波形参数之后，使用该波形进行目标成像，并将该波形参数作为初始值再次进行 PSO 优化，利用所得结果进一步重构目标像，若两次成像结果的均方误差足够小，则算法停止；否则，继续采用 PSO 算法进行波形优化，直到获得既满足式(2.34)又满足成像误差足够小的波形参数。

实际上，在通过优化字典 $\boldsymbol{D}$ 来实现发射信号波形参数优化的过程中，由于字典 $\boldsymbol{D}$ 与模糊函数之间存在一致性，同时也就实现了发射信号模糊函数的优化。随机 PRI-SF 信号与 RSF 信号认知优化设计方法的具体步骤介绍如下。

步骤 1：初始化迭代次数 $z=1$。根据经验给定一组发射信号波形参数用于目标观测，获得目标稀疏度估计值 $\hat{K}_z$ 及目标径向速度估计值，其中目标径向速度用于构造字典 $\boldsymbol{D}$，稀疏度用于判断当前字典是否满足目标像高概率重构条件[即式(2.34)]。计算 $\bar{\mu}'_z=\dfrac{1}{2\hat{K}_z-1}$，则 $\bar{\mu}'_z$ 为能够重构目标像所需的字典 $\boldsymbol{D}$ 的互相关系数的上界；

步骤 2：初始化 PSO 粒子速度，设置相应粒子位置、速度取值范围及均方误差阈值 T_{MSE}。

步骤 3：令 $z=z+1$；以最小化字典 $\boldsymbol{D}$ 的互相关系数为目标函数，采用 PSO 算法优化 $\boldsymbol{T}_z$ 或 $\boldsymbol{L}_z$，并根据优化所得的 $\boldsymbol{T}_z$ 或 $\boldsymbol{L}_z$ 构造字典 $\boldsymbol{D}_z$，计算 $\boldsymbol{D}_z$ 的互相关系数 $\bar{\mu}_z$。直到 $\bar{\mu}_z\leqslant\omega\bar{\mu}'_{z-1}$ 成立，PSO 计算结束(ω 为小于 1 的常数，由于对目标稀疏度的估计存在误差，因此引入权重系数 ω，提高重构性能)。

步骤 4：基于优化所得的字典 $\boldsymbol{D}_z$ 利用 OMP 算法，由 $\boldsymbol{s}_{\mathrm{r}}$ 重构目标 HRRP $\hat{\boldsymbol{\sigma}}_z$。

步骤 5：若 $z=1$，根据 $\hat{\boldsymbol{\sigma}}_z$ 更新目标稀疏度估计值 $\hat{K}_z$ 并计算 $\bar{\mu}'_z=\dfrac{1}{2\hat{K}_z-1}$，保存 $\boldsymbol{T}_z$ 或 $\boldsymbol{L}_z$，作为下一次迭代计算中 PSO 算法的初始粒子，转步骤 2；否则，转步骤 6。

步骤 6：计算 $\hat{\boldsymbol{\sigma}}_z$ 与 $\hat{\boldsymbol{\sigma}}_{z-1}$ 的均方误差

$$\mathrm{MSE}_z=\frac{\left\|\hat{\boldsymbol{\sigma}}_{z-1}-\hat{\boldsymbol{\sigma}}_z\right\|_2}{\left\|\hat{\boldsymbol{\sigma}}_z\right\|_2} \tag{3.43}$$

式中，$\|\cdot\|_2$ 表示取 l_2 范数运算。给定均方误差阈值 T_{MSE}，若 $\mathrm{MSE}_z\leqslant T_{\mathrm{MSE}}$，则算法结束；

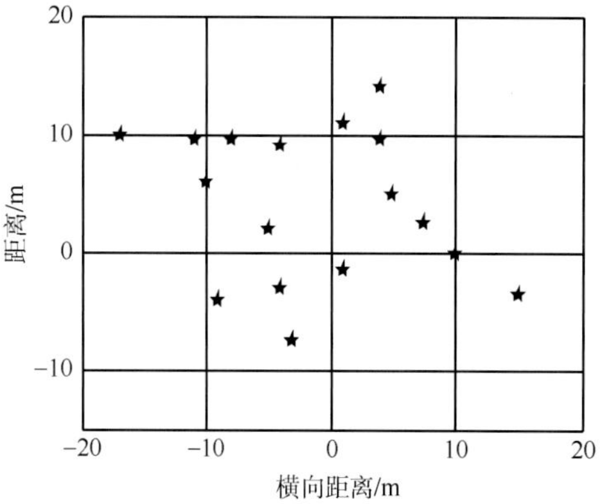

图 3.7　目标散射点分布图

否则，根据 $\hat{\boldsymbol{\sigma}}_z$ 更新目标稀疏度估计值 $\hat{K}_z$ 并计算 $\overline{\mu}'_z = \dfrac{1}{2\hat{K}_z - 1}$，保存 $\boldsymbol{T}_z$ 或 $\boldsymbol{L}_z$，作为下一次迭代计算中 PSO 算法的初始粒子，返回步骤 2 进行下一次迭代计算。

下面，采用图 3.7 所示的目标散射点模型对随机 PRI-SF 信号与 RSF 信号认知优化设计方法进行仿真实验和性能分析。假设目标与雷达之间的距离为 10 km，目标径向运动速度为 260 m/s。雷达发射信号为 SF 信号，信号参数设置如下：脉冲串起始载频 $f_c = 10\,\text{GHz}$，等效合成带宽 $B = 300\,\text{MHz}$，子脉冲个数 $N = 64$，载频步进值 $\Delta f = 4.6875\,\text{MHz}$，子脉冲重复周期 T_r=1 ms，子脉冲宽度 $T_1 = T_r / 8$，可获得距离分辨率 ρ_r=0.5 m。

1. 随机 PRI-SF 信号认知优化设计

对于随机 PRI-SF 信号，设最小发射时间间隔 T_{ra}=0.5 ms，权重系数 ω=0.8，均方误差阈值 T_{MSE}=10^{-3}。仿真中，第 2 次迭代时目标稀疏度估计值 $\hat{K}_z$ 为 8，计算得 μ'_2 为 0.0666，$\omega\mu'_2$ 为 0.0533。设粒子群中个体数为 20，PSO 计算过程如图 3.8(a)所示。图 3.8(b)中虚线给出了第 2 次迭代获得的目标 HRRP，其中不仅存在散射点丢失现象，还出现了虚假散射点。图 3.8(c)给出了相邻两次迭代获得的目标 HRRP 的均方误差(MSE)的变化曲线，当 MSE 小于阈值 T_{MSE} 时，算法结束。显然，优化后的发射信号与随机 PRI-SF 信号在子脉冲数、子脉冲时间宽度、子脉冲频率变化区间、信号带宽等方面保持一致，没有明显增加系统实现代价。图 3.8(b)中实线为计算结束时重构得到的目标 HRRP，与目标散射分布相一致。图 3.8(d)中虚线表示 SF 信号的距离模糊图，在原点处出现了主峰，在其两侧每隔 T_r 出现一个副峰，导致距离模糊；点划线为随机 PRI-SF 信号的距离模糊图，与前者相比，在主峰两侧的副峰被明显削弱，削弱的部分被填补到附近的空隙中，但副峰的幅值仍然较高，其主副瓣峰值比为 5.73 dB；实线为本节所述方法得到的优化信号的距离模糊图，主峰两侧的副峰被明显削弱，同时副峰的幅值也得到了有效抑制，其主副瓣峰值比达到了 9.39 dB。

2. RSF 信号认知优化设计

迭代优化过程中，均方误差(MSE)变化曲线如图 3.9 所示，经过 5 次迭代，MSE 小于阈值 T_{MSE}，算法结束。同样，优化得到的发射信号波形在子脉冲数、子脉冲时间宽度、子脉冲频率变化区间、信号带宽等方面没有明显增加系统实现代价。图 3.10 给出了 SF 信号、RSF 信号和本节所述方法得到的优化 RSF 信号的距离模糊图，其中虚线为 SF 信号的距离模糊图，在原点两侧出现了周期性副峰；点划线为 RSF 信号的距离模糊图，主峰两侧的副峰被抑制，其主副瓣峰值比为 11.37 dB；实线为优化 RSF 信号的距离模糊图，主峰两侧的副峰得到了更为有效的抑制，其主副瓣峰值比达到了 17.96 dB。

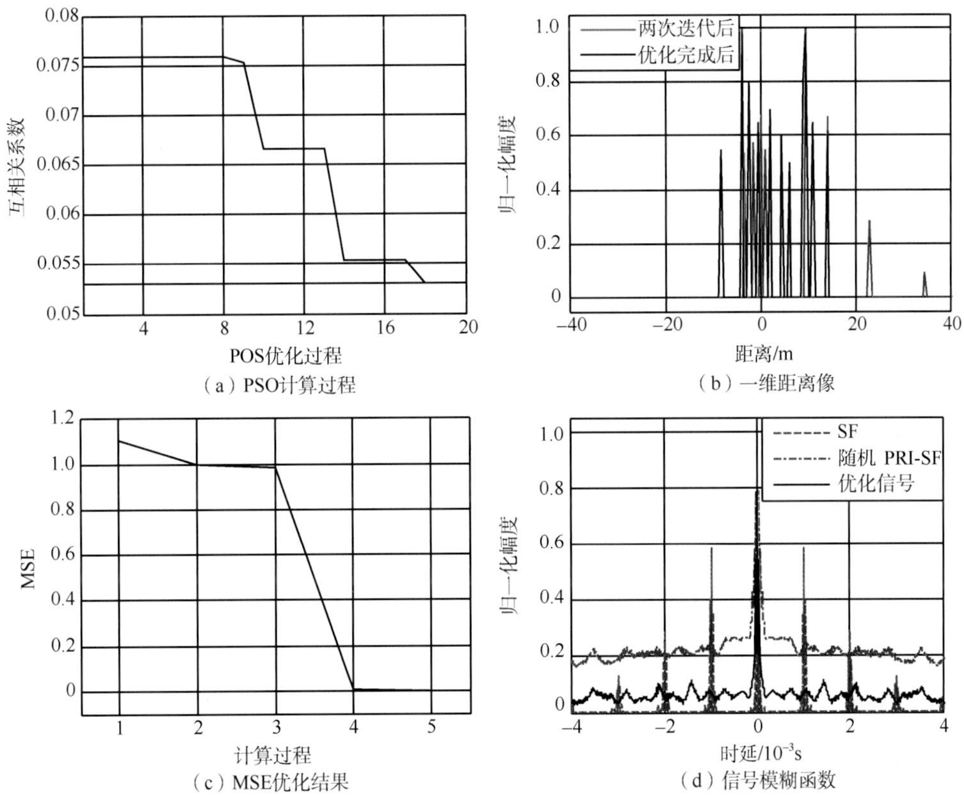

（a）PSO计算过程　（b）一维距离像
（c）MSE优化结果　（d）信号模糊函数

图 3.8　随机 PRI-SF 信号认知优化仿真结果

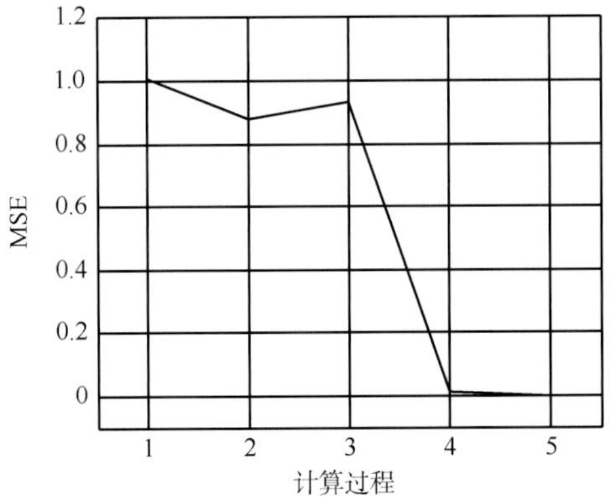

图 3.9　RSF 信号 MSE 优化结果

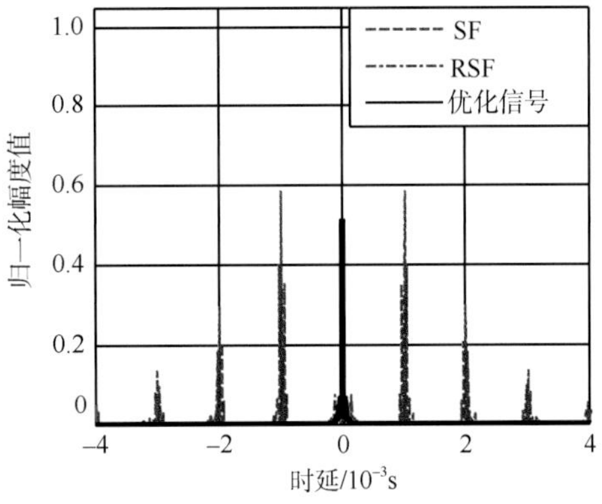

图 3.10　RSF 信号模糊函数

3.4　调频步进信号认知优化设计

本书 2.1.2 节和 2.2.2 节分别介绍了 SFCS 信号和稀疏 SFCS 信号高分辨成像基本原理。然而，为了使成像原理的介绍更加简明清晰，上述内容并未考虑频率步进类信号存在的多普勒敏感问题，即没有考虑目标运动对脉冲串中各子脉冲回波的相位调制作用。本书 3.3 节中，目标运动速度被作为先验信息用于频率步进信号认知优化设计，在构造稀疏表示字典时体现了目标运动速度对子脉冲回波的相位调制作用，这表明在信号波形认知优化过程中已经考虑了多普勒敏感问题。然而，大多数情况下，目标运动速度难以先验确知，需要针对多普勒敏感问题，研究合理高效的频率步进类信号高分辨成像方法。此外，实际上 SFCS 信号的子脉冲带宽、载频步进值、子脉冲数目等参数以及稀疏 SFCS 信号的子脉冲选择都与目标特征息息相关。通过建立目标特征在线感知与发射信号波形在线调整之间的闭环反馈结构，实现发射信号认知优化设计，不仅能够有效提高目标成像质量，还能够减少目标成像所需的雷达资源，提高雷达系统工作效率。

因此，本节首先针对 SFCS 信号存在的多普勒敏感问题，介绍一种基于参数化稀疏表征的 SFCS 信号高分辨成像方法，在此基础上，介绍一种稀疏 SFCS 信号波形参数优化设计方法。最后，以最小化雷达资源消耗为目标，进一步对发射信号进行认知优化，并将波形优化问题转化为观测矩阵优化问题，介绍一种观测矩阵认知优化设计方法，在不降低成像质量的条件下大幅减少目标成像所需的观测数据量。

3.4.1　基于参数化稀疏表征的高分辨成像

本书第 2 章介绍 SFCS 信号高分辨成像原理时，为了简单起见，假设目标“走-停”模型成立，即假设目标散射点到参考点的距离在一个 SFCS 脉冲串时间内保持不变，没有考虑目标运动对脉冲串中各子脉冲回波的相位调制作用。然而，SFCS 信号属于多普勒敏感信号，一般情况下，在合成目标 HRRP 时，目标的径向运动速度 v 使得“走-停”模型不再适用，即一个脉冲串时间内散射点到参考点的距离 $R_{\Delta q}$ 并不是一成不变的。$R_{\Delta q}$ 应该为子脉冲序号 i 的函数，表示为

$$R_{\Delta q}(i)=R_{\Delta q}+ivT_{\mathrm{r}} \tag{3.44}$$

式中，$R_{\Delta q}$ 表示第 1 个子脉冲发射时第 q 个散射点到参考点的距离。将式(2.18)所示的 CRRP 重新写为

$$\begin{aligned}S_{\mathrm{c}}(f,i)=\sum_{q}\sigma_q\cdot T_1\mathrm{sinc}\left(T_1\left(f+\frac{2\mu}{c}(R_{\Delta q}+ivT_{\mathrm{r}})\right)\right)\\ \cdot\exp\left(-\mathrm{j}\frac{4\pi}{c}(f_{\mathrm{c}}+i\Delta f)(R_{\Delta q}+ivT_{\mathrm{r}})\right)\end{aligned},\quad i=0,1,\cdots,N-1 \tag{3.45}$$

通常，在一簇脉冲串时间内，目标径向运动产生的位移不会超过一个粗分辨距离单元，因此，式(3.45)可进一步表示为

$$S_c(f,i) \approx \sum_q \sigma_q \cdot T_1 \text{sinc}\left(T_1\left(f+\frac{2\mu}{c}R_{\Delta q}\right)\right)\cdot\exp\left(-\text{j}\frac{4\pi}{c}(f_c+i\Delta f)(R_{\Delta q}+ivT_r)\right),$$
$$i=0,1,\cdots,N-1 \tag{3.46}$$

对式(3.46)进行二次采样和傅里叶变换，合成的目标 HRRP 的峰值出现在

$$f'=-\frac{2}{c}\Delta fR_{\Delta q}-\frac{2}{c}f_cT_rv-\frac{4}{c}\Delta fivT_r \tag{3.47}$$

对式(3.47)的右边三项进行分析(张群和罗迎，2013)：第一项反映了目标散射点的真实位置信息；第二项为目标径向运动引起的 HRRP 距离走动项，可以看出，目标径向运动速度越大，目标散射点在 HRRP 中的距离走动越明显；第三项为目标径向运动引起的距离展宽项，由于这一项中 v 与 i 之间存在耦合，使得在对目标 CRRP 的二次采样值做傅里叶变换以合成 HRRP 时，目标散射点所对应的距离像峰值将出现展宽现象。下面，分别针对距离走动效应和距离展宽效应进行分析。

首先，忽略距离展宽效应，则目标散射点在 HRRP 中的峰值位置可表示为

$$f'=-\frac{2}{c}\Delta fR_{\Delta q}-\frac{2}{c}f_cT_rv \tag{3.48}$$

上式两边同除以 $-2\Delta f/c$，可以获得目标散射点的距离坐标为

$$\dot{r}=R_{\Delta q}+f_cT_rv/\Delta f=R_{\Delta q}+f_cT_pv/B \tag{3.49}$$

式中，$T_p=NT_r$ 表示脉冲串时间宽度；f_cT_pv/B 即为目标散射点的距离走动量，它与目标径向运动速度 v、脉冲串起始载频 f_c、脉冲串时间宽度 T_p 成正比，与等效合成带宽 B 成反比，而与信号的子脉冲数目、子脉冲参数、载频步进值等细节无关。显然，当距离走动量较大时，还会引起距离卷绕。进一步考虑对 CRRP 做关于 $i=0,1,\cdots,N-1$ 的傅里叶变换得到目标 HRRP 时，频域的不模糊区间为$[-1/2,1/2]$。因此，散射点不发生卷绕的条件为

$$-\frac{1}{2}\leqslant f'=-\frac{2}{c}\Delta fR_{\Delta q}-\frac{2}{c}f_cT_rv\leqslant\frac{1}{2} \tag{3.50}$$

根据式(3.50)可以计算出目标散射点不发生卷绕时，目标径向运动速度的取值范围

$$-\frac{1}{f_cT_r}\left(\frac{c}{4}+\Delta fR_{\Delta q}\right)<v<\frac{1}{f_cT_r}\left(\frac{c}{4}-\Delta fR_{\Delta q}\right) \tag{3.51}$$

当目标径向运动速度超出上述范围时，目标散射点在 HRRP 中的位置为

$$\hat{r}=\text{mod}\left(\dot{r}+\frac{c}{4\Delta f},\frac{c}{2\Delta f}\right)-\frac{c}{4\Delta f} \tag{3.52}$$

式中，$\text{mod}(a,b)$ 为取余运算。

对于距离展宽效应，由于式(3.47)所示的距离展宽项中，目标径向运动速度 v、SFCS 信号参数 Δf、T_r 与 i 耦合，难以给出距离展宽量的具体数学表达式，因此本节仅给出对其简单的定性分析。距离展宽是由目标径向运动引起的，展宽程度由目标在脉冲串时间内产生的位移与距离高分辨率 ρ_r 之比决定，即 $vT_p/\rho_r=2vT_pB/c$ 越大，距离展宽越明显。

可见，距离展宽程度与脉冲串起始载频 f_c 无关，而与脉冲串时间宽度 T_p 、等效合成带宽 B 成正比。在 T_p 和 B 一定的条件下，与子脉冲细节参数无关。

下面给出一组仿真实验，分别针对距离走动、距离卷绕和距离展宽效应进行分析。雷达发射信号参数设置如下： f_c=30 GHz， T_p=5 ms， B=300 MHz， $N=64$ 。设目标散射点到参考点的距离为 $R_{\Delta q}=3\text{ m}$ 。

首先在不发生距离卷绕的条件下验证目标径向运动速度和发射信号参数对距离走动和距离展宽的影响。

1. 目标径向运动速度对距离走动和距离展宽的影响

在上述信号和目标参数条件下，根据式(3.51)可计算出不发生距离卷绕的径向运动速度取值范围为 $v\in(-38\text{ m/s}, 26\text{ m/s})$ 。设目标散射点径向运动速度分别为 0 m/s、18 m/s 和−30 m/s，目标 HRRP 如图 3.11 所示，可以看出，径向运动速度为 0 的散射点不发生距离走动和展宽，其峰值位置为散射点的真实位置，而其余两个散射点因目标运动产生了距离走动和距离展宽现象，且径向运动速度越大，走动和展宽越明显。

2. 脉冲串起始载频对距离走动和距离展宽的影响

给定目标径向运动速度 15 m/s，保持其他信号参数和目标参数均不变，脉冲串起始载频 f_c 分别取 20 GHz、30 GHz 和 40 GHz(均满足距离像不卷绕条件)，目标 HRRP 如图 3.12 所示，可以看出，距离走动随着 f_c 的增大而增大，而距离展宽与 f_c 无关。

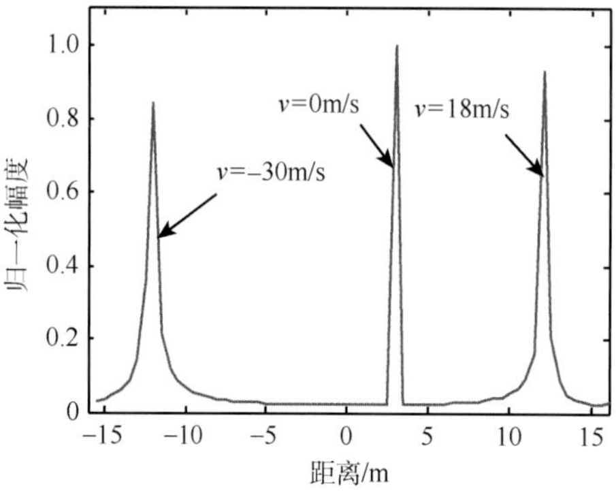

图 3.11　速度对距离像的影响

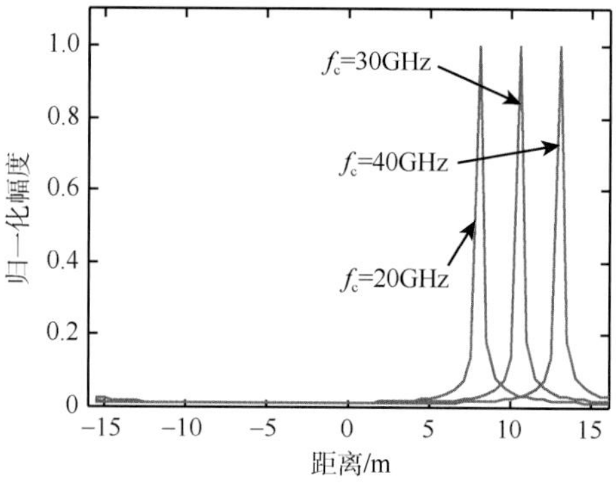

图 3.12　起始载频对距离像的影响

3. 脉冲串时间宽度对距离走动和距离展宽的影响

给定目标径向运动速度 10 m/s,保持其他信号参数和目标参数均不变,脉冲串宽度 T_p 分别取 1 ms、5 ms 和 10 ms(均满足距离像不卷绕条件)，目标 HRRP 如图 3.13 所示，可以看出，距离走动和距离展宽均随着 T_p 的增大而增大。

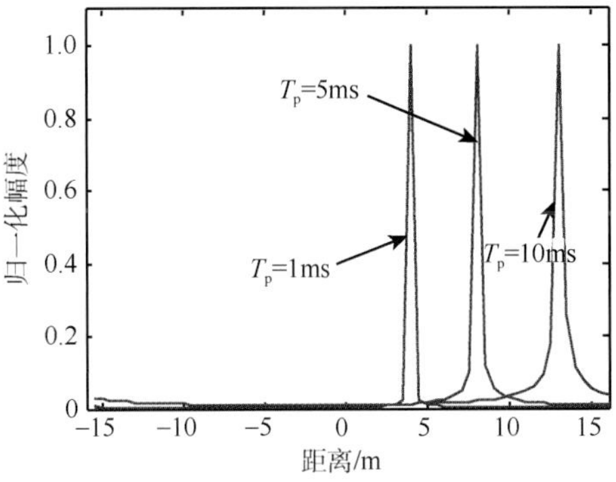

图 3.13　脉冲串时间宽度对距离像的影响

4. 等效合成带宽对距离走动和距离展宽的影响

给定目标径向运动速度 15 m/s，保持其他信号参数和目标参数均不变，等效合成带宽 B 分别取 100 MHz、300 MHz 和 600 MHz(均满足距离像不卷绕条件)，目标 HRRP 如图 3.14 所示。图 3.14(a)将定标后的距离作为横坐标，从中可以看出，距离走动随着 B 的增大而减小。距离展宽则应由HRRP中目标峰值点所占据的距离单元数来衡量，因此图3.14(b)将高分辨距离单元作为横坐标，从中可以看出，距离展宽随着 B 的增大而增大。

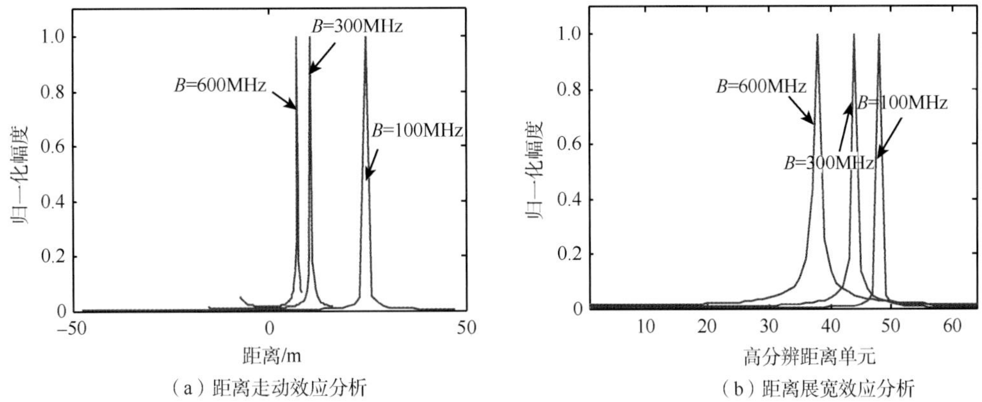

图 3.14　等效合成带宽对距离像的影响

下面对距离卷绕效应进行分析。雷达发射信号参数保持不变，目标散射点的径向运动速度分别取为 0 m/s、18 m/s、−55 m/s 和 26 m/s，目标 HRRP 如图 3.15 所示。从中可以明显地看到距离像卷绕效应，当 v 取为临界值 26 m/s 时，该散射点的峰值出现了分裂，当 v 取值超出不卷绕范围($v\in(-38\ \text{m/s}, 26\ \text{m/s})$)时，如 $v=-55$ m/s 时，该散射点峰值在 HRRP 中从左侧卷绕到右侧，且其定标后位置为 7 m，与式(3.52)的计算结果相符，此外，由于 v 取值较大，该散射点产生了明显的距离展宽现象。

上述实验结果表明了距离走动、距离卷绕和距离展宽效应的存在以及相关理论推导

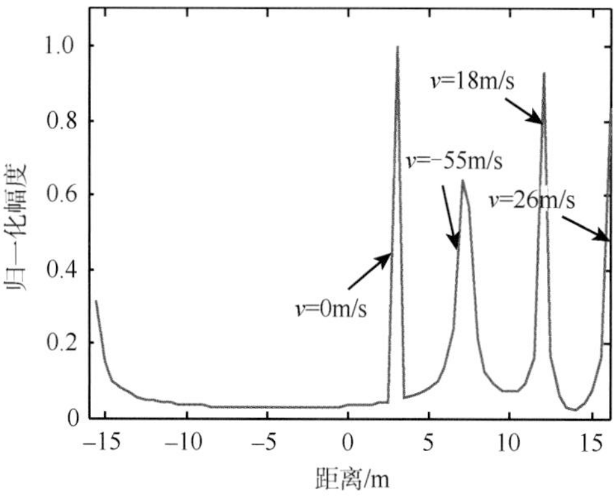

图 3.15　距离卷绕效应

的正确性，说明了目标运动会使 HRRP 发生较大改变，为了准确重构散射点分布信息，需要对目标径向运动速度进行精确估计与补偿。

随着 CS 理论研究的不断深入发展，大量研究成果表明，根据信号结构特点来构造与之相匹配的超完备冗余稀疏表示字典，并用其代替稀疏变换矩阵，能够更加有效地实现信号的稀疏表示，提高信号重构性能。进一步地，在 CS 理论框架下引入参数化稀疏表征思想能够提高信号处理的自适应能力。参数化稀疏表征是指在传统的固定的稀疏表示字典中加入目标未知参数，并通过参数优化使稀疏表示字典与信号采样之间实现精确匹配，从而提升信号稀疏表示性能，最终获得更好的信号重构结果。因此，针对 SFCS 信号高分辨距离成像中由于目标径向运动导致的距离走动和距离展宽现象，可以将目标径向运动速度作为参数来构造与回波信号相匹配的稀疏表示字典，建立参数化稀疏表征模型，并通过迭代更新的方法对模型进行求解，从而能够实现目标径向运动速度的准确估计、补偿和目标高分辨成像；在此基础上，充分利用目标特征信息，以减少目标成像所需雷达资源为目标，将波形优化设计问题转化为观测矩阵优化问题，可以大幅降低目标成像所需的观测数据量。

令 $f=-2\mu R_{\Delta q}/c$，对式(3.46)所示的目标 CRRP 进行二次采样，可以得到

$$S_{\mathrm{c}}(i)=\sum_{q}\sigma_q\cdot T_1\cdot\exp\left(-\mathrm{j}\frac{4\pi}{c}(f_{\mathrm{c}}+i\Delta f)(R_{\Delta q}+ivT_{\mathrm{r}})\right),\quad i=0,1,\cdots,N-1 \tag{3.53}$$

记目标回波信号的二次采样观测向量为 $\boldsymbol{S}_{\mathrm{c}}=[S_{\mathrm{c}}(0),\cdots,S_{\mathrm{c}}(i),\cdots,S_{\mathrm{c}}(N-1)]^{\mathrm{T}}$，以距离高分辨率 ρ_{r} 为单位增量，将雷达观测区域沿距离向离散化为 U 个距离单元，记为 $\boldsymbol{R}=[R_1,\cdots,R_u,\cdots,R_U]$。构造含有目标径向运动速度的参数化稀疏表示字典 $\boldsymbol{D}(v)$

$$\boldsymbol{D}(v)=[\boldsymbol{d}_1,\cdots,\boldsymbol{d}_u,\cdots,\boldsymbol{d}_U],$$

$$\boldsymbol{d}_u=\begin{bmatrix}\exp\left(-\mathrm{j}\dfrac{2\pi}{c}(f_{\mathrm{c}}+0\cdot\Delta f)(R_u+0\cdot T_{\mathrm{r}}v)\right)\\ \exp\left(-\mathrm{j}\dfrac{2\pi}{c}(f_{\mathrm{c}}+\Delta f)(R_u+T_{\mathrm{r}}v)\right)\\ \vdots\\ \exp\left(-\mathrm{j}\dfrac{2\pi}{c}(f_{\mathrm{c}}+(N-1)\cdot\Delta f)(R_u+(N-1)\cdot T_{\mathrm{r}}v)\right)\end{bmatrix} \tag{3.54}$$

采用式(3.54)所构造的参数化稀疏表示字典 $\boldsymbol{D}(v)$ 对目标回波观测向量 $\boldsymbol{S}_{\mathrm{c}}$ 进行稀疏表示，可得

$$\boldsymbol{S}_{\mathrm{c}}=\boldsymbol{D}(v)\boldsymbol{\sigma}, \quad \boldsymbol{\sigma}=[\sigma_1,\cdots,\sigma_u,\cdots,\sigma_U] \tag{3.55}$$

式中，σ_u 为第 u 个距离单元的散射系数；$\boldsymbol{\sigma}$ 即为目标 HRRP。

若将径向运动速度 v 看作已知参数，则通过求解一个最优化问题即可实现目标 HRRP 的重构

$$\boldsymbol{\sigma}=\arg\min\|\boldsymbol{\sigma}\|_0 \quad \text{s.t.} \quad \boldsymbol{S}_{\mathrm{c}}=\boldsymbol{D}(v)\boldsymbol{\sigma} \tag{3.56}$$

然而，实际成像过程中，径向运动速度 v 通常是无法精确已知的，并且只有当参数化稀疏表示字典 $\boldsymbol{D}(v)$ 中的径向运动速度 v 的取值与目标真实径向运动速度相同时，才能实现 $\boldsymbol{D}(v)$ 与回波观测向量 $\boldsymbol{S}_{\mathrm{c}}$ 之间的精确匹配，重构出的 $\boldsymbol{\sigma}$ 才具有良好的聚焦性。当 $\boldsymbol{D}(v)$ 中的径向运动速度 v 的取值与目标真实径向运动速度不符时，会导致 $\boldsymbol{D}(v)$ 与 $\boldsymbol{S}_{\mathrm{c}}$ 的失配，重构出的 $\boldsymbol{\sigma}$ 聚焦性变差。因此，当径向运动速度 v 未知时，需要综合考虑 v 的估计和 $\boldsymbol{\sigma}$ 的重构，建立关于 v 和 $\boldsymbol{\sigma}$ 的联合优化模型

$$\{v,\boldsymbol{\sigma}\}=\arg\min\|\boldsymbol{\sigma}\|_0 \quad \text{s.t.} \quad \boldsymbol{S}_{\mathrm{c}}=\boldsymbol{D}(v)\boldsymbol{\sigma} \tag{3.57}$$

针对上述联合优化问题，通过对 v 和 $\boldsymbol{\sigma}$ 进行迭代更新能够获得目标径向运动速度的准确估计和聚焦性良好的目标成像结果，具体方法如下。

步骤 1：初始化迭代次数 $z=1$，给定目标径向运动速度初始估计值 v_z（通常可根据目标跟踪等过程提供的辅助信息确定），设置迭代收敛阈值 η。

步骤 2：基于 v_z，根据式(3.54)构造参数化稀疏表示字典 $\boldsymbol{D}(v_z)$。

步骤 3：基于 $\boldsymbol{D}(v_z)$ 采用 OMP 算法对式(3.56)所示的最优化问题进行求解，得到目标 HRRP 的重构结果 $\boldsymbol{\sigma}_z$。

步骤 4：基于上一步骤得到的 $\boldsymbol{\sigma}_z$，对目标径向运动速度估计值进行更新

$$v_{z+1}=\arg\min_{v}\|\boldsymbol{S}_{\mathrm{c}}-\boldsymbol{D}(v)\boldsymbol{\sigma}_z\|_2 \tag{3.58}$$

令 $z=z+1$。

步骤 5：计算 v 的增量 $\Delta v_{z-1}=v_z-v_{z-1}$，若满足迭代终止条件 $|\Delta v_{z-1}|<\eta$，则迭代停止，获得目标径向运动速度估计值 v_z 以及目标 HRRP 重构结果 $\boldsymbol{\sigma}_{z-1}$；否则，转步骤 2 继续对 v 和 $\boldsymbol{\sigma}$ 进行迭代更新。

下面，给出上述步骤 4 的具体求解过程。

(1) 对 $\boldsymbol{D}(v)$ 在 $v=v_z$ 处进行一阶泰勒展开

$$\boldsymbol{D}(v)=\boldsymbol{D}(v_z)+\frac{\partial(\boldsymbol{D}(v))}{\partial v}\bigg|_{v=v_z}\cdot\Delta v \tag{3.59}$$

式中，Δv 表示 v 的增量，$\dfrac{\partial(\boldsymbol{D}(v))}{\partial v}$ 可根据式(3.54)计算得出

$$\frac{\partial(\boldsymbol{D}(v))}{\partial v}=\left[\frac{\partial \boldsymbol{d}_1}{\partial v},\dots,\frac{\partial \boldsymbol{d}_u}{\partial v},\dots,\frac{\partial \boldsymbol{d}_U}{\partial v}\right],$$

$$\frac{\partial \boldsymbol{d}_u}{\partial v}=\begin{bmatrix} \exp\left(-\mathrm{j}\dfrac{2\pi}{c}(f_\mathrm{c}+0\cdot\Delta f)(R_u+0\cdot T_\mathrm{r}v)\right) \\ \exp\left(-\mathrm{j}\dfrac{2\pi}{c}(f_\mathrm{c}+\Delta f)(R_u+T_\mathrm{r}v)\right)\cdot\left(-\mathrm{j}\dfrac{2\pi}{c}(f_\mathrm{c}+\Delta f)\cdot T_\mathrm{r}\right) \\ \vdots \\ \exp\left(-\mathrm{j}\dfrac{2\pi}{c}(f_\mathrm{c}+(N-1)\cdot\Delta f)(R_u+(N-1)\cdot T_\mathrm{r}v)\right) \\ \cdot\left(\mathrm{j}\dfrac{2\pi}{c}(f_\mathrm{c}+(N-1)\cdot\Delta f)\cdot(N-1)\cdot T_\mathrm{r}\right) \end{bmatrix} \tag{3.60}$$

(2) 将 $\boldsymbol{\sigma}_z$ 看作已知量，将目标径向运动速度估计值的更新问题转化为

$$\Delta v_z=\underset{\Delta v}{\arg\min}\left\|\boldsymbol{S}_\mathrm{c}-\boldsymbol{D}(v_z)\boldsymbol{\sigma}_z-\frac{\partial(\boldsymbol{D}(v))}{\partial v}\bigg|_{v=v_z}\cdot\Delta v\cdot\boldsymbol{\sigma}_z\right\|_2 \tag{3.61}$$

(3) 基于最小二乘法计算 Δv_z

$$\begin{aligned}\Delta v_z=&\left(\left(\frac{\partial(\boldsymbol{D}(v))}{\partial v}\bigg|_{v=v_z}\cdot\boldsymbol{\sigma}_z\right)^\mathrm{H}\left(\frac{\partial(\boldsymbol{D}(v))}{\partial v}\bigg|_{v=v_z}\cdot\boldsymbol{\sigma}_z\right)\right)^{-1}\\&\cdot\left(\frac{\partial(\boldsymbol{D}(v))}{\partial v}\bigg|_{v=v_z}\cdot\boldsymbol{\sigma}_z\right)^\mathrm{H}(\boldsymbol{S}_\mathrm{c}-\boldsymbol{D}(v_z)\boldsymbol{\sigma}_z)\end{aligned} \tag{3.62}$$

(4) 更新径向运动速度估计值

$$v_{z+1}=v_z+\Delta v_z \tag{3.63}$$

至此，通过对 v 和 $\boldsymbol{\sigma}$ 的迭代更新，实现了目标径向运动速度 v 的准确估计和目标 HRRP $\boldsymbol{\sigma}$ 的准确重构。在此基础上，对不同慢时间时刻获得的 HRRP 序列进行方位向傅里叶变换，即可获得目标二维 ISAR 像。

综上所述，图 3.16 给出了基于参数化稀疏表征的 SFCS 信号成像算法流程图。

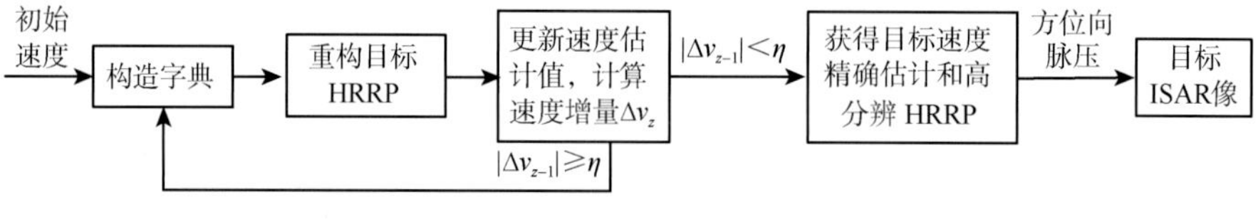

图 3.16　基于参数化稀疏表征的 SFCS 信号成像算法流程图

可以看出，基于参数化稀疏表征的 SFCS 信号成像方法中，参数化稀疏表示字典 $\boldsymbol{D}(v)$ 并不是固定不变的，而是在成像过程中不断根据目标成像结果 $\boldsymbol{\sigma}_z$ 对目标径向运动速度估计值进行更新，从而实现字典 $\boldsymbol{D}(v)$ 的实时自适应优化调整，反过来，更优的字典 $\boldsymbol{D}(v)$ 会提高成像质量，获得更好的目标成像结果，为字典 $\boldsymbol{D}(v)$ 的下一步更新提供更准确有效的信息。这本质上体现了认知成像的思想，建立了成像结果、目标速度、信号处理之间的信息闭环反馈回路，提高了 ISAR 成像对目标的自适应能力，从而能够获得更好的成像

结果。

若雷达发射稀疏 SFCS 信号，则如 2.2.3 节所述，根据稀疏 SFCS 信号脉冲串中子脉冲的缺失情况构造观测矩阵 $\boldsymbol{\Phi}$ [式(2.38)]，可将稀疏 SFCS 信号的二次采样观测向量 $\boldsymbol{S}'_{\mathrm{c}}$ 表示为

$$\boldsymbol{S}'_{\mathrm{c}}=\boldsymbol{\Phi}\boldsymbol{S}_{\mathrm{c}}=\boldsymbol{\Phi}\boldsymbol{D}(v)\boldsymbol{\sigma} \tag{3.64}$$

式(3.57)所示的联合优化模型重新表示为

$$\{v,\boldsymbol{\sigma}\}=\arg\min\|\boldsymbol{\sigma}\|_0 \quad \text{s.t.} \quad \boldsymbol{S}'_{\mathrm{c}}=\boldsymbol{\Phi}\boldsymbol{D}(v)\boldsymbol{\sigma} \tag{3.65}$$

只要观测数据量 $M \geqslant c_1 K \ln N$，就能够在 CS 理论框架下采用 OMP 算法以高概率实现信号重构。采用式(3.57)的求解方法对 v 和 $\boldsymbol{\sigma}$ 进行迭代更新就可实现式(3.65)的有效求解，从而实现目标径向运动速度估计和高分辨成像。

下面进行仿真实验与性能分析。雷达发射信号参数设置如下：f_{c}=35 GHz，T_{r}=93.75 μs，$\Delta f=4.6875$ MHz，$N=64$，$B=300$ MHz，T_{p}=6 ms。目标距雷达 10 km，径向运动速度为 v=140 m/s。速度估计收敛阈值设为 $\eta=0.01$。为了更直观地验证参数化稀疏表征方法的 HRRP 成像能力，假设目标由五个散射点组成，相对于参考点(目标中心)坐标分别为 $(0,-15,0)$、$(0,-10,0)$、$(0,0,0)$、$(0,5,0)$ 和 $(0,8,0)$，单位为 m。

首先，对于完全子脉冲 SFCS 信号，图 3.17 给出了不进行运动补偿直接重构得到的目标 HRRP 和基于本节所述方法获得的目标 HRRP。

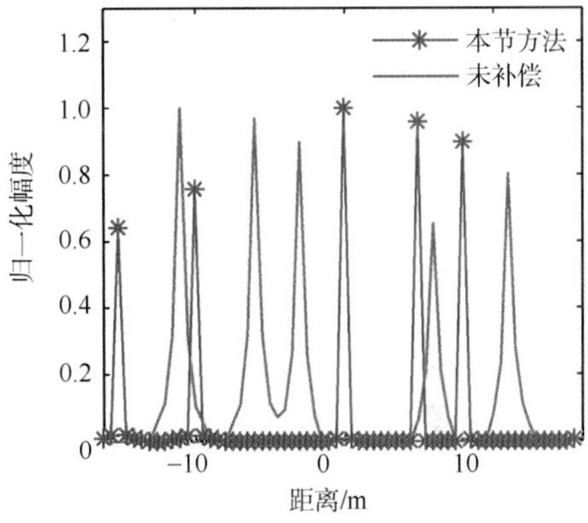

图 3.17　SFCS 信号目标成像

将所得目标 HRRP $\boldsymbol{\sigma}$ 与理想目标 HRRP $\boldsymbol{\sigma}_{\mathrm{ideal}}$(目标径向运动速度为 0 时的 HRRP)的峰值信噪比(peak signal-to-noise ratio，PSNR)作为衡量算法性能的评价指标。峰值信噪比定义为

$$\mathrm{PSNR}=10\lg\left(\frac{255^2}{\mathrm{mean}((\boldsymbol{\sigma}-\boldsymbol{\sigma}_{\mathrm{ideal}})^2)}\right) \tag{3.66}$$

式中，$\mathrm{mean}(\cdot)$ 表示取均值运算。显然，目标像 PSNR 越大，成像质量越好。

从图 3.17 中可以看出，如果不进行运动补偿，目标运动会导致 HRRP 的走动、展宽和卷绕，无法获得目标散射点的真实位置信息，目标像 PSNR 仅为 9.0787。而本节所述方法能够实现目标径向运动速度的精确估计(速度估计相对误差为 0.015%)，同时获得目标 HRRP 的准确重构结果(目标像 PSNR 为 48.8037)。图 3.18 给出了本节所述方法的速度估计相对误差随 SNR 的变化曲线，图 3.19 给出了不进行运动补偿直接重构得到的目标像 PSNR 和基于本节所述方法获得的目标像 PSNR 随 SNR 的变化曲线。

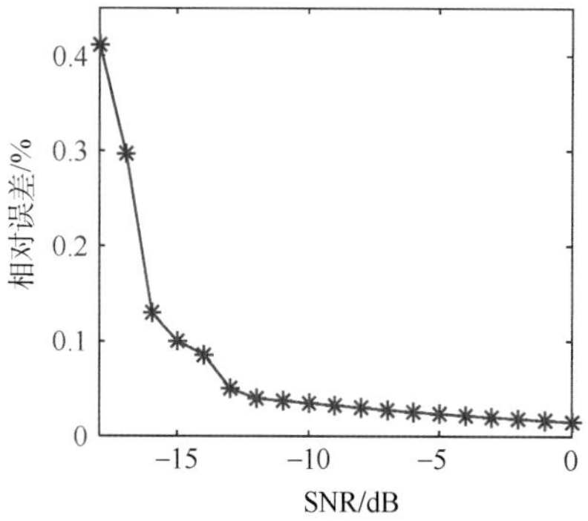

图 3.18　速度估计相对误差随 SNR 的变化

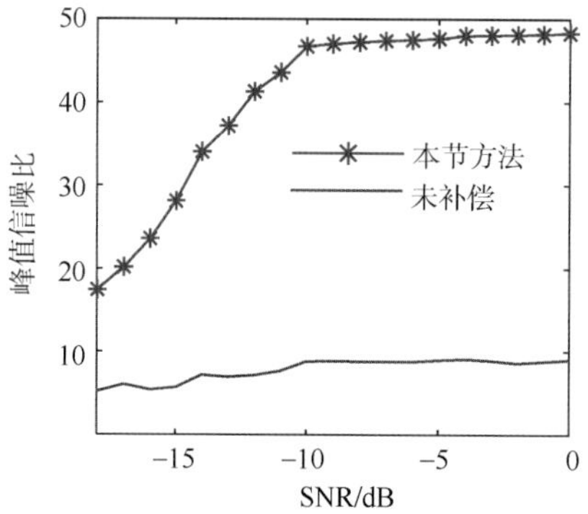

图 3.19　PSNR 随 SNR 的变化

从图 3.18 和图 3.19 中可以看出：

(1) 本节所述方法在 SNR＞−10 dB 时，速度估计误差和目标像 PSNR 随 SNR 的减小缓慢变化，当 SNR＜−10 dB 时，速度估计误差随 SNR 的减小而快速增大，目标像 PSNR 也急剧减小，但仍然远好于不进行运动补偿时获得的 PSNR。这是因为，虽然在低 SNR 条件下(SNR＜−10 dB)，本节所述方法的速度估计精度有所下降，但依然能够保证速度补偿后的目标 HRRP 不发生距离走动现象，导致目标像 PSNR 下降的原因是速度补偿精度不足产生了一定的距离展宽，以及较强的噪声在目标像上产生了较多噪点；

(2) 不进行运动补偿时目标像 PSNR 同样随着 SNR 的下降而减小，但变化过程较为缓慢，这是因为在无噪声条件下，这种方法的目标成像质量就不理想，存在距离走动和展宽现象，导致目标像 PSNR 的值很小；在这种情况下，目标像 PSNR 随 SNR 的下降而减小的原因是噪声在目标像上产生了较多噪点，但与距离走动和展宽效应相比，这些噪点对 PSNR 的影响并不明显。

下面分析雷达发射信号参数对速度估计和目标成像性能的影响。事实上，式(3.57)的求解是利用目标径向运动速度 v 取真实值时才能实现精确匹配，从而可以获得更好的聚焦像这一现象来实现的。也就是说，目标 HRRP 的展宽程度直接影响着 v 的估计精度。由本节对距离展宽的相关分析可知，距离展宽只与信号参数 T_p 和 B 有关。因此，保持其他信号参数不变，研究不同 T_p 和 B 条件下的目标径向运动速度估计误差和目标像 PSNR，结果如图 3.20 和图 3.21 所示。从图 3.20 中可以看出，速度估计误差随着 T_p 和 B 的降低而增大，这是因为在相同径向运动速度条件下，T_p 和 B 越小，距离展宽越不明显，当不发生距离展宽时，则认为已经得到了最优速度估计值，而若 T_p 和 B 较大，距离展宽现象依然存在，就可以进一步对速度估计值进行迭代更新，从而获得更准确的目标径向运动速度估计结果。然而，不同 T_p 和 B 条件下，目标像 PSNR 变化不大，这是因为在给定 T_p 和 B 条件下，本节所述方法都能够获得使目标像聚焦(不发生距离展宽)的速度估计值和相应的 HRRP。与图 3.18 和图 3.19 相一致，当 SNR＜−10 dB 时，速度估计误差和目标像 PSNR 随 SNR 的下降变化明显。总体而言，不同的 T_p 和 B 虽然会对速度估计误差产生影响，但不会显著影响目标成像质量。

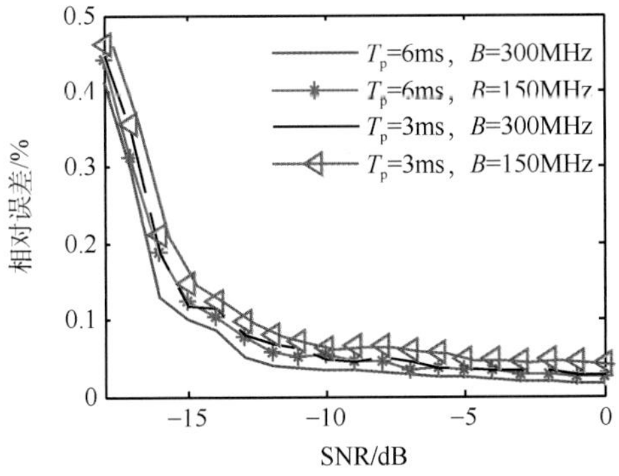

图 3.20　速度估计相对误差随信号参数的变化

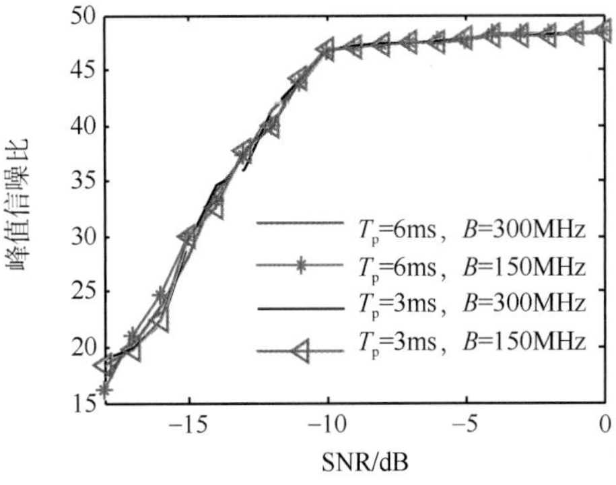

图 3.21　PSNR 随信号参数的变化

下面，分析本节所述方法在稀疏 SFSC 信号条件下的目标径向运动速度估计和成像性能。雷达发射稀疏 SFCS 信号，子脉冲数(观测维数)取为 M=30，不进行运动补偿直接重构得到的目标像 PSNR 和基于本节所述方法获得的目标像 PSNR 分别为 8.964 和 46.631。本节所述方法获得的速度估计相对误差为 0.023%，充分说明本节方法在稀疏 SFSC 信号中依然存在明显的性能优势。

图 3.22 和图 3.23 分别给出了速度估计相对误差和目标像 PSNR 随观测维数 M 的变化曲线。从中可以看出，当 M>24 时，能够满足 CS 理论框架下信号高概率准确重构对观测数据量的要求，本节所述方法能够获得满意的速度估计精度和成像效果。随着观测维数的下降，观测数据量不满足信号重构的要求，目标径向运动速度估计和成像性能显著下降。而不进行运动补偿时，距离走动和展宽现象的存在使得目标像 PSNR 的值一直很小，基本上不受观测维数 M 的影响。

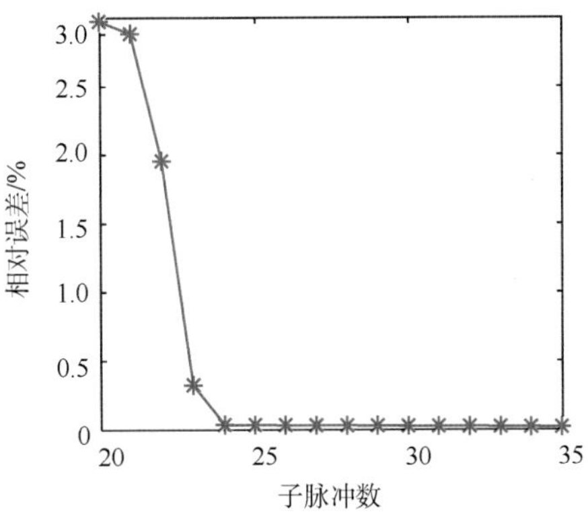

图 3.22　速度估计相对误差随子脉冲数的变化

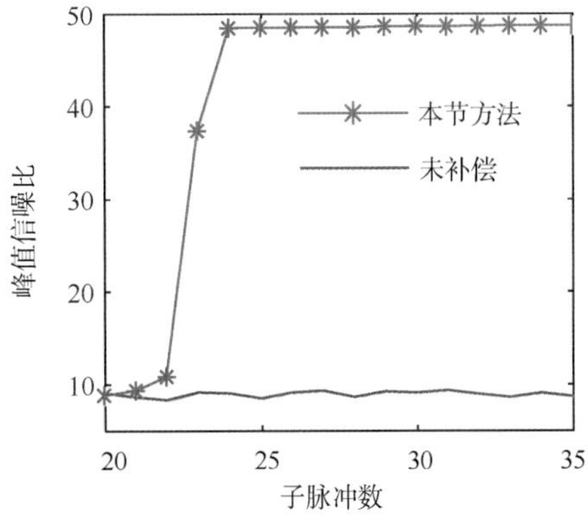

图 3.23　PSNR 随子脉冲数的变化

上述实验结果表明，本节所述参数化稀疏表征方法在速度估计精度、成像质量、鲁棒性和稀疏 SFCS 信号适用性等方面都表现出了较好的性能。然而，从图 3.22 和图 3.23

中也可以看出，在观测维数 $M<24$ 时，由于不满足 CS 理论中高概率信号重构对观测数据量的要求，该方法的性能急剧下降。

3.4.2 SFCS 信号波形参数优化设计

实际上，在基于 CS 的稀疏 SFCS 信号高分辨成像中，可依据目标特征设计发射信号波形，此时需要综合考虑以下几个参数与目标特征之间的关系。

(1) 子脉冲带宽 B_1。在目标 HRRP 成像过程中，为了避免复杂的距离像拼接处理，需要假设目标径向尺寸小于 CRRP 的距离分辨率，从而保证目标 CRRP 呈现为单峰值形式。因此，可采用 3.1 节估计目标方位向尺寸的类似方法来估计目标径向尺寸 $\hat{S}_{\mathrm{y}}$，并根据 $\hat{S}_{\mathrm{y}}$ 来优化子脉冲带宽 B_1，使其满足

$$B_1 < c/(2\hat{S}_{\mathrm{y}}) \tag{3.67}$$

考虑到峰值旁瓣的影响，进一步约束 B_1，使其满足

$$B_1 < c/(4\hat{S}_{\mathrm{y}}) \tag{3.68}$$

(2) 载频步进值 Δf。在根据目标 CRRP 的二次采样值进行目标 HRRP 合成时，频域的不模糊区间为 $[-1/2, 1/2]$，即当 $f = -2\Delta f R_{\Delta q}/c$ 的取值超出 $[-1/2, 1/2]$ 的范围时，目标散射点峰值会发生卷绕现象。因此，目标 HRRP 的不模糊距离区间为 $\left[-c/(4\cdot\Delta f), c/(4\cdot\Delta f)\right]$。我们可根据目标径向尺寸估计值 $\hat{S}_{\mathrm{y}}$ 来调整 Δf，使其满足 $\Delta f < c/(4\hat{S}_{\mathrm{y}})$。通常，为了节约雷达资源，我们期望使用更少的子脉冲实现对目标的观测成像。在合成带宽 B 一定的条件下，Δf 与子脉冲数 N 成反比，因此，载频步进值 Δf 的调整原则应该为在满足 $\Delta f < c/(4\hat{S}_{\mathrm{y}})$ 的条件下取最大值，即

$$\Delta f = c/(4\hat{S}_{\mathrm{y}}) \tag{3.69}$$

(3) 观测维数 M。在采用 OMP 算法进行目标 HRRP 重构时，需要满足观测维数 $M \geqslant c_1 K \ln N$，可见 M 的确定涉及对目标距离向稀疏度 K 的估计。显然，若 K 的估计值过大，会导致 M 值过大，一方面增加了数据处理负担；另一方面又增加了频谱资源的消耗。反之，若低估了 K 的取值，一方面将导致重构时散射点的丢失；另一方面将大幅降低重构精度。

本章 3.1 节中已经介绍了一种目标方位向稀疏度估计方法，下面介绍另一种常用方法实现对目标距离向稀疏度 K 的估计：当估计值 $\hat{K} < K$ 时，由于重构误差的存在，相邻各次目标 HRRP 的相似度降低；而当 $\hat{K} \geqslant K$ 时，相邻各次目标 HRRP 基本相似。因此可以通过考察相邻各次目标 HRRP 之间的互相关系数来判断 $\hat{K}$ 是否准确。当互相关系数低于某阈值 T_α 时，判定 $\hat{K} < K$，下次发射的信号波形中需增大 M 的取值；当互相关系数大于 T_α 时，判定 $\hat{K} \geqslant K$，计算重构的目标 HRRP 中幅值较高的散射点的个数 K'，并令

$\hat{K}=K'$，进一步计算 M 的取值。设相邻两次目标 HRRP 分别为 $S_{\mathrm{H}_1}(f)$ 和 $S_{\mathrm{H}_2}(f)$，则它们的互相关系数可计算为

$$\alpha=\frac{\left\langle S_{\mathrm{H}_1}(f),S_{\mathrm{H}_2}(f)\right\rangle}{\sqrt{\left\|S_{\mathrm{H}_1}(f)\right\|_2\left\|S_{\mathrm{H}_2}(f)\right\|_2}} \tag{3.70}$$

式中，$\langle\cdot,\cdot\rangle$ 表示内积运算。

当各距离单元内包括多个方位向分布的散射点时，各散射点回波叠加将会导致各距离单元内距离像幅值的起伏，从而降低相邻距离像之间的相似度。由于目标方位向两侧边界处的两个散射点之间的相位差最大，若该两点之间的方位向距离差为 S_x，设两点间相位差小于 $\pi/2$ 时距离像起伏效应可以忽略，则当目标相对雷达转角 $\Delta\theta<\lambda/(8S_x)$ 时可认为距离像不发生变化，λ 为雷达发射信号波长。当雷达工作于较高载频时，该约束是较为苛刻的。可以证明该距离像起伏随慢时间随机变化(杜兰，等，2009)，同时考虑到即使 $\hat{K}\geqslant K$ 时，OMP 算法也只能保证以高概率重构信号，难以完全避免重构误差。因此，为了避免距离像起伏和重构误差给相邻 HRRP 之间相关性判定造成影响，可采取相邻多次 HRRP 的平均值代替单个 HRRP 进行互相关运算来松弛距离像的方位敏感性。根据目标的散射点模型，在不发生越距离单元走动的情况下，各距离单元内驻留的散射点不会改变，因此距离像的方位敏感性约束可松弛到 $\Delta\theta<\rho_r/S_x$。在取多次距离像求平均像时应尽量保证该组距离像内目标相对雷达的转角满足该约束。

在对目标实施二维成像时，由于各散射点回波之间的耦合性，在成像相干积累时间内各次目标 HRRP 的包络将发生缓慢变化，并且随着目标相对于雷达的转动，各散射点的散射系数也可能发生改变，这些都将导致 K 的变化。因此，观测维数 M 的确定也应随着 K 的变化而自适应地改变。

综上分析，稀疏 SFCS 信号波形参数优化设计方法可概括描述为图 3.24 所示的流程图。

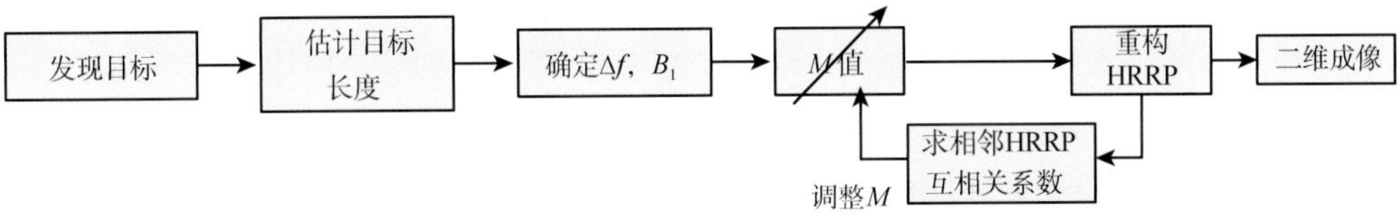

图 3.24　稀疏 SFCS 信号波形参数优化设计流程示意图

下面，对上述稀疏 SFCS 信号波形参数优化设计方法进行仿真实验与性能分析。

1. 无噪声条件下仿真实验

采用图 2.6 所示的飞机模型进行仿真。雷达发射 SFCS 信号，脉冲串起始载频 $f_c=18\ \mathrm{GHz}$，子脉冲带宽 $B_1=0.15\ \mathrm{MHz}$，合成带宽 $B=2\ \mathrm{GHz}$，对应的距离分辨率 $\rho_r=0.075\ \mathrm{m}$。飞机径向长度约为 16 m，共包括 276 个散射点。飞机距雷达 10 km，飞

行速度 300 m/s，成像相干积累时间为 T_c =1.85 s，相对于雷达的转角为 0.0556 rad，对应的方位分辨率为 $\rho_a = 0.15$ m 。脉冲重复频率为 PRF=250 Hz，成像时间内共发射了 464 个 SFCS 脉冲串。

雷达在发现目标后，首先发射一组子脉冲数为64、载频步进值为0.3 MHz 的载频均匀步进的FSCS 信号，有效合成带宽为19.2 MHz，对应的距离分辨率为7.8125 m。目标一维距离像如图 3.25 所示，取距离像幅度阈值为 0.2，得到目标径向尺寸的大致估计值为 3 个距离分辨单元，即 $\hat{S}_y$=23.4375 m，根据式(3.69)计算得到载频步进值 $\Delta f = c/(4\hat{S}_y) =$ 3.2 MHz，其对应的不模糊距离区间长度为46.875 m，为目标径向尺寸估计值的两倍。进一步由 Δf 可在雷达工作频带内确定 $N = 626$ 个载频点。

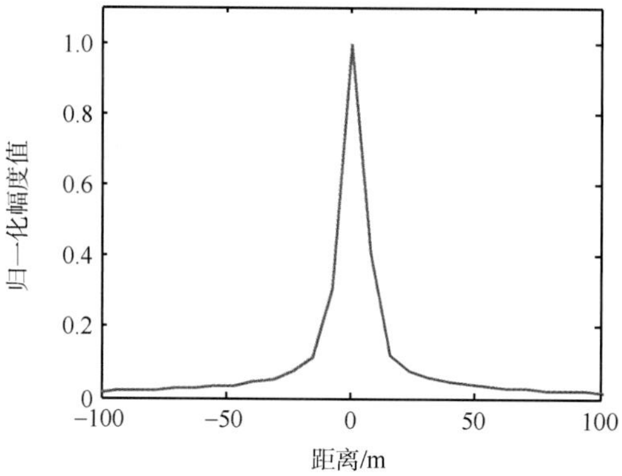

图 3.25　目标径向长度的大致估计

设目标散射点稀疏度的初始估计值为 $\hat{K} = 20$。在求各次目标 HRRP 之间的互相关系数时，取相邻 5 次距离像模值的平均值代替单次距离像以克服距离像起伏和 OMP 重构算法的随机误差。由给定参数可算得相邻 5 次距离像的成像时间内目标相对雷达的转角约为 6×10^{-4} rad，小于越距离单元走动给出的约束转角 4.7×10^{-3} rad。判定两幅距离像是否相似时，取互相关系数阈值 T_α=0.9：若互相关系数大于 0.9，将归一化 HRRP 中幅值大于 0.2 的散射点的个数作为目标散射点稀疏度的估计值；若互相关系数小于 0.9，则更新 $\hat{K} = \hat{K} + \Delta k$，仿真中设 $\Delta k = 5$。

图 3.26(a)给出了成像时间内 $\hat{K}$ 的变化曲线及相应的 M 值变化曲线。图 3.26(b)给出了采用 OMP 算法重构的某次目标 HRRP，将目标 HRRP 序列沿方位向进行相干处理，得到的 ISAR 像如图 3.26(c)所示。

为了便于对比，图 3.27 给出了发射非稀疏的载频均匀步进的 SFCS 信号获得的目标 ISAR 像。发射信号参数保持一致，即合成带宽 B=2 GHz，载频步进值 $\Delta f = 3.2$ MHz，$N = 626$。将图 3.26(c)与图 3.27 对比可以看出，由于 OMP 重构距离像时只保留幅值较大的散射点信息，因此在图 3.26(c)中存在个别散射点丢失的情况，但目标的整体轮廓仍然保持良好，对目标识别并不会带来明显影响。由频谱稀疏性带来的信号子脉冲数量的减少则十分显著，在成像过程中，平均每次脉冲串的子脉冲数为 294.5 个，仅占 626 个可用子脉冲数量的 47%，频谱稀疏程度达到了 $294.5 \times B_1 / B \times 100\% = 2.21\%$。

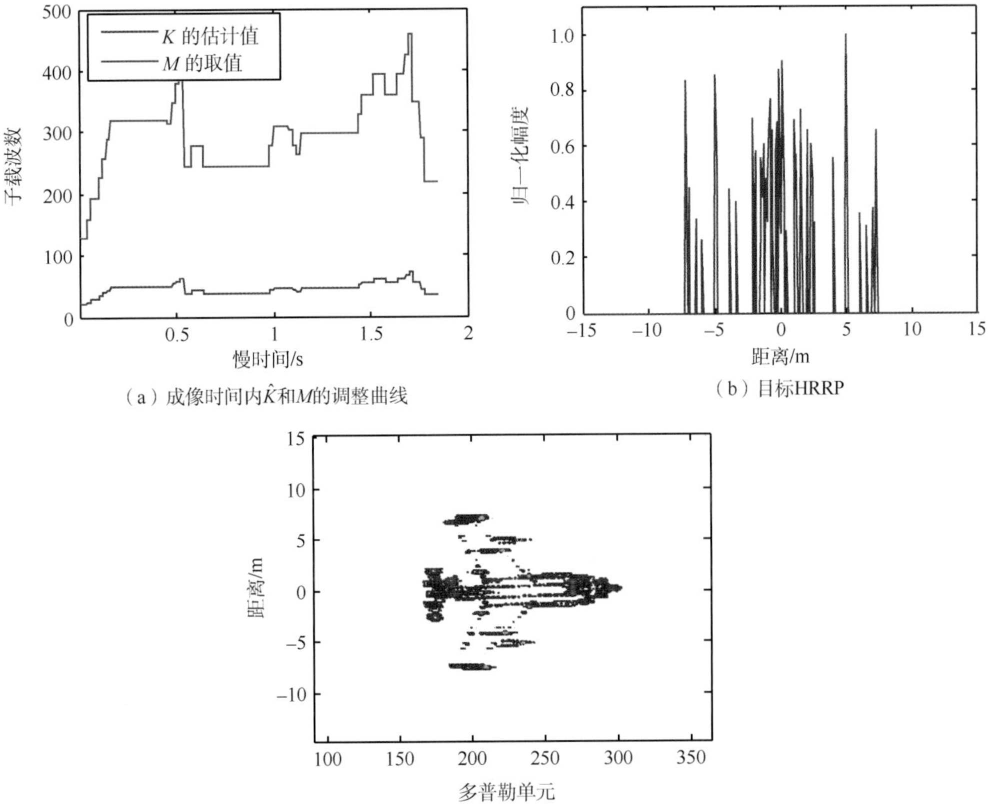

（a）成像时间内$\hat{K}$和M的调整曲线　（b）目标HRRP

（c）稀疏SFCS信号ISAR成像

图 3.26　稀疏 SFCS 信号认知设计与成像

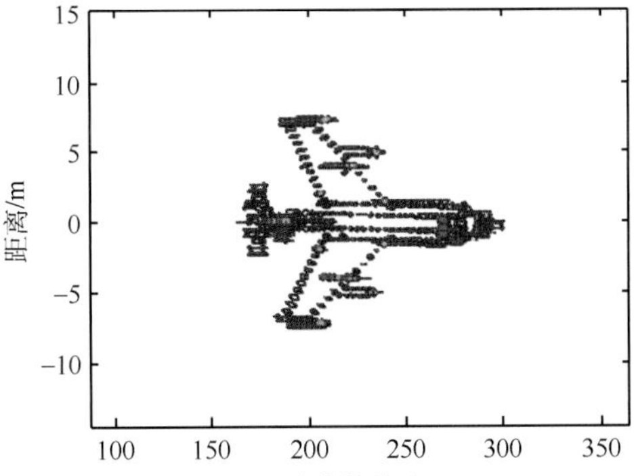

图 3.27　非稀疏载频均匀步进 SFCS 信号 ISAR 成像

2. 含噪条件下性能分析

图 3.28 给出了信噪比为−5 dB 时的 $\hat{K}$ 和 M 的调整曲线以及重构的 ISAR 像，平均每次脉冲串的子脉冲数为 346.1 个，仅占 626 个可用子脉冲数量的 55.3%，频谱稀疏程度达到了 $346.1\times B_1/B\times100\%=2.6\%$，可见成像质量并未受到噪声影响。

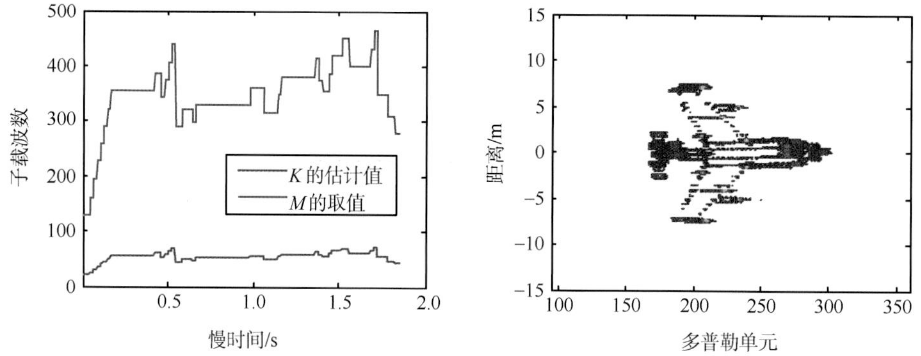

（a）成像时间内$\hat{K}$和M的调整曲线　　（b）目标ISAR像

图 3.28　SNR= −5 dB，取 5 次相邻距离像的平均值进行互相关运算，$T_\alpha=0.9$ 时 CS 成像

图3.29给出了信噪比为−10 dB时的相应结果，平均每次脉冲串的子脉冲数为340.8个，占全部可用子脉冲数量的 54.4%，频谱稀疏程度为2.56%。图 3.29(a)中 $\hat{K}$ 和 M 的调整曲线呈现出锯齿状，这是由于噪声的存在降低了相邻距离像之间的互相关系数，无法达到设定的阈值，使得估计值 $\hat{K}$ 不断增加，M 的取值也相应增加，当 M 足够大时，距离像达到了较高的重构精度，相邻距离像之间的互相关系数超过了阈值，然后 $\hat{K}$ 急剧向下调整为距离像中的较大幅值散射点的个数，该过程不断重复，从而形成锯齿状的调整曲线。这种调整曲线对于信号波形的自适应设计是不利的，容易造成 $M>N$ 的情况，使得波形设计失败。为了克服该问题，可适当降低相邻距离像互相关系数的阈值，并取更多次的相邻距离像求平均值代替单个 HRRP 来进行互相关运算。

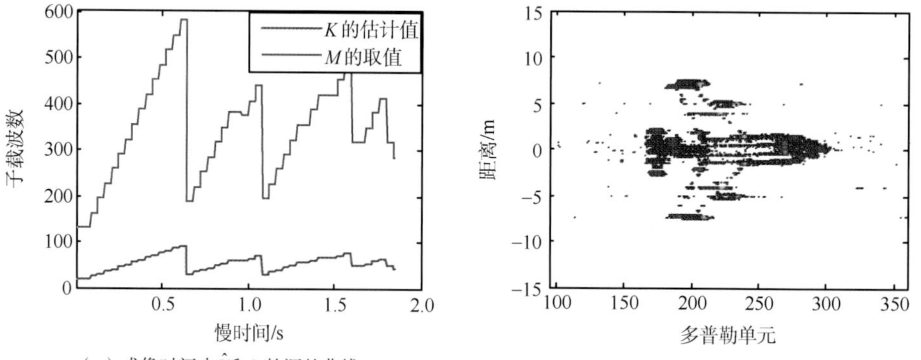

（a）成像时间内$\hat{K}$和M的调整曲线　　（b）目标ISAR像

图 3.29　SNR= −10 dB，取 5 次相邻距离像的平均值进行互相关运算，$T_\alpha=0.9$ 时 CS 成像

图 3.30 给出了信噪比为−10 dB 条件下，取 10 次相邻距离像的平均值进行互相关运算，距离像互相关系数阈值为 0.8 时的仿真结果，此时成像质量有了一定程度的下降，但平均每次脉冲串的子脉冲数下降为 261.3 个，占全部可用子脉冲数量的 41.7%，频谱稀疏程度达到了 1.96%。

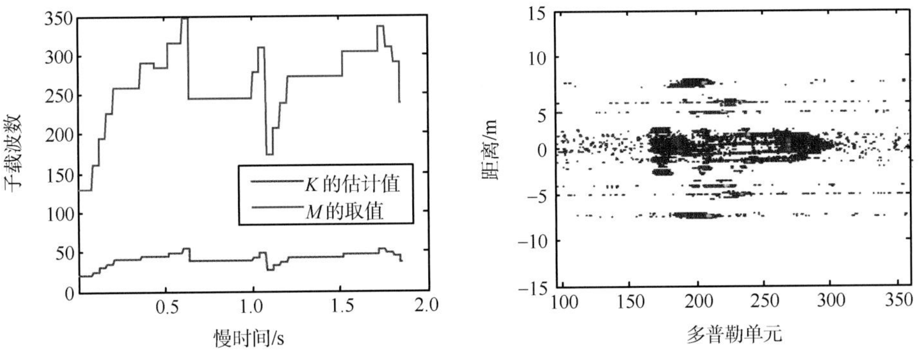

（a）成像时间内$\hat{K}$和M的调整曲线　　（b）目标ISAR像

图 3.30　SNR= −10 dB，取 10 次相邻距离像的平均值进行互相关运算，$T_\alpha = 0.8$ 时 CS 成像

3.4.3　ISAR 成像观测矩阵认知优化

在本书 3.4.1 节和 3.4.2 节中，为了实现稀疏 SFCS 信号 ISAR 成像，观测矩阵取为与稀疏 SFCS 信号脉冲串中子脉冲缺失情况相一致的部分单位阵。由于构成稀疏 SFCS 信号的 M 个子脉冲是随机选取的，因此相应的观测矩阵为随机部分单位阵。实际上，在 CS 理论框架下，观测矩阵是影响目标像重构性能的重要因素之一，对其进行优化设计是提高目标成像质量和减少观测数据量的有效途径。目前，观测矩阵优化研究已取得了一些理论成果，但若将这些成果直接应用于稀疏 SFCS 信号 ISAR 成像中，则存在以下几方面不足：

(1) 不具备对目标的自适应能力，大多以感知矩阵的不相关性作为优化目标，并未考虑目标特征对观测矩阵优化的影响；

(2) 不具备观测矩阵维数的自适应调整能力，通常在给定维数条件下对观测矩阵中的元素值进行优化，并未考虑观测矩阵维数(观测数据量)的优化问题；

(3) 难以与稀疏 SFCS 信号的实际物理观测过程相一致，通常以随机高斯矩阵作为初始矩阵进行迭代优化，在优化过程中观测矩阵各元素取值不受约束，显然不符合稀疏 SFCS 信号所要求的部分单位矩阵形式。

针对以上问题，本节介绍一种观测矩阵认知优化方法，该方法充分考虑了稀疏 SFCS 信号的实际物理观测过程和目标特征信息的有效利用。需要说明的是，由于观测矩阵与稀疏 SFCS 信号子脉冲缺失情况一一对应，观测矩阵认知优化本质上是一种稀疏 SFCS 信号波形认知优化方法。

在稀疏 SFCS 信号 ISAR 成像中，为节约雷达频谱资源，希望在满足成像质量要求的条件下，使用最少的观测数据量(子脉冲数)获得最好的成像结果。其中，成像质量可由稀疏重构得到的目标HRRP与完全子脉冲条件下获得的目标HRRP之间的互相关系数 α 来衡量，α 的计算公式为

$$\alpha(\boldsymbol{\Phi})=\frac{\langle\boldsymbol{\sigma}(\boldsymbol{\Phi}),\boldsymbol{\sigma}_{\text{full}}\rangle}{\sqrt{\|\boldsymbol{\sigma}(\boldsymbol{\Phi})\|_2\|\boldsymbol{\sigma}_{\text{full}}\|_2}} \tag{3.71}$$

式中，$\boldsymbol{\sigma}(\boldsymbol{\Phi})$ 为基于观测矩阵 $\boldsymbol{\Phi}$ 的重构目标 HRRP；$\boldsymbol{\sigma}_{\text{full}}$ 为完全子脉冲条件下的目标HRRP。显然，成像互相关系数越高，成像质量越好。因此，需要在成像初始时刻对目标发射一组完全子脉冲 SFCS 信号，根据式(3.57)重构目标 HRRP $\boldsymbol{\sigma}_{\text{full}}$ 并将其作为目标特征先验信息，同时可以获得目标径向运动速度的估计值 v_{full}。用 v_{full} 对稀疏 SFCS 回波信号进行速度补偿，补偿后的信号记为 $\boldsymbol{S}_{\text{c}}'^{v=0}$，此时，式(3.65)中的参数化稀疏表示字典 $\boldsymbol{\Phi D}(v)$ 变为固定字典 $\boldsymbol{\Phi D}$，因此在进行观测矩阵认知优化时，仅需采用一次 OMP 算法对其求解即可获得基于观测矩阵 $\boldsymbol{\Phi}$ 的目标HRRP重构结果 $\boldsymbol{\sigma}(\boldsymbol{\Phi})$

$$\boldsymbol{\sigma}(\boldsymbol{\Phi})=\arg\min\|\boldsymbol{\sigma}\|_0 \quad \text{s.t. } \boldsymbol{S}_{\text{c}}'^{v=0}=\boldsymbol{\Phi D\sigma} \tag{3.72}$$

以达到成像质量要求为约束条件，优先考虑观测矩阵维数最小(即观测数据量最少、子脉冲数最少)，在此基础上考虑成像质量最优，建立观测矩阵分层优化模型

$$\begin{aligned}&\min\,(L_1\,(M_{\boldsymbol{\Phi}}),\ L_2(-\alpha(\boldsymbol{\Phi})))\\&\text{s.t.}\quad \alpha(\boldsymbol{\Phi})>T_\alpha && ①\\&\forall i\in[1,2,\cdots,M_{\boldsymbol{\Phi}}],\ \exists j\in[1,2,\cdots,N], \qquad \phi_{i,j}=1 && ②\\&\forall j\in[1,2,\cdots,N],\ \neg\exists i_1,i_2\in[1,2,\cdots,M_{\boldsymbol{\Phi}}],\ i_1\neq i_2, \qquad \phi_{i_1,j}=1 \text{ and } \phi_{i_2,j}=1 && ③\end{aligned} \tag{3.73}$$

式中，$M_{\boldsymbol{\Phi}}$ 表示观测矩阵 $\boldsymbol{\Phi}$ 的行数(即观测矩阵维数)；T_α 为成像互相关系数阈值；约束条件①表示基于观测矩阵得到的HRRP需要到达成像质量要求；约束条件②和③表示观测矩阵为部分单位阵形式。优化目标函数定义为 $\min(L_1(M_{\boldsymbol{\Phi}}),\ L_2(-\alpha(\boldsymbol{\Phi})))$，其中 L_1 和 L_2 为优先层记号，表示优化目标以最小化观测矩阵维数为主，以成像质量最好为辅。

需要说明的是，在ISAR成像过程中，目标HRRP随慢时间变化缓慢，因此基于目标 HRRP 这一先验信息所得到的最优观测矩阵可用于不同的慢时间时刻来获得目标HRRP序列，进而实现目标二维ISAR成像。

然而，式(3.73)所示的观测矩阵认知优化模型是以目标径向运动速度精确补偿为前提的。若使用成像初始时刻的目标径向运动速度估计值 v_{full} 对不同的慢时间回波数据进行速度补偿，通常会存在速度残差。因此，需要对式(3.73)所示的观测矩阵认知优化模型进行修正，使其在存在速度残差的条件下依然有效。设速度残差范围为 $[-\Delta v_{\max},\Delta v_{\max}]$，将其按照步进值 Δv 离散为 $S=2\Delta v_{\max}/\Delta v$ 个速度残差单元，记为 $\boldsymbol{\Delta v}=[\Delta v_1,\cdots,\Delta v_s,\cdots,\Delta v_S]$，其中 $\Delta v_1=-\Delta v_{\max}$，$\Delta v_S=\Delta v_{\max}$，$\Delta v_s=-\Delta v_{\max}+(s-1)\Delta v$。用 $v_{\text{full}}-\Delta v_s$ $(s=1,2,\cdots,S)$ 对稀疏 SFCS 回波信号进行速度补偿，得到不同速度残差下的回

波信号集 $\boldsymbol{S}_{\mathrm{c}}^{\prime v}=\left\{\boldsymbol{S}_{\mathrm{c}}^{\prime v=\Delta v_1},\cdots,\boldsymbol{S}_{\mathrm{c}}^{\prime v=\Delta v_s},\cdots,\boldsymbol{S}_{\mathrm{c}}^{\prime v=\Delta v_S}\right\}$。在此基础上，将观测矩阵分层优化模型[式(3.73)]改写为

$$\min\left(L_1(M_{\boldsymbol{\Phi}}),\ L_2\left(-\sum_{s}^{S}\alpha(\boldsymbol{\Phi}|_{v=\Delta v_s})\right)\right)$$

$$\begin{aligned}
&\text{s.t.}\quad \forall s\in[1,2,\cdots,S],\ \alpha(\boldsymbol{\Phi}|_{v=\Delta v_s})>T_a, && ① \\
&\forall i\in[1,2,\cdots,M_{\boldsymbol{\Phi}}],\ \exists j\in[1,2,\cdots,N], \qquad \phi_{i,j}=1 && ② \\
&\forall j\in[1,2,\cdots,N],\ \neg\exists i_1,i_2\in[1,2,\cdots,M_{\boldsymbol{\Phi}}],\ i_1\neq i_2,\quad \phi_{i_1,j}=1 \text{ and } \phi_{i_2,j}=1 && ③
\end{aligned}\tag{3.74}$$

式中，

$$\alpha\left(\boldsymbol{\Phi}|_{v=\Delta v_s}\right)=\frac{\left\langle\boldsymbol{\sigma}\left(\boldsymbol{\Phi}|_{v=\Delta v_s}\right),\boldsymbol{\sigma}_{\text{full}}\right\rangle}{\sqrt{\left\|\boldsymbol{\sigma}\left(\boldsymbol{\Phi}|_{v=\Delta v_s}\right)\right\|_2\left\|\boldsymbol{\sigma}_{\text{full}}\right\|_2}}\tag{3.75}$$

$$\boldsymbol{\sigma}\left(\boldsymbol{\Phi}|_{v=\Delta v_s}\right)=\arg\min\ \|\boldsymbol{\sigma}\|_0\quad \text{s.t.}\ \boldsymbol{S}_{\mathrm{c}}^{\prime v=\Delta v_s}=\boldsymbol{\Phi D}(v)\boldsymbol{\sigma}\tag{3.76}$$

显然，观测矩阵认知优化模型[式(3.74)]是一个复杂的非线性 01 规划问题，目前还缺少有效的解析法和数值计算法，通常采用智能优化算法来求解。遗传算法是求解优化问题的一种经典智能优化算法，已被成功应用于各个领域。在遗传算法中，种群中的每一个个体代表问题的一个解，称为“染色体”。染色体的优劣由适应度值来衡量，根据适应度值选择优秀的染色体进行交叉和变异运算，从而产生下一代种群。通过若干代的进化，算法最终收敛于最优染色体，即获得问题的最优解。下面通过建立稀疏 SFCS 信号 ISAR 成像观测矩阵认知优化模型与遗传算法各元素之间的对应关系，对观测矩阵认知优化方法进行具体描述如下。

(1) 种群创建与编码方案

稀疏 SFCS 信号脉冲串中子脉冲的缺失情况可以表示为一个长度为 N 的二进制串，其中每一个元素对应一个子载频点，“0”表示稀疏 SFCS 信号不发射该子载频，“1”表示稀疏 SFCS 信号发射该子载频。显然，根据式(2.38)可以将二进制串和观测矩阵 $\boldsymbol{\Phi}$ 一一对应。因此，将长度为 N 的二进制串作为染色体，假设种群中有 H 个染色体，记为 $\boldsymbol{g}_h, h=1,2,\cdots,H$，则种群可表示为 $\boldsymbol{G}_{N\times H}=\{\boldsymbol{g}_1,\boldsymbol{g}_2,\cdots,\boldsymbol{g}_H\}$。

为了提高算法的求解精度和收敛速度，首先以感知矩阵互相关性最小为优化目标，以观测矩阵为部分单位阵为约束条件，在给定观测矩阵维数的条件下对观测矩阵进行优化设计，并将所得观测矩阵对应的染色体作为初始种群中的优势染色体。具体方法如下：对于每一个速度残差 Δv_s，在给定观测维数 M 的条件下使感知矩阵 $\boldsymbol{\Phi D}(v)|_{v=\Delta v_s}$ 取得最小互相关系数，并且在优化过程中约束 $\boldsymbol{\Phi}$ 为部分单位阵形式。将待优化的观测矩阵表示为长度为 N 的二进制串 $\boldsymbol{g}=[g_1,\cdots,g_n,\cdots,g_N]$，则感知矩阵 $\boldsymbol{\Phi D}(v)|_{v=\Delta v_s}$ 的互相关系数可表示为

$$
\begin{aligned}
\bar{\mu}\left(\boldsymbol{\Phi D}(v)\Big|_{v=\Delta v_s}\right) &= \max_{1<i,\, j<U,\, i\neq j} \frac{\left|\left\langle \boldsymbol{A}_i, \boldsymbol{A}_j \right\rangle\right|}{\left\|\boldsymbol{A}_i\right\|_2 \left\|\boldsymbol{A}_j\right\|_2} \\
&= \max_{1<i,\, j<U,\, i\neq j} \frac{\left|\sum_{n=1}^{N} a_{n,i} a_{n,j}^{*}\right|}{\left(\sum_{n=1}^{N}\left|a_{n,i}\right|^2\right)^{1/2}\left(\sum_{n=1}^{N}\left|a_{n,j}\right|^2\right)^{1/2}} \\
&= \max_{1<i,\, j<U,\, i\neq j} \frac{\left|\sum_{n=1}^{N} g_n \exp\left(\mathrm{j}\frac{2\pi}{c}(i-j)n\Delta f \rho_{\mathrm{r}}\right)\right|}{M}
\end{aligned}
\tag{3.77}
$$

式中，$\|\cdot\|_2$ 表示取 l_2 范数运算；ρ_{r} 表示距离高分辨率；$\boldsymbol{A}_i$ 表示矩阵 $\boldsymbol{\Phi D}(v)\Big|_{v=\Delta v_s}$ 的第 $\boldsymbol{i}$ 列；$a_{n,i}$ 表示 $\boldsymbol{\Phi D}(v)\Big|_{v=\Delta v_s}$ 中第 n 行第 i 列元素。在给定观测矩阵维数 M 的条件下，以互相关系数最小为优化目标，建立观测矩阵优化模型

$$
\begin{gathered}
\min\left\{\max_{1<i,\, j<U,\, i\neq j} \frac{\left|\sum_{n=1}^{N} g_n \exp\left(\mathrm{j}\frac{2\pi}{c}(i-j)n\Delta f \rho_{\mathrm{r}}\right)\right|}{M}\right\} \\
\text{s.t.}\quad \boldsymbol{g}=[g_1,\cdots,g_n,\cdots,g_N],\ g_n=0 \text{ or } 1,\ \sum_{n=1}^{N} g_n = M
\end{gathered}
\tag{3.78}
$$

显然，$\forall i, j \in \{1<i, j<U, i\neq j\}$，有 $-U<i-j<U$。因此，式(3.78)可转化为

$$
\begin{aligned}
&\min\left|\max \boldsymbol{Bg}\right| \\
&\text{s.t.}\quad \boldsymbol{g}=[g_1,\cdots,g_n,\cdots,g_N],\ g_n=0 \text{ 或 } 1,\ \sum_{n=1}^{N} g_n = M
\end{aligned}
\tag{3.79}
$$

式中，$\boldsymbol{B}$ 定义为

$$
\boldsymbol{B}=\begin{bmatrix}
\exp\left(-\mathrm{j}\frac{2\pi}{c}U\Delta f\rho_{\mathrm{r}}\right) & \cdots & \exp\left(-\mathrm{j}\frac{2\pi}{c}UN\Delta f\rho_{\mathrm{r}}\right) \\
\vdots & \vdots & \vdots \\
\exp\left(\mathrm{j}\frac{2\pi}{c}U\Delta f\rho_{\mathrm{r}}\right) & \cdots & \exp\left(\mathrm{j}\frac{2\pi}{c}UN\Delta f\rho_{\mathrm{r}}\right)
\end{bmatrix}
\tag{3.80}
$$

式(3.79)是一个 01 整数规划问题，常用的分支定界法就可以实现对其的有效求解，从而获得 M 维最优观测矩阵和相应的优势染色体 $\boldsymbol{g}$。需要说明的是，在上述观测矩阵优化以产生优势染色体的过程中，即没有利用目标特征信息，也没有实现观测矩阵维数的自适应调整，因此优化得到的观测矩阵并非式(3.74)所示的观测矩阵认知优化模型的有效解，相应的染色体只是比随机初始染色体更具优势，用于提高遗传算法的求解性能。

将观测矩阵维数 M 分别设置为 $0.1N$ 到 $0.8N$，根据式(3.79)获得最优观测矩阵，将相应的二进制串作为优势染色体加入到初始种群中。在此基础上，随机生成 $H-0.8N\cdot S$ 个能够满足成像质量要求(即成像互相关系数大于 T_α)的染色体构成初始种群。至此，就完成了初始种群的创建，并且在种群创建中既通过式(3.79)的观测矩阵优化保证了优势

染色体的存在性，也通过随机染色体生成保证了种群的多样性。

(2) 适应度值计算与选择

计算各染色体相应的观测矩阵维数和成像互相关系数，分别记为目标函数值 DV_{1h} 和 DV_{2h}

$$\mathrm{DV}_{1h}=\mathrm{DV}_1(\boldsymbol{g}_h)=\left\|\boldsymbol{\Phi}_h\right\|_0,\quad h=1,2,\cdots,H \tag{3.81}$$

$$\mathrm{DV}_{2h}=\mathrm{DV}_1(\boldsymbol{g}_h)=\sum_{s}^{S}\alpha\left(\boldsymbol{\Phi}_h\Big|_{v=\Delta v_s}\right),\quad h=1,2,\cdots,H \tag{3.82}$$

式中，$\boldsymbol{\Phi}_h$ 为与染色体 $\boldsymbol{g}_h$ 相对应的观测矩阵。显然，染色体的目标函数值能够表示染色体的优劣，在单目标最优化模型中，通常可将其直接作为染色体的适应度值。然而，在观测矩阵分层优化模型中，优化目标是以最小化观测矩阵维数为主，以成像质量最好为辅。各染色体在不同分层中具有不同的目标函数值，此时就无法直接将某个分层中的目标函数值作为适应度值。因此，将染色体按 DV_1 值进行降序排序，对于 DV_1 值相同的染色体，进一步按 DV_2 值进行升序排序。在此基础上，各染色体的适应度值可根据它在排序中的位置 POS_h 计算得到

$$\mathrm{FV}_h=\min_h\left\{\mathrm{DV}_{1h}\right\}+\left(\max_h\left\{\mathrm{DV}_{1h}\right\}-\min_h\left\{\mathrm{DV}_{1h}\right\}\right)\cdot\frac{\mathrm{POS}_h-1}{H-1},\quad h=1,2,\cdots,H \tag{3.83}$$

在此基础上，根据目标适应度值进行染色体选择操作。常用的选择策略主要有轮盘赌选择法、随机竞争选择法、无回放随机选择法、排挤选择法、锦标赛选择法等。目前，染色体选择方法已经较为成熟，这里不再赘述。本节采用轮盘赌选择法来实现对染色体的选择。

(3) 交叉和变异

交叉操作是遗传算法中最重要的操作，其对象是种群中的任意两个染色体。对于二进制编码方式，常用的交叉算子有单点交叉、两点与多点交叉、均匀交叉等。具体方法为将种群中的染色体两两配对，根据一定的概率对每对染色体的某些二进制位的编码进行互换。交叉操作使优秀染色体的基因模式得以迅速繁殖并在种群中扩散，使种群中其他染色体能向最优解的方向行进。变异操作的对象是种群中的单个染色体。对于二进制编码方式，通常采用二进制位取反变异算子，具体方法为以一定概率将染色体的某些二进制位取反。变异操作能够产生新的染色体，增加进化过程中种群的多样性，使算法跳出局部最优解。简单起见，本节采用单点交叉算子和二进制位取反变异算子。

在算法进化过程中，交叉和变异概率可以自适应调整。本节采用如下策略：在算法迭代初期，种群多样性好，这时采取大交叉小变异的策略，以促进优势染色体的快速繁殖；随着迭代优化的不断进行，种群多样性变差，这时采取小交叉大变异的策略，以提高种群多样性，避免陷入局部最优。此外，对于适应度值大的染色体采用较小的交叉和变异概率以保留优势染色体，对于适应度值小的染色体采用较大的交叉和变异概率以提高种群的多样性。同时，在交叉和变异的过程中，计算生成的子代染色体的目标函数值，

若子代染色体不优于父代染色体，则以一定的概率舍弃子代染色体，将父代染色体保留至下一代，以提高算法收敛效率。

设定最大迭代次数Z和迭代终止条件：第z次和$z+1$次迭代获得的最优染色体$\boldsymbol{g}_{\text{opt}}^{(z)}$和$\boldsymbol{g}_{\text{opt}}^{(z+1)}$具有相同的观测矩阵维数（即$\text{DV}_1\left(\boldsymbol{g}_{\text{opt}}^{(z)}\right)=\text{DV}_1\left(\boldsymbol{g}_{\text{opt}}^{(z+1)}\right)$）并且成像互相关系数满足$\left|\text{DV}_2\left(\boldsymbol{g}_{\text{opt}}^{(z)}\right)-\text{DV}_2\left(\boldsymbol{g}_{\text{opt}}^{(z+1)}\right)\right|<\eta$，其中$\eta$为收敛阈值。通过对上述一系列运算的$Z$次迭代，可以获得最优染色体（长度为$N$的二进制串），根据式(2.38)将最优染色体表示为观测矩阵的形式，即为所得到的最优观测矩阵，它对不同的慢时间时刻均适用。需要指出的是，对于每一个慢时间时刻t_{m}，基于所得的最优观测矩阵，通过求解式(3.65)可获得目标径向运动速度的精确估计值$v_{t_{\text{m}}}$和目标 HRRP 的准确重构结果$\boldsymbol{\sigma}_{t_{\text{m}}}$，其中$v_{t_{\text{m}}}$可用于对下一慢时间时刻的回波信号进行速度补偿，以提高式(3.65)的求解效率，由各t_{m}时刻的$\boldsymbol{\sigma}_{t_{\text{m}}}$构成的 HRRP 序列则用于方位向相干处理，从而获得目标二维 ISAR 像。

综上所述，稀疏 SFCS 信号 ISAR 成像观测矩阵认知优化方法的流程图如图 3.31 所示。

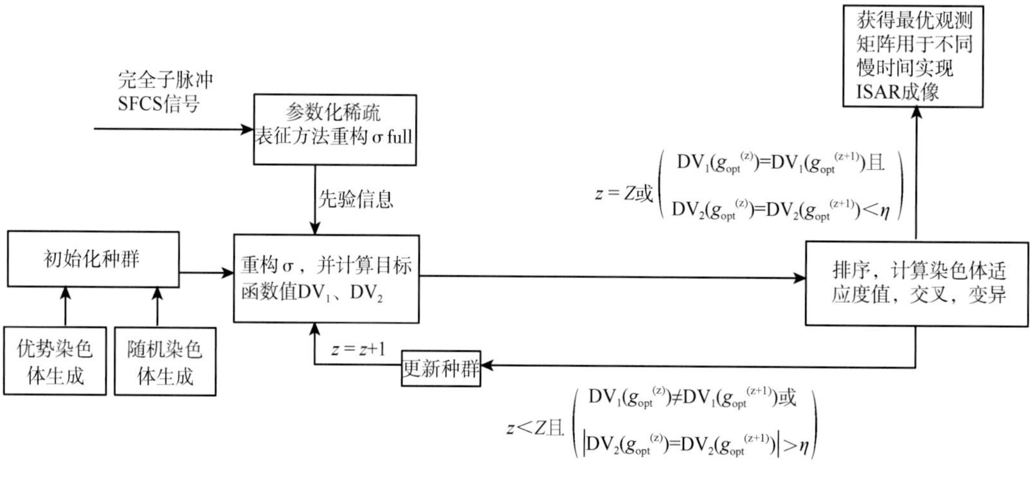

图 3.31　稀疏 SFCS 信号 ISAR 成像观测矩阵认知优化流程图

雷达发射信号参数和目标模型均与 3.4.1 节保持一致。遗传算法收敛阈值设为η=0.001，成像互相关系数阈值设为$T_\alpha=0.995$，种群大小设为$H=100$，最大迭代次数设为Z=50，速度残差范围设为$[-5,5]$ m/s，速度残差步进值$\Delta v=0.1$ m/s。

采用本节所述方法对观测矩阵进行优化，所得最优观测矩阵为

$$\phi_{i,j}=\begin{cases} & i=1\,\text{and}\,j=2,\ i=2\,\text{and}\,j=20,\ i=3\,\text{and}\,j=21, i=4\ \text{and}\ j=22, \\ 1, & i=5\,\text{and}\,j=26, i=6\ \text{and}\ j=33,\ i=7\,\text{and}\ j=35, i=8\ \text{and}\ j=36, \\ & i=9\text{and}\ j=42, i=10\ \text{and}\ j=51, i=11\ \text{and}\ j=58,\ i=12\,\text{and}\ j=63 \\ 0, & \text{其他} \end{cases} \tag{3.84}$$

相应地，雷达系统发射的稀疏 SFCS 信号可表示为

$$s(t,i)=\mathrm{rect}\left(\frac{t-l_iT_\mathrm{r}}{T_1}\right)\cdot\exp\left(\mathrm{j}2\pi\left((f_\mathrm{c}+l_i\Delta f)(t-l_iT_\mathrm{r})+\frac{\mu}{2}(t-l_iT_\mathrm{r})^2\right)\right),$$

$$i=0,1,\cdots,M-1 \tag{3.85}$$

式中，$[l_0,l_1,\cdots,l_{M-1}]=[2,20,21,22,26,33,35,36,42,51,58,63]$。

显然，基于本节所述方法获得的最优观测矩阵维数为 12，相应的目标 HPPR 重构结果如图 3.32(a)所示，与完全子脉冲 HRRP 的 PSNR 高达 45.718，实现了目标像的准确重构。在相同观测矩阵维数下，采用随机观测矩阵对目标进行高分辨成像，所得目标 HRRP 如图 3.32(b)所示，目标像 PSNR 仅为 8.709，显然，随机观测矩阵无法实现目标 HRRP 的准确重构。

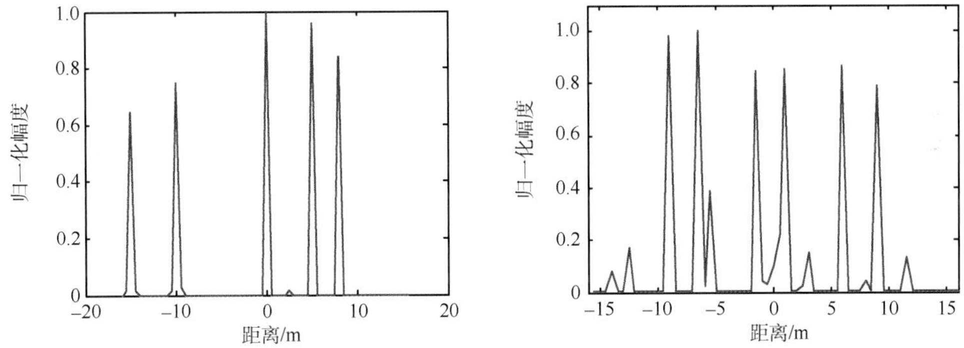

（a）本节方法　　（b）随机观测矩阵

图 3.32　不同观测矩阵下的目标 HRRP 成像结果

在本节所述方法中，成像互相关系数阈值 T_α 体现了对目标成像质量的要求，最优观测矩阵维数随 T_α 的变化过程如图 3.33 所示。显然，T_α 越大，成像质量要求越高，所需观测维数也相应增大。将不同 T_α 条件下所得的不同维数的最优观测矩阵的成像性能与相同维数条件下的随机观测矩阵的成像性能进行比较，结果如图 3.34 所示。可以看出，由

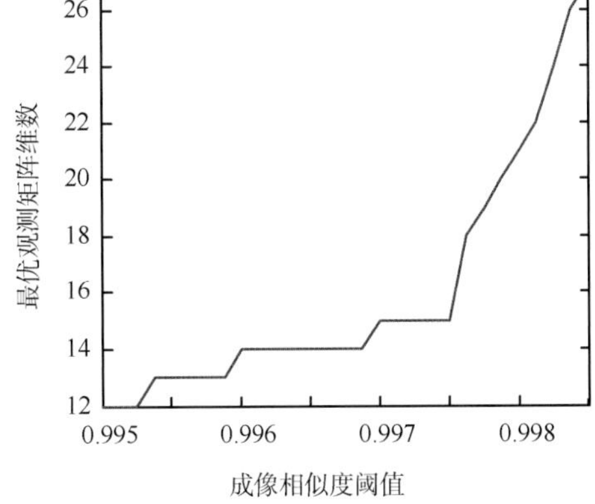

图 3.33　最优观测矩阵维数

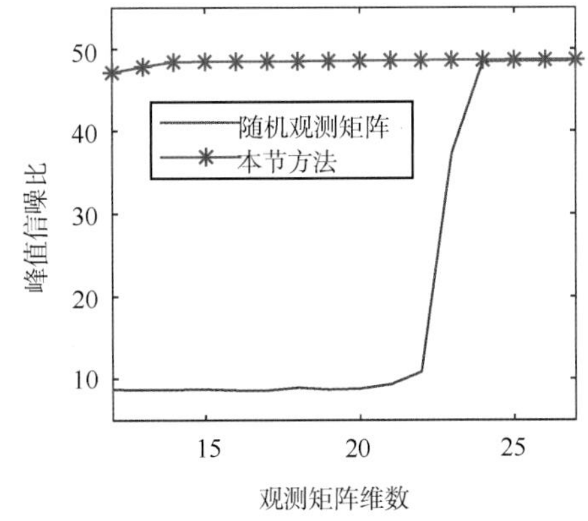

图 3.34　目标像峰值信噪比

于本节所述方法利用了目标特征信息，当观测矩阵维数较小时，本节所述方法获得的最优观测矩阵的成像性能明显优于随机观测矩阵。然而，在 CS 理论框架下，观测矩阵维数足够大(满足信号高概率准确重构条件)时，观测矩阵的维数和形式对成像性能的影响变弱，因此，本节所述方法的性能优势随着观测矩阵维数的增加而逐渐减小。

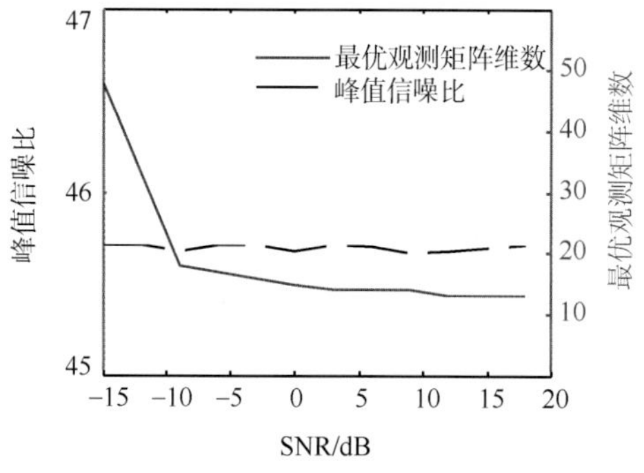

图 3.35　观测矩阵维数与峰值信噪比

回波中加入 SNR 从 20 dB 到–20 dB 的高斯白噪声，给定成像互相关系数阈值 $T_\alpha=0.995$，本节所述方法获得的最优观测矩阵维数随 SNR 的变化曲线如图 3.35 所示，相应的目标像 PSNR 同样由图 3.35 给出。可以看出，当 SNR＞0 dB 时观测矩阵维数变化缓慢，当 SNR＜-10 dB 时观测矩阵维数随 SNR 的降低显著增加。当 SNR 进一步降为-15 dB 时，观测矩阵维数为 48，此时降维比仅为 0.75。如果继续降低 SNR，即使采用完全子脉冲信号也无法获得满意的成像结果。

下面，采用图 2.6 所示的目标散射点模型进行仿真实验和性能分析。遗传算法的相关参数保持不变。雷达发射信号参数设置如下：$f_c=30$ GHz，$T_r=39.063$ μs，$\Delta f=2.34375$ MHz，$N=128$，$B=300$ MHz，$T_p=5$ ms，相应的距离粗分辨率为 $\rho_c=64$ m，距离高分辨率为 $\rho_r=0.5$ m。成像初始时刻目标径向运动速度为 $v=140$m/s，采用 3.4.1 节参数化稀疏表征方法进行完全子脉冲 SFCS 信号成像以获得目标径向运动速度和 HRRP 的先验信息。基于完全子脉冲 SFCS 信号获得的目标 HRRP 如图 3.36(a)所示，在此基础上，采用本节所述方法对观测矩阵进行优化，所得最优观测矩阵维数为 51，相应的目标 HPPR 重构结果如图 3.36(b)所示，与图 3.36(a)的 PSNR 高达 45.693。在相同观测矩阵维数下，采用随机观测矩阵对目标进行高分辨成像，所得目标 HRRP 如图 3.36(c)所示，目标像 PSNR 为 10.9279。

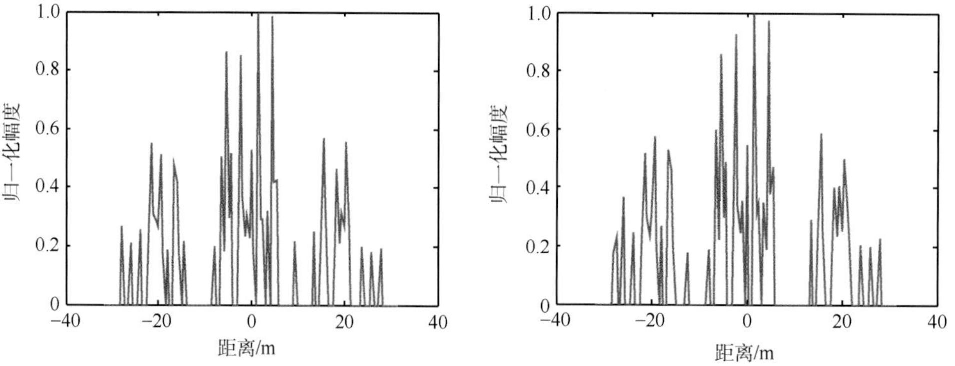

(a) 全子脉冲SFCS信号　　(b) 本节方法

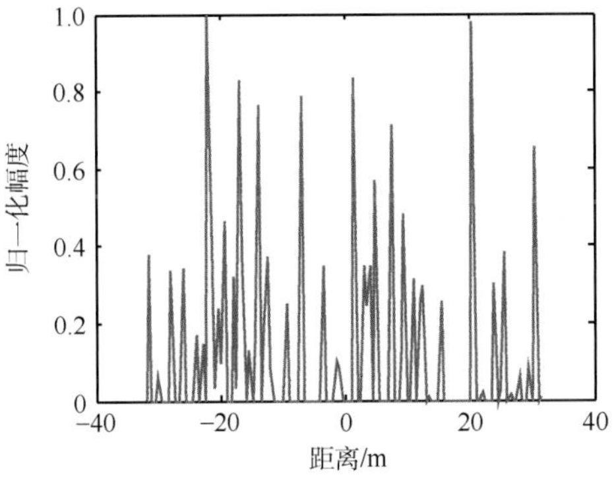

（c）随机观测矩阵

图 3.36　不同观测矩阵下的目标 HRRP 成像结果

设目标径向运动速度在各慢时间时刻随机变化，且相邻两次慢时间采样间隔内变化幅度不超过[−5，5] m/s 的范围。分别基于本节所述方法得到的最优观测矩阵和随机观测矩阵，在各慢时间时刻采用 3.4.1 节方法重构目标 HRRP，在此基础上，对目标 HRRP 序列进行方位向傅里叶变换，所得目标 ISAR 像如图 3.37 所示，与完全子脉冲 SFCS 信号 ISAR 成像结果的 PSNR 分别为 45.482 和 10.709，充分说明了本节所述方法的有效性和性能优势。

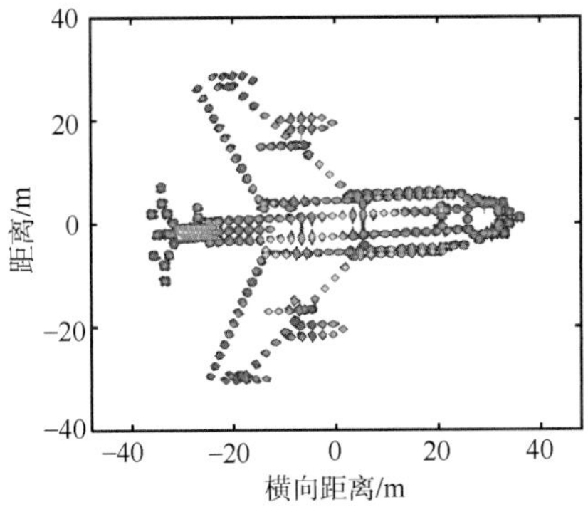

（a）完全子脉冲SFCS信号

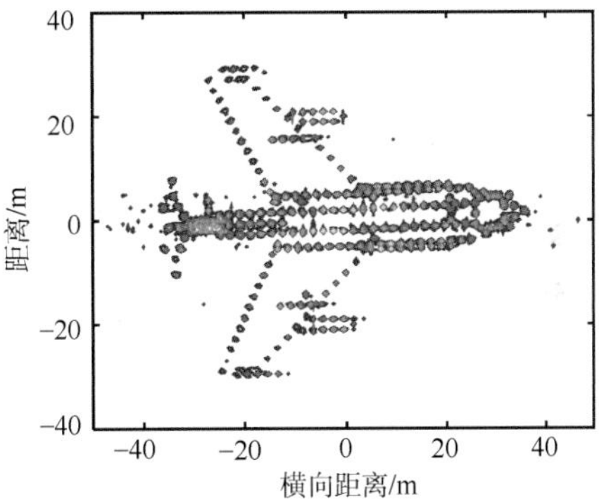

（b）本节方法

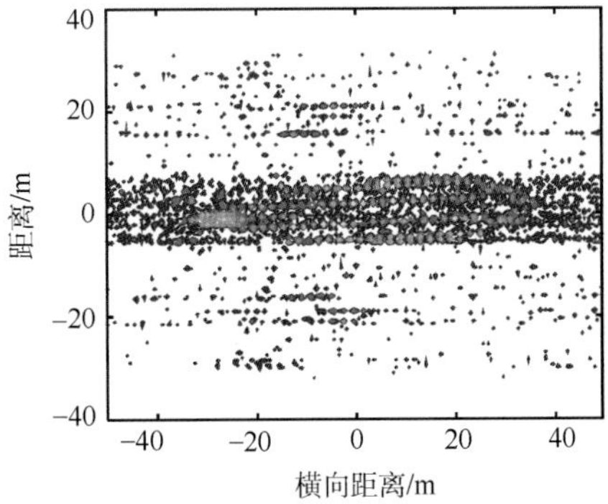

（c）随机观测矩阵

图 3.37　不同观测矩阵下的目标 ISAR 像

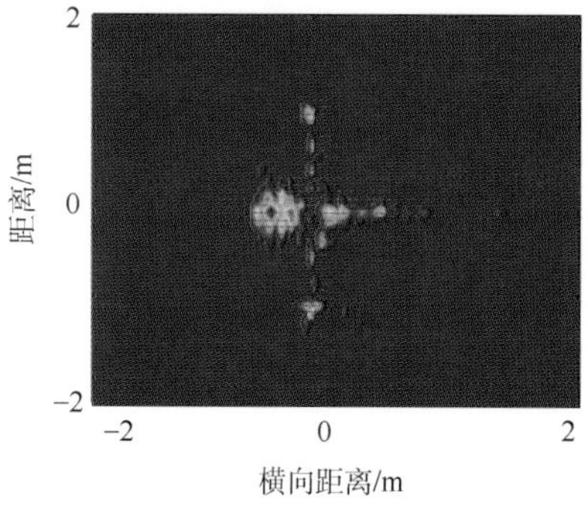

图 3.38　实测数据完全子脉冲成像结果

使用实测数据对本节所述方法性能进行分析。雷达发射信号的扫频范围为 34.2857～37.9428 GHz，频点数为 401，方位向共发射 125 个脉冲串。完全子脉冲（$M = N = 401$）条件下，目标成像结果如图 3.38 所示。

采用本节所述方法对观测矩阵进行认知优化设计，所得最优观测矩阵维数为 55，基于所得最优观测矩阵重构各方位向上的目标 HRRP，并通过方位向相干处理获得目标 ISAR 像，如图 3.39(a)所示，与完全子脉冲信号成像结果的 PSNR 为 44.9852。给定观测矩阵维数为55，基于随机观测矩阵的成像结果如图3.39(b)所示，PSNR为10.1871。显然，图 3.39(a)的成像质量明显高于图 3.39(b)，说明本节所述方法能够在满足成像质量要求的前提下，使用更少的观测数据量获得更好的成像结果。

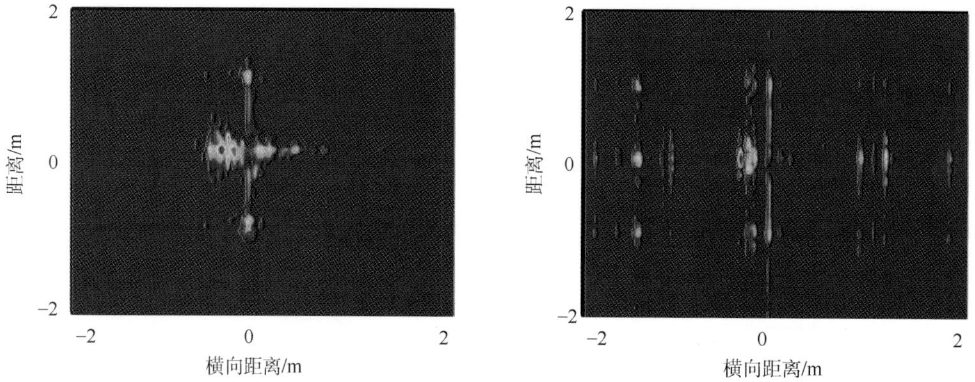

（a）本节方法　　（b）随机观测矩阵

图 3.39　实测数据成像结果

需要说明的是，3.4.2 节所述方法和本节所述方法本质上都是对 SFCS 信号的波形优化设计，3.4.2 节方法侧重于对发射信号波形参数的优化，本节方法则侧重于对子脉冲选取方式的优化。因此，这两种方法既可以单独使用，也可以联合使用，如在本节方法中，若在成像初始时刻对目标尺寸进行估计并选择合适的子脉冲带宽和载频步进值，有望进一步提升目标成像性能并减少雷达资源消耗。

3.5　MIMO 雷达波形认知优化设计

MIMO 雷达具有多个发射阵元和接收阵元。根据收发阵元的阵列构型，MIMO 雷达可分为分布式 MIMO 雷达(Haimovich et al.，2008)和集中式 MIMO 雷达(Li-Stoica，2007)，如图 3.40 所示。分布式 MIMO 雷达的各收发阵元之间距离较大，可以同时从不同方位观测目标，空间分集技术能够使各发射信号之间与各接收回波之间具有相互独立的统计特性，因而可以抑制目标的角闪烁效应，提高检测性能。集中式 MIMO 雷达收发阵元之间距离紧密，其各发射阵元可独立发射不同的信号而获得良好的波形分集增益，从而具有更高的角分辨能力、更好的参数辨别能力以及抗截获能力。由于在目标成像应用中，通常需要利用目标回波信号的相位变化历程，采用相干处理方法实现方位向高分辨。因此，本书主要针对集中式 MIMO 雷达波形优化设计与成像进行探讨。

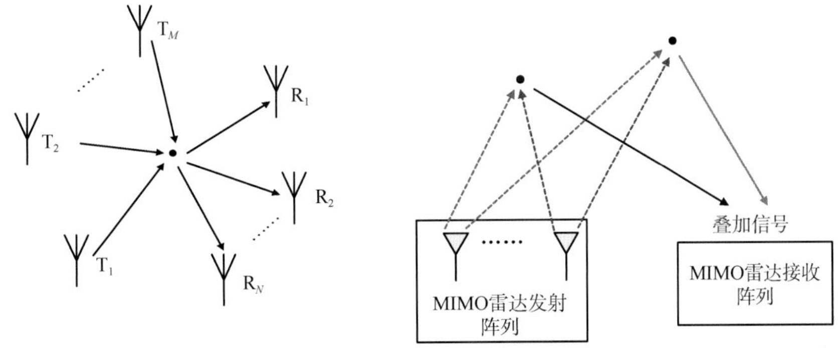

（a）分布式MIMO雷达　　（b）集中式MIMO雷达

图 3.40　MIMO 雷达观测模型

与相控阵雷达相比，MIMO 雷达各阵元可以辐射不同的发射信号波形，具有更大的发射波形设计自由度，能够更好地发挥认知雷达系统的性能优势。目前，MIMO 雷达波形设计研究主要可以分为正交波形设计和发射方向图最优匹配的波形设计两大类。因此，本节在详细介绍 MIMO 雷达信号模型的基础上，首先对传统的具有全向发射方向图的正交波形设计方法和特定方向图最优匹配条件下的波形设计方法进行介绍。进一步地，在认知雷达系统的闭环反馈结构下，利用在线获取的目标特征信息来自适应调整 MIMO 雷达发射信号波形，面向成像任务需求，介绍一种多目标条件下的 MIMO 雷达宽带波形认知优化设计方法，从而实现多目标高效成像。

3.5.1　MIMO 雷达信号模型

假设 MIMO 雷达的发射阵列是由 M_a 个阵元构成的均匀线阵，阵元间距为 d，如图 3.41 所示。

假设 MIMO 雷达发射相位编码信号，第 m 个阵元发射的信号可表示为

$$s_m(t)=x_m(t)\exp(\mathrm{j}2\pi f_c t),\quad 0\leqslant t\leqslant T_p,\quad m=1,2,\cdots,M_a \tag{3.86}$$

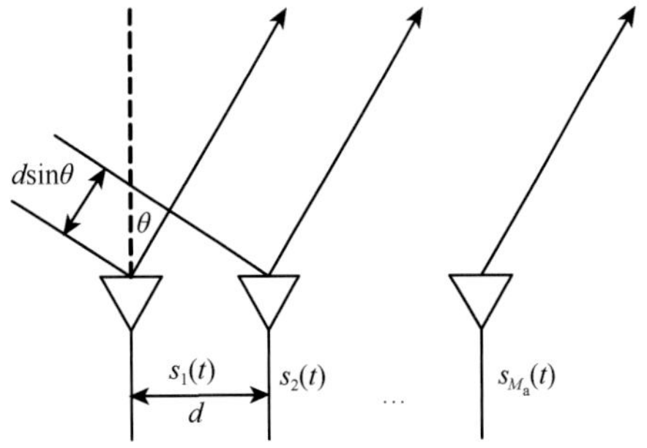

图 3.41　MIMO 雷达发射阵列示意图

式中，$x_m(t)$ 为第 m 个阵元发射的基带信号；f_c 为信号载频；T_p 为信号脉宽。在实际应用中，考虑离散基带发射信号，将 $x_m(t)$ 表示为

$\boldsymbol{x}_m=[x_m(1),\cdots,x_m(L)]$，其中 $x_m(l)=x_m(t)|_{t=(l-1)T_s}$ 表示在第 l 个码元时刻第 m 个阵元发射的基带信号，L 为码长，T_s 为采样间隔。若不考虑电磁波在传输过程中的损耗，则在第 l 个码元时刻，远场 θ 方向的合成发射信号可以表示为

$$s(\theta,l)=\sum_{m=1}^{M_a}x_m(l)\mathrm{e}^{\mathrm{j}2\pi f_c\tau_m(\theta)}=\boldsymbol{a}^{\mathrm{T}}(\theta)\boldsymbol{x}(l) \tag{3.87}$$

式中，$\tau_m(\theta)=(m-1)d\sin\theta/c$ 为相对于参考阵元（第 1 个阵元）第 m 个阵元发射的信号到达目标的时延，$\boldsymbol{a}(\theta)=[\mathrm{e}^{\mathrm{j}2\pi f_c\tau_1(\theta)},\cdots,\mathrm{e}^{\mathrm{j}2\pi f_c\tau_{M_a}(\theta)}]^{\mathrm{T}}$ 为发射导向矢量，$\boldsymbol{x}(l)=[x_1(l),\cdots,x_{M_a}(l)]^{\mathrm{T}}$ 为在第 l 个码元时刻雷达发射阵列辐射的基带信号。

3.5.2　正交波形设计

将 MIMO 雷达发射阵列辐射的信号波形表示为矩阵形式

$$\boldsymbol{X}=[\boldsymbol{x}_1,\cdots,\boldsymbol{x}_{M_a}]^{\mathrm{T}} \tag{3.88}$$

为了保证发射机的工作效率，雷达需要发射具有恒模特性的信号。不失一般性，可将第 l 个码元时刻第 m 个阵元发射的基带信号表示为 $x_m(l)=\mathrm{e}^{\mathrm{j}\varphi_{ml}}$，其中 φ_{ml} 为发射信号的相位。

通常，理想的正交波形需要满足各阵元发射信号的自相关旁瓣和互相关序列均为零。其中，第 m 个阵元发射信号的自相关序列可以表示为

$$a_m(\tau)=\begin{cases}\dfrac{1}{L}\displaystyle\sum_{l=1}^{L-\tau}x_m^*(l)x_m(l+\tau), & 0<\tau<L\\ \dfrac{1}{L}\displaystyle\sum_{l=-\tau+1}^{L}x_m^*(l)x_m(l+\tau), & -L\leqslant\tau<0\end{cases}\quad \begin{array}{c}\tau=-L,\cdots,-1,1,\cdots,L;\\ m=1,\cdots,M_a\end{array} \tag{3.89}$$

第 m_1 个发射阵元和第 m_2 个阵元发射信号的互相关序列可以表示为

$$c_{m_1m_2}(\tau)=\begin{cases}\dfrac{1}{L}\displaystyle\sum_{l=1}^{L-\tau}x_{m_1}^*(l)x_{m_2}(l+\tau), & 0\leqslant\tau<L\\ \dfrac{1}{L}\displaystyle\sum_{l=-\tau+1}^{L}x_{m_1}^*(l)x_{m_2}(l+\tau), & -L\leqslant\tau<0\end{cases}\quad \begin{array}{c}\tau=-L,\cdots,-1,0,1,\cdots,L;\\ m_1\neq m_2,m_1,m_2=1,\cdots,M_a\end{array} \tag{3.90}$$

然而，在实际应用中，满足上述条件的理想正交波形是不存在的，因此现有的正交波形设计方法大多是通过抑制发射信号的自相关旁瓣和互相关序列来得到近似理想的正交波形。通常采用自相关峰值旁瓣电平（auto-correlation peak side-lobe level，APSL）和峰值互相关电平（peak cross-correlation level，PCCL）来衡量正交发射信号波形的性能，其表达式分别为

$$\mathrm{APSL}=20\lg\{\max_{\substack{\tau=-L,\cdots,-1,1,\cdots,L\\ m=1,\cdots,M_a}}|a_m(\tau)|\} \tag{3.91}$$

$$\mathrm{PCCL} = 20\lg\{\max_{\substack{\tau=-L,\cdots,-1,0,1,\cdots,L \\ m_1 \neq m_2,\, m_1, m_2=1,\cdots,M_a}} \left|c_{m_1m_2}(\tau)\right|\} \tag{3.92}$$

序列二次规划法(sequential quadratic programming，SQP)是目前较为有效的正交波形设计方法，该方法建立的 MIMO 雷达正交发射信号波形优化模型可表示为

$$\begin{aligned} &\min \varUpsilon \\ &\text{s.t. } \left|a_m(\tau)\right| \leqslant \varUpsilon,\ \tau = 1,\cdots,L-1; m = 1,\cdots,M_a \\ &\quad \beta\left|c_{m_1m_2}(\tau)\right| \leqslant \varUpsilon, \tau = -L+1,\cdots,L-1; m_1 \neq m_2,\ m_1, m_2 = 1,\cdots,M_a \end{aligned} \tag{3.93}$$

式中，$\varUpsilon$ 为优化模型的目标函数，同时也是辅助变量，既代表了 APSL 的上界，也代表了加权后 PCCL 的上界；β 用来调整性能指标 APSL 和 PCCL 在发射信号波形优化中所占的比重。当$0<\beta<1$时，PCCL 的比重较大；当$\beta \geqslant 1$时，APSL 的比重较大。

由上述分析可知，式(3.93)所示的优化模型的核心思想是令所有自相关旁瓣电平以及加权后的互相关电平均不大于 APSL 的上界。采用 SQP 方法对式(3.93)进行求解，即可实现 MIMO 雷达正交波形优化设计。

假设 MIMO 雷达的发射阵元数为 $M_a = 4$，发射信号的码长为 $L = 40$，采用 SQP 方法获得的正交波形相关特性如图 3.42 所示，可以看出，发射波形的 APSL 和 PCCL 均得到了有效抑制，说明采用 SQP 方法设计正交发射波形的有效性。

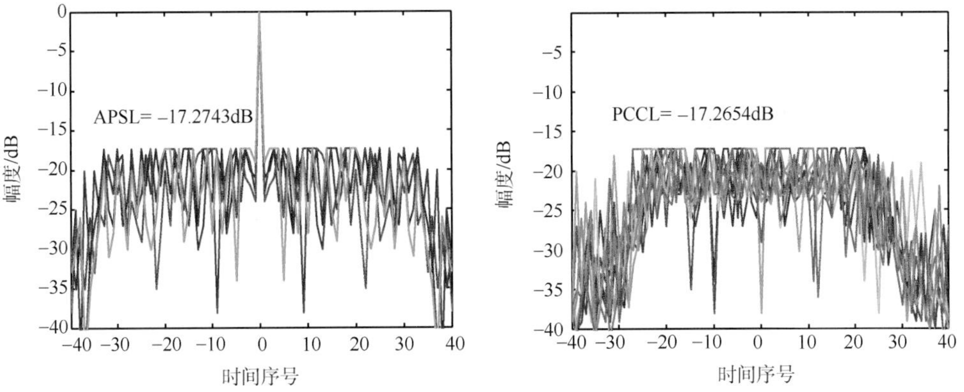

(a) 自相关序列　　(b) 互相关序列

图 3.42　波形相关特性图

3.5.3　发射方向图最优匹配波形设计

由式(3.86)可知，在远场 θ 方向的合成发射信号的平均功率可表示为

$$F(\theta) = \frac{1}{L}\sum_{l=1}^{L} |\boldsymbol{a}^{\mathrm{T}}(\theta)\boldsymbol{x}(l)|^2 = \frac{1}{L}\sum_{l=1}^{L} \boldsymbol{a}^{\mathrm{T}}(\theta)\boldsymbol{x}(l)\boldsymbol{x}^{\mathrm{H}}(l)\boldsymbol{a}^*(\theta) = \boldsymbol{a}^{\mathrm{T}}(\theta)\boldsymbol{R}\boldsymbol{a}^*(\theta) \tag{3.94}$$

式中，$\boldsymbol{R} = \boldsymbol{X}\boldsymbol{X}^{\mathrm{H}} / L$ 为发射阵列辐射信号的协方差矩阵；$F(\theta)$ 即为 MIMO 雷达的发射方向图。式(3.94)表明，我们可以通过对 $\boldsymbol{R}$ 进行设计以获取实际任务场景所需的发射方向

图；在此基础上，进一步基于 $\boldsymbol{R}$ 来求解各阵元发射的信号波形。

在给定期望发射方向图的波束中心指向和波束宽度的基础上，可以在最小化峰值旁瓣电平准则下建立 MIMO 雷达发射信号协方差矩阵优化模型

$$\begin{aligned}&\min_{\mathbf{R}}\ -\varUpsilon\\&\text{s.t.}\ \boldsymbol{a}^{\mathrm{T}}(\theta_0)\boldsymbol{R}\boldsymbol{a}^*(\theta_0)-\boldsymbol{a}^{\mathrm{T}}(\theta')\boldsymbol{R}\boldsymbol{a}^*(\theta')\geqslant\varUpsilon,\ \forall\theta'\in\varOmega_{\text{side}} &①\\&\quad\boldsymbol{a}^{\mathrm{T}}(\theta_1)\boldsymbol{R}\boldsymbol{a}^*(\theta_1)=0.5\,\boldsymbol{a}^{\mathrm{T}}(\theta_0)\boldsymbol{R}\boldsymbol{a}^*(\theta_0) &②\\&\quad\boldsymbol{a}^{\mathrm{T}}(\theta_2)\boldsymbol{R}\boldsymbol{a}^*(\theta_2)=0.5\,\boldsymbol{a}^{\mathrm{T}}(\theta_0)\boldsymbol{R}\boldsymbol{a}^*(\theta_0) &③\\&\quad R_{mm}=\frac{1}{M_{\mathrm{a}}},\quad m=1,2,\cdots,M_{\mathrm{a}} &④\\&\quad\boldsymbol{R}\geqslant 0 &⑤\end{aligned}\tag{3.95}$$

式中，$\varUpsilon$ 既是目标函数也是辅助变量；θ_0 表示波束中心指向；$\varOmega_{\text{side}}$ 表示旁瓣区域；θ_1 和 θ_2 表示 3 dB 波束宽度点。

在式(3.95)所示的优化模型中，约束条件①保证了主瓣波束中心的发射功率与任一旁瓣发射功率之差的最大化；约束条件②和③限制了主瓣波束的宽度；约束条件④保证了各阵元的发射功率相同；约束条件⑤保证了雷达发射信号协方差矩阵的半正定性。式(3.95)是一个半正定规划问题，目前已有很多成熟的求解方法来获得发射信号的协方差矩阵 $\boldsymbol{R}$ 。在此基础上，可以建立基于协方差矩阵最优匹配的发射信号波形优化模型

$$\begin{aligned}&\min_{\boldsymbol{X}}\ \|\boldsymbol{X}-\sqrt{L}\boldsymbol{U}\boldsymbol{R}^{1/2}\|^2\\&\text{s.t.}\ \ |x_m(n)|=1,m=1,2,\cdots,M_{\mathrm{a}},l=1,2,\cdots,L\end{aligned}\tag{3.96}$$

式中，$\boldsymbol{U}$ 为 $M_{\mathrm{a}}\times N$ 维的半正定矩阵；$\boldsymbol{R}^{1/2}$ 为协方差矩阵的 Hermite 均方根。采用循环算法对 $\boldsymbol{X}$ 和 $\boldsymbol{U}$ 进行交替求解，最终可以得到 MIMO 雷达发射信号波形。其具体方法如下。

步骤 1：初始化迭代次数 $z=1$ ，任意给定半正定矩阵 $\boldsymbol{U}_z$ ，设置迭代收敛阈值 η ；

步骤 2：基于 $\boldsymbol{U}_z$ ，计算发射信号矩阵 $\boldsymbol{X}_z=\exp\{\mathrm{j}\cdot\arg(\sqrt{L}\boldsymbol{U}\boldsymbol{R}^{1/2})\}$ ，其中 $\arg(\cdot)$ 表示取复数的辐角主值。

步骤 3：基于 $\boldsymbol{X}_z$ ，对 $\sqrt{L}\boldsymbol{R}^{1/2}\boldsymbol{X}_z{}^{\mathrm{H}}$ 进行奇异值分解，即 $\sqrt{L}\boldsymbol{R}^{1/2}\boldsymbol{X}_z^{\mathrm{H}}=\tilde{\boldsymbol{U}}_z\boldsymbol{\Sigma}\bar{\boldsymbol{U}}_z^{\mathrm{H}}$ ，令 $z=z+1$ ，则可实现对半正定矩阵的更新 $\boldsymbol{U}_z=\tilde{\boldsymbol{U}}_{z-1}\bar{\boldsymbol{U}}_{z-1}^{\mathrm{H}}$ ；

步骤 4：若 $\|\boldsymbol{U}_z\|_2>\eta$ ，转步骤 2；若 $\|\boldsymbol{U}_z\|_2\leqslant\eta$ ，算法停止。

假设 MIMO 雷达系统的发射阵列为包含 $M_{\mathrm{a}}=16$ 个阵元的均匀线阵，信号载频 $f_{\mathrm{c}}=10\ \mathrm{GHz}$ ，阵元间距 $d=\lambda/2$ ，信号码长 $L=200$ ，离散化方位角总数 $K_\theta=181$ ，空域覆盖的角度为$[-90°,90°]$。在多波束条件下，设置波束中心指向为$\{-40°,0°,40°\}$，主瓣 3 dB 波束宽度角度集为 $\varOmega_{\text{semi}}=[-45°,-35°]\cup[-5°,5°]\cup[35°,45°]$ ，旁瓣区域角度集为 $\varOmega_{\text{side}}=[-90°,-51°]\cup[-29°,-11°]\cup[11°,29°]\cup[51°,90°]$ 。根据式(3.95)所示的 MIMO 雷达发射信号协方差矩阵优化模型可求得最优协方差矩阵 $\boldsymbol{R}$ ，在此基础上，采用循环算法求解雷达发射阵列辐射的信号波形 $\boldsymbol{X}$ ，实现 MIMO 雷达发射信号波形设计。图 3.43 中实线

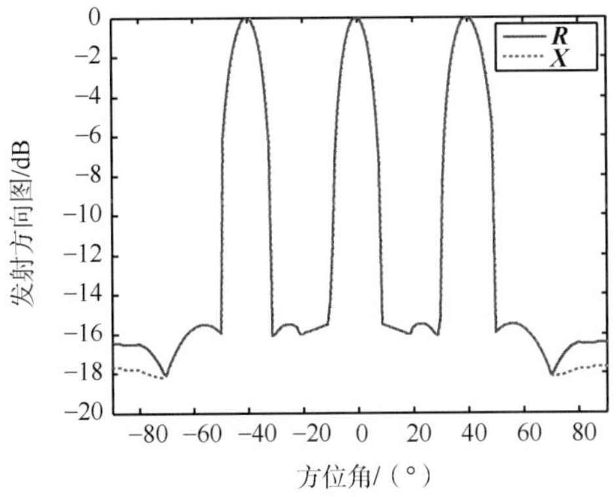

图 3.43　MIMO 雷达发射方向图

给出了最优协方差矩阵 $\boldsymbol{R}$ 对应的发射方向图，虚线给出了基于 $\boldsymbol{R}$ 求得的信号波形 $\boldsymbol{X}$ 对应的发射方向图，可以看出两者几乎完全重合，且均具有较低的发射方向图旁瓣电平，说明了本节所述发射方向图最优匹配的波形设计方法的有效性。

3.5.4　宽带波形认知优化设计

本书 3.5.2 节和 3.5.3 节分别介绍了两种传统的 MIMO 雷达波形设计方法。可以看到，这两种方法都是基于 MIMO 雷达信号模型，采用通用的准则函数作为优化目标来建立并求解发射信号波形优化模型，从而实现 MIMO 雷达波形的优化设计。显然，传统的 MIMO 雷达波形设计研究缺乏对目标特征信息的有效利用，无法为不同目标设计相应的最优波形。实际上，具有不同结构、尺寸、表面物理参数、运动状态等特征信息的目标所需的信号波形存在明显差异。尤其是在多目标条件下，雷达资源极其有限，根据目标特征来设计波形就显得更为重要。以多目标成像为例，对于大尺寸目标，可以适当降低其成像分辨率要求以达到节约资源的目的，即其所需的发射信号带宽较小；对于小尺寸目标，则需要发射大带宽信号以提高成像分辨率；对于 RCS 较小的目标，需要对其辐射更多的能量，即发射方向图需要在该目标方向形成更高的峰值；等等。下面，针对多目标成像任务，介绍一种 MIMO 雷达宽带波形认知优化设计方法，该方法能够充分利用目标特征信息，为不同目标设计相应的最优波形，从而提高雷达系统的多目标成像能力。

第 m 个阵元发射的基带信号的频谱可表示为

$$Y_m(n)=\sum_{l=1}^{L}x_m(l)\mathrm{e}^{-\mathrm{j}\frac{2\pi}{N}(l-1)n},\quad n=-N/2,-N/2+1,\cdots,N/2-1 \tag{3.97}$$

式中，N 为离散傅里叶变换的点数。MIMO 雷达阵列发射的信号频谱可以表示为 $\boldsymbol{Y}(n)=[Y_1(n),Y_2(n),\cdots,Y_{M_\mathrm{a}}(n)]^\mathrm{T}=\boldsymbol{X}\boldsymbol{f}_n$，其中，$\boldsymbol{f}_n=[1,\mathrm{e}^{-\mathrm{j}2\pi n/N},\cdots,\mathrm{e}^{-\mathrm{j}2\pi(L-1)n/N}]^\mathrm{T}$ 表示 N 点离散傅里叶变换中第 n 个频点处的变换向量。

在远场θ方向，合成发射信号的功率谱可表示为

$$P_n(\theta)=\left|\boldsymbol{a}_n^{\mathrm{T}}(\theta)\boldsymbol{Y}(n)\right|^2/N=\boldsymbol{a}_n^{\mathrm{T}}(\theta)\boldsymbol{X}\boldsymbol{f}_n\boldsymbol{f}_n^{\mathrm{H}}\boldsymbol{X}^{\mathrm{H}}\boldsymbol{a}_n^{*}(\theta)/N \tag{3.98}$$

式中，

$$\boldsymbol{a}_n(\theta)=\left[1,\mathrm{e}^{\mathrm{j}2\pi(f_{\mathrm{c}}+nB/N)\frac{d\sin\theta}{c}},\cdots,\mathrm{e}^{\mathrm{j}2\pi(f_{\mathrm{c}}+nB/N)\frac{(M-1)d\sin\theta}{c}}\right]^{\mathrm{T}} \tag{3.99}$$
$$n=-N/2,-N/2+1,\cdots,-N/2-1$$

表示在频点$f_{\mathrm{c}}+nB/N$处的导向矢量。

将θ方向的N个频点处的离散功率谱进行求和，可以得到

$$F(\theta)=\sum_{n=-N/2}^{N/2-1}P_n(\theta)=\sum_{n=-N/2}^{N/2-1}\boldsymbol{a}_n^{\mathrm{T}}(\theta)\boldsymbol{X}\boldsymbol{f}_n\boldsymbol{f}_n^{\mathrm{H}}\boldsymbol{X}^{\mathrm{H}}\boldsymbol{a}_n^{*}(\theta)/N \tag{3.100}$$

显然，$F(\theta)$为MIMO雷达的发射方向图，表示θ方向的合成发射信号的平均功率，而通过合理设置θ方向合成发射信号功率谱$P_n(\theta)$在各频点处的取值，则可以使得该方向信号具有所需的带宽限制。

通常，雷达系统需要发射恒模信号以最大化发射机的工作效率。将各阵元发射信号在不同码元时刻的相位φ_{ml}表示为矩阵形式

$$\tilde{\boldsymbol{\Phi}}=\left[\boldsymbol{\varphi}_1,\boldsymbol{\varphi}_2,\cdots,\boldsymbol{\varphi}_L\right] \tag{3.101}$$

$$\boldsymbol{\varphi}_l=\left[\varphi_{1l},\varphi_{2l},\cdots,\varphi_{M_{\mathrm{a}}L}\right]^{\mathrm{T}},\quad l=1,2,\cdots,L \tag{3.102}$$

因此，θ方向合成发射信号的功率谱以及θ方向合成发射信号的平均功率可表示为$\tilde{\boldsymbol{\Phi}}$的函数，如下：

$$P_n(\theta,\tilde{\boldsymbol{\Phi}})=\left|\zeta_n(\theta,\tilde{\boldsymbol{\Phi}})\right|^2/N \tag{3.103}$$

$$F(\theta,\tilde{\boldsymbol{\Phi}})=\sum_{n=-N/2}^{N/2-1}\left|\zeta_n(\theta,\tilde{\boldsymbol{\Phi}})\right|^2/N \tag{3.104}$$

式中，$\zeta_n(\theta,\tilde{\boldsymbol{\Phi}})=\boldsymbol{a}_n^{\mathrm{T}}(\theta)\exp(\mathrm{j}\tilde{\boldsymbol{\Phi}})\boldsymbol{f}_n$。

假设空间中存在H个目标，基于实际方向图与期望发射方向图逼近、实际功率谱与期望发射功率谱逼近的思想，建立MIMO雷达发射波形认知优化模型

$$\min_{\tilde{\boldsymbol{\Phi}}}f(\tilde{\boldsymbol{\Phi}}) \tag{3.105}$$

式中，

$$f(\tilde{\boldsymbol{\Phi}})=\sum_{\theta}\left[\Delta F(\theta,\tilde{\boldsymbol{\Phi}})\right]^2+\frac{1}{N}\sum_{h=1}^{H}\sum_{n=-N/2}^{N/2-1}\left[\Delta P_{hn}(\theta_h,\tilde{\boldsymbol{\Phi}})\right]^2 \tag{3.106}$$

$$\Delta F(\theta,\tilde{\boldsymbol{\Phi}})=\left[F(\theta,\tilde{\boldsymbol{\Phi}})/N-F_{\mathrm{d}}(\theta)/N\right] \tag{3.107}$$

$$\Delta P_{hn}(\theta_h,\tilde{\boldsymbol{\Phi}})=\left[P_n(\theta_h,\tilde{\boldsymbol{\Phi}})-\dot{P}_n(\theta_h)\right] \tag{3.108}$$

$F_{\mathrm{d}}(\theta)$为期望发射方向图；θ_h为第h个目标所在方向；$\dot{P}_n(\theta_h)$为θ_h方向上合成发射信号

的期望发射功率谱。为了保证所设计的发射波形与目标特征相匹配，期望发射方向图 $F_{\mathrm{d}}(\theta)$ 和期望发射功率谱 $\dot{P}_n(\theta_h)$ 均由目标特征信息决定。下面，对 $F_{\mathrm{d}}(\theta)$ 和 $\dot{P}_n(\theta_h)$ 的具体设计方法进行详细阐述。

首先，根据目标方位信息，可以确定发射方向图各主瓣波束中心的指向，并且发射方向图各主瓣波束中心的功率计算方法如下。

雷达距离方程可表示为

$$\left(\frac{S}{N}\right)_{\mathrm{o}} = \frac{P_{\mathrm{t}} G^2 \lambda^2 \sigma}{(4\pi)^3 k T_0 B_{\mathrm{n}} F_{\mathrm{n}} R^4} \tag{3.109}$$

式中，$(S/N)_{\mathrm{o}}$ 为雷达接收机的输出信噪比；P_{t} 为雷达发射信号功率；G 为天线增益；λ 为波长；σ 为目标散射截面积；k 为玻尔兹曼常数；T_0 为标准室温；B_{n} 为接收机噪声带宽；F_{n} 为噪声系数；R 为目标与雷达的距离。

在雷达发射总功率 P_{t} 一定的条件下，为保证所有目标的回波信号均能被有效检测，基于目标速度、位置、RCS 等特征信息，令所有目标回波信号的接收机输出信噪比均为某一超过检测门限的确定值，则在第 h 个目标方向的合成发射信号的期望发射功率(即发射方向图第 h 个主瓣波束中心的功率)可表示为

$$P_{\mathrm{t}h} = \frac{P_{\mathrm{t}}}{\sum_{h=1}^{H} \frac{\sigma_1 R_h^4}{\sigma_h R_1^4}} \cdot \frac{\sigma_1 R_h^4}{\sigma_h R_1^4} \tag{3.110}$$

式中，σ_h 和 R_h 分别表示第 h 个目标的散射截面积和距离。

在确定各主瓣波束中心的功率以及主瓣波束中心的指向后，即可得到期望的发射方向图 $F_{\mathrm{d}}(\theta)$。

在目标高分辨成像中，发射信号带宽应由目标散射点在距离向的分布情况决定，即发射信号带宽所决定的距离分辨率应该能够正好分开目标距离向上任意两个相邻散射点。然而，目标散射点分布情况是未知的，如何设置合理的发射带宽就尤为重要。若发射信号的带宽过大，距离分辨率已经远远达到区分目标散射点的需求，则会引起频谱资源的浪费；若发射信号的带宽较小，则有可能会存在距离向上相邻散射点无法分辨的情况。因此，在实际应用中，需要根据目标散射分布的在线感知结果来设计能够分辨目标在距离向上每一个散射点所需的最小发射信号带宽。具体方法阐述如下：

步骤 1：为各目标方向的合成发射信号设置初始带宽 $B_h(h=1,2,\cdots,H)$。

步骤 2：根据目标方位信息和式(3.110)确定 $F_{\mathrm{d}}(\theta)$，并将 $F_{\mathrm{d}}(\theta)$ 确定的各目标方向上的发射功率均匀分布到带宽 B_h 内的各频点上。同时，为了更好地分离不同目标的回波信号，可使各目标方向的合成发射信号分布于相互正交的频带内，即可得到期望发射功率谱 $\dot{P}_n(\theta_h)$。在此基础上，通过求解式(3.105)可实现 MIMO 雷达发射波形的认知优化设计。

步骤 3：根据上一步骤认知优化得到的各阵元发射信号波形，分别计算各目标方向合成发射信号的 PSF 主瓣面积 $S_{0h}(h=1,2,\cdots,H)$，具体计算方法如下。

以第 h 个目标为例，将该方向合成发射信号记为

$$s(\theta_h,t)=\sum_{m=1}^{M_a} x_m\left(t+\frac{(m-1)d\sin\theta_h}{c}\right)\exp\left(j2\pi f_c\left(\frac{(m-1)d\sin\theta_h}{c}\right)\right) \tag{3.111}$$

则其 PSF 可表示为

$$\text{PSF}(\theta_h,t)=F_{(f)}^{-1}[|S_h(\theta_h,f)|^2] \tag{3.112}$$

式中，

$$S_h(\theta_h,f)=\sum_{m=1}^{M_a} X_m(f)\exp\left(\text{j}2\pi(f+f_c)\frac{(m-1)d\sin\theta_h}{c}\right) \tag{3.113}$$

$X_m(f)$ 为 $X_m(t)$ 的傅里叶变换。该 PSF 主瓣面积可计算为

$$S_{0h}=\int_{-x_h}^{x_h}\text{psf}(\theta_h,x)\text{d}x \tag{3.114}$$

式中，$x=ct/2$；x_h、$-x_h$ 分别为主瓣的左、右截止点。

步骤 4：对各目标回波数据进行高分辨成像处理，计算各目标 HRRP 中所有主瓣的面积 $S_{hi_h}, h=1,2,\cdots,H$，$i_h=1,2,\cdots I_h$，其中 I_h 为第 h 个目标 HRRP 中的主瓣个数。具体计算方法如下。

以第 h 个目标为例，假设该目标由 Q_h 个散射点组成，其中第 q 个散射点到雷达的距离记为 R_{hq}，则该目标的回波信号可表示为

$$\begin{aligned}s_r(\theta_h,t)=&\sum_{q=1}^{Q_h}\sum_{m=1}^{M_a} x_m\left[t+\frac{(m-1)d\sin\theta_h}{c}-\frac{2R_{hq}}{c}\right]\\&\cdot\exp\left[\text{j}2\pi f_c\left(t+\frac{(m-1)d\sin\theta_h}{c}-\frac{2R_{hq}}{c}\right)\right]\end{aligned} \tag{3.115}$$

将接收到的回波信号与参考信号进行匹配滤波处理，可以得到该方向目标的 HRRP

$$s_H(\theta_h,t)=\sum_{q=1}^{Q_h}\exp\left(-j4\pi f_c\frac{(R_{hq}-R_{\text{ref}})}{c}\right)\text{psf}\left(\theta_h,t-\frac{2(R_{hq}-R_{\text{ref}})}{c}\right) \tag{3.116}$$

进一步，计算 $s_H(\theta_h,t)$ 中每个主瓣的面积

$$S_{hi_h}=\int_{-x_{hi_h}}^{x_{hi_h}} s_H(\theta_h,x)\text{d}x,\quad i_h=1,2,\cdots,I_h \tag{3.117}$$

式中，x_{hi_h}、$-x_{hi_h}$ 分别为第 i_h 个主瓣的左、右截止点。

步骤 5：在得到各目标 HRRP 中每个主瓣的面积之后，可计算出 HRRP 中每个主瓣包含的散射点个数 $N_{hi_h}, h=1,2,\cdots,H$，$i_h=1,2,\cdots,I_h$。具体计算方法如下：

以第 h 个目标为例，由上述分析可知，若该目标 HRRP 中的第 i_h 个主瓣只包含一个散射点，则其面积为 $S_{hi_h}=S_{0h}$；若该主瓣中存在 N_{hi_h} 个无法分辨的散射点，则其面积为 $S_{hi_h}=N_{hi_h}S_{0h}$。综上所述，目标 HRRP 中每个主瓣包含的散射点个数可以计算为

$$N_{hi_h}=[S_{hi_h}/S_{0h}],\quad i_h=1,2,\cdots,I_h;\quad h=1,2,\cdots,H \tag{3.118}$$

步骤 6：计算各目标所需的最小发射信号带宽 B_h'。以第 h 个目标为例，若 $\forall i_h \in \{1,2,\cdots,I_h\}, N_{hi_h}=1$，表明该方向目标在距离向上的每个散射点均已得到有效分辨，此时可选取相邻散射点之间的最小距离 d_h 作为距离分辨率 ρ_h'，由此可最终确定分辨该方向目标在距离向上各散射点所需的最小发射信号带宽 $B_h'=c/(2\rho_h')$；若 $\exists i_h \in \{1,2,\cdots,I_h\}, N_{hi_h}\geqslant 2$，假设目标 HRRP 中有 $J_h(J_h\leqslant I_h)$ 个主瓣包含的散射点个数 $N_{hj_h}(j_h=1,2,\cdots,J_h)$ 大于等于 2。根据瑞利判据，当两个衍射斑合成强度的最小值是孤立衍射斑最大值的 0.735 倍时，恰好能分辨这两个像点。因此计算该 J_h 个主瓣峰值的 0.3675 倍处的距离展宽值 $d_{hj_h}(j_h=1,2,\cdots,J_h)$，以及 PSF 在峰值的 0.3675 倍处的距离展宽值 d_{0h}。以第 j_h 个主瓣为例，若该主瓣中有 N_{hj_h} 个散射点无法分辨且相邻两散射点的距离为 $\Delta\boldsymbol{d}_1=[\Delta d_1,\Delta d_2,\cdots,\Delta d_{N_{hj_h}-1}]$，其中 $\sum_{i=1}^{N_{hj_h}-1}\Delta d_i=d_{hj_h}$。令 $\Delta\boldsymbol{d}_2=[\Delta d_1-\Delta d,\Delta d_2-\Delta d,\cdots,\Delta d_{N_{hj_h}-1}-\Delta d]$，其中 $\Delta d=(d_{hj_h}-d_{0h})/(N_{hj_h}-1)$ 为该 N_{hj_h} 个散射点均匀分布时相邻两散射点之间的距离。若取 Δd 为距离分辨率，则可有效分辨 $\Delta\boldsymbol{d}_2$ 中不为负的元素所对应的散射点。因此，设置该目标方向的距离分辨率为 $\rho_h'=\min\limits_{j_h}\{(d_{hj_h}-d_{0h})/(N_{hj_h}-1)\}$，由此可计算得到在该方向合成发射信号的带宽为 $B_h'=c/(2\rho_h')$。

步骤 7：令 $B_h=B_h'$。若各目标 HRRP 中每个主瓣都只包含一个散射点，则算法结束；否则，转步骤 1。

需要说明的是，在步骤 1 中求解式(3.105)所示的 MIMO 雷达发射波形认知优化模型时，本质上是在求解一个非凸的无约束优化问题，由于代价函数 $f(\tilde{\boldsymbol{\Phi}})$ 的形式比较复杂且相位矩阵的维数较大，因此可以采用只需代价函数一阶梯度信息的共轭梯度算法对该优化模型进行求解。共轭梯度算法所需存储量小，稳定性高，并且不需要任何外来参数，是目前最为有效的传统优化算法之一，已经广泛应用于各类线性/非线性最优化问题。由于共轭梯度算法已经十分成熟，具体求解过程这里不再赘述。

下面，对本节所述 MIMO 雷达发射波形认知优化方法进行仿真实验和性能分析。假设 MIMO 雷达系统的发射阵列为包含 $M_\mathrm{a}=10$ 个阵元的均匀线阵，信号载频 $f_\mathrm{c}=30\,\mathrm{GHz}$，阵元间距 $d=0.5c/(f_\mathrm{c}+B/2)$，雷达发射信号总带宽最大值 $B=800\,\mathrm{MHz}$，信号码长 $L=800$，总频点数 $N=800$。设雷达工作区域内存在 H=2 个目标，目标参数和散射点模型分别如表 3.1 和图 3.44 所示。为了更好地说明发射信号带宽动态调整策略的有效性，图 3.45 给出了目标的距离向散射模型。

表 3.1　目标参数

项　目	角度/（°）	距离/m	RCS	速度/(m/s)	航向/（°）
目标 1	−20	15 000	3	300	−20
目标 2	20	16 000	2	400	0

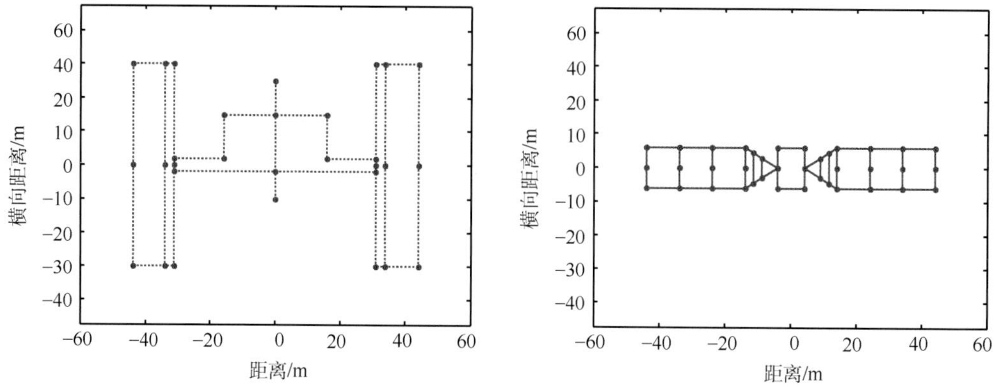

（a）–20°　　（b）20°

图 3.44　目标散射模型

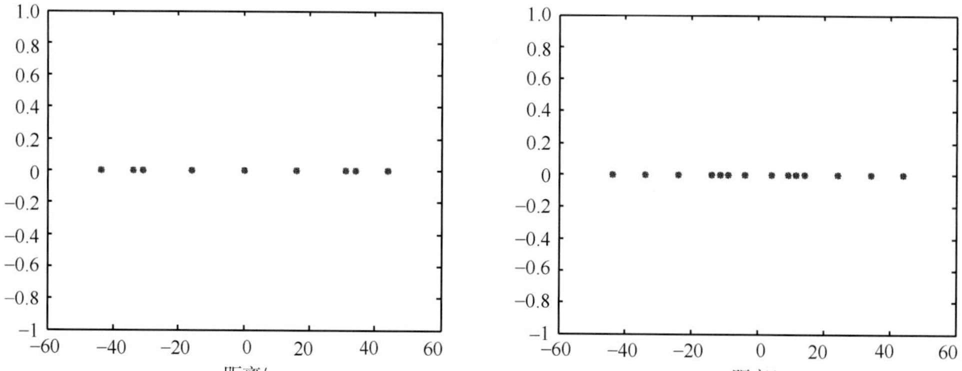

（a）–20°　　（b）20°

图 3.45　目标的距离向散射模型

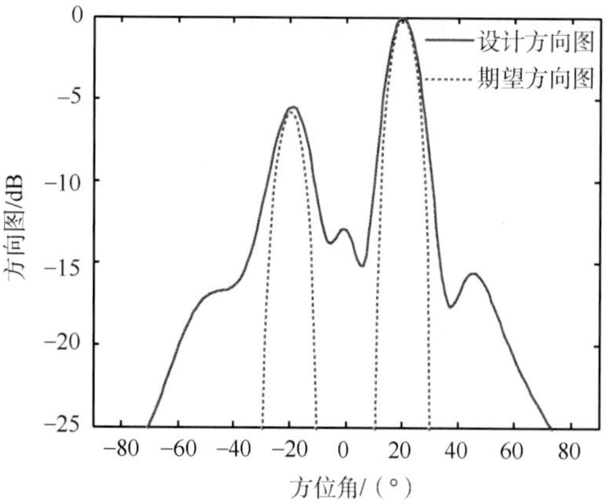

图 3.46　发射方向图

根据表 3.1 所示的目标距离和 RCS，基于式(3.110)可计算出在两个目标方向合成发射信号的期望功率分别为 –5.76 dB 和 0 dB，从而可以得到期望发射方向图。将两个目标方向的合成发射信号带宽均初始化为 $B_1 = B_2 = 30$ MHz，从而可以得到期望发射功率谱。在此基础上，采用共轭梯度算法求解式(3.105)所示的 MIMO 雷达发射波形认知优化模型。期望发射方向图和优化得到的实际波形形成的发射方向图如图 3.46 所示，可以看出，两者具有较好的逼近效果，实现了对不同方向目标的同时观测。图 3.47(a)给出了–20°方向合成发射信号的 PSF，通过计算可得 PSF 在峰值的 0.3675 倍处的距离展宽值为$6.8\ \text{m}$，主瓣面积为$4.47\ \text{m}^2$。图 3.48(a)给出了–20°方向目标的 HRRP。计算可得 HRRP 中 7 个主瓣的面积分别为 4.45 m^2、8.98 m^2、4.43 m^2、4.50 m^2、4.59 m^2、8.79 m^2、4.50 m^2，从而可知主瓣中所包含的散射点个数分别为 1、2、1、1、1、2、1。对于存在多个散射点无法分辨的主瓣，计算其峰值的 0.3675 倍处的距离展宽值，分别为 9.63 m 和 9.6 m。由于这两个主瓣中均只存在两个散射点无法分辨，因此可以确定分辨该目标在距离向上各散射点所需的距离分辨率为$\rho_1' = 2.8\ \text{m}$，则该方向合成发射信号的带宽值为$B_1' = c/(2\rho_1') = 54\ \text{MHz}$。图 3.47(b)给出了 20°方向合成发射信号的 PSF，通过计算可得 PSF 在峰值的 0.3675 倍处的距离展宽值为$6.8\ \text{m}$，主瓣面积为$2.73\ \text{m}^2$。图 3.48(b)给出了 20°方向目标的 HRRP。计算可得其中 8 个主瓣的面积分别为 2.77 m^2、2.99 m^2、2.71 m^2、10.73 m^2、10.72 m^2、2.71 m^2、2.98 m^2、2.77 m^2，从而可知主瓣中所包含的散射点个数分别为 1、1、1、4、4、1、1、1。对于存在多个散射点无法分辨的两个主瓣，计算其峰值的 0.3675 倍处的距离展宽值，分别为 18.04 m 和 17.91 m。由上述分析可知这两个主瓣中均包含 4 个散射点无法分辨，假设每个主瓣中无法分辨的 4 个散射点等距分布，可以将该目标的距离分辨率设置为$\rho_2' = 3.70\ \text{m}$，则合成发射信号的带宽值为$B_2' = c/(2\rho_2') = 41\ \text{MHz}$。

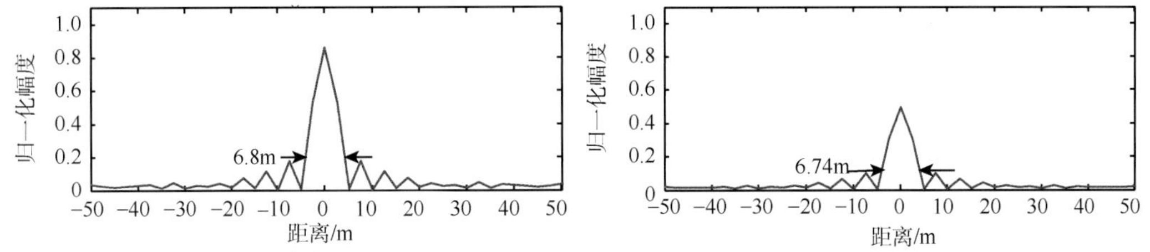

(a) –20°　　(b) 20°

图 3.47　发射信号 PSF

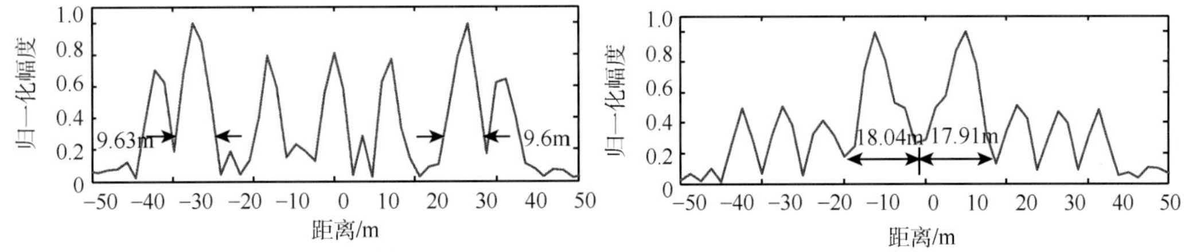

(a) –20°　　(b) 20°

图 3.48　目标 HRRP

根据上述分析结果，将目标方向合成发射信号的带宽分别设置为$B_1 = 54\ \text{MHz}$和$B_2 = 41\ \text{MHz}$，重新根据式(3.105)对 MIMO 雷达发射波形进行优化设计并重复上述步骤。

经过两次迭代以后，−20°方向目标和 20°方向目标的信号带宽分别为 $B_1 = 54\,\text{MHz}$ 和 $B_2 = 67\,\text{MHz}$，此时，两目标在距离向上的各散射点均可被有效分辨，相邻两散射点之间的最小距离分别为 2.95 m 和 2.5 m，与带宽设计时设定的距离分辨率接近。在此基础上，在各慢时间时刻，MIMO 雷达系统的各发射阵元均辐射优化得到的信号波形对目标进行观测，通过方位向相干处理即可得到目标二维成像结果，如图 3.49 所示，与目标散射点模型十分相符，此时频谱资源消耗量仅为 $B = B_1 + B_2 = 121\,\text{MHz}$。显然，本节所述方法不仅能够保证各目标方向的辐射能量与目标 RCS 成反比、与目标距离成正比，还能够根据目标散射分布特性来优化发射信号波形，使各目标方向上的合成发射信号带宽恰好为能够分辨其各散射点所需的带宽最小值，从而保证雷达频谱资源不被浪费。在多目标成像条件下，雷达资源极其宝贵，本节所述方法根据目标特征合理分配雷达系统的频谱和功率资源，能够显著提高雷达系统的多目标同时成像能力，具有明显的性能优势。

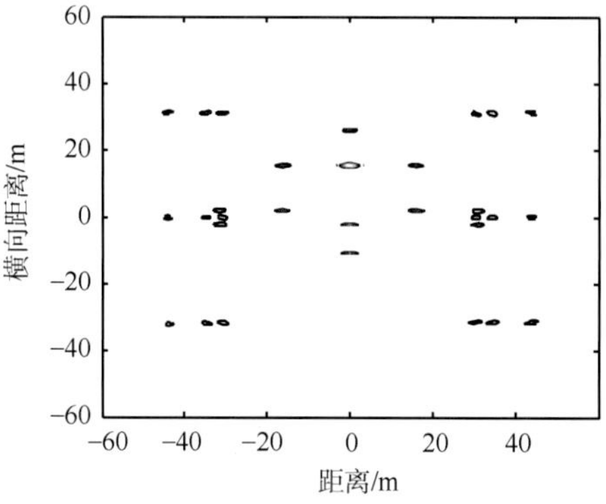

(a) −20°

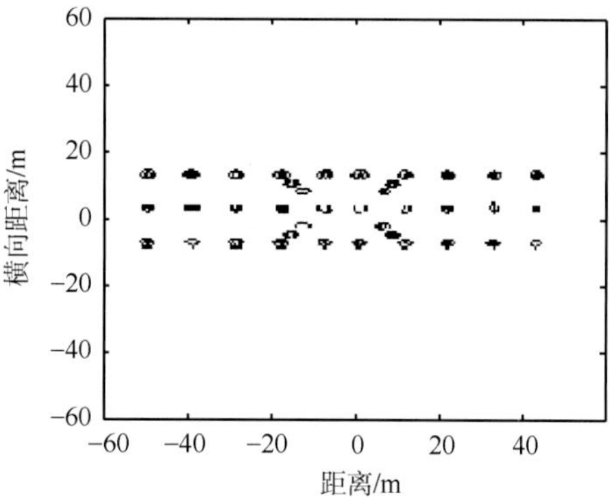

(b) 20°

图 3.49　目标成像结果

需要说明的是，理论上 MIMO 雷达能够合成的发射波束个数最多为 $M_a - 1$ 个，因此本节所述方法理论上最多能够同时对 $M_a - 1$ 个目标进行处理，即 $H \leqslant M_a - 1$。在实际应用中，能够同时处理的目标个数还会受到波束宽度、目标方位分布等因素的影响。此外，本节所述方法在设计期望功率谱时将发射功率均匀分布到所需带宽内的各个频点上，因此设计所得的相位编码信号对多普勒频移较为敏感。在对高速目标进行高分辨成像时，会造成图像散焦。因此，在目标高速运动条件下，可以在式(3.105)所示的 MIMO 雷达发射波形认知优化模型中增加模糊函数约束，即要求优化得到的发射波形具有类似于线性调频信号的斜刀刃状的模糊函数，从而获得较好的多普勒容忍性，提高目标成像质量。

参考文献

杜兰, 刘宏伟, 保铮, 等. 2009. 基于复数高分辨距离像特征提取的雷达自动目标识别. 中国科学 F 辑:

信息科学, 39(7): 731-741.

张群, 罗迎. 2013. 雷达目标微多普勒效应. 北京: 国防工业出版社.

Haimovich A M, Blum R S, Cimini L J. 2008. MIMO radar with widely separated antennas. IEEE Signal Processing Magazine，25(1): 116-129.

James A G, William R S. 2005. Generalized ISAR—part II: interferometric techniques for three-dimensional location of scatterers. IEEE Transactions on Image Processing, 14(11): 1792-1797.

Li J, Stoica P. 2007. MIMO radar with colocated antennas. IEEE Signal Processing Magazine, 24(5): 106-114.

第 4 章　相控阵雷达资源调度

雷达资源调度与管理一直是雷达领域的一个研究热点。相控阵雷达的波束捷变能力使其能够同时担负目标搜索、跟踪、成像、识别等多种任务，而合理有效的雷达资源优化调度策略是充分发挥其多任务协同工作能力的基础。目前，常用的相控阵雷达资源调度方法大致可分为模板法和自适应调度方法，其中自适应调度方法能够根据工作环境和任务需求灵活地调整资源调度策略。近年来，随着认知雷达技术的不断发展，国内外研究者陆续开展了认知雷达系统中的资源优化调度研究工作，通过对目标和环境特征信息的有效感知与利用，进一步提高了雷达资源优化调度策略对目标和环境的自适应能力，为充分发挥认知雷达系统的性能优势提供了有力支撑。

然而，考虑到实现目标成像功能需要消耗大量连续的时间和频谱资源，因此雷达资源优化调度研究大多是针对目标搜索、跟踪、识别等任务类型的，在完成目标搜索、跟踪等任务之后，才考虑分出一部分固定资源来实现目标成像，这就导致了雷达资源分配矛盾突出、工作效率不高的问题，也极大地限制了成像功能在实际中的应用。

实际上，本书第 3 章中介绍的雷达发射波形认知优化设计与成像方法，大部分都是以最小化资源消耗为优化目标的。此外，本书第 2 章中介绍的稀疏频带与稀疏孔径高分辨成像方法表明，基于 CS 的目标成像技术能够将对目标的连续观测成像转化为稀疏观测成像，从而显著提高雷达资源分配的灵活性。因此，将相控阵雷达资源优化调度与认知成像技术相结合，将成像任务需求纳入多功能相控阵雷达资源调度优化模型，将显著提高雷达系统的整体工作效率。

本章从相控阵雷达资源调度基本原理入手，综合考虑目标搜索、跟踪、成像等多种任务类型，详细介绍多任务条件下的相控阵雷达资源优化调度方法。需要说明的是，由于相控阵雷达通常同时担负着目标搜索、跟踪、成像、识别等多种任务，因此，本章主要针对多种不同任务类型条件下的相控阵雷达资源优化调度策略进行介绍。若读者对于单一任务类型条件下的资源优化调度研究感兴趣，可参阅相关文献。

4.1　相控阵雷达资源调度基本原理

在资源受限的条件下，为了将相控阵雷达的性能优势最大限度地发挥出来，必须对有限的系统资源进行动态管理与分配，即设计合理、高效的资源优化调度策略，以提高相控阵雷达系统的整体工作性能。

4.1.1　几种典型的资源调度策略

为了满足相控阵雷达在不同工作环境下对各雷达任务的有效调度，通常将雷达资源调度策略分为模板法与自适应调度方法。其中，模板法包括固定模板法、多模板法与部分模板法(卢建斌等，2011)。

固定模板法如图 4.1 所示，其调度过程最为简单，只需要预先分配一个时间固定的雷达资源调度间隔，用于调度一组执行次序和时间段都预先设计好的若干驻留任务。由于各驻留任务依次执行且周期性循环，无需对任务进行在线排序，资源调度实时性高且易于实现。然而，单一的调度模板会限制雷达资源调度的灵活性和自适应性，往往无法适用于瞬息万变的雷达工作环境。

搜索	搜索	确认	跟踪	跟踪

图 4.1　固定模板法示意图

多模板法是基于固定模板法的一种简单改进，如图 4.2 所示。根据雷达用途以及工作环境等先验知识，事先设计若干个固定模板，模板数量的选择与系统执行效率的期望值、工作环境的多样性以及选择逻辑的复杂度有关。在调度过程中，依照某一准则在模板库中选取一套与当前情况最契合的模板作为系统调度的依据。多模板法虽然简单易行，但依旧存在很大的局限性，仅适用于功能相对简单且具有一定先验知识的雷达。此外，虽然资源调度的灵活性随着模板数量的增加能够有所提高，但多模板法的计算复杂度也随之增加，且依然难以达到与外界环境的完全自适应匹配。

跟踪	搜索	确认	跟踪	搜索
		⋮		
搜索	搜索	确认	跟踪	跟踪

图 4.2　多模板法示意图

部分模板法是一种将模板法与自适应调度方法相结合的调度策略，如图 4.3 所示。对于某个雷达调度间隔，分配其中一部分时间资源按照预先设计的模板对雷达任务进行调度，以维持系统某个最低限度的操作；剩余的时间资源按照任务的优先级以及其他约束条件进行动态调度。显然，部分模板法提高了雷达资源调度的灵活性，但其设计过程相对复杂，且在多任务复杂工作模式下依然难以满足资源调度策略对外界环境的自适应调整需求。

空域搜索	地平线搜索	根据优先级动态调度

图 4.3　部分模板法示意图

自适应调度方法是指按照雷达任务的优先级，动态地权衡并分配各任务所需的雷达资源，从而为各雷达调度间隔安排最优任务调度顺序的一种调度策略。图 4.4 为自适应调度方法的示意图，该方法在调度过程中可以根据雷达任务需求与工作环境变化实时地调整各任务的执行顺序和执行时间，并能够对发射信号波形与能量进行灵活调整，是雷达资源调度中最为灵活也最为复杂的方法。

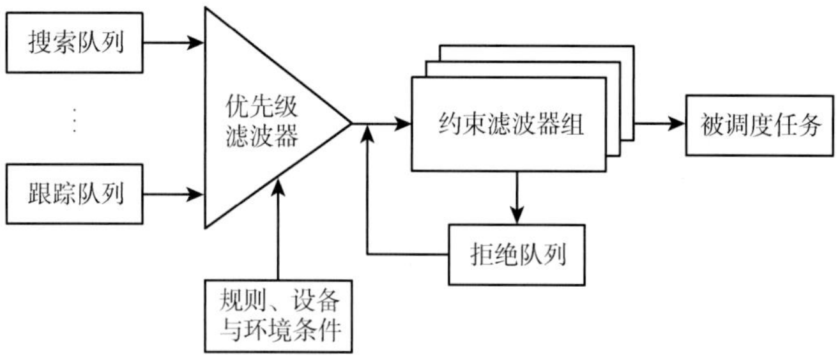

图 4.4　自适应调度方法示意图

显然，与模板法相比，自适应调度方法具有明显的性能优势。目前的雷达资源调度策略研究已经很少使用模板法，基本上都是采用自适应调度方法来获得更为合理高效的资源调度策略。

4.1.2　影响调度性能的主要因素

相控阵雷达资源调度性能的优劣除了会受到调度策略的影响外，调度间隔的选择、任务综合优先级的设计以及雷达资源的约束条件等也都会对其产生直接影响，因此在研究雷达资源调度方法时需要对这三个因素予以重点考虑。

1. 调度间隔

调度间隔是指雷达系统对调度程序进行调用的时间周期。每当调度程序受到调用时，将对下一调度间隔内执行的雷达任务进行调度安排。若选取的调度间隔太长，则不能达到某些雷达任务的更新率(即雷达任务请求产生的频率)需求；反之，则会在计算机的存储与处理阶段增加额外的负担。因此，必须对调度间隔进行合理的设置。

2. 综合优先级

雷达任务的综合优先级是资源调度策略的一个重要输入参数，为资源调度方法提供了决策依据。相控阵雷达往往会面临大量的任务请求，因此，资源调度方法需要根据任务综合优先级来决定哪些任务将得到执行、延迟或删除，并对产生冲突的雷达任务进行合理调度。通常，可以采取线性组合、模糊推理、神经网络等方法来计算任务综合优先级。

3. 雷达资源的约束条件

雷达资源的约束条件主要包括时间资源约束、能量资源约束、频谱资源约束和计算资源约束等。其中，时间资源约束是指成功调度执行的任务必须在规定时间内完成且不能出现任务执行时间段相互重叠的情况；能量资源约束是指在雷达任务的执行过程中，为了保证雷达系统不会因为能量消耗过多而导致发射机损坏，必须为调度过程中的发射信号能量消耗制定相应的约束条件；频谱资源约束是指在雷达任务的执行过程中，发射信号波形的频谱不能超过雷达系统的工作频带；计算资源约束是指在雷达任务执行后，计算机对回波数据进行处理所需的计算机存储与处理资源不能超出系统的承受能力。

4.1.3 调度性能评估指标

正如 1.2 节所述，由于雷达系统的实际工作环境和任务需求不同，导致人们对其功能和性能的要求也就不同，因此在不同应用背景下雷达资源调度的优化目标函数通常存在显著差异，这就使得对雷达资源调度性能进行统一评估较为困难。目前，对于不同任务类型资源优化调度，常用的相控阵雷达资源调度性能评估指标包括调度成功率(scheduling success ratio，SSR)、实现价值率(hit value ratio，HVR)、时间利用率(time utilization ratio，TUR)和能量利用率(energy utilization ratio，EUR)等。

将雷达资源调度中的各类雷达任务统一描述为

$$A=\{t_{\mathrm{d}},t_{\mathrm{e}},t_{\mathrm{x}},t_{\mathrm{w}},t_{\mathrm{r}},\Delta T,W,P,U_{\mathrm{r}},M\} \tag{4.1}$$

式中，t_{d} 表示任务请求的期望执行时刻；t_{e} 表示任务的实际执行时刻；ΔT 表示任务驻留时间。在任务驻留时间内，t_{x} 表示发射信号持续时间(即信号脉宽，也称脉冲发射期时间)；t_{w} 表示信号等待期时间(即信号发射后等待信号接收的时间长度，也称脉冲等待期时间)；t_{r} 表示接收信号持续时间(也称脉冲接收期时间)。W 表示任务的时间窗(即任务实际执行时刻与期望执行时刻之间能够前后移动的有效范围)；P 表示任务优先级；U_{r} 表示任务更新率；M 表示单位调度间隔内任务所需的脉冲重复个数。在此基础上，将 SSR、HVR、TUR 和 EUR 定义如下。

(1) SSR：成功调度执行的任务数与所有请求调度的任务总数的比值，可以表示为

$$\mathrm{SSR}=\frac{K_{\mathrm{c}}}{K} \tag{4.2}$$

式中，K 为请求调度的任务总数；K_{c} 为成功调度执行的任务数。

(2) HVR：成功调度执行的任务优先级之和与所有请求调度任务的优先级之和的比值，可以表示为

$$\mathrm{HVR}=\frac{\sum_{k=1}^{K_{\mathrm{c}}}P_k}{\sum_{k=1}^{K}P_k} \tag{4.3}$$

式中，P_k 为第 k 个任务的综合优先级。

(3) TUR：成功调度执行的任务的消耗时间之和与调度间隔的比值，可以表示为

$$\mathrm{TUR}=\frac{1}{T}\sum_{k=1}^{K_c}((t_{xk}+t_{rk})\cdot M_k) \tag{4.4}$$

式中，T 为调度间隔；t_{xk}、t_{rk} 和 M_k 分别为第 k 个成功调度执行的任务的发射信号持续时间、接收信号持续时间和脉冲重复个数。

(4) EUR：成功调度执行的任务的消耗能量之和与系统提供的总能量的比值，可以表示为

$$\mathrm{EUR}=\frac{P_t\cdot\sum_{k=1}^{K_c}(t_{xk}\cdot M_k)}{P_{av}\cdot T} \tag{4.5}$$

式中，P_{av} 表示雷达系统能够提供的平均功率；P_t 表示信号发射功率。

此外，平均时间偏移量、截止期错失率等性能指标也常用来评估雷达资源调度性能的优劣。在实际中，需要根据雷达工作环境和任务需求来定义合理的性能评估指标，或综合使用多种性能指标来对资源调度策略的性能进行评估。

4.2 基于认知成像的资源优化调度

设调度间隔 $[t_0, t_0+T]$ 内有 K 个任务请求，一种经典的基于时间窗的多功能相控阵雷达资源优化调度模型可描述为（曾光等，2004）

$$\begin{aligned}&\max\left\{\sum_{k=1}^{K}P_k\cdot U(t_0+T-t_{ek}-\Delta T_k)\right\}\\&\text{s.t. } \max(t_0, t_{dk}-W_k)\leqslant t_{ek}\leqslant \min(t_{dk}+W_k, t_0+T-\Delta T_k)\\&\qquad \min(t_{ej}-t_{ek})\geqslant \Delta T_k,\ j\in\{j\mid t_{ej}>t_{ek}\}\end{aligned} \tag{4.6}$$

式中，$U(x)=\begin{cases}1 & x\geqslant 0\\ 0 & x<0\end{cases}$；$t_{dk}$ 和 t_{ek} 分别为第 k 个任务请求的期望执行时刻和实际执行时刻；W_k 为第 k 个任务请求的时间窗；ΔT_k 为第 k 个任务请求的任务驻留时间。

一个调度间隔内的任务调度过程可简单描述如下：将雷达任务请求送入调度模块，依据任务优先级、期望执行时刻、驻留时间和时间窗进行分析后，满足资源优化调度模型约束条件的雷达任务被执行，不满足执行条件但满足 $t_{dk}+W_k\geqslant t_0+T$ 的雷达任务被延迟，既不满足执行条件也不满足延迟条件的雷达任务被删除。成功执行的雷达任务根据其期望执行时刻和时间窗约束，尽可能在遵循优先级原则(即存在资源冲突时先执行优先级高的任务)的前提下，适当调整各任务的实际执行时刻；延迟的雷达任务送入下一次调度间隔进行再次分析；删除的雷达任务被丢弃。

然而，上述基于时间窗的多功能相控阵雷达资源优化调度模型并没有考虑成像任务对资源调度策略的影响，在完成目标搜索、跟踪等任务的资源分配后，还需分出固定的

连续的雷达时间资源用于实现目标成像，导致雷达工作效率不高。

实际上，当参加调度的搜索和跟踪任务请求个数不多时，会有少量时间处于空闲状态，可以考虑将这些空闲时间分配给成像任务用于对目标的稀疏观测，再利用基于 CS 的稀疏孔径 ISAR 成像方法获得目标高分辨 ISAR 像。

基于此，本节介绍一种基于目标认知成像的相控阵雷达资源优化调度方法，该方法在目标特征信息在线感知的基础上，根据目标特征反馈信息计算目标成像对雷达资源的需求度(如成像相干积累时间、方位向观测维数等)和目标成像优先级，将成像任务纳入相控阵雷达资源优化调度模型，并进一步建立目标成像结果与雷达资源优化调度之间的闭环反馈回路，将目标实时成像结果作为先验信息用以指导下一时刻的雷达资源分配策略，从而提高雷达资源优化调度对目标的自适应能力。该方法能够在执行目标搜索和跟踪任务的同时实现目标高分辨成像，显著提高雷达系统的工作效率。

4.2.1　模型建立与求解

在 3.1 节介绍的随机 PRF 信号认知优化设计方法中，通过对目标进行方位向稀疏度的在线感知，实现了目标观测维数(即观测数据量)的自适应调整。简单起见，假设目标做平稳运动，采用 3.1 节方法对目标发射少量脉冲并对回波信号进行分析，计算单位调度间隔内各目标成像所需的观测维数。为了提高雷达资源分配策略的灵活性，目标成像相干积累时间可由目标方位向尺寸估计值确定。具体方法为：假设根据式(3.1)～式(3.2)计算第 k 个成像任务的目标方位向尺寸 $\hat{S}_{x,k}$，设对于基准方位尺寸目标(S_{x_ref})成像所需的基准方位分辨率为 ρ_{ref}，以适当降低大尺寸目标分辨率为原则，第 k 个成像任务的方位分辨率为

$$\rho_{a,k} = \frac{\hat{S}_{x,k}}{S_{x\_ref}} \cdot \rho_{ref} \tag{4.7}$$

因此，第 k 个成像任务的成像相干积累时间为

$$T_{c,k} = \frac{S_{x\_ref}}{\hat{S}_{x,k}} \cdot \frac{\hat{R}_k}{\hat{v}_k \left|\cos\hat{\theta}_k\right|} \cdot \frac{\lambda}{2\rho_{ref}} \tag{4.8}$$

式中，$\hat{R}$、$\hat{v}$ 和 $\hat{\theta}$ 分别为采用传统雷达常规算法获得的目标距离、速度和航向的估计值。进一步，根据式(3.3)～式(3.5)可以得到单位调度间隔内第 k 个成像任务所需的观测维数

$$M'_k = (T / T_{c,k}) \cdot c_1 \hat{K}_k \ln(\mathrm{PRF} \cdot T_{c,k}) \tag{4.9}$$

式中，$\hat{K}_k$ 表示第 k 个成像任务的目标方位向稀疏度估计值；PRF 为脉冲重复频率。

在此基础上，计算目标成像优先级。将第 k 个成像任务在第 i 个调度间隔的成像优先级记为 $P_{k,i}$，通常距离近、速度快且面向雷达运动的目标具有更大的威胁性，需要设置更高的优先级，因此将第 k 个成像任务的初始优先级定义为

$$P_{k,0}=p_{\mathrm{a}}\left(\frac{1}{\hat{R}_k}\right)'+p_{\mathrm{b}}\hat{v}_k'+p_{\mathrm{c}}(\sin\hat{\theta}_k)'$$
$$\left(\frac{1}{\hat{R}_k}\right)'=\frac{1/\hat{R}_k}{\max(1/\hat{R}_k)},\ \hat{V}_k'=\frac{\hat{V}_k}{\max(\hat{V}_k)},\ (\sin\hat{\theta}_k)'=\frac{\sin\hat{\theta}_k}{\max(\sin\hat{\theta}_k)} \tag{4.10}$$

式中，p_{a}、p_{b}、p_{c}为调整系数，代表目标距离、速度、航向对优先级的影响程度，满足p_{a}、p_{b}、$p_{\mathrm{c}}\geqslant 0, p_{\mathrm{a}}+p_{\mathrm{b}}+p_{\mathrm{c}}=1$。显然，目标的成像初始优先级$P_{k,0}\in[0,1]$，而目标搜索、跟踪等其他任务类型的优先级通常大于1，可保证成像任务的初始优先级小于其他任务类型，也就是说，成像任务不会影响目标搜索、跟踪等功能的实现。为了保证资源调度过程中发射的成像脉冲不被浪费，采用优先级动态调整策略，即若第i个调度间隔执行了第k个成像任务，则在对第$i+1$个调度间隔进行资源分配时将第k个成像任务的优先级适当提高

$$P_{k,i+1}=P_{k,i}+\Delta P \tag{4.11}$$

式中，ΔP为优先级步进值。

实际上，在成像过程中，尤其是成像初期，目标方位向尺寸和稀疏度估计值通常与真实值存在较大差异，由此计算出的成像相干积累时间[式(4.8)]有可能难以满足成像质量要求。此外，式(4.8)所示的$T_{\mathrm{c},k}$的计算方式不够灵活，也不够严谨（$S_{\mathrm{x_ref}}$和ρ_{ref}的选取具有主观性）。因此，需要进一步利用雷达系统接收端(成像结果)和发射端(资源调度策略)之间的信息闭环反馈，对目标成像相干积累时间进行自适应调整。本书3.2节中已经提到，在ISAR成像中，随着成像相干积累时间的增加，目标成像质量快速提高并逐渐收敛于最优成像结果。同样，在每一个调度间隔结束后，计算相邻调度间隔所得目标像的互相关系数α。当互相关系数较小时，说明相邻调度间隔结束后所得的目标像相似度低，目标ISAR像并没有包含目标的全部信息；反之，互相关系数较大时，说明继续增加成像相干积累时间已无法有效提高成像质量。选择适当的阈值T_{α}，当相邻两个调度间隔结束后获得的目标ISAR像的互相关系数小于阈值时，下一个调度间隔继续对该成像任务进行调度分析，反之则认为目标成像质量已达到期望标准，该成像任务执行完毕。

基于上述基础，采用SSR、HVR和TUR作为雷达资源优化调度算法的性能评估指标，综合考虑目标搜索、跟踪和成像任务，建立基于目标认知成像的相控阵雷达资源优化调度模型

$$\max\left\{\omega_1\sum_{k=1}^{K_{\mathrm{fss}}+K_{\mathrm{ims}}}P_k+\omega_2\frac{K_{\mathrm{fss}}+K_{\mathrm{ims}}}{K}\right.$$
$$\left.+\omega_3\frac{\sum_{k=1}^{K_{\mathrm{fss}}}(t_{\mathrm{x}k}+t_{\mathrm{r}k})+\sum_{k=1}^{K_{\mathrm{ims}}}\left((t_{\mathrm{x}k}+t_{\mathrm{r}k})\cdot M_k'\right)}{T}+\omega_4\frac{P_{\mathrm{t}}\left(\sum_{k=1}^{K_{\mathrm{fss}}}t_{\mathrm{x}k}+\sum_{k=1}^{K_{\mathrm{ims}}}\left(t_{\mathrm{x}k}\cdot M_k'\right)\right)}{P_{\mathrm{av}}\cdot T}\right\}$$
$$\text{s.t.}\quad\begin{aligned}&\max(t_0,t_{\mathrm{d}k}-W_k)\leqslant t_{\mathrm{e}k}\leqslant\min(t_{\mathrm{d}k}+W_k,t_0+T-\Delta T_k) &① \\ &\min(t_{\mathrm{e}j}-t_{\mathrm{e}k})\geqslant\Delta T_k,\ j\in\{j\mid t_{\mathrm{e}j}>t_{\mathrm{e}k}\} &② \\ &\sum_{k=1}^{K_{\mathrm{fss}}}\Delta T_k+\sum_{k=1}^{K_{\mathrm{ims}}}(M_k'\cdot\Delta T_k)\leqslant T &③\end{aligned} \tag{4.12}$$

式中，K 为雷达任务请求总数；K_{fss} 为调度间隔内成功调度执行的搜索和跟踪任务数；K_{ims} 为调度间隔内成功调度执行的成像任务数；$\omega_1, \omega_2, \omega_3$ 和 ω_4 为调整系数，代表不同性能指标对调度算法的影响程度，其他参数与式(4.6)中相同。约束条件①和②表示成功调度执行的任务的实际执行时刻在时间窗范围内，且各任务间不发生时间冲突；约束条件③表示所有成功调度执行的任务所需的时间之和小于调度间隔。需要说明的是，在建立式(4.12)所示的相控阵雷达资源优化调度模型时，考虑到调度间隔通常小于搜索和跟踪任务的更新周期，因此，不失一般性地，可将搜索和跟踪任务在单位调度间隔内的脉冲重复个数设定为 1。此外，对于成像任务，由于成像相干积累时间通常大于调度间隔，即成像过程会贯穿多个调度间隔，因此在每个调度间隔内，成像任务没有时间窗和期望执行时刻的要求。

求解式(4.12)所示的雷达资源优化调度模型，即可实现雷达时间资源在各任务之间的合理分配，具体方法如下。

将各任务的调度效益定义为

$$J_k = \omega_1 P_k' + \omega_2 \left(\frac{T}{d\tau_k}\right)' + \omega_3 \left(\frac{dT_k}{T}\right)' + \omega_4 \left(\frac{dP_{\mathrm{t},k}}{P_{\mathrm{av}} \cdot T}\right)' \tag{4.13}$$

式中，$P_k' = \dfrac{P_k}{\max(P_k)}$，$\left(\dfrac{T}{d\tau_k}\right)' = \dfrac{T / d\tau_k}{\max(T / d\tau_k)}$，$\left(\dfrac{dT_k}{T}\right)' = \dfrac{dT_k / T}{\max(dT_k / T)}$，$(\dfrac{dP_{\mathrm{t},k}}{P_{\mathrm{av}} \cdot T})' = \dfrac{dP_{\mathrm{t},k} / (P_{\mathrm{av}} \cdot T)}{\max(dP_{\mathrm{t},k} / (P_{\mathrm{av}} \cdot T))}$，对于搜索和跟踪任务 $dT_k = t_{\mathrm{x}k} + t_{\mathrm{r}k}$，$d\tau_k = \Delta T_k$，$dP_{\mathrm{t},k}=P_{\mathrm{t}} \cdot t_{\mathrm{x}k}$，对于成像任务 $dT_k = (t_{\mathrm{x}k} + t_{\mathrm{r}k}) \cdot M_k'$，$d\tau_k = \Delta T_k \cdot M_k'$，$dP_{\mathrm{t},k}=P_{\mathrm{t}} \cdot t_{\mathrm{x}k} \cdot M_k'$。

计算调度间隔 $[t_0, t_0 + T]$ 内各任务请求的调度效益并按其由高到低进行排序，得到待调度任务集 $A' = \{A_1', A_2', \cdots, A_N'\}$，依次判断各任务 A_k' 是否被调度并确定任务的实际执行时刻 $t_{\mathrm{e}A_k'}$。设对任务 A_k' 进行分析时，已有 K_{s} 个被确定执行的搜索和跟踪任务请求，将其按实际执行时刻排序，得到调度任务集 $B' = \{B_1', B_2', \cdots, B_{K_{\mathrm{s}}}'\}$。找出 B' 中任务实际执行时刻位于 A_k' 期望执行时刻 $t_{\mathrm{d}A_k'}$ 前后的两个任务 B_i' 和 B_{i+1}'。其中，B_i' 的最早执行时刻为 $t_{\mathrm{e}B_i'\_\mathrm{f}} = \max(t_{\mathrm{d}B_i'} - W_{B_i'}, t_{\mathrm{e}B_{i-1}'} + dT_{B_{i-1}'})$；$B_{i+1}'$ 的最晚执行时刻为 $t_{\mathrm{e}B_{i+1}'\_1} = \min(t_{\mathrm{d}B_{i+1}'} + W_{B_{i+1}'}, t_{\mathrm{e}B_{i+2}'} - dT_{B_{i+1}'})$。

(1) 若 A_k' 为搜索或跟踪任务，则其可以被调度执行的充要条件为

$$t_{\mathrm{e}B_{i+1}'\_1} - t_{\mathrm{e}B_i'\_\mathrm{f}} \geqslant \Delta T_{A_k'} + \Delta T_{B_i'} \quad 且 \quad \Delta T_{A_k'} + \sum_{i=1}^{K_{\mathrm{s}}} \Delta T_{B_i'} + \Delta T_{\mathrm{im}} \leqslant T \tag{4.14}$$

式中，ΔT_{im} 为已确定调度执行的所有成像任务所需的脉冲驻留时间之和。此时，A_k' 的实际执行时刻 $t_{\mathrm{e}A_k'}$ 的确定方法如下：

首先不改变任务 B_i' 和 B_{i+1}' 的实际执行时刻 $t_{\mathrm{e}B_i'}$ 和 $t_{\mathrm{e}B_{i+1}'}$，将 $t_{\mathrm{e}A_k'}$ 确定为

$$\min|t_{\mathrm{e}A_k'}-t_{\mathrm{d}A_k'}| \quad \mathrm{st.}\begin{cases} t_{\mathrm{e}A_k'}-t_{\mathrm{e}B_i'}\geqslant \Delta T_{B_i'} \\ t_{\mathrm{e}B_{i+1}'}-t_{\mathrm{e}A_k'}\geqslant \Delta T_{A_k'} \\ |t_{\mathrm{e}A_k'}-t_{\mathrm{d}A_k'}|\leqslant W_{A_k'} \end{cases} \tag{4.15}$$

若不存在$t_{\mathrm{e}A_k'}$满足式(4.15)的约束条件，则依次提前任务B_i'的实际执行时刻，推后B_{i+1}'的实际执行时刻，直至存在$t_{\mathrm{e}A_k'}$满足该约束条件，再由式(4.15)确定任务A_k'的实际执行时刻$t_{\mathrm{e}A_k'}$。

(2)若A_k'为成像任务，只判断该任务是否被调度执行而不为其安排具体执行时刻。成像任务A_k'可以被调度执行的充要条件为

$$M_{A_k'}'\cdot\Delta T_{A_k'}+\sum_{i=1}^{K_{\mathrm{s}}}\Delta T_{B_i'}+\Delta T_{\mathrm{im}}\leqslant T \tag{4.16}$$

若成像任务A_k'被确定调度执行，则更新$\Delta T_{\mathrm{im}}=\Delta T_{\mathrm{im}}+M_{A_k'}'\cdot\Delta T_{A_k'}$。

完成对所有任务的分析后，将确定被执行的成像任务的各次脉冲随机安排在预留的空闲孔径中，至此，雷达时间资源分配完成。需要指出，上述过程只进行了一步回溯，可根据需要进行多步回溯，但计算量会随之增加。

综上所述，基于认知成像的相控阵雷达资源优化调度算法流程图如图 4.5 所示，其具体步骤可归纳为：

步骤 1：雷达扫描到成像目标后，对各目标发射少量脉冲，根据回波信号对目标特征(距离$\hat{R}_k$、速度$\hat{v}_k$、尺寸$\hat{S}_k$与方位向稀疏度$\hat{K}_k$)进行初始认知，并初始化各目标观测矩阵$\boldsymbol{\Phi}_{k,0}=\varnothing$。

步骤 2：根据式(4.9)和式(4.10)计算各成像目标的单位调度间隔内所需方位向观测维数和成像初始优先级。

步骤 3：根据式(4.12)所示的雷达资源优化调度模型分配第i个调度间隔内的雷达时间资源，根据各目标所分配得到的时间资源分布情况(即观测孔径分布情况)按照式(2.40)构造观测矩阵$\boldsymbol{\Phi}_{k,i}'$，则第i个调度间隔结束后 CS 框架下的各目标观测矩阵为$\boldsymbol{\Phi}_{k,i}=[\boldsymbol{\Phi}_{k,i-1},\boldsymbol{\Phi}_{k,i}']$。

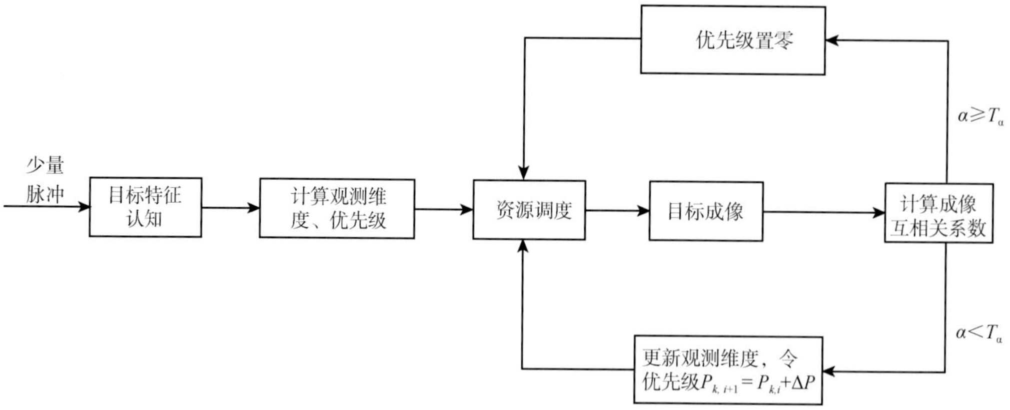

图 4.5　基于目标认知成像的相控阵雷达资源优化调度

步骤 4：采用基于 CS 的稀疏孔径 ISAR 成像方法对目标进行高分辨成像，根据式(3.3)～式(3.4)更新方位向稀疏度估计值，进而更新单位调度间隔内的方位向观测维数，并计算相邻两个调度间隔结束后所得 ISAR 像的互相关系数，若大于给定阈值，则将该成像任务优先级置零，下一个调度间隔不再对其进行调度分析；反之，更新成像优先级 $P_{k,i+1} = P_{k,i} + \Delta P$，并将该成像任务送入下一个调度间隔进行分析。

步骤 5：转步骤 3，对下一个调度间隔进行雷达资源分配。

显然，当雷达任务请求很多时，由于资源有限，必然会有任务请求无法调度执行，因此有必要对任务执行概率进行分析。

4.2.2　任务成功调度执行的概率分析

设在调度间隔 $[t_0, t_0+T]$ 内有 K_{HS} 个高优先级搜索(high-priority search，HS)任务($A_1, A_2, \cdots, A_{N_{HS}}$)，$K_{\text{PT}}$ 个精密跟踪(precision track，PT)任务，K_{NT} 个普通跟踪(normal track，NT)任务，K_{LS} 个低优先级搜索(low-priority search，LS)任务和 K_{IT} 个成像任务。其中，HS、PT、NT 和 LS 的任务驻留时间分别为 ΔT_{a}、ΔT_{b}、ΔT_{c} 和 ΔT_{d}，时间窗分别为 W_{a}、W_{b}、W_{c} 和 W_{d}，第 k 个成像任务所需的方位向观测维数和任务驻留时间分别为 M'_k 和 $\Delta T_{\text{e}k}$。

显然，当 $K_{\text{HS}} \cdot \Delta T_{\text{a}} + K_{\text{PT}} \cdot \Delta T_{\text{b}} + K_{\text{NT}} \cdot \Delta T_{\text{c}} + K_{\text{LS}} \cdot \Delta T_{\text{d}} + \sum_{k=1}^{K_{\text{IT}}} (M'_k \cdot \Delta T_{\text{e}k}) > T$ 时，调度间隔内全部任务成功调度执行(SSR=1)的概率为零，因此，仅讨论 $K_{\text{HS}} \cdot \Delta T_{\text{a}} + K_{\text{PT}} \cdot \Delta T_{\text{b}} + K_{\text{NT}} \cdot \Delta T_{\text{c}} + K_{\text{LS}} \cdot \Delta T_{\text{d}} + \sum_{k=1}^{K_{\text{IT}}} (M'_k \cdot \Delta T_{\text{e}k}) \leqslant \text{T}$ 时 SSR=1 的概率。

由于 4.2.1 节所述雷达资源优化调度算法中成像任务只是利用空闲孔径对目标进行观测成像，并且没有时间窗的约束限制，因此，在 $K_{\text{HS}} \cdot \Delta T_{\text{a}} + K_{\text{PT}} \cdot \Delta T_{\text{b}} + K_{\text{NT}} \cdot \Delta T_{\text{c}} + K_{\text{LS}} \cdot \Delta T_{\text{d}} + \sum_{k=1}^{K_{\text{IT}}} (M'_k \cdot \Delta T_{\text{e}k}) \leqslant T$ 的条件下分析 SSR=1 的概率时，只需对搜索和跟踪任务的执行时刻进行排序。

将排队论思想引入到任务执行概率分析中。令 $A_{\text{all}} = K_{\text{HS}} + K_{\text{PT}} + K_{\text{NT}} + K_{\text{LS}}$，表示搜索和跟踪任务的总数。通常，可以假设搜索、跟踪任务的到来服从参数为 $\lambda = A_{\text{all}} / T$ 的泊松分布，且任务驻留时间 ΔT 的概率分布如表 4.1 所示。

表 4.1　任务驻留时间概率分布

ΔT	ΔT_{a}	ΔT_{b}	ΔT_{c}	ΔT_{d}
P	$K_{\text{HS}}/A_{\text{all}}$	$K_{\text{PT}}/A_{\text{all}}$	$K_{\text{NT}}/A_{\text{all}}$	$K_{\text{LS}}/A_{\text{all}}$

仅考虑搜索和跟踪任务，用 X_k 表示第 k 个任务完成后队列中等待执行的任务数，Y_k 表示第 k 个任务执行期间到来的任务数。显然，当等待执行的任务数 $X_k > X_{\max} = 2\overline{W}/\overline{\Delta T}$ 时，必然会有任务被删除，其中，$\overline{W} = (K_{\text{HS}} \cdot W_{\text{a}} + K_{\text{PT}} \cdot W_{\text{b}} + K_{\text{NT}} \cdot W_{\text{c}} + K_{\text{LS}} \cdot W_{\text{d}}) / A_{\text{all}}$，$\overline{\Delta T} = (K_{\text{HS}} \cdot \Delta T_{\text{a}} + K_{\text{PT}} \cdot \Delta T_{\text{b}} + K_{\text{NT}} \cdot \Delta T_{\text{c}} + K_{\text{LS}} \cdot \Delta T_{\text{d}}) / A_{\text{all}}$，则 X_k 的状态空间可表示为

$E=\{0,1,2,\cdots,X_{\max}\}$。

可以证明$\{X_k,k\geqslant 1\}$是一个马尔可夫链且$Y_1,Y_2,\cdots$独立同分布(Ross，1997)，设

$$p_\beta=P\{Y_1=\beta\},\beta=0,1,2,\cdots \tag{4.17}$$

由于任务的到来服从参数为λ的泊松分布，因此p_β可计算为

$$\begin{aligned}p_\beta=&\frac{K_{\mathrm{HS}}}{A_{\mathrm{all}}}\cdot\frac{(\lambda\Delta T_{\mathrm{a}})^\beta}{\beta!}\cdot\exp(-\lambda\Delta T_{\mathrm{a}})\\&+\frac{K_{\mathrm{PT}}}{A_{\mathrm{all}}}\cdot\frac{(\lambda\Delta T_{\mathrm{b}})^\beta}{\beta!}\cdot\exp(-\lambda\Delta T_{\mathrm{b}})\\&+\frac{K_{\mathrm{NT}}}{A_{\mathrm{all}}}\cdot\frac{(\lambda\Delta T_{\mathrm{c}})^\beta}{\beta!}\cdot\exp(-\lambda\Delta T_{\mathrm{c}})\\&+\frac{K_{\mathrm{LS}}}{A_{\mathrm{all}}}\cdot\frac{(\lambda\Delta T_{\mathrm{d}})^\beta}{\beta!}\cdot\exp(-\lambda\Delta T_{\mathrm{d}})\end{aligned} \tag{4.18}$$

定义

$$P_{ij}(k,1)\triangleq P\{X_{k+1}=j\,|\,X_k=i\} \tag{4.19}$$

则有

$$P_{ij}(k,1)=0,\ i>j+1,\ i\leqslant X_{\max} \tag{4.20}$$

$$P_{ij}(k,1)=p_\beta\,|\,\beta=j,\ i=0,\ j<X_{\max} \tag{4.21}$$

$$P_{ij}(k,1)=\sum_{\beta=X_{\max}}^{\infty}p_\beta,\ i=0,\ j=X_{\max} \tag{4.22}$$

$$P_{ij}(k,1)=p_{\beta-i+1}\,|\,\beta=j,0<i\leqslant j+1,j<X_{\max} \tag{4.23}$$

$$P_{ij}(k,1)=\sum_{\beta=X_{\max}-1}^{\infty}p_\beta,0<i\leqslant j+1,j=X_{\max} \tag{4.24}$$

显然，$P_{ij}(k,1)$与k无关，因此$\{X_k,k\geqslant 1\}$是齐次马尔可夫链，可以得到其一步转移概率矩阵为

$$\hat{\boldsymbol{P}}=\begin{bmatrix}p_0 & p_1 & \cdots & p_{X_{\max}-1} & \sum\limits_{j=X_{\max}}^{\infty}p_j\\ p_0 & p_1 & \cdots & p_{X_{\max}-1} & \sum\limits_{j=X_{\max}}^{\infty}p_j\\ 0 & p_0 & \cdots & p_{X_{\max}-2} & \sum\limits_{j=X_{\max}-1}^{\infty}p_j\\ \vdots & \vdots & \vdots & \vdots & \vdots\\ 0 & 0 & \cdots & p_0 & \sum\limits_{j=1}^{\infty}p_j\end{bmatrix} \tag{4.25}$$

将X_k的极限分布定义为$\pi_j=\lim\limits_{k\to\infty}P\{X_k=j\},\ j=0,1,\cdots,X_{\max}$，则有

$$\pi_j = \sum_{i=0}^{X_{\max}} \pi_i \hat{p}_{i+1,j+1}, \quad 0 \leqslant j \leqslant X_{\max} \tag{4.26}$$

式中，$\hat{p}_{i+1,j+1}$ 表示 $\hat{\boldsymbol{P}}$ 中第 i+1 行第 j+1 列元素。

根据 $\sum_{j=0}^{X_{\max}} \pi_j = 1$ 可计算出 π_j，$j = 0,1,\cdots,X_{\max}$。

显然，X_k 取值为 $X_{\max}$ 是等待执行的任务数为 $X_{\max}$ 而将低优先级任务删除的结果，因此可以得到 SSR=1 的概率为

$$P_{\mathrm{SSR}=1} = \sum_{j=0}^{X_{\max}-1} \pi_j \tag{4.27}$$

需要指出的是，在上述分析中，任务的实际执行时刻 $t_{ek} \in [t_{dk}, t_{dk} + 2W_k]$，导致根据上述推导计算得到的 SSR=1 的概率略小于真实情况。

下面，对本节所述基于认知成像的相控阵雷达资源优化调度方法进行仿真实验和性能分析。算法仿真中仅考虑 HS、PT、NT、LS 和成像任务。雷达系统能够提供的脉冲重复频率为 $\mathrm{PRF} = 1000\ \mathrm{Hz}$。雷达的平均功率为 400W。各类雷达任务的基本参数如表 4.2 所示，成像任务的目标参数如表 4.3 所示。对于搜索和跟踪任务，雷达发射窄带信号，载频 $f_c = 10\ \mathrm{GHz}$，信号带宽 $B = 10\ \mathrm{MHz}$。对于成像任务，雷达发射线性调频信号，载频 $f_c = 10\ \mathrm{GHz}$，信号带宽 $B = 300\ \mathrm{MHz}$。

表 4.2　跟踪、搜索任务参数表

任务类型	优先级	驻留时间/ms	发射信号持续时间/ms	接收信号持续时间/ms	时间窗/ms	更新率/Hz	发射功率/kW
高优先级搜索	5	6	0.02	0.025	10	20	3
精密跟踪	4	2	0.01	0.015	5	10	4
普通跟踪	3	4	0.01	0.015	5	4	4
低优先级搜索	2	2	0.02	0.025	10	10	3
成像	0～1	1	0.01	0.015	—	—	5

表 4.3　成像任务目标参数

项目	距离 R/km	速度 V/(m/s)	航向 θ/(°)	尺寸 S(m²)/S_x(m)
目标 1	10	300	0	517/23
目标 2	9	260	−20	654/27
目标 3	8	400	170	174/17

对各成像任务目标发射少量脉冲，此处取为 80 个，采用在缺失数据部分补零的方法重构观测点数为 1000（相当于观测时间为 $T_{c,k} = 1\ \mathrm{s}$）的目标粗分辨 ISAR 像。各目标的散射点模型和粗分辨 ISAR 像如表 4.4 所示。

根据式(3.1)和式(3.3)对各目标的粗分辨 ISAR 像进行处理，选择阈值 $T_h = 0.2$，$T_s = 0.2$，可以得到各目标的方位向尺寸估计 $\hat{S}_{x,k}$ 和稀疏度估计 $\hat{K}_k$。设尺寸为 $S_{x\_\mathrm{ref}} = 25\ \mathrm{m}$ 的目标成像所需的方位分辨率为 $\rho_{\mathrm{ref}} = 0.5\ \mathrm{m}$。雷达资源调度间隔为 $T = 50\ \mathrm{ms}$，根据式

(4.8)～式(4.10)计算各目标的成像相干积累时间、单位调度间隔内所需方位向观测维数和初始优先级，其中调整系数取为 $p_{\mathrm{a}}=0.4$， $p_{\mathrm{b}}=0.4$， $p_{\mathrm{c}}=0.2$，结果如表 4.5 所示。从表 4.5 中可以看出，由于成像目标 3 的尺寸小、速度快且面向雷达运动，因此成像初始优先级最高，反之，目标 2 的尺寸大、速度慢且远离雷达运动，因此成像初始优先级最低。

表 4.4　各成像目标散射点模型与粗分辨 ISAR 像

	目标 1	目标 2	目标 3
散射点模型	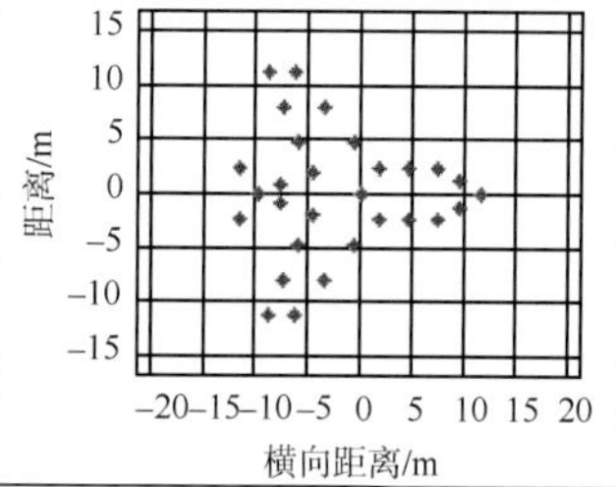	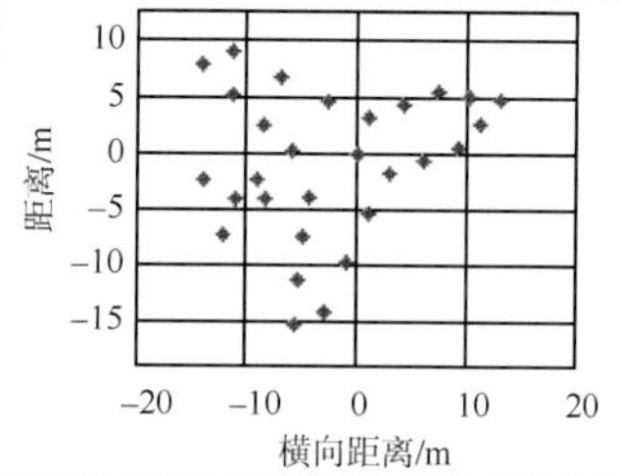	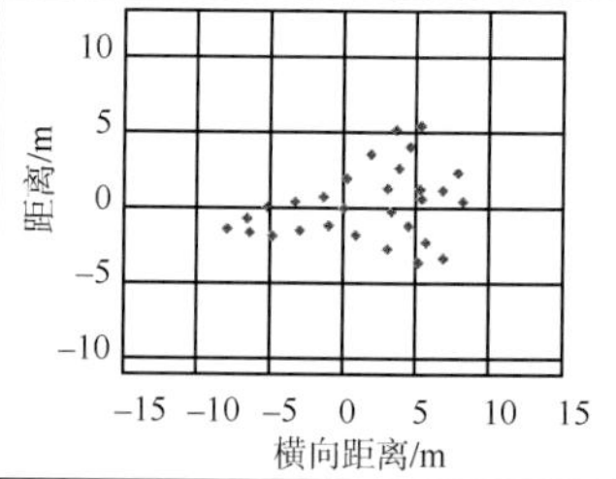
粗分辨 ISAR 像	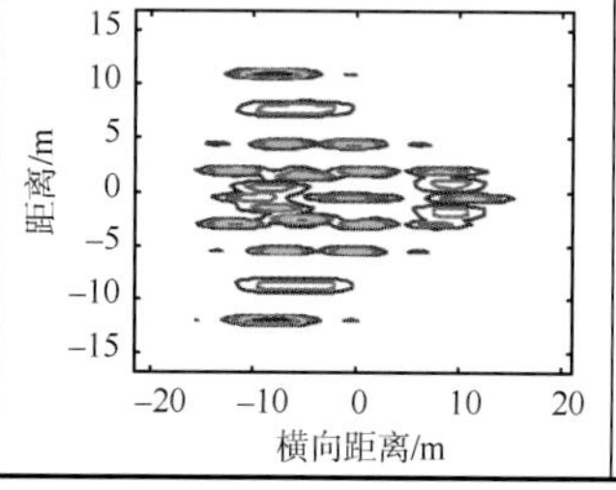	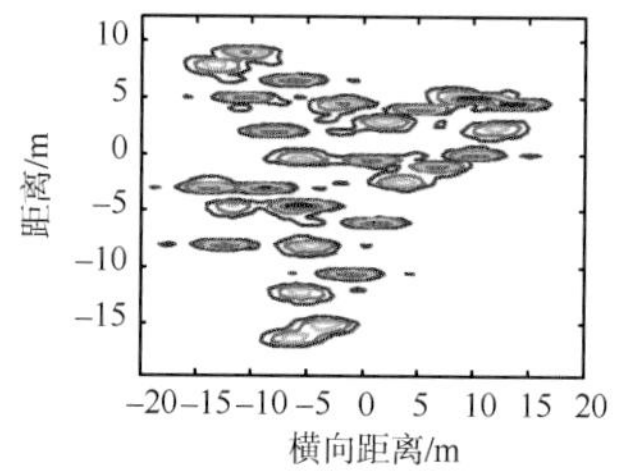	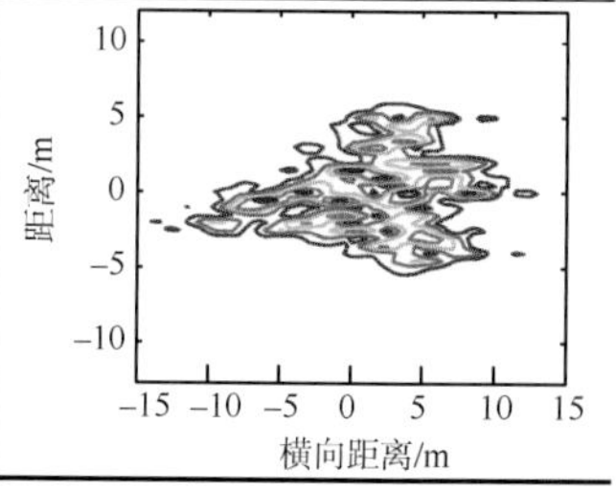

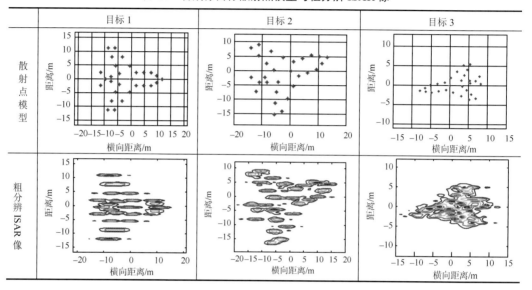

表 4.5　目标特征认知结果

项目	目标 1	目标 2	目标 3
尺寸 $\hat{S}(\mathrm{m}^2)/\hat{S}_{\mathrm{x}}(\mathrm{m})$	546/25.5	682/29.5	185/19.5
稀疏度 $\hat{K}_k$	50	55	45
成像相干积累时间 $T_{\mathrm{c},k}$/s	0.9804	0.9365	0.7811
单位调度稀疏孔径维数 M_k'	8	9	9
初始优先级 $P_{k,0}$	0.6200	0.5472	0.8347

设多功能相控阵雷达需对工作区域内的 8 个目标进行精密跟踪，25 个目标进行普通跟踪，根据任务更新率对观测区域进行高优先级搜索和低优先级搜索，并对表 4.3 中 3 个目标进行成像。基于表 4.5 所示的目标特征初始认知结果，成像优先级步进值取 $\Delta P=0.2$，相邻调度间隔结束后所得目标像的互相关系数阈值取 $T_{\alpha}=0.9$，根据式(4.12)所示的相控阵雷达资源优化调度模型对雷达时间资源进行合理分配，调整系数取为 $\omega_1=0.7$， $\omega_2=0.2$， $\omega_3=0.05$， $\omega_4=0.05$，可以得到资源调度时序图如图 4.6 所示，各成像目标的方位向稀疏度估计值自适应更新过程及成像互相关系数变化过程如图 4.7～图 4.9 所示。

根据式(4.13)可计算出，HS、PT、NT、LS 和三个成像任务的调度效益分别为 0.7833、0.7700、0.5300、0.4989、0.2257、0.2211 和 0.2613。从图 4.6～图 4.9 中可以看出，成像任务请求中目标 3 的调度效益最高，因此利用第 1 个调度间隔中搜索和跟踪任务的空闲时间孔径首先对其进行观测成像；在第 12 个调度间隔结束后，由于相邻调度间隔所得目标 ISAR 像互相关系数大于阈值，达到了成像质量要求，因此该成像任务执行完毕，优先级置零，下一个调度间隔不再对其进行资源分配。同样，由于成像目标 1 的调度效益大于成像目标 2，因此在第 2 个调度间隔存在空闲时间孔径时对其进行观测成像；在第 13 个调度间隔结束后，目标 ISAR 像互相关系数大于阈值，任务执行完毕。而调度效益最小的成像目标 2 在第 13 个调度间隔被执行，在第 22 个调度间隔达到成像质量要求，任务执行完毕。

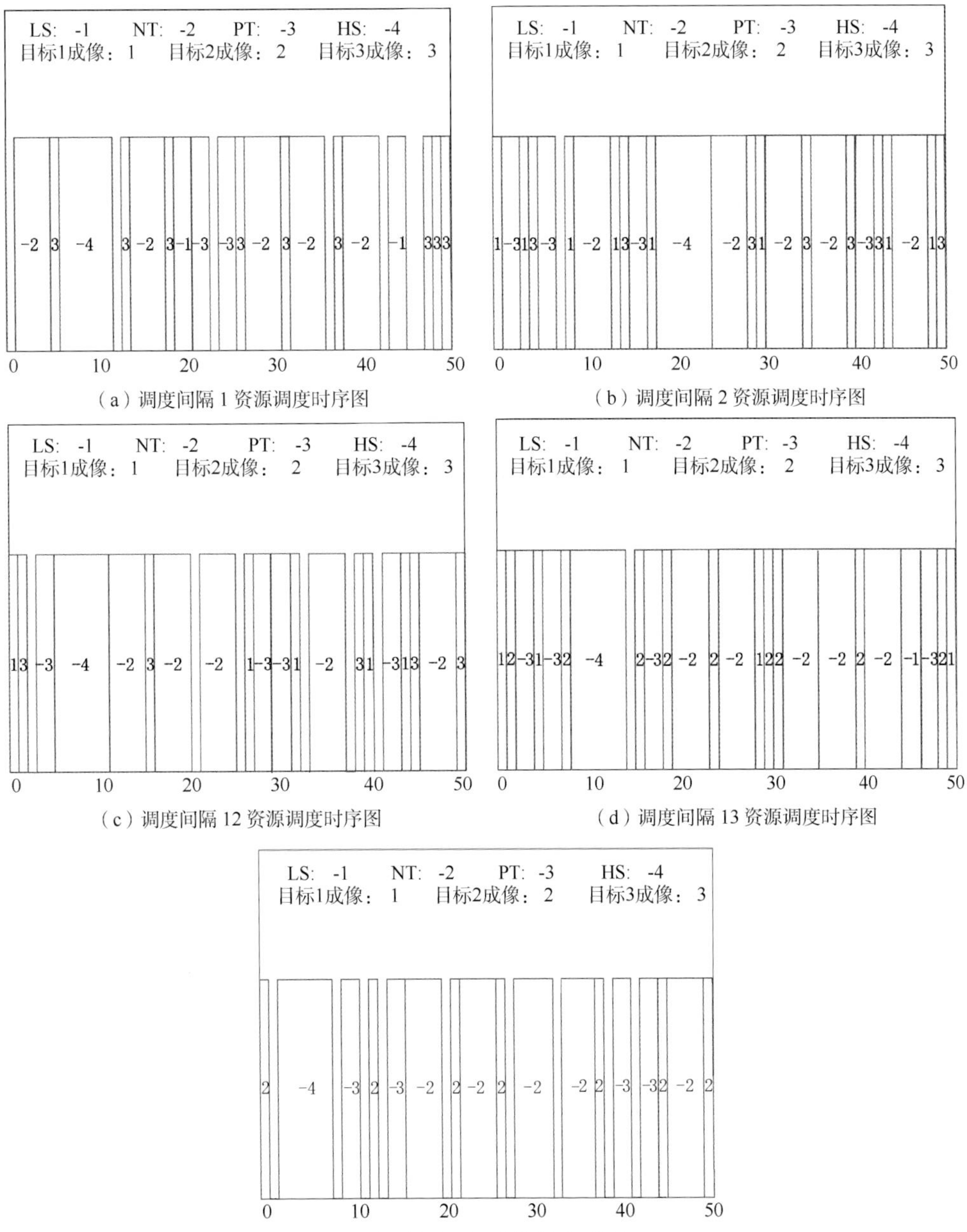

（a）调度间隔 1 资源调度时序图　（b）调度间隔 2 资源调度时序图

（c）调度间隔 12 资源调度时序图　（d）调度间隔 13 资源调度时序图

（e）调度间隔 14 资源调度时序图

图 4.6　资源调度时序图

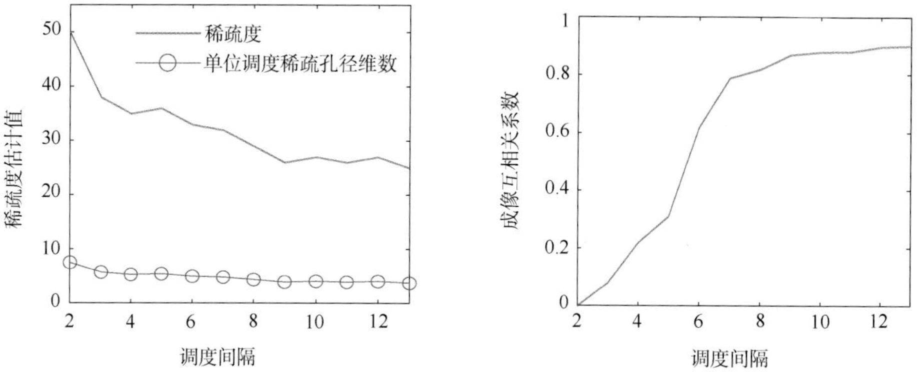

（a）目标 1 稀疏度估计值自适应更新过程　　（b）目标 1 成像互相关系数变化过程

图 4.7　目标 1 稀疏度估计值自适应更新过程及成像互相关系数变化过程

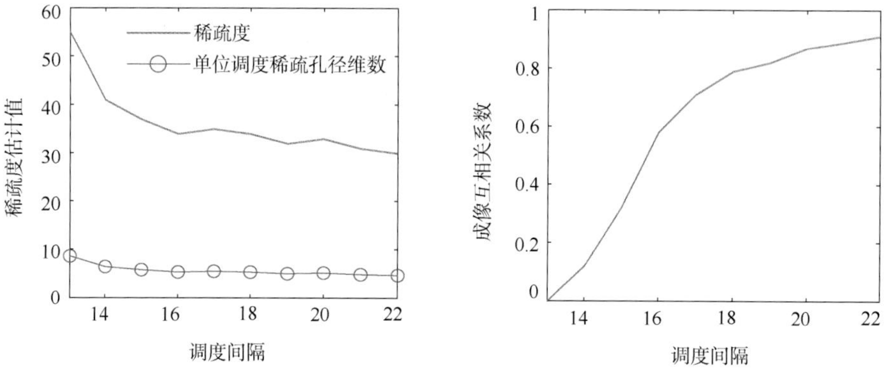

（a）目标 2 稀疏度估计值自适应更新过程　　（b）目标 2 成像互相关系数变化过程

图 4.8　目标 2 稀疏度估计值自适应更新过程及成像互相关系数变化过程

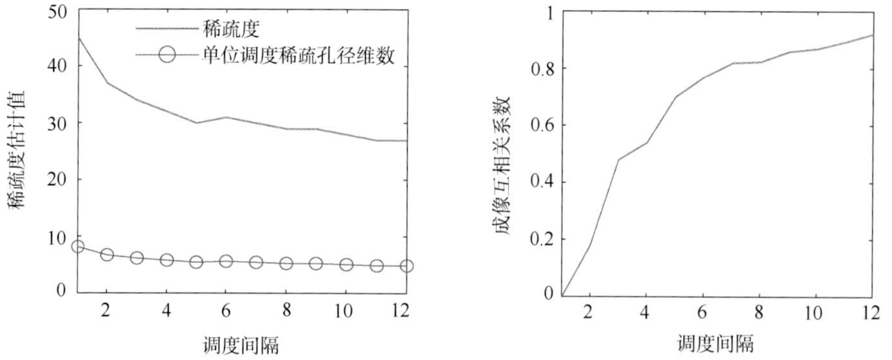

（a）目标 3 稀疏度估计值自适应更新过程　　（b）目标 3 成像互相关系数变化过程

图 4.9　目标 3 稀疏度估计值自适应更新过程及成像互相关系数变化过程

同时，图 4.7～图 4.9 表明，随着调度次数的增加，成像相干积累时间不断增加，目标的方位向稀疏度估计值呈下降趋势且趋于平稳，而目标 ISAR 像的互相关系数不断提高，最终达到成像质量要求，完成成像任务。这是因为随着成像相干积累时间的增加，目标 ISAR 像的分辨率得以提高，使得目标方位向稀疏度估计值越来越准确，相邻两个调度间隔结束后获得的目标 ISAR 像的相似度也越来越高。

下面对本节所述方法的性能指标进行评估分析。表 4.6 给出了式(4.6)所示的未考虑成像任务的传统相控阵雷达资源优化调度算法与本节所述的基于认知成像的相控阵雷达资源优化调度算法的性能指标比较结果。从表 4.6 中可以看出，本节所述方法各项性能指标均有所提高，但 TUR 和 EUR 仍然很低，这是因为脉冲等待期时间没有被有效利用而产生了大量时间资源和能量资源的浪费，下一节中将引入脉冲交错技术来解决该问题。

表 4.6　性能评估参数表　　　　（单位：%）

项目	SSR	HVR	TUR	EUR
传统调度算法	77.75	81.52	0.66	18.72
本节所述算法	89.21	82.78	1.41	22.33

为说明雷达系统在执行目标搜索和跟踪任务的同时实现目标成像的有效性，将本节所述算法获得的目标 ISAR 像与传统全孔径 ISAR 成像算法获得的目标 ISAR 像进行比较，结果如表 4.7 所示，两种算法得到的各目标 ISAR 像互相关系数分别达到 0.9155、0.9033 和 0.9426。

表 4.7　成像效果对比图

	目标 1	目标 2	目标 3
本节所述算法	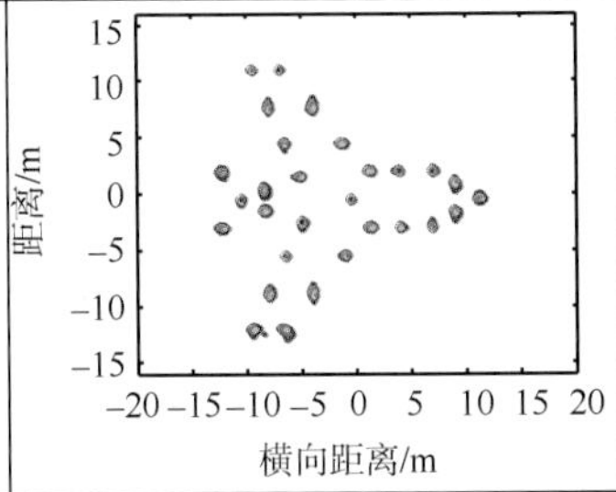	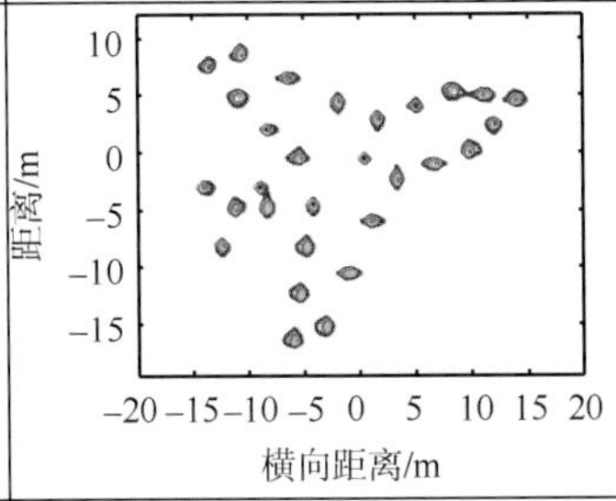	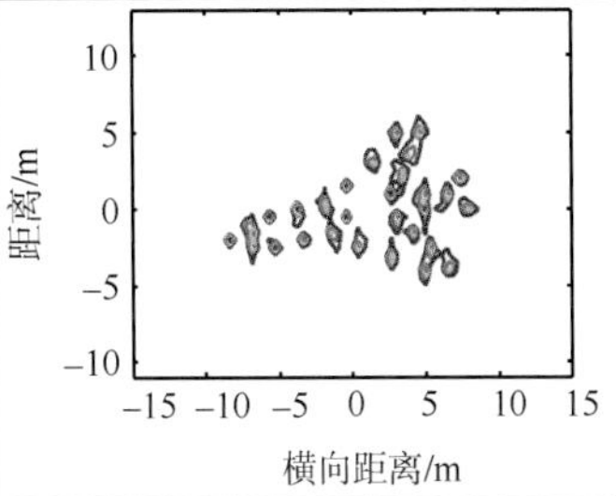
传统算法	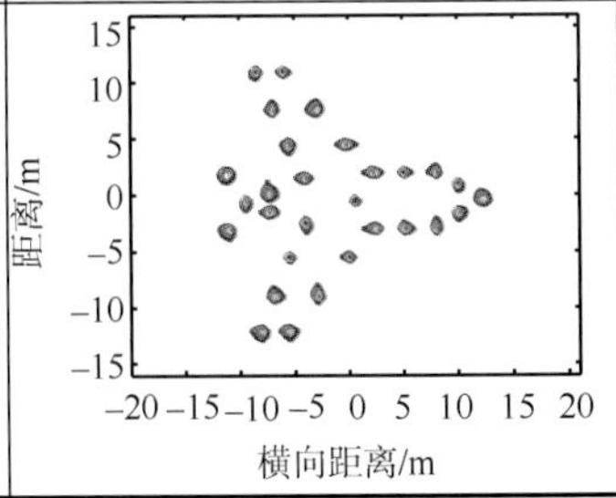	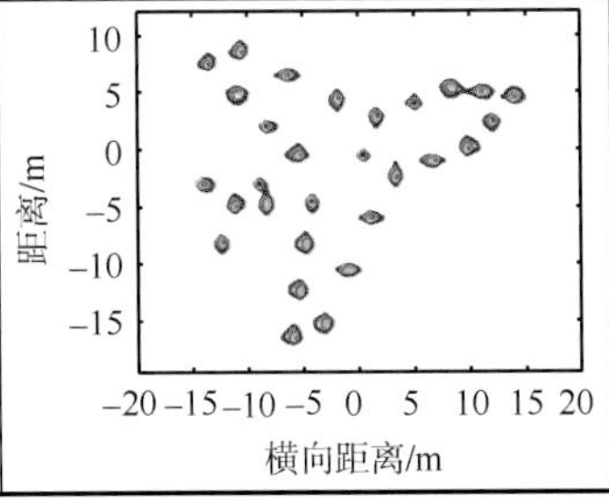	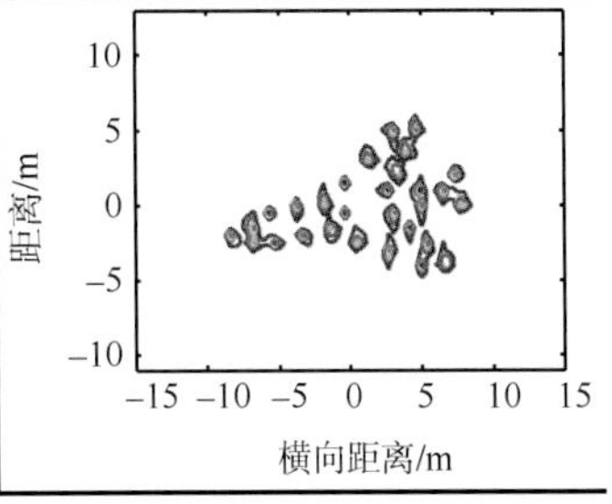

上述仿真结果表明，基于目标认知成像的相控阵雷达资源优化调度算法，能够在有效完成目标搜索和跟踪任务的同时获得目标高质量 ISAR 像，提高雷达系统工作效率，

实现雷达系统的性能优化。

下面针对以下四种不同场景分析 SSR=1 的概率。

场景 1：

$$K_{\mathrm{HS}}=3, K_{\mathrm{PT}}=3, K_{\mathrm{NT}}=3, K_{\mathrm{LS}}=3, \Delta T_{\mathrm{a}}=4\mathrm{ms}, \Delta T_{\mathrm{b}}=2\mathrm{ms},$$
$$\Delta T_{\mathrm{c}}=3\mathrm{ms}, \Delta T_{\mathrm{d}}=1\mathrm{ms}, M_{\mathrm{all}}=8, W_{\mathrm{a}}=W_{\mathrm{b}}=W_{\mathrm{c}}=W_{\mathrm{d}}=3\mathrm{ms}$$

场景 2：

$$K_{\mathrm{HS}}=3, K_{\mathrm{PT}}=3, K_{\mathrm{NT}}=3, K_{\mathrm{LS}}=3, \Delta T_{\mathrm{a}}=4\mathrm{ms}, \Delta T_{\mathrm{b}}=2\mathrm{ms},$$
$$\Delta T_{\mathrm{c}}=3\mathrm{ms}, \Delta T_{\mathrm{d}}=1\mathrm{ms}, M_{\mathrm{all}}=8, W_{\mathrm{a}}=W_{\mathrm{b}}=W_{\mathrm{c}}=W_{\mathrm{d}}=5\mathrm{ms}$$

场景 3：

$$K_{\mathrm{HS}}=4, K_{\mathrm{PT}}=4, K_{\mathrm{NT}}=4, K_{\mathrm{LS}}=4, \Delta T_{\mathrm{a}}=4\mathrm{ms}, \Delta T_{\mathrm{b}}=2\mathrm{ms},$$
$$\Delta T_{\mathrm{c}}=3\mathrm{ms}, \Delta T_{\mathrm{d}}=1\mathrm{ms}, M_{\mathrm{all}}=8, W_{\mathrm{a}}=W_{\mathrm{b}}=W_{\mathrm{c}}=W_{\mathrm{d}}=3\mathrm{ms}$$

场景 4：

$$K_{\mathrm{HS}}=3, K_{\mathrm{PT}}=3, K_{\mathrm{NT}}=3, K_{\mathrm{LS}}=3, \Delta T_{\mathrm{a}}=5\mathrm{ms}, \Delta T_{\mathrm{b}}=5\mathrm{ms},$$
$$\Delta T_{\mathrm{c}}=3\mathrm{ms}, \Delta T_{\mathrm{d}}=2\mathrm{ms}, M_{\mathrm{all}}=8, W_{\mathrm{a}}=W_{\mathrm{b}}=W_{\mathrm{c}}=W_{\mathrm{d}}=3\mathrm{ms}$$

式中，M_{all} 为单位调度间隔内所有成像任务所需的方位向观测维数之和。表 4.8 给出了根据式(4.26)计算得到的SSR=1的理论值和根据1000次蒙特卡洛仿真实验得到的SSR=1的实验值。

表 4.8　全部任务执行(SSR=1)概率　　(单位：%)

项目	场景 1	场景 2	场景 3	场景 4
理论值	95.3	98.4	82.6	71.7
实验值	97.8	99.3	83.3	72.7

表 4.8 表明，SSR=1 的概率与任务请求数、任务驻留时间和任务时间窗有关。比较场景 1 和场景 2 可以看出，SSR=1 的概率随时间窗的增大而增大；比较场景 1 和场景 3 可以看出，SSR=1 的概率随任务请求数的增多而减小；比较场景 1 和场景 4 可以看出，SSR=1 的概率随任务驻留时间的增加而减小。显然，这与实际情况是相符的。

4.3　基于脉冲交错的资源优化调度

实际上，雷达系统在对目标进行观测时，在信号发射和信号接收之间通常会存在一段空闲时间，即脉冲等待期时间t_{w}。如果能够充分利用脉冲等待期的时间资源，尽可能多地对目标进行交替观测，就有望进一步提高雷达系统的工作效率。因此，本节介绍一种基于脉冲交错技术的相控阵雷达资源优化调度方法，进一步提升多任务条件下雷达系统的整体效能。

4.3.1　脉冲交错技术

雷达任务驻留一般包括三个部分，即脉冲发射期、等待期与接收期。其中，雷达在收发信号的过程中，其他任务无法抢占该时间资源，而在等待期内，天线处于闲置状态。因此，在避免与发射期和接收期产生冲突的前提下，充分利用等待期的时间资源，用于其他任务的信号发射或接收，可以显著提高雷达系统的整体工作效率，这就是脉冲交错的实质(程婷等，2009)。

通常，传统的脉冲交错方式可分为交叉交错和内部交错两种，如图 4.10 所示。其中，交叉交错是指任务 2 的发射期在任务 1 的等待期中，任务 1 的接收期在任务 2 的等待期中；内部交错是指任务 2 的驻留过程包含在任务 1 的等待期中。

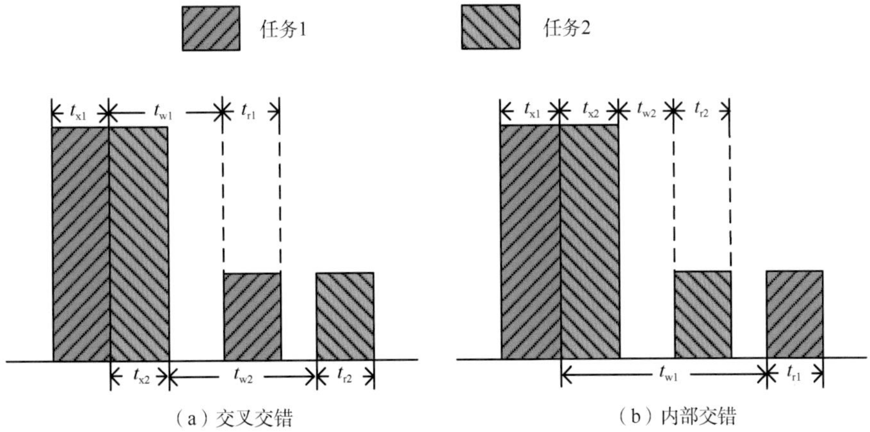

图 4.10　脉冲交错的两种形式

图 4.10 中，t_{xk}、t_{wk}、t_{rk} 分别代表任务 k $(k=1,2)$ 的脉冲发射期、等待期与接收期时间。两种交错形式的时间约束条件分别为

$$\text{(a) } t_{w1} \geqslant t_{x2}, t_{w2} \geqslant t_{r1}, t_{x2}+t_{w2} \geqslant t_{x1}+t_{r1} \tag{4.28}$$

$$\text{(b) } t_{w1} \geqslant t_{x2}+t_{w2}+t_{r2} \tag{4.29}$$

近年来，随着数字化相控阵雷达技术的快速发展，雷达系统的脉冲交错形式也发生了新的变化。与图 4.10 所示的传统脉冲交错方式不同，基于数字化相控阵雷达的脉冲交错技术，除了能够将脉冲等待期的时间资源用于发射或接收其他任务的观测信号外，不同任务的脉冲接收期还能够占用相同的时间资源，如图 4.11 所示。这无疑大大增加了时间资源分配的灵活性和雷达系统的整体工作效率。

在基于脉冲交错技术进行雷达资源优化调度时，除了要考虑时间冲突以外，还需要考虑雷达系统的能量约束，以避免发射机持续工作时间过长而损坏。虽然雷达系统的能量约束包括稳态能量约束和瞬态能量约束两部分，但稳态能量约束中设定的总能量消耗阈值受到系统本身物理性能的限制，因此大多数情况下仅考虑瞬态能量约束，即在任意时刻的能量消耗都不能超过系统的最大承受能力。由于接收信号消耗的能量远小于发射信号消耗的能量，为便于分析可将系统接收信号所消耗的能量忽略不计。

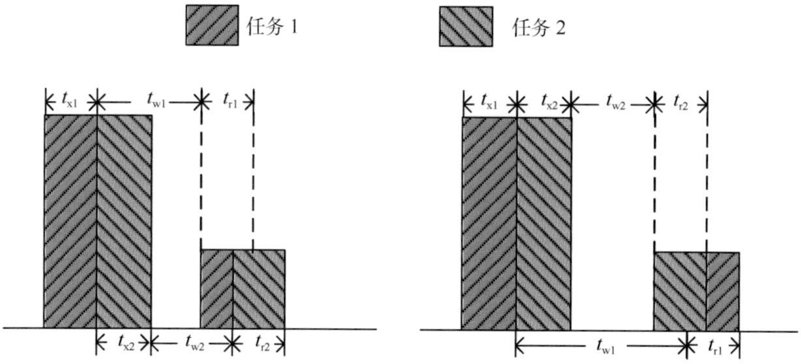

图 4.11　数字化相控阵雷达的脉冲交错形式

在 t 时刻，系统的瞬态能量为

$$E(t)=\int_0^t P_a(x)e^{(x-t)/\tau}\mathrm{d}x \tag{4.30}$$

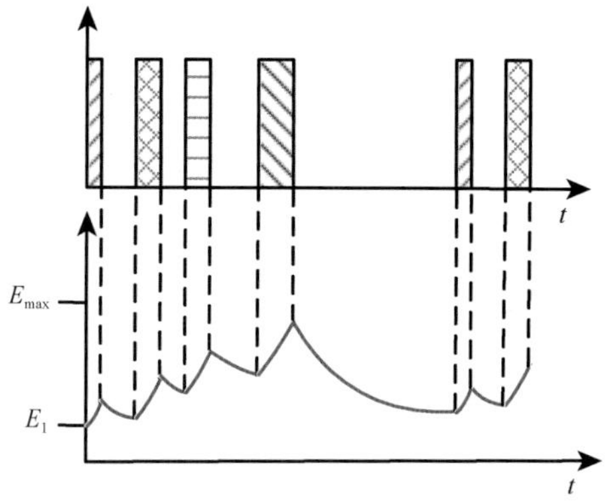

图 4.12　系统瞬态能量变化曲线

式中，$P_a(x)$ 为系统功率函数；τ 为系统回退参数，与系统本身的散热能力有关。式(4.30)的实质是对功率函数进行指数加权求和，早期发射脉冲的加权系数小，近期发射脉冲的加权系数大。系统瞬态能量随时间的变化情况如图 4.12 所示。从图 4.12 中可以看出，若系统在 t 时刻的能量状态临近瞬态能量上限 E_{max}，则此时不能继续发射信号，需要一段冷却时间 t_c 使能量恢复到正常值 E_s。也就是说，在 $[t,t+t_c]$ 时间段内，系统不再对目标发射信号，但可以正常接收信号。

在 $t+t_c$ 时刻，系统的瞬态能量可表示为

$$E(t+t_c)=E(t)e^{-t_c/\tau} \tag{4.31}$$

令 $E(t)=E_{max}$，$E(t+t_c)=E_s$，则系统冷却时间 t_c 可计算为

$$t_c=-\tau\ln\left(\frac{E_s}{E_{max}}\right) \tag{4.32}$$

进而可得到系统冷却速率 γ_E 为

$$\gamma_E=\frac{1}{\tau}(E_s-E_{max})\ln\left(\frac{E_{max}}{E_s}\right)<0 \tag{4.33}$$

系统的能量状态在 Δt 时间内的减少量 ΔE 为

$$\Delta E=\gamma_E\cdot\Delta t=\frac{\Delta t}{\tau}(E_s-E_{max})\ln\left(\frac{E_{max}}{E_s}\right) \tag{4.34}$$

在脉冲交错过程中，系统的能量约束条件通常定义为系统在任意 t 时刻的能量均不能超过最大瞬态能量阈值 $E_{\max}$，即

$$E(t) \leqslant E_{\max} \tag{4.35}$$

在雷达资源优化调度过程中，为了降低能量约束判决的计算复杂度，通常可根据天线增益、发射功率、信号持续时间等参数，由式(4.30)～式(4.35)预先计算出雷达发射信号的能量消耗与单位时间内能量状态的变化量(程婷等，2009)，从而选择能够满足能量约束条件的资源分配方案。

4.3.2 模型建立与求解

显然，在脉冲交错技术中，脉冲发射期时间 t_{x} 即为发射信号持续时间，脉冲等待期时间 t_{w} 由雷达与目标之间的距离决定，即 $t_{\mathrm{w}}=2\hat{R}/c$，脉冲接收期时间 t_{r} 需要根据目标径向尺寸对发射信号持续时间进行适当扩展，即 $t_{\mathrm{r}}=t_{\mathrm{x}}+2\hat{S}_{\mathrm{y}}/c$。

需要说明的是，与成像任务和跟踪任务不同，对搜索任务来说，由于缺少目标距离的先验信息，无法确定脉冲等待期时间。为了保证回波信号的成功接收，雷达系统发射搜索脉冲后，就需要在任务驻留时间内始终处于接收状态。也就是说，搜索任务的等待期是不可抢占的，不能对搜索任务进行脉冲交错处理。因此，在雷达资源调度过程中，无需将搜索任务分为脉冲发射期、等待期和接收期三部分进行考虑，而是将信号的发射和接收看作一个整体，仅考虑任务的驻留时间即可。

采用 4.2 节方法计算成像任务的优先级和所需观测维数，并采用相同的成像相干积累时间自适应调整策略，即根据相邻调度间隔所得成像结果的互相关系数来判断是否需要继续执行该任务。在此基础上，设调度间隔 $[t_0, t_0+T]$ 内有 N 个任务请求(包括高优先级搜索、精密跟踪、普通跟踪、低优先级搜索和成像任务)，采用 SSR、HVR、TUR 和 EUR 作为雷达资源优化调度算法的性能评估指标，建立基于脉冲交错的相控阵雷达资源优化调度模型

$$\max\left\{\begin{aligned}&\omega_1\sum_{k=1}^{N_{\mathrm{se}}+N_{\mathrm{tr}}+N_{\mathrm{ims}}}P_k+\omega_2\frac{N_{\mathrm{se}}+N_{\mathrm{tr}}+N_{\mathrm{ims}}}{N}+\\&\omega_3\frac{\sum_{k=1}^{N_{\mathrm{se}}+N_{\mathrm{tr}}}(t_{\mathrm{x}k}+t_{\mathrm{r}k})+\sum_{k=1}^{N_{\mathrm{ims}}}((t_{\mathrm{x}k}+t_{\mathrm{r}k})\cdot M_k')}{T}+\\&\omega_4\frac{P_{\mathrm{t}}\cdot\left[\sum_{k=1}^{N_{\mathrm{se}}+N_{\mathrm{tr}}}t_{\mathrm{x}k}+\sum_{j=1}^{N_{\mathrm{ims}}}t_{\mathrm{x}k}\cdot M_k'\right]}{P_{\mathrm{av}}\cdot T}\end{aligned}\right\}$$

$$
\begin{aligned}
&\text{s.t.}\\
&\text{对搜索任务}\max(t_0, t_{dk}-W_k)\leqslant t_{ek}\leqslant \min(t_{dk}+W_k, t_0+T-\Delta T_k) \quad ①\\
&\text{对跟踪任务}\max(t_0, t_{dk}-W_k)\leqslant t_{ek}\leqslant \min(t_{dk}+W_k, t_0+T-t_{xk}-t_{wk}) \quad ②\\
&\forall k, j=1,\cdots,N_{se}+N_{tr}+N_{ims}, m=1,\cdots,M_k,\ n=1,\cdots,M_j, k\neq j, m\neq n,\\
&[t_{ekm}, t_{ekm}+t_{xk}]\bigcap[t_{ejn}, t_{ejn}+t_{xk}]=\varnothing \quad ③\\
&\forall k=1,\cdots,N_{se}+N_{tr}+N_{ims}, j=1,\cdots,N_{tr}+N_{ims}, m=1,\cdots,M_k,\ n=1,\cdots,M_j,\\
&k\neq j, m\neq n, [t_{ekm}, t_{ekm}+t_{xk}]\bigcap\left\{[t_{ejn}+t_{xj}+t_{wj}, t_{ejn}+t_{xj}+t_{wj}+t_{rj}]\right\}=\varnothing \quad ④\\
&\forall k=1,\cdots,N_{se}+N_{tr}+N_{ims}, j=1,\cdots,N_{se},\ m=1,\cdots,M_k;\ n=1,\cdots,M_j, k\neq j,\\
&m\neq n,\ \left\{[t_{ekm}, t_{ekm}+t_{xk}]\right\}\bigcap\left\{[t_{ejn}, t_{ejn}+\Delta T_j]\right\}=\varnothing \quad ⑤\\
&\quad E(t)\leqslant E_{max}, t\in[t_0, t_0+T] \quad ⑥
\end{aligned}
\tag{4.36}
$$

式中，t_{ekm} 表示第 k 个任务的第 m 个脉冲信号的发射时刻；N_{se} 和 N_{tr} 分别为调度间隔内成功调度执行的搜索任务数和跟踪任务数；P_{av} 表示雷达系统能够提供的平均功率；P_t 表示信号发射功率；$\omega_1, \omega_2, \omega_3, \omega_4$ 为调整系数，代表不同性能指标对调度算法的影响程度；E_{max} 为雷达系统最大瞬态能量阈值；其他参数与式(4.12)中相同。约束条件①和②分别限定了搜索任务和跟踪任务的实际执行时刻范围；约束条件③表示各任务的发射期时间不存在冲突；约束条件④表示各任务的发射期时间与各跟踪、成像任务的接收期时间不存在冲突；约束条件⑤表示各任务的发射期时间与各搜索任务的任务驻留时间不存在冲突；约束条件⑥表示在资源调度过程中雷达系统在任意时刻的能量均不超过最大瞬态能量阈值。与 4.2 节一样，本节在建立基于脉冲交错的相控阵雷达资源优化调度模型时将搜索和跟踪任务在单位调度间隔内的脉冲重复个数设定为 1。

对式(4.36)进行求解，即可实现基于脉冲交错的相控阵雷达资源优化调度，具体方法如下。

步骤 1：根据雷达系统所能提供的 PRF，将调度间隔内的时间资源离散化为长度 Δt=1/PRF 的时间槽，时间槽个数记为 $L=\left\lceil\dfrac{T}{\Delta t}\right\rceil$。引入指针 $t_p=t_0$，时间资源分配向量 $\boldsymbol{T}_a=\{t_1, t_2, \cdots t_L\}=\boldsymbol{0}$ 以及能量状态向量 $\boldsymbol{E}$(表示各时刻的系统能量)。

步骤 2：与 4.2.1 节类似，计算各任务的调度效益，并将 N 个任务请求按调度效益从高到低排序并加入申请链表，令 $k=1$。

步骤 3：判断第 k 个任务能否在 t_p 时刻执行。

若当前任务请求满足式(4.36)所示的时间与能量约束条件，则将其加入执行链表，按照以下方式更新时间资源分配向量 $\boldsymbol{T}_a$ 和时间指针 t_p。

(1)若该任务为搜索任务

$$
t_i=k, i\in\left[\left\lfloor\frac{t_p}{\Delta t}\right\rfloor, \left\lfloor\frac{t_p+t_{xk}}{\Delta t}\right\rfloor\right],\ i\text{为整数}
$$

$$t_i=-k,i\in\left[\left\lfloor\frac{t_{\mathrm{p}}+t_{\mathrm{x}k}}{\Delta t}\right\rfloor,\left\lfloor\frac{t_{\mathrm{p}}+\Delta T_k}{\Delta t}\right\rfloor\right],\ i\text{为整数} \tag{4.37}$$

$$t_{\mathrm{p}}=t_{\mathrm{p}}+\Delta T_k \tag{4.38}$$

(2) 若该任务为跟踪任务

$$\begin{aligned}&t_i=k,i\in\left[\left\lfloor\frac{t_{\mathrm{p}}}{\Delta t}\right\rfloor,\left\lfloor\frac{t_{\mathrm{p}}+t_{\mathrm{x}k}}{\Delta t}\right\rfloor\right],\ i\text{为整数}\\&t_i=-k,i\in\left[\left\lfloor\frac{t_{\mathrm{p}}+t_{\mathrm{x}k}+t_{\mathrm{w}k}}{\Delta t}\right\rfloor,\left\lfloor\frac{t_{\mathrm{p}}+t_{\mathrm{x}k}+t_{\mathrm{w}k}+t_{\mathrm{r}k}}{\Delta t}\right\rfloor\right],\ i\text{为整数}\end{aligned} \tag{4.39}$$

$$t_{\mathrm{p}}=t_{\mathrm{p}}+t_{\mathrm{x}k} \tag{4.40}$$

(3) 若该任务为成像任务

以 t_{p} 为起点，为成像任务随机分配 M_k 个脉冲信号的发射时刻，在此基础上，更新 $\boldsymbol{T}_{\mathrm{a}}$ 和 t_{p}

$$\begin{aligned}&t_i=k,\forall m=1,\cdots,M_k,i\in\left[\left\lfloor\frac{t_{\mathrm{e}km}}{\Delta t}\right\rfloor,\left\lfloor\frac{t_{\mathrm{e}km}+t_{\mathrm{x}k}}{\Delta t}\right\rfloor\right],i\text{为整数}\\&t_i=-k,\forall m=1,\cdots,M_k,i\in\left[\left\lfloor\frac{t_{\mathrm{e}km}+t_{\mathrm{x}k}+t_{\mathrm{w}k}}{\Delta t}\right\rfloor,\left\lfloor\frac{t_{ekm}+t_{\mathrm{x}k}+t_{\mathrm{w}k}+t_{\mathrm{r}k}}{\Delta t}\right\rfloor\right],i\text{为整数}\end{aligned} \tag{4.41}$$

$$t_{\mathrm{p}}=t_{\mathrm{p}}+t_{\mathrm{x}k} \tag{4.42}$$

在式(4.37)～式(4.42)中，$\lfloor\cdot\rfloor$表示向下取整；时间资源分配向量中元素取值大于 0 时，代表当前时刻应该为相应序号的任务请求发射脉冲信号，元素取值小于 0 时，代表系统处于接收信号状态，元素取值小于 0 时，则代表系统处于空闲状态。在完成上述 $\boldsymbol{T}_{\mathrm{a}}$ 和 t_{p} 的更新的条件下，进一步更新能量状态向量 $\boldsymbol{E}=\boldsymbol{E}+\Delta\boldsymbol{E}$（$\Delta\boldsymbol{E}$ 为执行该任务引起的能量消耗变化向量），令 $k=k+1$，若 $k\leqslant N$，转步骤 3；若 $k>N$，算法结束。

若当前任务请求不满足式(4.36)所示的时间与能量约束条件，则在时间窗 W_k 允许的范围内调整任务的执行时刻，令 $t_{\mathrm{p}}=t_{\mathrm{p}}+\Delta t_{\mathrm{p}}$（$\Delta t_{\mathrm{p}}$ 为最小指针滑动步长），若 $t_{\mathrm{p}}<t_{\mathrm{d}k}+W_k$，转步骤 3；否则，认为该任务无法被调度并将其加入删除链表，令 $k=k+1$，若 $k\leqslant N$，转步骤 3；若 $k>N$，算法结束。

下面进行仿真实验与性能分析。各类雷达任务的基本参数如表 4.9 所示。设调度间隔为 50 ms，雷达的平均功率为 400 W。对于搜索与跟踪任务，雷达发射载频为 10 GHz，信号带宽为 10 MHz 的窄带信号；对于成像任务，雷达发射载频为 10 GHz，信号带宽为 300 MHz 的线性调频信号。

设多功能相控阵雷达需对工作区域内的 15 个目标进行精密跟踪，60 个目标进行普通跟踪，根据任务更新率对观测区域进行高优先级搜索和低优先级搜索，并对进入稳定跟踪阶段的精密跟踪目标进行成像处理。通常，可根据跟踪误差来判断目标是否进入稳定跟踪阶段。简单起见，本节假设精密跟踪任务根据跟踪率对目标进行 6 次跟踪处理后，该目标进入稳定跟踪阶段。

表 4.9　雷达驻留任务参数表

项目	优先级	驻留时间/ms	发射信号持续时间/ms	接收信号持续时间/ms	时间窗/ms	更新率/Hz	发射功率/kW
高优先级搜索	5	3	0.02	0.025	10	20	3
精密跟踪	4	2	0.01	0.015	20	10	4
普通跟踪	3	2	0.01	0.015	30	5	4
低优先级搜索	2	3	0.02	0.025	10	10	3
成像	0～1	1	0.01	0.015	—	—	5

成像优先级步进值取 $\Delta P=0.2$，相邻调度间隔结束后所得目标像的互相关系数阈值取 $T_\alpha=0.9$，通过求解式(4.36)所示的基于脉冲交错的相控阵雷达资源优化调度模型，对雷达资源在各任务间进行合理分配，调整系数取为 $\omega_1=0.7$，$\omega_2=0.1$，$\omega_3=0.1$，$\omega_4=0.1$。在成功调度执行的成像任务中选取其中三个目标观察其成像互相关系数的变化过程如图 4.13 所示，可以得到与 4.2 节类似的结论，这里不再赘述。

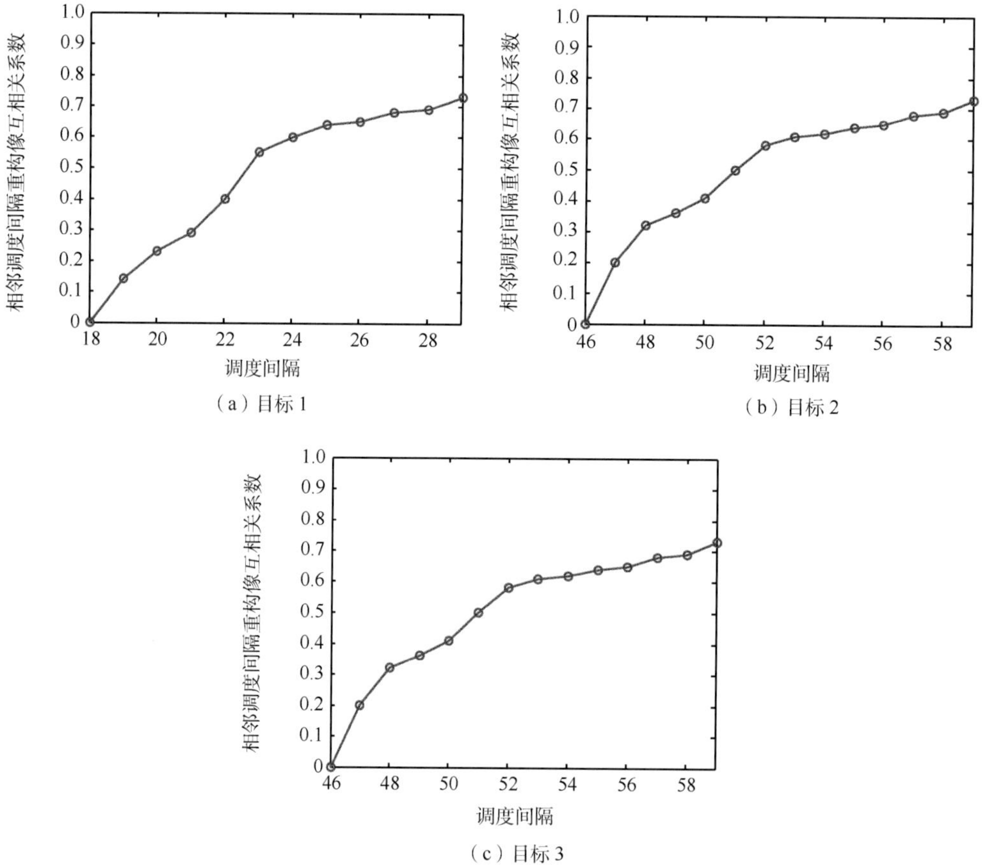

（a）目标 1
（b）目标 2
（c）目标 3

图 4.13　目标成像互相关系数变化过程

为说明本节所述方法在执行搜索和跟踪任务的同时实现目标成像的有效性，将上述三个成像任务的成像结果与传统全孔径 ISAR 成像结果进行比较，结果如表 4.10 所示，目标像 PSNR 分别达到 43.89、36.44 和 40.81。

表 4.10　成像效果对比图

	目标 1	目标 2	目标 3
本节所述方法	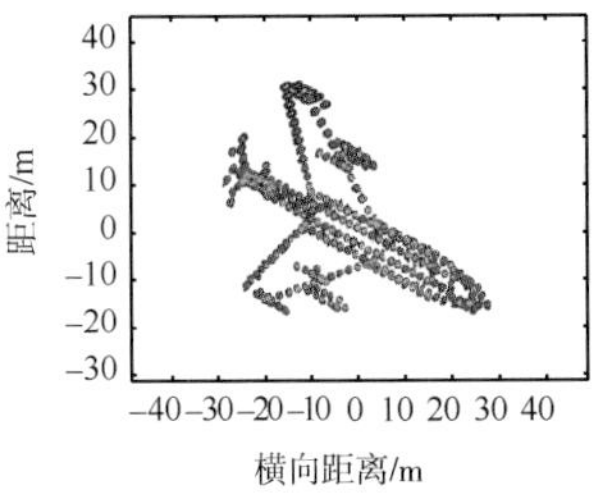	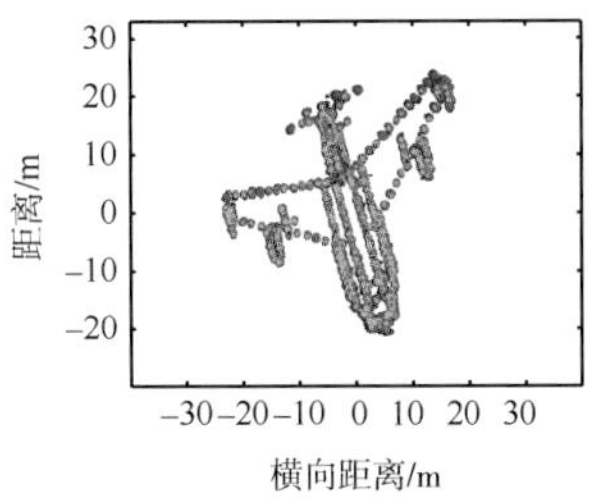	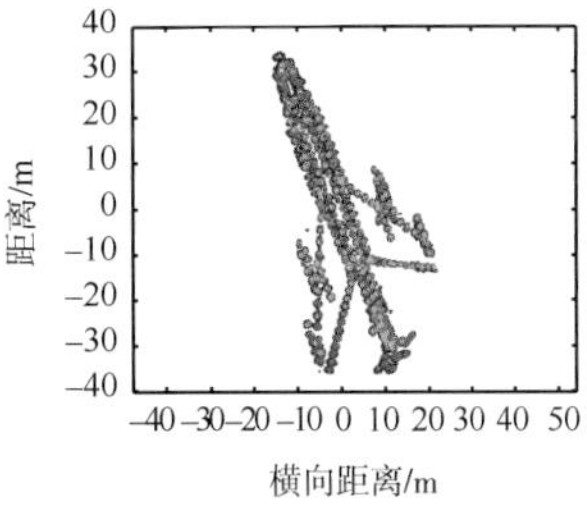
传统方法	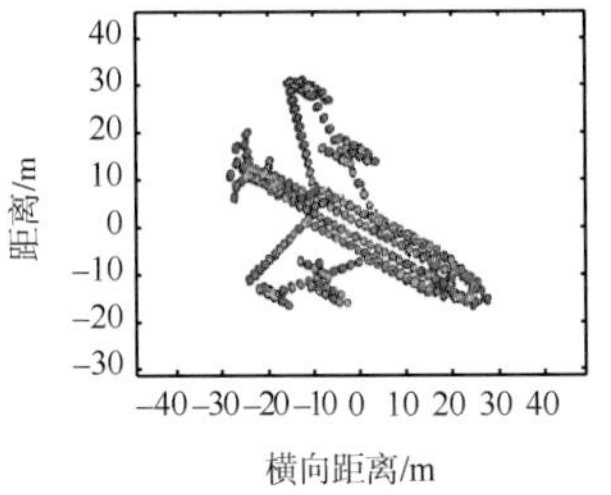	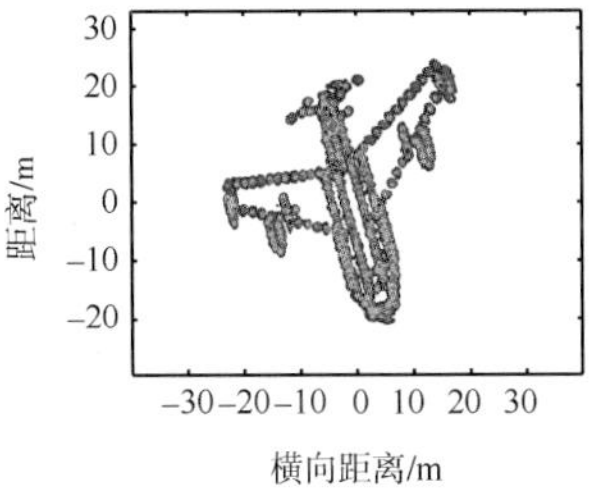	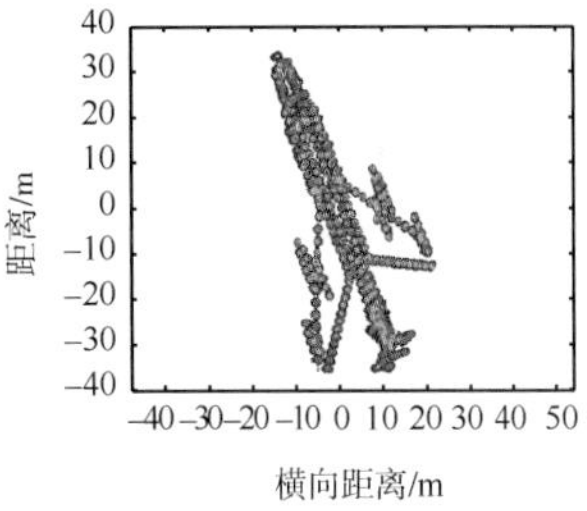

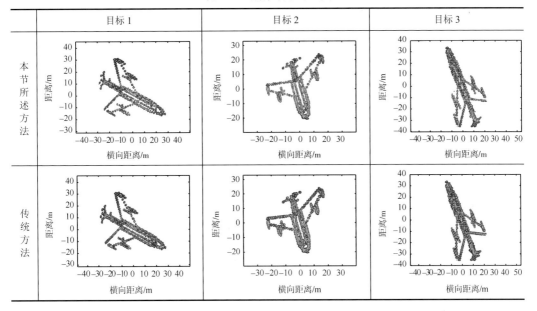

下面，在不同任务数条件下，将本节所述资源优化调度方法与式(4.6)所示的既未考虑成像任务也未采用脉冲交错技术的传统相控阵雷达资源优化调度算法的性能指标进行对比分析，结果如图 4.14 所示。

从图 4.14(a)中可以看出，当任务数小于 20 时，系统资源相对充足，任务之间对资源的竞争尚不明显，此时两种资源优化调度方法均可以成功调度执行所有任务。随着任务数进一步增加，传统调度算法的 SSR 开始大幅下降，而考虑成像任务并引入脉冲交错技术的本节方法仍然可以成功调度执行全部任务。

从图 4.14(b)中可以看出，当雷达资源达到饱和后，传统调度算法的 HVR 在任务数达到 20 时开始下降。此时，该方法成功调度执行的任务数基本保持不变，仅在增加的任务中选择较高优先级的任务进行优先调度。而本节所述方法不仅能够利用搜索和跟踪任务的空闲时间对目标进行观测成像，还可以充分利用脉冲等待期的时间资源，因此可以在任务数达到 80 时仍然保持较高的 HVR。

图 4.14(c)、(d)分别给出了两种资源优化调度方法的 TUR 和 EUR。从中可以看出，传统调度算法的 TUR 始终保持在 0.008 左右，EUR 则维持在 0.1 左右。而本节算法由于采用了脉冲交错技术，并充分挖掘了搜索和跟踪任务的空闲时间资源用于调度成像任务，因此 TUR 和 EUR 分别可以达到 0.7 和 0.6 左右。

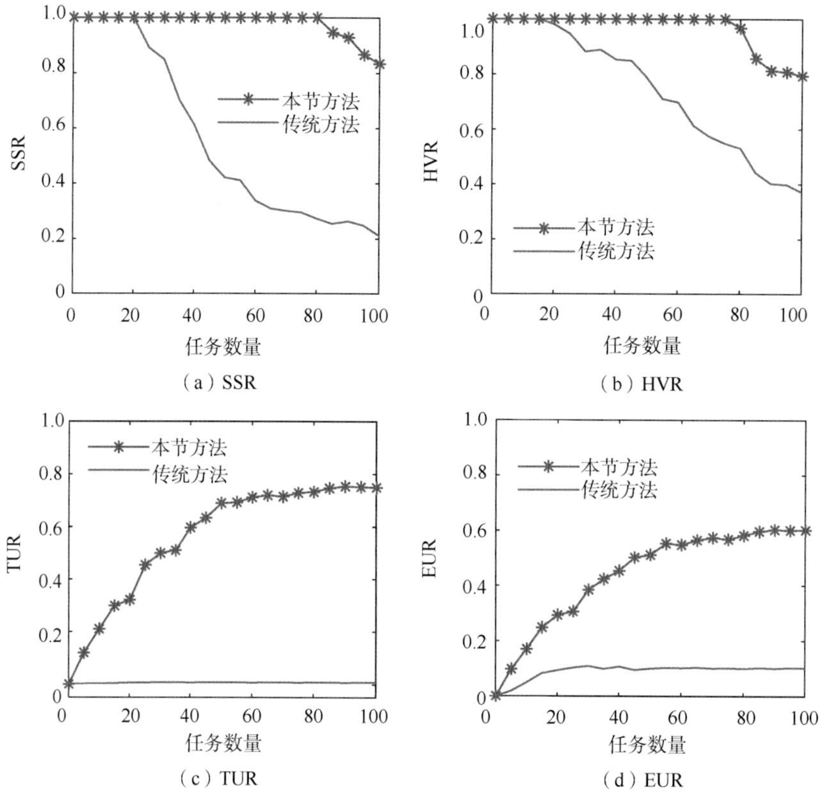

图 4.14　不同调度方法的性能指标对比

综上所述，本节所述方法通过充分利用脉冲等待期的雷达资源，进一步大幅提升了雷达系统的整体工作性能，能够在不影响雷达各项功能实现的前提下，获得满意的目标高分辨成像结果，为提升雷达系统多任务协同工作能力提供了有效技术途径。

参 考 文 献

程婷，何子述，李会勇．2009．一种数字阵列雷达自适应波束驻留调度算法．电子学报，37(9)：2025-2029.

卢建斌，肖慧，席泽敏，张明敏．2011．相控阵雷达波束波形联合自适应调度算法．系统工程与电子技术，33(1)：84-88.

曾光，卢建斌，胡卫东．2004．多功能相控阵雷达自适应调度算法研究．现代雷达，26(6)：14-18.

Ross S M. 1997．随机过程．何声武译．北京：中国统计出版社.

第 5 章 混合 MIMO 相控阵雷达认知成像与资源优化调度

目前，相控阵 ISAR 成像和 MIMO 雷达成像是实现空天目标高分辨成像的两种典型模式。实际中，雷达工作区域内往往同时存在多个目标，这就要求雷达系统具备多目标同时成像能力。然而，在多目标成像方面，相控阵雷达和 MIMO 雷达都有着各自的优势和不足。混合 MIMO 相控阵技术则能够将两者的优势相结合，因此，本章重点介绍一种基于混合 MIMO 相控阵技术的新型成像模型和相应的目标认知成像方法，从而显著提高雷达系统的多目标成像能力。此外，混合 MIMO 相控阵技术进一步增加了雷达系统资源分配的灵活性，因此针对这种新型成像模型和成像方法的特点，本章进一步介绍一种相应的雷达资源优化调度方法，实现有限雷达资源在各目标之间的合理分配，提高雷达系统的整体工作性能。

5.1 混合 MIMO 相控阵成像模型的提出背景

本书在 2.1 节中详细介绍了相控阵 ISAR 成像的基本原理。在相控阵雷达中，各阵元的辐射信号为相干信号，可通过相干处理获得高发射相干处理增益和高接收相干处理增益。现有相控阵雷达系统还具有同时多波束形成能力，因此，在对多个目标进行成像时，相控阵雷达能够同时给每个目标形成单独的波束，并且获得较高的累积增益，从而提高雷达目标回波信号的 SNR 和 SIR。然而，相控阵雷达各阵元的辐射信号波形是相同的，虽然可以同时形成多个波束，但各波束内的信号形式是一致的。而不同目标之间的特征差异会导致适合各目标成像的最优波形之间存在显著差异，因此相控阵雷达无法同时针对不同目标发射最适合于该目标成像的最优波形，这就给同时多目标认知成像带来了很大困难。此外，相控阵雷达成像技术需要利用目标相对雷达运动所形成的虚拟孔径来获得高的方位分辨率，因此所需的成像相干积累时间往往较长(数秒甚至数十秒)，这不仅会带来复杂的运动补偿问题，还大幅降低了雷达成像的实时性，且导致成像任务需要占用大量的时间资源，限制了多目标条件下雷达资源分配的灵活性。显然，相控阵雷达波形设计自由度不高，无法充分利用系统资源，难以满足认知成像技术对发射信号波形设计和雷达资源分配管理的高自由度要求。

不同于相控阵雷达各阵元发射相同的信号波形，MIMO 雷达的各发射阵元可以辐射不同的信号波形，从而增加了雷达系统发射波形设计的自由度。此外，在目标高分辨成像方面，利用 MIMO 雷达的多通道特性，各接收阵元同时接收目标回波所等效形成的空间采样能够降低成像任务对时间采样序列长度的要求，当采用快拍成像方法时甚至能够实现对目标的瞬时成像，从而可以简化复杂的运动补偿问题，同时提高目标成像实时性。不仅如此，MIMO 雷达的波形分集能力也能够提高雷达资源分配的自由度。下面，以均匀线阵为例，对 MIMO 雷达单次快拍成像基本原理进行简要介绍。

MIMO 雷达单次快拍成像的观测场景如图 5.1 所示，线性阵列由 M 个发射阵元和 N 个接收阵元组成，发射阵元的位置矢量记为 $[x_1, x_2, \cdots, x_M]$，接收阵元的位置矢量记为 $[x_1', x_2', \cdots, x_N']$。目标由 Q 个理想散射点组成，反射系数为 σ_q ,$q=1,2,\cdots,Q$，目标质心 O 的坐标为 (X_0, Y_0)。第 q 个散射点的坐标为 (x_q, y_q)，其到第 m 个发射阵元和第 n 个接收阵元的距离分别为 $R_q(x_m)$ 和 $R_q(x_n')$。

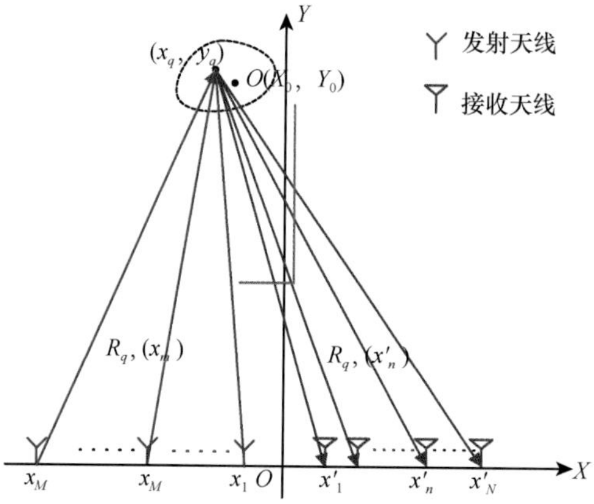

图 5.1　MIMO 雷达观测场景示意图

将第 m 个阵元辐射的信号记为 $s_m(t)$=$p_m(t)\exp(\mathrm{j}2\pi f_\mathrm{c}t)$，则第 n 个接收阵元接收到的雷达回波可表示为

$$s(t,x_n') = \sum_q \sum_m \sigma_q s_m(t-\tau_q(x_m,x_n')) \tag{5.1}$$

式中，$\tau_q(x_m,x_n') = (R_q(x_m)+R_q(x_n'))/c$。MIMO 雷达系统共构成 MN 个信号通道，假设各阵元发射信号相互正交，则各信号通道之间相互独立。对各接收阵元的回波信号进行分离，则均可以得到 M 路分选信号，其中，第 n 个接收阵元接收到来自第 m 个发射阵元的回波信号可表示为

$$\begin{aligned} s_\mathrm{r}(t,x_n',x_m) &= \sum_q \sigma_q s_m(t-\tau_q(x_m,x_n')) \\ &= \sum_q \sigma_q p(t-(R_q(x_m)+R_q(x_n'))/c)\exp(-\mathrm{j}2\pi f_\mathrm{c}(R_q(x_m)+R_q(x_n'))/c) \end{aligned} \tag{5.2}$$

显然，与传统相控阵雷达 ISAR 成像不同，MIMO 雷达单次快拍成像中各发射阵元和接收阵元是分置的，因此回波信号表达式与式(2.2)略有区别，无法直接根据 2.1 节所述成像原理和成像方法进行高分辨成像。

相位中心近似(phase center approximation，PCA)是一种将收发分置阵元等效为收发

同置阵元的方法，其基本原理为(Bellettini and Pinto，2002)：一对收发分置的阵元，可以由位于它们中心位置的一个收发同置的阵元等效，当然这个等效导致的路程差将会产生相位误差，在进行成像处理时需要进行相位校正(Gu et al.，2013)。下面以单发多收阵列为例来说明 PCA 原理，一个 1 发 N 收且接收阵元间距为 d 的阵列可以由 N 个阵元间距为 $d/2$ 的收发同置的相位中心等效，等效示意图如图 5.2 所示。

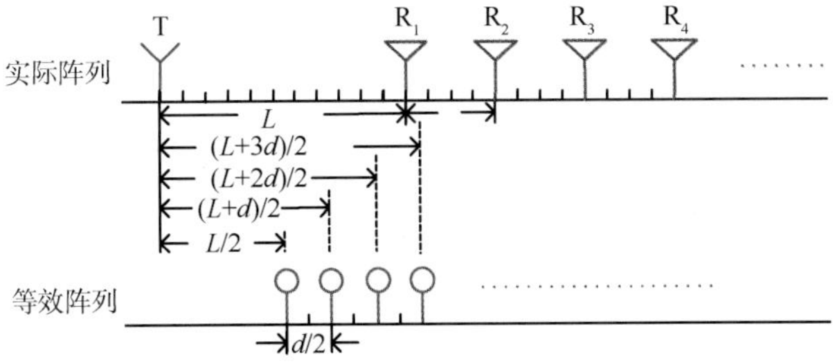

图 5.2　等效相位中心示意图

根据上述 PCA 原理，M 发 N 收的 MIMO 雷达系统可以等效为 MN 个收发同置阵元组成的阵列。为了发挥 MIMO 雷达空间采样的优势以及便于后续处理，采用一种线性均匀布阵方式：发射阵元和接收阵元均等间距排布，接收阵元间距为 d，发射阵元间距为 Nd。根据 PCA 原理，可以等效形成间距为 $d/2$ 的 MN 个收发同置阵元组成的均匀阵列。下面以 3 发 6 收为例，图 5.3 给出了阵列示意图。

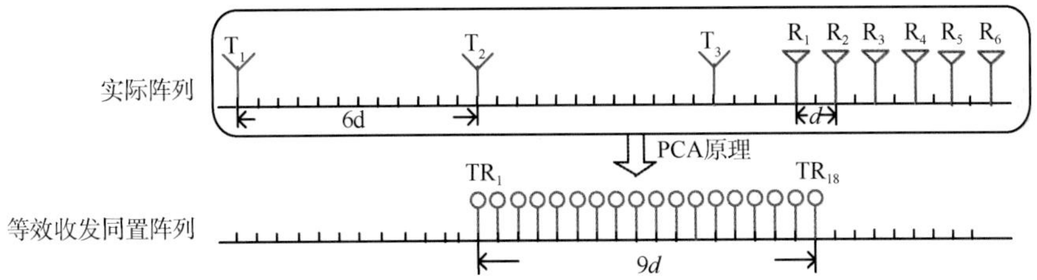

图 5.3　线性布阵方式示意图

显然，如果阵列足够长且阵元数量足够多，就能够得到不同方位向上的空间采样数据，相当于形成一个大的观测孔径，实现对目标不同视角下的观测，运用合适的成像方法就可以实现对目标的实时成像(Gu et al.，2013)，并有效避免复杂的目标运动补偿问题。

MIMO 雷达系统采用图 5.3 所示的线性布阵方式，由图 5.1 所示观测场景几何示意图可以得到

$$R_q(x_m)=\sqrt{(x_m-x_q)^2+y_q^2} \tag{5.3}$$

$$R_q(x'_n)=\sqrt{(x'_n-x_q)^2+y_q^2} \tag{5.4}$$

在远场条件下，目标到阵列中心的径向距离远大于目标与各个阵元之间的方位向距离差。因此，根据 Taylor 展开公式，目标到第 m 个发射阵元和第 n 个接收阵元的距离之和可近似表示为

$$R_q(x_m)+R_q(x_n')=2\left[y_q+\frac{1}{2y_q}\left(x_q-\frac{x_m+x'_n}{2}\right)^2\right]+\frac{(x_m-x_n')^2}{4y_q} \tag{5.5}$$

将 MIMO 雷达阵列等效的收发同置阵列的位置矢量记为$[\tilde{x}_1,\tilde{x}_2,...,\tilde{x}_{M\cdot N}]$，$R_q(\tilde{x}_i)$表示第 q 个散射点到第 i (i=1, 2, ⋯, $M\cdot N$) 个收发同置阵元的距离，可以得到

$$R_q(\tilde{x}_i)=\sqrt{(\tilde{x}_i-x_q)^2+y_q^2} \tag{5.6}$$

同样，$R_q(\tilde{x}_i)$ 可近似为

$$R_q(\tilde{x}_i)=y_q+\frac{(\tilde{x}_i-x_q)^2}{2y_q} \tag{5.7}$$

根据 PCA 原理可知，第 m 个发射阵元和第 n 个接收阵元可等效为收发同置阵列的第 i 个阵元，其中 $i=(m-1)\cdot N+n$，并且有 $\tilde{x}_i=(x_m+x_n')/2$。因此，比较式(5.5)和式(5.7)，可以发现如果用收发同置阵列代替 MIMO 雷达的原始阵列将会产生距离差 $\Delta R=(x_m-x_n')^2/4y_q$。第 i 个等效阵元(也称为“虚拟阵元”)接收到的回波信号可表示为

$$s_{\mathrm{r}}(t,\tilde{x}_i)=\sum_q\sigma_q p(t-(R_q(x_m)+R_q(x_n'))/c)\exp(-\mathrm{j}4\pi f_{\mathrm{c}}\cdot(R_q(x_m)+R_q(x_n'))/c) \tag{5.8}$$

对各虚拟阵元接收到的回波信号进行距离向脉冲压缩处理，即对式(5.8)做关于时间 t 的傅里叶变换并与发射信号脉冲包络的频谱复共轭相乘，得到 $s_{\mathrm{r}}(f,\tilde{x}_i)$，补偿距离差 ΔR 产生的相位误差后，对 $s_{\mathrm{r}}(f,\tilde{x}_i)$ 做关于频率 f 的逆傅里叶变换，即可得到目标 HRRP。在此基础上，通过 DFT，线性相位相乘及 IDFT 可以实现距离单元走动校正(Cumming and Wong，2005)，得到

$$s_{\mathrm{H}}(t,\tilde{x}_i)=\sum_q\sigma_q\mathrm{psf}\left(t-\frac{2R_q}{c}\right)\exp\left(-\mathrm{j}4\pi f_{\mathrm{c}}\frac{R_q(\tilde{x}_i)}{c}\right) \tag{5.9}$$

式中，R_q 为第 q 个散射点与第 1 个虚拟阵元之间的距离。

下面进行方位向处理，将 $R_q(\tilde{x}_i)$ 进一步近似为

$$R_q(\tilde{x}_i)\approx y_q+\frac{(\tilde{x}_i-X_0)^2+2(\tilde{x}_i-X_0)(X_0-x_q)}{2Y_0} \tag{5.10}$$

因此，式(5.9)可表示为

$$\begin{aligned}s_{\mathrm{H}}(t,\tilde{x}_i)=&\sum_q\sigma_q\mathrm{psf}\left(t-\frac{2R_q}{c}\right)\cdot\exp\left(-\mathrm{j}\frac{4\pi}{\lambda}y_q\right)\\&\cdot\exp\left(\mathrm{j}\frac{4\pi f_{\mathrm{c}}(X_0-x_q)}{cY_0}(\tilde{x}_i-X_0)\right)\cdot\exp\left(-\mathrm{j}\frac{2\pi f_{\mathrm{c}}}{cY_0}(\tilde{x}_i-X_0)^2\right)\end{aligned} \tag{5.11}$$

式(5.11)表明，$s_{\rm H}(t,\tilde{x}_i)$的相位项可以看作是关于$\tilde{x}_i$的 LFM 信号，因此可按照 2.1.1 节所述的 Dechirp 重建方法进行处理。对$s_{\rm H}(t,\tilde{x}_i)$乘以相位因子$\exp({\rm j}2\pi f_{\rm c}(\tilde{x}_i-X_{\rm o})^2/cY_{\rm o})$，可以得到

$$s_{\rm H}(t,\tilde{x}_i)=\sum_q \sigma_q {\rm psf}\left(t-\frac{2R_q}{c}\right)\cdot\exp\left(-{\rm j}\frac{4\pi}{\lambda}y_q\right)\cdot\exp\left({\rm j}\frac{4\pi f_{\rm c}(X_0-x_q)}{cY_0}(\tilde{x}_i-X_0)\right) \tag{5.12}$$

对式(5.12)做关于$\tilde{x}_i$的傅里叶变换，可以得到

$$\tilde{s}(t,\tilde{X}_i)=\sum_q \sigma_q\cdot{\rm psf}\left(t-\frac{2R_q}{c}\right)\cdot\sin{\rm c}\left(\tilde{X}_i-\frac{2f_{\rm c}(X_0-x_q)}{cY_0}\right)\cdot\exp\left(-j\frac{4\pi}{\lambda}y_q\right) \tag{5.13}$$

显然，$\left|\tilde{s}(t,\tilde{X}_i)\right|$的峰值位于$(2R_q/c,2f_{\rm c}(X_0-x_q)/(cY_0))$处，根据简单的线性计算关系即可得到目标的二维散射分布信息，实现目标的单次快拍成像。

需要说明的是，目标方位向采样间隔由方位向信号的多普勒带宽决定。在本节所述 MIMO 雷达单次快拍成像中，由式(5.13)可知，方位向的多普勒带宽为$\Delta\tilde{X}_i=4f_{\rm c}|X_0-x_q|/(cY_0)$。因此，为了使得方位向成像不发生卷绕，由 Nyquist 采样定理可得方位向的采样间隔$d/2$应满足

$$d/2\leqslant\frac{\lambda Y_0}{4\left|X_0-x_q\right|} \tag{5.14}$$

将等效的收发同置阵列的长度记为$L=MN\cdot d/2$，为了达到方位分辨率$\rho_{\rm a}$的要求，阵列的长度需要满足$L\geqslant(\lambda Y_0/2\rho_{\rm a})$ (Zhu et al.，2010)，因此空间采样数即等效的收发同置阵元数需满足

$$MN\geqslant\frac{2|X_0-x_q|}{\rho_{\rm a}} \tag{5.15}$$

显然，上述 MIMO 雷达单次快拍成像避免了复杂的运动补偿处理，提高了成像实时性，并且 MIMO 雷达系统的波形分集能力能够带来更高的波形设计和资源分配自由度。然而，这种传统的 MIMO 雷达单次快拍成像方式也存在一些局限。在发射端，各发射阵元辐射正交信号，无法获得发射相干处理增益；在接收端，每对收发阵元等效为的虚拟阵元对应的目标回波数据代表了不同方位视角(相应于相控阵 ISAR 成像中的不同慢时间时刻)下的目标回波信息，通过对其进行方位向相干处理可实现目标方位向高分辨。显然，在多目标成像时，MIMO 雷达的这种单次快拍成像处理方式使其无法像相控阵雷达一样来针对各个目标分别形成独立的波束，且回波信号的 SNR 和 SIR 也将大大低于相控阵雷达回波信号，从而降低成像质量。特别是当多个目标位于同一距离门内时，各目标回波还将相互混叠，给成像带来更大的困难。

显然，相控阵 ISAR 成像和 MIMO 雷达单次快拍成像具有各自的优缺点，为了提升空天目标认知成像能力，尤其是多任务条件下的同时多目标快速高效成像性能，需要研究能够兼具传统相控阵雷达成像优势(高 SNR 和 SIR 增益)和 MIMO 雷达成像优势(高成像实时性、高波形设计和资源分配自由度)的新型认知成像技术。

因此，本章将详细介绍一种基于混合 MIMO 相控阵技术的新型认知成像模型、相应的目标认知成像方法和资源优化调度方法。混合 MIMO 相控阵技术的主要思想是将发射阵列(transmit array，TA)划分为若干 SA，每个 SA 的内部阵元工作在相控阵模式以获得发射相干处理增益，而各个 SA 之间发射彼此正交的波形，从而工作在 MIMO 模式以获得波形分集能力。

基于混合 MIMO 相控阵技术，将传统 MIMO 雷达单次快拍成像中发射端的每个单阵元结构都用一个 TA 来代替，每个 TA 可以根据目标数量和目标方向划分为多个 SA，每个 SA 工作于相控阵模式并形成指向某个目标方向的发射波束，获得发射相干处理增益并提高回波 SNR 和 SIR。通过自适应地调整 SA 的划分方式，可以使得每个 SA 的发射波束内都只存在一个目标。各个 SA 之间发射正交波形，因此接收阵元同时接收到的多目标回波信号可被有效分离，避免多目标回波相互混叠。在本章中，我们基于稀疏 SFCS 信号来设计正交波形，通过使不同 SA 发射的稀疏 SFCS 信号的子载频之间相互互异来保证发射波形的正交性；同时，采用 3.4 节所述方法，根据不同目标的特性对每个 SA 发射的稀疏 SFCS 信号进行优化，从而能够同时针对不同目标发射最适合于该目标成像的最优波形，以获得更佳的成像性能。在接收端，对于某一个接收阵元来说，由于同一个 TA 中不同 SA 之间的距离很小，因此认为它接收到的同一个 TA 中指向相同目标的所有 SA 的回波信号包含了该目标在相同视角下的特征信息，可以通过对这些回波信号进行延时相位补偿来获得该目标在该视角下的具有高 SNR 和 SIR 的合成观测信号。显然，每对 TA 和接收阵元都可以获得一个视角下的目标合成观测信号，对这些信号进行方位向相干处理就可以实现目标方位高分辨成像。然而，由于不同 SA 发射信号载频互异，不同视角下合成观测信号的载频难以保持一致，传统的基于傅里叶变换的方位向相干处理成像方法不再适用，因此在 5.2.2 节中将根据所述成像模型，介绍一种基于字典优化和 OMP 的快拍成像方法来实现多目标的同时瞬时成像。

总体来说，基于混合 MIMO 相控阵技术的多目标认知成像具有以下几个方面的优势：①可针对不同目标，设计和同时发射不同的优化波形来获得更优的成像结果；②能够获得较高的 SNR 和 SIR 增益；③通过发射正交波形能够避免多目标回波的混叠；④采用快拍成像技术能够实现多目标的瞬时成像。

5.2　多目标认知成像

图 5.4 给出了混合 MIMO 相控阵的 TA 示意图，其中由 M_{a} 个阵元组成的 TA 被划分为 U 个 SA。每个 SA 内部的阵元工作在相控阵模式，不同 SA 之间工作在 MIMO 模式。

设第 u 个 SA 内的所有阵元发射相同的信号 $s_u(t)$，则有

$$\int s_{u_1}(t)s_{u_2}^*(t)\mathrm{d}t=0,\ u_1\neq u_2 \tag{5.16}$$

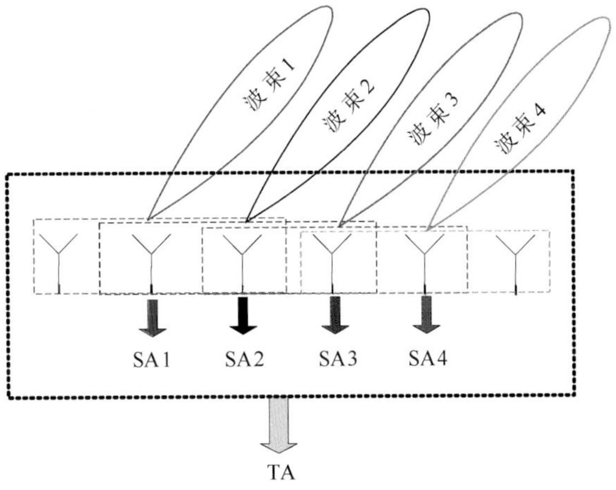

图 5.4　混合 MIMO 相控阵 TA 示意图

式(5.16)表示不同 SA 内部的阵元发射正交信号。则 θ 方向的合成发射信号可表示为

$$s(\theta,t)\triangleq\sqrt{\frac{M_{\rm a}}{U}}\sum_{u=1}^{U}\boldsymbol{w}_u^{\rm H}\boldsymbol{\alpha}_u(\theta)e^{-{\rm j}\tau_u(\theta)}s_u(t) \tag{5.17}$$

式中，$\boldsymbol{w}_u$ 和 $\boldsymbol{\alpha}_u(\theta)$ 分别为第 u 个 SA 的发射权值矢量和导向矢量；$\tau_u(\theta)$ 为目标到第一个 SA 的第一个阵元和第 u 个 SA 的第一个阵元的距离差所对应的时间延迟。

定义发射相干处理矢量和波形分集矢量分别为

$$\boldsymbol{c}(\theta)\triangleq[\boldsymbol{w}_1^{\rm H}\boldsymbol{\alpha}_1(\theta),\cdots,\boldsymbol{w}_u^{\rm H}\boldsymbol{\alpha}_u(\theta),\cdots,\boldsymbol{w}_U^{\rm H}\boldsymbol{\alpha}_U(\theta)]^{\rm T} \tag{5.18}$$

$$\boldsymbol{d}(\theta)\triangleq[e^{-j\tau_u(\theta)},\cdots,e^{-j\tau_u(\theta)},\cdots,e^{-j\tau_U(\theta)}]^{\rm T} \tag{5.19}$$

将式(5.18)和式(5.19)代入式(5.17)可得

$$s(\theta,t)=\sqrt{\frac{M_{\rm a}}{U}}(\boldsymbol{c}(\theta)\odot\boldsymbol{d}(\theta))^{\rm T}\boldsymbol{\phi}(t) \tag{5.20}$$

式中，$\boldsymbol{\phi}(t)\triangleq[s(t),\cdots,s_u(t),\cdots,s_U(t)]^{\rm T}$；$\odot$ 表示 Hadamard 乘积。

设接收端有 N 个接收阵元，则 $N\times1$ 维目标回波向量可表示为

$$\boldsymbol{x}(t)=\sigma\cdot s(\theta_{\rm s},t)\boldsymbol{b}(\theta_{\rm s}) \tag{5.21}$$

式中，$\theta_{\rm s}$ 为目标方向；σ 为目标反射系数；$\boldsymbol{b}(\theta_{\rm s})$ 为接收导向矢量。$\boldsymbol{x}(t)$ 通过匹配滤波组 $\boldsymbol{\phi}(t)$ 后，可以得到 $UN\times1$ 维的虚拟信号

$$\boldsymbol{y}\triangleq[\boldsymbol{x}_1^{\rm T},\cdots,\boldsymbol{x}_u^{\rm T},\cdots,\boldsymbol{x}_U^{\rm T}]^{\rm T}=\sqrt{\frac{M_{\rm a}}{U}}\cdot\sigma\cdot(\boldsymbol{c}(\theta_{\rm s})\odot\boldsymbol{d}(\theta_{\rm s}))\otimes\boldsymbol{b}(\theta_{\rm s}) \tag{5.22}$$

式中，$\otimes$ 表示 Kronecker 乘积。

式(5.22)表明，混合 MIMO 相控阵的虚拟导向矢量为 $(\boldsymbol{c}(\theta_{\rm s})\odot\boldsymbol{d}(\theta_{\rm s}))\otimes\boldsymbol{b}(\theta_{\rm s})$，由发射相干处理矢量、波形分集矢量和接收导向矢量三者共同决定，因此它能够同时获得相

干处理增益和波形分集增益。当 U=1 时，式(5.22)所示的混合 MIMO 相控阵信号模型退化为相控阵雷达信号模型；当 $U=M_a$ 时，式(5.22)所示的混合 MIMO 相控阵信号模型退化为 MIMO 雷达信号模型。

混合 MIMO 相控阵的归一化方向图可表示为

$$G(\theta)\triangleq\frac{|((\boldsymbol{c}(\theta_s)\odot\boldsymbol{d}(\theta_s))\otimes\boldsymbol{b}(\theta_s))^{\mathrm{H}}(\boldsymbol{c}(\theta)\odot\boldsymbol{d}(\theta))\otimes\boldsymbol{b}(\theta)|^2}{|((\boldsymbol{c}(\theta_s)\odot\boldsymbol{d}(\theta_s))\otimes\boldsymbol{b}(\theta_s))^{\mathrm{H}}(\boldsymbol{c}(\theta_s)\odot\boldsymbol{d}(\theta_s))\otimes\boldsymbol{b}(\theta_s)|^2} \tag{5.23}$$

为了简化分析，假设 TA 为均匀线阵，则有

$$\boldsymbol{\alpha}_1^{\mathrm{H}}(\theta_s)\boldsymbol{\alpha}_1(\theta)=\cdots=\boldsymbol{\alpha}_U^{\mathrm{H}}(\theta_s)\boldsymbol{\alpha}_U(\theta) \tag{5.24}$$

因此，式(5.24)可表示为

$$\begin{aligned}G(\theta)&=\frac{\left|\boldsymbol{\alpha}_U^{\mathrm{H}}(\theta_s)\boldsymbol{\alpha}_U(\theta)\left[(\boldsymbol{d}(\theta_s)\otimes\boldsymbol{b}(\theta_s))^{\mathrm{H}}(\boldsymbol{d}(\theta)\otimes\boldsymbol{b}(\theta))\right]\right|^2}{\left\|\boldsymbol{\alpha}_U^{\mathrm{H}}(\theta_s)\right\|^4\left\|\boldsymbol{d}(\theta_s)\otimes\boldsymbol{b}(\theta_s)\right\|^4}\\&=\frac{\left|\boldsymbol{\alpha}_U^{\mathrm{H}}(\theta_s)\boldsymbol{\alpha}_U(\theta)\right|^2\left|\boldsymbol{d}^{\mathrm{H}}(\theta_s)\boldsymbol{d}(\theta)\right|^2\left|\boldsymbol{b}^{\mathrm{H}}(\theta_s)\boldsymbol{b}(\theta)\right|^2}{\left\|\boldsymbol{\alpha}_U^{\mathrm{H}}(\theta_s)\right\|^4\left\|\boldsymbol{d}(\theta_s)\right\|^4\left\|\boldsymbol{b}(\theta_s)\right\|^4}\end{aligned} \tag{5.25}$$

式中，$\dfrac{\left|\boldsymbol{\alpha}_U^{\mathrm{H}}(\theta_s)\boldsymbol{\alpha}_U(\theta)\right|^2}{\left\|\boldsymbol{\alpha}_U^{\mathrm{H}}(\theta_s)\right\|^4}$ 称为发射方向图；$\dfrac{\left|\boldsymbol{d}^{\mathrm{H}}(\theta_s)\boldsymbol{d}(\theta)\right|^2}{\left\|\boldsymbol{d}(\theta_s)\right\|^4}$ 称为波形分集方向图；$\dfrac{\left|\boldsymbol{b}^{\mathrm{H}}(\theta_s)\boldsymbol{b}(\theta)\right|^2}{\left\|\boldsymbol{b}(\theta_s)\right\|^4}$ 称为接收方向图。

下面给出混合 MIMO 相控阵方向图、相控阵雷达方向图和 MIMO 雷达方向图的对比结果。设发射端为 M_a=10 个发射阵元组成的均匀线阵，接收端同样为 10 个接收阵元组成的均匀线阵。目标方向为 θ_s =0°。对于混合 MIMO 相控阵工作模式，采用完全重叠方式(Browning et al.，2009)将 TA 划分为 U=5 个 SA，即第 u 个 SA 由第 u 个阵元到第 M_a-U+u 个阵元组成。图 5.5 分别给出了三种雷达信号模型的发射方向图、波形分集方向图和总方向图。

从图 5.5(a)中可以看出，相控阵雷达能够在目标方向产生主瓣宽度为 π/M_a 的发射方向图，而 MIMO 雷达无法获得发射相干处理增益。混合 MIMO 相控阵的发射方向图则由 SA 的实际孔径大小决定。显然，SA 的孔径(即实际尺寸)总是小于 TA 的总孔径，因此，混合 MIMO 相控阵的发射方向图表现为相控阵雷达和 MIMO 雷达的折中效果。相比于相控阵雷达，混合 MIMO 相控阵的 SA 的孔径较小，导致发射方向图具有更宽的主瓣和更高的旁瓣。然而，该方向图形状的损失可由波形分集增益方向图来弥补。如图 5.5(b)所示，相控阵雷达不具有波形分集增益，而 MIMO 雷达的波形分集增益方向图实际上与相控阵雷达中 M_a 个阵元形成的发射方向图相一致。混合 MIMO 相控阵的波形分集增益方向图则等同于相控阵雷达中 U 个阵元形成的发射方向图。由于 $U\leqslant M_a$，与 MIMO 雷达相比，混合 MIMO 相控阵的波形分集增益方向图具有更宽的主瓣和更高的旁瓣。然而，从图 5.5(c)中可以看出，与相控阵雷达和 MIMO 雷达相比，混合 MIMO 相控

阵的总方向图得到了显著提升。需要说明的是，混合 MIMO 相控阵的总方向图是与发射方向图和波形分集增益方向图的乘积成正比的[即正比于图 5.5(a)、(b)的曲线之积]。从图 5.5(c)中还可以看出，相控阵雷达和 MIMO 雷达具有完全一致的总方向图，而混合 MIMO 相控阵的总方向图具有更低的副旁瓣。显然，混合 MIMO 相控阵能够同时获得相干处理增益和波形分集增益，结合了相控阵雷达和 MIMO 雷达各自的优势。

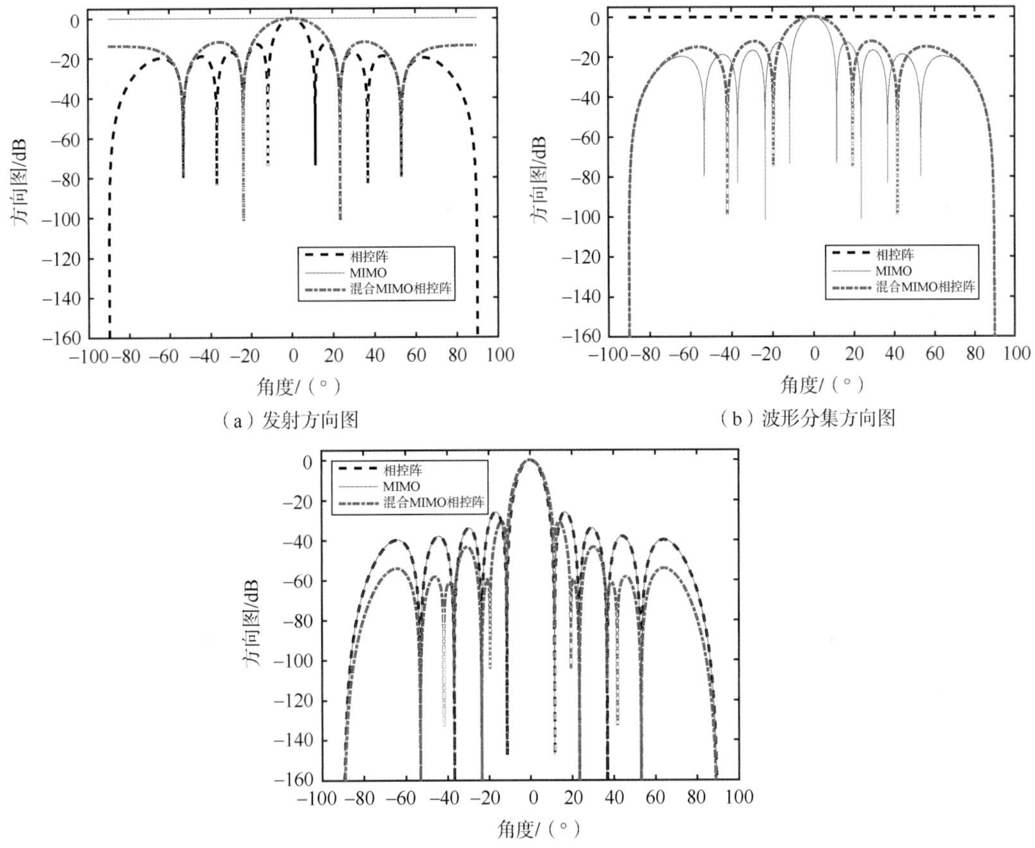

(a) 发射方向图　　(b) 波形分集方向图

(c) 总方向图

图 5.5　三种雷达系统方向图比较

5.2.1　成像模型

为了提高多目标成像能力，本节介绍一种基于混合 MIMO 相控阵技术的雷达成像模型。在该模型中，传统 MIMO 雷达单次快拍成像中的每个发射阵元都用一个 TA 来代替，每个 TA 包含 M_a 个阵元，以 d_{tr} 等间距排布，并工作于混合 MIMO 相控阵模式。假设共有 N 个接收阵元，以 d 等间距排布；M 个 TA 以 $N \cdot d$ 等间距排布。每个 TA 以完全重叠方式划分为 U 个 SA。以 M=2，N=2，$M_a = 6$，$U = 4$ 为例，图 5.6 给出了上述雷达成像模型示意图。

图 5.6 中，对于每个 SA 内部的阵元而言，其发射相同的波形并工作在相控阵模式，通过控制不同阵元间的相移来形成指向某个目标的波束。同时，由于不同 SA 之间发射波形是相互正交的，根据 PCA 原理，所述雷达成像模型可以等效为一个包含 $M \cdot N \cdot U$ 个收发同置阵元的虚拟阵列。

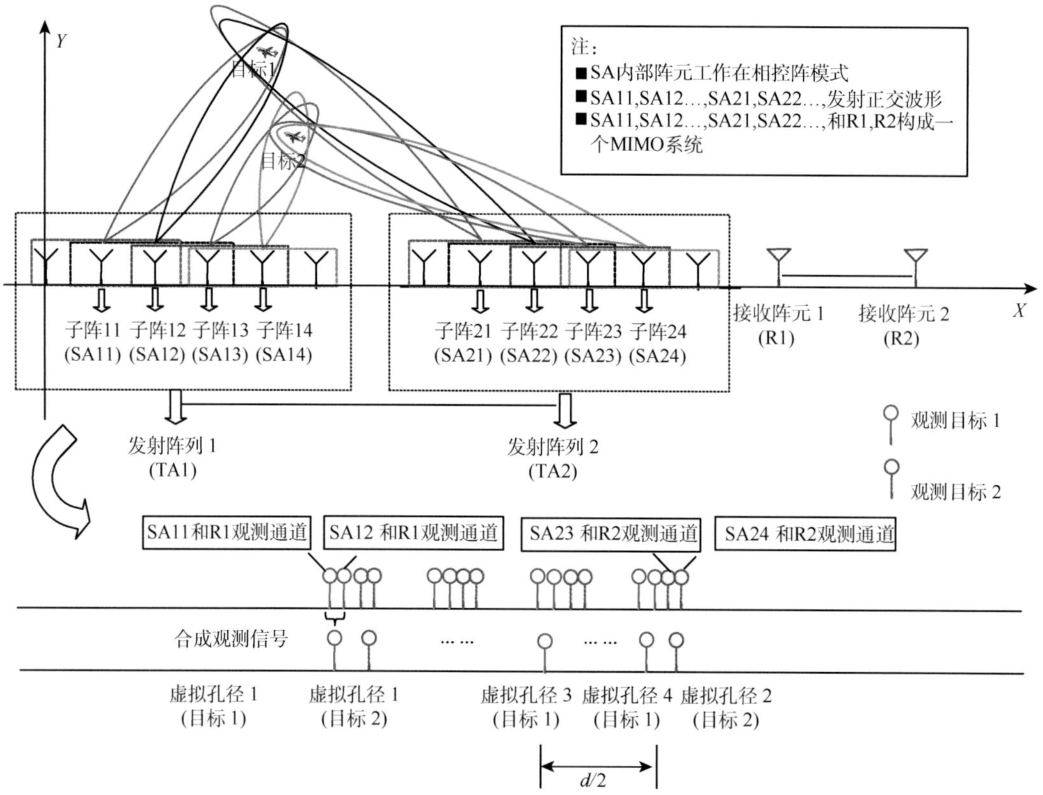

图 5.6　雷达成像模型(M=N=2，M_a=6，U=4)

对于每一对 TA 和接收阵元，该 TA 中所有指向同一目标(方向)的 SA 和接收阵元所等效得到的虚拟阵元之间的间距 $d_{tr}/2$ 通常很小(与发射信号波长为同一数量级)，因此可以在接收端对这些虚拟阵元的回波数据进行合成处理以获得更高的 SIR 和 SNR，该合成观测信号则被看作是目标在某视角(也称为“虚拟孔径”)下的观测结果。因此，对于每个目标，将能够获得 $M \cdot N$ 个不同虚拟孔径下的目标回波信号，对这些回波进行方位向相干处理就能够实现目标的方位向成像。显然，在图 5.6 所示模型中，所形成的虚拟孔径位置将是等间距的，相邻两个位置之间的间距为 $d/2$。

为了实现多目标成像，在该成像模型中，可以基于稀疏 SFCS 信号来设计发射波形。假设每个 SA 都发射稀疏 SFCS 信号，且各稀疏 SFCS 信号所包含的子脉冲载频集合的交集为空，此时第 u 个 SA 的发射信号可表示为

$$s_u(i,t) = \mathrm{rect}\left(\frac{t-iT_r}{T_1}\right) \cdot \exp\left(\mathrm{j}2\pi\left((f_c + l_u(i)\Delta f)(t-iT_r) + \frac{\mu}{2}(t-iT_r)^2\right)\right),$$

$$i = 0,1,2,\cdots,M_u - 1 \tag{5.26}$$

式中，T_1 为子脉冲宽度；μ 为子脉冲调频率；T_r 为子脉冲重复周期；f_c 为脉冲串起始载频；Δf 为载频步进值；M_u 为该 SA 所发射的稀疏 SFCS 信号的子脉冲数；$l_u(i)$ 表示子脉冲载频集合 l_u 中的第 i 个元素，l_u 中共包含 M_u 个元素，各元素为 0 到 $N_u - 1$ 之间的随机不重复整数；N_u 为完全子脉冲 SFCS 信号的子脉冲数。对于第 u_1 个 SA 和第 u_2 个 SA 的发射信号，需满足

$$\forall u_1, u_2 \in \{1,2,\dots,M\cdot U\}, u_1 \neq u_2,\quad l_{u_1} \cap l_{u_2} = \varnothing \tag{5.27}$$

此时有

$$\begin{aligned}\int s_{u_1}(t)s_{u_2}^*(t)\mathrm{d}t = &\sum_{i=1}^{M_m}\int_{-T_1/2+iT_r}^{T_1/2+iT_r}\mathrm{rect}\left(\frac{t-iT_r}{T_1}\right)\cdot\mathrm{rect}\left(\frac{t-iT_r}{T_1}\right)\\ &\cdot\exp\left(\mathrm{j}2\pi\left((f_c + l_{u_1}(i)\Delta f)(t-iT_r) + \frac{\mu}{2}(t-iT_r)^2\right)\right)\\ &\cdot\exp\left(-\mathrm{j}2\pi\left((f_c + l_{u_2}(i)\Delta f)(t-iT_r) + \frac{\mu}{2}(t-iT_r)^2\right)\right)\mathrm{d}t\end{aligned} \tag{5.28}$$

式中，$M_m = \min\{M_{u_1}, M_{u_2}\}$。令 $t' = t - iT_r$，式(5.28)可表示为

$$\sum_{i=1}^{M_m}\int_{-T_1/2}^{T_1/2}\exp(\mathrm{j}2\pi(l_{u_1}(i) - l_{u_2}(i))\Delta f t')\mathrm{d}t' \tag{5.29}$$

若 $u_1 = u_2$，有

$$\int s_{u_1}(t)s_{u_2}^*(t)\mathrm{d}t = \sum_{i=1}^{M_m}\int_{-T_1/2}^{T_1/2}\exp(\mathrm{j}2\pi(l_{u_1}(i) - l_{u_1}(i))\Delta f t')\mathrm{d}t' = M_m T_1 \tag{5.30}$$

若 $u_1 \neq u_2$，有

$$\begin{aligned}&\int s_{u_1}(t)s_{u_2}^*(t)\mathrm{d}t = \sum_{i=1}^{M_m}\int_{-T_1/2}^{T_1/2}\exp(\mathrm{j}2\pi(l_{u_1}(i) - l_{u_2}(i))\Delta f t')\mathrm{d}t'\\ &= \sum_{i=1}^{M_m}\frac{1}{2\pi(l_{u_1}(i) - l_{u_2}(i))\Delta f}\begin{pmatrix}\sin(\pi(l_{u_1}(i) - l_{u_2}(i))\Delta f T_1) - \mathrm{j}\cos(\pi(l_{u_1}(i) - l_{u_2}(i))\Delta f T_1) - \\ \sin(-\pi(l_{u_1}(i) - l_{u_2}(i))\Delta f T_1) + \mathrm{j}\cos(-\pi(l_{u_1}(i) - l_{u_2}(i))\Delta f T_1)\end{pmatrix}\end{aligned} \tag{5.31}$$

为了确保不同 SA 发射信号之间的正交性，需要加入约束条件 $\Delta f T_1 = k_c, k_c \in Z^+$，其中 Z^+ 表示正整数集合。此时可得到

$$\int s_{u_1}(t)s_{u_2}^*(t)\mathrm{d}t = \begin{cases}M_m T_1, & l_1 = l_2\\ 0, & l_1 \neq l_2\end{cases} \tag{5.32}$$

式(5.32)表明，不同 SA 发射信号之间具有正交性。显然，子脉冲的可用载频点需要在所有 SA 之间进行分配以满足条件 $\forall u_1, u_2 \in \{1,2,\cdots,M\cdot U\}$，$u_1 \neq u_2$，$l_{u_1} \cap l_{u_2} = \varnothing$，当可用载频不足时，可以对不同的 SA 设置不同的起始载频 $f_c(u)$（u=1, 2, $\cdots$, $M\cdot U$），此时式(5.26)可重写为

$$s_u(i,t)=\mathrm{rect}\left(\frac{t-iT_\mathrm{r}}{T_1}\right)\cdot\exp\left(j2\pi\left((f_\mathrm{c}(u)+l_u(i)\Delta f)(t-iT_\mathrm{r})+\frac{\mu}{2}(t-iT_\mathrm{r})^2\right)\right),$$
$$i=0,1,2,\cdots,\ M_u-1 \tag{5.33}$$

对于第 u_1 个 SA 和第 u_2 个 SA 的发射信号，需满足

$$\forall u_1,u_2\in\{1,2,\cdots,M\cdot U\},\ \ u_1\neq u_2\ ,\ \ (f_\mathrm{c}(u_1)+l_{u_1}(\cdot)\Delta f)\cap(f_\mathrm{c}(u_2)+l_{u_2}(\cdot)\Delta f)=\varnothing \tag{5.34}$$

式中，$l_{u_1}(\cdot)$ 表示集合 l_{u_1} 中的任意元素；$l_{u_2}(\cdot)$ 表示集合 l_{u_2} 中的任意元素。

类似于式(5.28)～式(5.32)的推导，此时两个信号之间也是正交的。

5.2.2 成 像 算 法

为了避免多目标成像时各目标回波相互混叠，可以通过调整各 TA 中 SA 的划分方式来确保每个发射波束内只包含一个目标。因此，在上节所述成像模型中，由于各波束发射信号正交，简单起见，只需研究相应的单目标成像方法，在此基础上分别对不同方向波束(即不同目标)的回波信号进行处理，就能够实现对多目标的同时成像。下面我们重点阐述单目标成像方法。

假设在第 m 个 TA 中有 K_sa 个 SA 的波束同时指向某个目标(方向)，每个 SA 包含以 d_tr 等间距均匀排布的 M_sa 个阵元。为了方便在接收端获得高 SNR 和 SIR 的合成观测信号，这 K_sa 个 SA 所发射的稀疏 SFCS 信号都设为相同的起始载频 $f_\mathrm{c}(m)$ 。第 k_sa（$k_\mathrm{sa}=1,2,\cdots,K_\mathrm{sa}$）个 SA 内部的所有阵元都相干发射相同的稀疏 SFCS 信号

$$s_{k_\mathrm{sa}}(i,t)=\mathrm{rect}\left(\frac{t-iT_\mathrm{r}}{T_1}\right)\cdot\exp\left(\mathrm{j}2\pi\left((f_\mathrm{c}(m)+l_{k_\mathrm{sa}}(i)\Delta f)(t-iT_\mathrm{r})+\frac{\mu}{2}(t-iT_\mathrm{r})^2\right)\right)$$
$$\text{s.t.}\quad \forall k_\mathrm{sa1},k_\mathrm{sa2}\in\{1,2,\cdots,K_\mathrm{sa}\},k_\mathrm{sa1}\neq k_\mathrm{sa2},\ \ l_{k_\mathrm{sa1}}(\cdot)\cap l_{k_\mathrm{sa2}}(\cdot)=\varnothing, \tag{5.35}$$

每个 SA 内部的阵元都工作于相控阵模式，假设目标由 Q 个散射点组成，目标处的雷达照射信号可表示为

$$s_\mathrm{sys}(\theta_\mathrm{tgt},t)=\sum_q^Q\sum_{k_\mathrm{sa}=1}^{K_\mathrm{sa}}\sigma_q\cdot F_{k_\mathrm{sa}}(\theta_\mathrm{sub},\theta_\mathrm{tgt})\cdot s_{k_\mathrm{sa}}\left(t-\frac{R_q(k_\mathrm{sa})}{c}\right) \tag{5.36}$$

式中，σ_q 为第 q 个散射点的散射系数；$R_q(k_\mathrm{sa})$ 表示第 q 个散射点与第 k_sa 个 SA 之间的距离；$F_{k_\mathrm{sa}}(\theta_\mathrm{sub},\theta)$ 表示第 k_sa 个 SA 的方向图；θ_sub 为波束指向；θ_tgt 表示目标方向；c 为光速。当 $\theta_\mathrm{sub}=\theta_\mathrm{tgt}$ 时，有 $F_{k_\mathrm{sa}}(\theta_\mathrm{sub},\theta_\mathrm{tgt})=M_\mathrm{sa}$ 。

对每一对 TA 和接收阵元进行分析。设第 m 个 TA 中第一个 SA 的第一个阵元的坐标位置为 $(x_m,0)$，对于位置为 $(x_n',0)$ 的第 n 个接收阵元，可从其接收到的回波中分离出用于观测该目标的 K_sa 路信号，每路信号的表达式为

$$
\begin{aligned}
\dot{s}_k(t;m,n) &= \sum_{q=1}^{Q} M_{\text{sa}} \cdot \sigma_q \cdot \operatorname{rect}\left(\frac{t-(R_q(k_{\text{sa}})+R_q(n))/c}{T_1}\right) \\
&\cdot \exp\left(\mathrm{j}\pi\mu\left(t-\frac{R_q(k_{\text{sa}})+R_q(n)}{c}\right)^2\right) \\
&\cdot \exp\left(\mathrm{j}2\pi f_{\text{c}}(m)\left(t-\frac{R_q(k_{\text{sa}})+R_q(n)}{c}\right)\right) \\
&\cdot \exp\left(\mathrm{j}2\pi l_{k_{\text{sa}}}(i)\Delta f\left(t-\frac{R_q(k_{\text{sa}})+R_q(n)}{c}\right)\right), \\
R_q(n) &= \sqrt{(x_n'-x_q)^2+y_q^2}, \\
R_q(k_{\text{sa}}) &= R_q(m)-c\cdot\tau_{k_{\text{sa}}}(\theta_{\text{tgt}}) = R_q(m)-d_{\text{tr}}C_{k_{\text{sa}}}\sin\theta_{\text{tgt}}, \quad k_{\text{sa}}=1,2,\cdots,K_{\text{sa}} \\
R_q(m) &= \sqrt{(x_m-x_q)^2+y_q^2}
\end{aligned} \tag{5.37}
$$

式中，(x_q, y_q) 为第 q 个散射点的坐标；$\tau_{k_{\text{sa}}}(\theta_{\text{tgt}})$ 为目标到第一个 SA 的第一个阵元和目标到第 k_{sa} 个 SA 的第一个阵元之间的距离差所对应的时间延迟；$C_{k_{\text{sa}}}$ 为第一个 SA 的第一个阵元和第 k_{sa} 个 SA 的第一个阵元之间所间隔的阵元个数，本书中采用完全重叠方式划分 SA，因此 $C_{k_{\text{sa}}}=k_{\text{sa}}-1$。

式(5.37)所示的第 k_{sa} 路信号经过距离向脉冲压缩处理后，可以获得目标 HRRP

$$
\begin{aligned}
& S_{k_{\text{sa}}}(f;m,n) \\
&= \sum_{q=1}^{Q} M_{\text{sa}} \cdot \sigma_q \cdot T_1 \cdot \operatorname{sinc}\left(F_f + \frac{(R_q(k_{\text{sa}})+R_q(n))}{c}\Delta f\right) \\
&\quad \cdot \exp\left(-\mathrm{j}\frac{2\pi f_{\text{c}}(m)}{c}\cdot(R_q(k_{\text{sa}})+R_q(n))\right) \\
&= \sum_{q=1}^{Q} M_{\text{sa}}\rho_q T_1 \operatorname{sinc}\left(F_f + \frac{(R_q(m)-c\cdot\tau_{k_{\text{sa}}}(\theta_{\text{tgt}})+R_q(n))}{c}\Delta f\right) \\
&\quad \cdot \exp\left(-\mathrm{j}\frac{2\pi f_{\text{c}}(m)}{c}\cdot(R_q(m)-c\cdot\tau_{k_{\text{sa}}}(\theta_{\text{tgt}})+R_q(n))\right)
\end{aligned} \tag{5.38}
$$

通常，$c\cdot\tau_{k_{\text{sa}}}(\theta_{\text{tgt}})$ 小于距离分辨单元，式(5.38)可重写为

$$
\begin{aligned}
S_{k_{\text{sa}}}(f;m,n) &= \sum_{q=1}^{Q} M_{\text{sa}} \cdot \sigma_q \cdot T_1 \cdot \operatorname{sinc}\left(f + \frac{(R_q(m)+R_q(n))}{c}\Delta f\right) \\
&\cdot \exp\left(-\mathrm{j}\frac{2\pi f_{\text{c}}(m)}{c}\cdot(R_q(m)+R_q(n))\right)\cdot\exp\left(\mathrm{j}\frac{2\pi f_{\text{c}}(m)}{c}(c\cdot\tau_{k_{\text{sa}}}(\theta_{\text{tgt}}))\right)
\end{aligned} \tag{5.39}
$$

根据获得的 K_{sa} 个 HRRP 可得到高 SNR 和 SIR 的合成观测信号

$$S(f;m,n)=\sum_{k_{\rm sa}=1}^{K_{\rm sa}}S_{k_{\rm sa}}(f,m,n)\cdot\exp\left(-{\rm j}\frac{2\pi f_{\rm c}(m)}{c}(c\cdot\tau_{k_{\rm sa}}(\theta_{\rm tgt}))\right)$$
$$=\sum_{q=1}^{Q}K_{\rm sa}\cdot M_{\rm sa}\cdot\sigma_q\cdot T_1\cdot{\rm sinc}\left(f+\frac{(R_q(m)+R_q(n))}{c}\Delta f\right)$$
$$\cdot\exp\left(-{\rm j}\frac{2\pi f_{\rm c}(m)}{c}\cdot(R_q(m)+R_q(n))\right)\tag{5.40}$$

通过补偿距离差$\Delta R=(x_m-x_n)^2/4y_q$导致的相位项后，式(5.40)所示合成观测信号可被看作是位于$(x_m+x_n)/2$的虚拟孔径所接收到的目标回波信号，也就是说，每一对TA和接收阵元可以等效为一个虚拟孔径。因此，图5.6所示雷达成像模型能够等效为$M\cdot N$个虚拟孔径，将完成距离单元走动校正后的目标HRRP统一表示为

$$S(f;g)=\sum_{q=1}^{Q}K_{\rm sa}\cdot M_{\rm sa}\cdot\sigma_q\cdot T_1\cdot{\rm sinc}\left(f+\frac{2R_q}{c}\Delta f\right)\cdot\exp\left(-{\rm j}\frac{4\pi\cdot f_{\rm cm}(g)}{c}R_q(g)\right)$$
$$f_{\rm cm}(g)=\begin{cases}f_{\rm c}(1) & 1\leqslant g\leqslant N\\ f_{\rm c}(2) & N+1\leqslant g\leqslant 2N\\ \vdots & \vdots\\ f_{\rm c}(M) & (M-1)\cdot N+1\leqslant g\leqslant M\cdot N\end{cases}\tag{5.41}$$

式中，$R_q(g)$为第q个散射点到第g个虚拟孔径的距离；$f_{\rm cm}(g)$为第g个虚拟孔径发射信号的起始载频。

为了实现对多目标的最优成像，正如第3章提到的，发射信号的波形参数应该根据目标特征进行优化设计：如发射信号的合成带宽B可根据目标的尺寸来设计，尺寸较小的目标往往需要雷达发射更大带宽信号来获得更高的距离分辨率，才能满足特征提取、成像与识别的需求；为了避免SFCS信号高分辨距离成像中的卷绕问题，子脉冲载频步进值Δf需满足$\Delta f<c/(4\hat{S}_{\rm y})$。为了减少子脉冲数量，当发射信号带宽$B$一定时，应当尽可能设置满足$\Delta f<c/(4\hat{S}_{\rm y})$条件的最大的$\Delta f$取值。因此，当对多目标进行成像时，由于目标尺寸各异，不同SA所发射信号的B和Δf值也就不同。采用稀疏SFCS信号作为发射信号时，为了保证不同SA之间发射信号的正交性，使不同SA发射信号的频谱不重叠即可，因此可以通过使不同Δf值之间保持整数倍关系来降低判断信号频谱是否重叠的难度。为了用尽可能少的子脉冲实现目标成像，可以采用3.4节方法来根据目标特征对子脉冲载频进行优化设计。也就是说，我们可以根据不同目标的特征来分别设计并同时发射不同的最优波形。

接下来讨论方位向成像方法。不妨假设目标与虚拟孔径之间的平动分量已被补偿，此时成像模型可等价为传统ISAR成像中的转台模型，$R_q(g)$可近似写为

$$R_q(g)\approx R_q+x_q\cdot\frac{d}{2R_0}\cdot g\tag{5.42}$$

式中，R_0 为目标中心到虚拟阵列中心的距离。

假设某距离单元包含 Q' 个散射点，该距离单元的信号可表示为

$$S(g)=\sum_{q=1}^{Q'}K_{\mathrm{sa}}\cdot M_{\mathrm{sa}}\cdot\sigma_q\cdot T_1\cdot\exp\left(-\mathrm{j}\frac{4\pi\cdot f_{\mathrm{cm}}(g)}{c}\left(R_q+x_q\cdot\frac{d}{2R_0}\cdot g\right)\right)\tag{5.43}$$

式(5.43)乘以相位项 $\exp\left(\mathrm{j}\frac{4\pi\cdot f_{\mathrm{cm}}(g)}{c}R_q\right)$，可以得到

$$S(g)=\sum_{q=1}^{Q'}K_{\mathrm{sa}}\cdot M_{\mathrm{sa}}\cdot\sigma_q\cdot T_1\cdot\exp\left(-\mathrm{j}\frac{4\pi\cdot f_{\mathrm{cm}}(g)}{c}x_q\cdot\frac{d}{2R_0}\cdot g\right)\tag{5.44}$$

通常，由于目标散射分布在空间具有稀疏性，因此目标回波信号也将具有稀疏性。基于信号稀疏分解和重构原理，设计 $M\cdot N\times N_x$ 维的稀疏表示字典 $\boldsymbol{D}$，$\boldsymbol{D}$ 中元素为

$$d(g,n)=\exp\left(-\mathrm{j}\frac{4\pi\cdot f_{\mathrm{cm}}(g)}{c}x_{\mathrm{c}}(n)\cdot\frac{d}{2R_0}\cdot g\right),\tag{5.45}$$

式中，$g=1,2,\cdots,M\cdot N$；$x_{\mathrm{c}}(n)=(n-N_{\mathrm{x}}/2)\cdot\Delta\rho_{\mathrm{a}}$，$n=1,2,\cdots,N_{\mathrm{x}}$，$N_{\mathrm{x}}$ 为方位向分辨单元数；$\Delta\rho_{\mathrm{a}}$ 为方位向网格尺寸，由目标的方位向尺寸决定。此时，式(5.44)可表示为

$$\boldsymbol{S}=\boldsymbol{D}\boldsymbol{\sigma}\tag{5.46}$$

式中，$\boldsymbol{S}=[S(1),S(2),\cdots S(g)\cdots S(M\cdot N)]^{\mathrm{T}}$，$\boldsymbol{\sigma}=K_{\mathrm{sa}}\cdot M_{\mathrm{sa}}\cdot T_1\cdot[\sigma_1,\sigma_2,\cdots,\sigma_{N_x}]^{\mathrm{T}}$ 即为方位向成像结果，可通过下式进行重构

$$\min\|\boldsymbol{\sigma}\|_0,\ \text{s.t.}\ \ \boldsymbol{S}=\boldsymbol{D}\boldsymbol{\sigma}\tag{5.47}$$

采用 OMP 算法求解式(5.47)，并对每个距离单元重复上述方位向成像过程，即可获得目标的二维成像结果。由于我们可以通过调整各 TA 中 SA 的划分方式来确保每个发射波束内只包含一个目标，且不同发射波束信号相互正交，因此采用上述单目标成像方法对不同方向波束（即不同目标）的回波信号进行处理，就可实现同时多目标成像。

显然，在上述方位向成像中，字典 $\boldsymbol{D}$ 的互相关系数越小，目标方位像重构性能就越好。从式(5.45)中可以看出，发射信号起始载频 $f_{\mathrm{cm}}(g),g=1,2,\cdots,M\cdot N$ 是影响 $\boldsymbol{D}$ 的互相关系数的一个重要因素。因此，为了获得更好的成像结果，需要以最小化 $\boldsymbol{D}$ 的互相关系数为目标对起始载频 $\boldsymbol{f}_{\mathrm{cm}}=[f_{\mathrm{cm}}(1),f_{\mathrm{cm}}(2),\cdots,f_{\mathrm{cm}}(M\cdot N)]$ 进行优化设计。$\boldsymbol{D}$ 的互相关系数可表示为

$$\bar{\mu}(\boldsymbol{D})=\max_{1<i,j<N_{\mathrm{x}},i\neq j}\frac{\left|\sum_{g=1}^{M\cdot N}g\cdot f_{\mathrm{cm}}(g)\cdot\exp\left(-\mathrm{j}\frac{4\pi}{c}\cdot\frac{d}{2R_0}(i-j)\cdot\Delta\rho_{\mathrm{a}}\right)\right|}{M\cdot N}\tag{5.48}$$

显然，$\forall i,j\in\{1<i,j<N_{\mathrm{x}},i\neq j\}$，有 $-N_{\mathrm{x}}<i-j<N_{\mathrm{x}}$。因此，式(5.48)可表示为

$$\bar{\mu}(\boldsymbol{D})=\max\boldsymbol{f}_{\mathrm{cm}}\boldsymbol{B}\tag{5.49}$$

式中，

$$\boldsymbol{B}=\begin{bmatrix}\exp\left(-\mathrm{j}\dfrac{2\pi d}{cR_0}N_{\mathrm{x}}\cdot\Delta\rho_{\mathrm{a}}\right),\cdots,\exp\left(\mathrm{j}\dfrac{2\pi d}{cR_0}N_{\mathrm{x}}\cdot\Delta\rho_{\mathrm{a}}\right)\\ \cdots \\ \exp\left(-\mathrm{j}\dfrac{2\pi d}{cR_0}M\cdot N\cdot N_{\mathrm{x}}\cdot\Delta\rho_{\mathrm{a}}\right),\cdots,\exp\left(\mathrm{j}\dfrac{2\pi d}{cR_0}M\cdot N\cdot N_{\mathrm{x}}\cdot\Delta\rho_{\mathrm{a}}\right)\end{bmatrix} \tag{5.50}$$

在对多目标进行成像时，需要同时对所有发射信号的起始载频 $\boldsymbol{f}_{\mathrm{cm}}$ 进行优化设计，从而在保证雷达系统所发射的所有信号的子脉冲载频集合的交集为空[即式(5.34)]的条件下，最小化字典的互相关系数。由式(5.41)可知，对 $\boldsymbol{f}_{\mathrm{cm}}$ 的优化设计本质上是对 $\boldsymbol{f}_{\mathrm{c}}=[f_{\mathrm{c}}(1),f_{\mathrm{c}}(2),\cdots,f_{\mathrm{c}}(M)]$ 的优化设计。设雷达需要对 K 个目标进行成像，采用 3.4 节方法对各目标所需发射信号的子脉冲带宽 $B_{1,k}$、载频步进值 Δf_k 进行认知优化调整，在此基础上，将第 k 个目标的起始载频和相应的字典 $\boldsymbol{D}$ 分别记为 $\boldsymbol{f}_{\mathrm{c},k}$ 和 $\boldsymbol{D}_k$，建立起始载频优化模型

$$\begin{aligned}&\min(\max(\bar{\mu}(\boldsymbol{D}_k)))\\ &\text{s.t.}\quad \forall k\in[1,2,\cdots,K],\quad \forall m\in[1,2,\cdots,M],\\ &f_{\mathrm{c},k}(m)\in[f_{\mathrm{c\,min}},f_{\mathrm{c\,max}}-B_k] \qquad ①\\ &\forall k_1,k_2\in[1,2,\cdots,K],\quad \forall m_1,m_2\in[1,2,\cdots,M],\ k_1\neq k_2\ \text{或}\ m_1\neq m_2\\ &\left(f_{\mathrm{c},k_1}(m_1)+l_{u_{k_1,m_1}}(\cdot)\cdot\Delta f_{k_1}\right)\cap\left(f_{\mathrm{c},k_2}(m_2)+l_{u_{k_2,m_2}}(\cdot)\cdot\Delta f_{k_2}\right) \qquad ②\end{aligned} \tag{5.51}$$

式中，$f_{\mathrm{c\,min}}$ 和 $f_{\mathrm{c\,max}}$ 分别是雷达工作频率范围的最小值和最大值。优化目标为最差成像质量最优，约束条件①表示各稀疏 SFCS 信号的频谱均不超出雷达的工作频率范围；约束条件②表示所有稀疏 SFCS 信号的子脉冲载频集合的交集为空以避免频谱资源冲突并保证信号间的正交性，其中 $l_{u_{k,m}}(\cdot)$ 表示对于第 k 个目标，在起始载频为 $f_{\mathrm{c},k}(m)$ 的条件下，采用 3.4 节所述方法获得的最优子脉冲载频集合中的任意元素。对式(5.51)所示的起始载频优化模型进行求解，可获得各目标所需的最优发射信号载频，在此基础上，根据式(5.43)和式(5.49)重构目标二维 ISAR 像，即可实现基于 MIMO 相控阵技术的多目标认知成像。简单起见，本节采用遗传算法求解式(5.51)，遗传算法的主要实现步骤在 3.4 节已经给出，此处不再赘述。

5.2.3 仿真实验与分析

目标与雷达之间的几何关系与图 5.6 所示一致。雷达系统由 $M=4$ 个 TA 和 $N=150$ 个接收阵元组成，相邻两个接收阵元之间的间距为 d =3 m。第 1 个 TA 的位置坐标为(0,0)m，第 1 个接收阵元的位置坐标为(700，0)m。每个 TA 包含 $M_{\mathrm{a}}=10$ 个发射阵元。假设雷达工作于 X 波段，最小工作频率 $f_{\mathrm{c\,min}}$ =8 GHz，最大工作频率 $f_{\mathrm{c\,max}}$ =12 GHz，雷达发射稀疏 SFCS 信号，发射信号的载频步进值 Δf 、起始载频 f_{c} 以及子脉冲载频将根据目标特征在

成像过程中自适应调整。回波中加入高斯白噪声，噪声强度为 P_n =15 dB。

假设雷达工作区域内存在如图 5.7 所示的两个目标，分别位于 0° 和 65° 方向。两个目标到第 1 个 TA 的初始距离分别为 11 km 和 11.4 km，此时两目标回波将重叠于相同的距离门内。设两目标回波能量相同，它们分别以(413，0) m/s 和(−438，0) m/s 的速度沿 X 轴运动。每个 TA 按照图 5.6 所示的完全重叠方式划分为 $U = 4$ 个 SA，每个 SA 包含 $M_{sa} = 7$ 个阵元。第 1 个和第 2 个 SA 的波束指向目标 1，第 3 个和第 4 个 SA 的波束指向目标 2。

采用 3.4 节方法进行目标特征认知和发射信号波形优化。首先发射一个带宽为 15 MHz 的小带宽 SFCS 信号，利用低分辨的一维距离成像结果来估计目标的径向尺寸，目标 1 和目标 2 的估计结果分别为 $\hat{S}_{y1}$ =30 m 和 $\hat{S}_{y2}$ =70 m。在此基础上，以适当降低大尺寸目标分辨率为原则，将用于观测目标 1 和目标 2 的稀疏 SFCS 信号合成带宽分别设置为 B_1 =700 MHz 和 B_2 =300 MHz，为避免距离卷绕现象，载频步进值需分别满足 $\Delta f_1 < c / 4\hat{S}_{y1}$ =2.7 MHz 和 $\Delta f_2 < c / 4\hat{S}_{y2}$ =1.07 MHz，仿真中分别将其设置为 Δf_1 =2 MHz 和 Δf_2 =1 MHz，以保证不同 Δf 值之间的整数倍关系，从而在为不同目标设计最优子脉冲载频时降低判断信号频谱是否重叠的难度，进而保证信号的正交性。子脉冲带宽取值与载频步进值保持一致。由 B_1、B_2、Δf_1 和 Δf_2 可以确定 SFCS 信号的子脉冲数分别为 N_1 =350 和 N_2 =300。

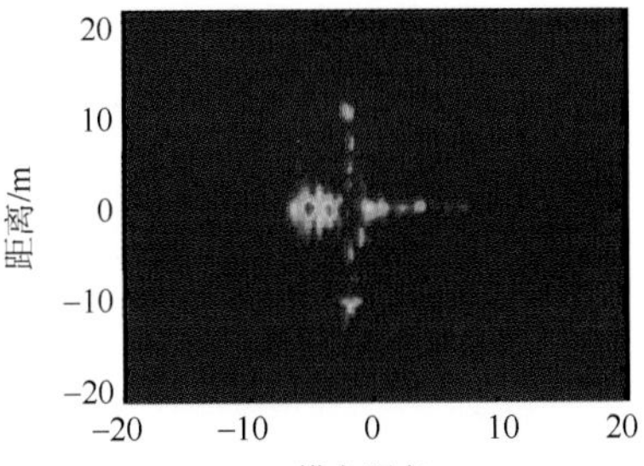

(a) 位于 0° 的目标 1

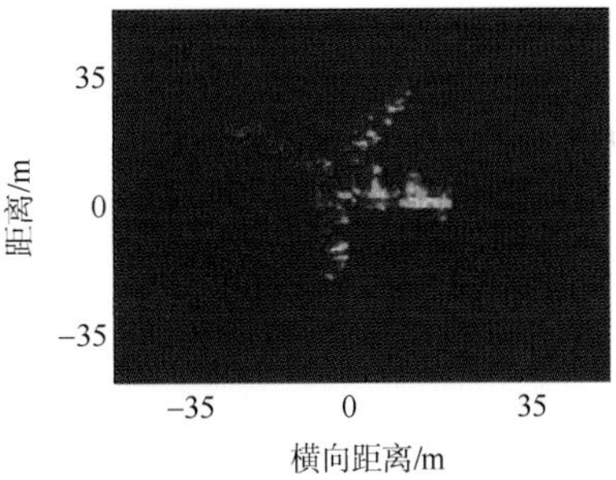

(b) 位于 65° 的目标 2

图 5.7　目标模型

对于目标 1 和目标 2，设置方位向网格尺寸和方位向分辨单元数分别为 $\Delta\rho_{a_1}$ =0.2 m，$\Delta\rho_{a_2}$ =0.4 m，$N_{x_1} = 250$ 和 $N_{x_2} = 250$。求解式(5.51)得到优化后的起始载频为 $\boldsymbol{f}_{c,1}$ =[10.6 GHz，10.4 GHz，11.3 GHz，11.3 GHz]^T 和 $\boldsymbol{f}_{c,2}$ =[10.3 GHz，9.9 GHz，9.7 GHz，9.4 GHz]^T。

分别针对目标 1 和目标 2，采用 3.4 节方法根据目标特征优化发射信号子脉冲载频，从而利用最少的子脉冲数量重构目标高分辨像。显然，在每个 TA 中，对于每一个目标，存在两个 SA 为其发射信号，假设这两个 SA 所发射信号的子脉冲数分别为 M_{sub1} 和 M_{sub2}，并记为 (M_{sub1}, M_{sub2}) 的形式。表 5.1 给出了 TA 1～TA 4 所对应的 (M_{sub1}, M_{sub2}) 值。

表 5.1　TA1～TA4 对各目标发射信号的子脉冲数

项　目	TA 1	TA 2	TA 3	TA 4
目标 1	(71，74)	(78，79)	(71，74)	(76，77)
目标 2	(89，94)	(87，92)	(91，96)	(87，95)

在根据目标特征获得最优 SFCS 信号参数、最优起始载频和最优子脉冲载频的基础上，采用本节所述成像方法得到的目标像如图 5.8 所示，两目标均获得了良好的成像质量。将完全子脉冲 SFCS 信号在无噪声条件下基于传统二维匹配滤波方法获得的目标成像结果作为参考，图 5.8 所示的目标像 PSNR 分别达到了 39.7668 和 39.2612。

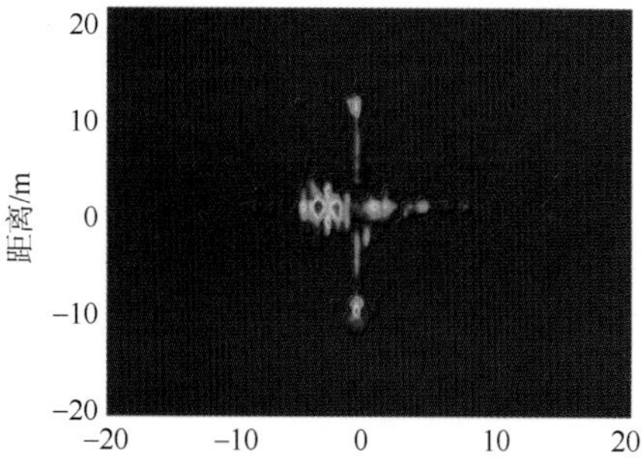

(a) 目标 1

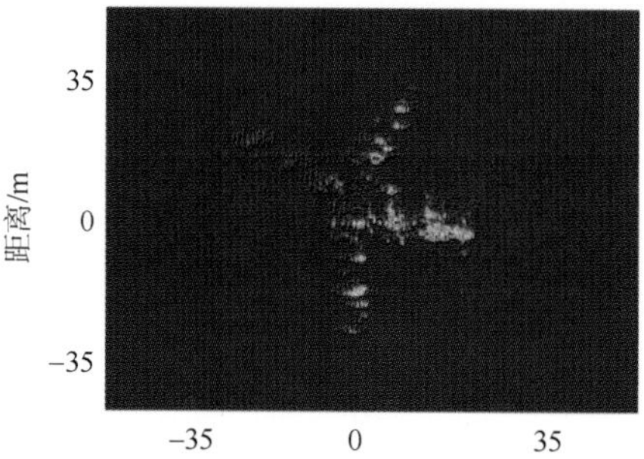

(b) 目标 2

图 5.8　基于混合 MIMO 相控阵技术的多目标成像结果

为了说明本节所述成像模型和成像方法的性能优势，将其与传统相控阵雷达 ISAR 成像和 MIMO 雷达单次快拍成像进行对比分析。为了使得对比尽量公正，按照如下方式来设计阵列结构和参数。

在传统相控阵雷达 ISAR 成像中，雷达系统包含的阵元数量设为 10 个，以和本节所述成像模型中每个 TA 所包含的阵元数量一致。阵列中心位于(434，0)m 处，所有阵元工作于相控阵模式，通过控制相移来使得波束指向目标所在方向。雷达系统以 PRF=300 Hz 发射信号，采用传统相控阵雷达 ISAR 成像方法进行成像，成像相干积累时间设为 $T_c=2$ s 以获得期望的方位分辨率(目标 1 为 0.2 m，目标 2 为 0.4 m)。在成像过程中获得了对目标的 300 次观测回波，和本节所述成像模型中的虚拟孔径数量一致。雷达发射功率为 200 kW。

在传统 MIMO 雷达单次快拍成像中，雷达系统由若干发射阵元和接收阵元构成，为了尽可能与本节所述成像模型中的仿真参数一致，设置 MIMO 雷达的发射阵元数量为 4 个，接收阵元数量为 75 个，相邻两个接收阵元之间的间距 $d=3$ m。第 1 个发射阵元和第 1 个接收阵元的位置分别为(0，0)m 和(700，0)m。每个发射阵元的发射功率为 200 kW。

当对某个目标成像时，其他目标的回波被认为是干扰信号，此时三种成像方法所得到的目标回波 SNR 和 SIR 如表 5.2 所示。

表 5.2　SNR 和 SIR

项　目		传统相控阵/dB	传统 MIMO/dB	混合 MIMO 相控阵/dB
目标 1	SNR	19.51	−14.47	0
	SIR	19.99	0	19.63
目标 2	SNR	19.51	−14.47	0
	SIR	19.99	0	19.63

在传统相控阵雷达 ISAR 成像中，每个阵元发射相同的稀疏 SFCS 信号。为了保证所发射信号对于两个目标都适用，设信号起始载频 10 GHz，合成带宽 700 MHz，载频步进值 1 MHz，子脉冲数 700 个。由于相控阵雷达不能针对不同目标同时发射不同的优化波形，因此无法对稀疏 SFCS 信号的子脉冲载频进行优化设计。为了满足稀疏成像对观测数据量的要求，需要随机选择180 个子脉冲对目标进行成像，两目标的成像结果分别如图 5.9(a)、(b)所示，其对应的 PSNR 分别为 43.9123 和 43.2335。

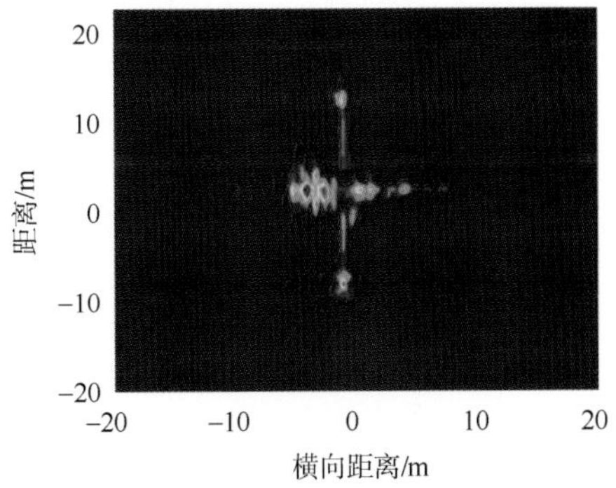

（a）目标 1

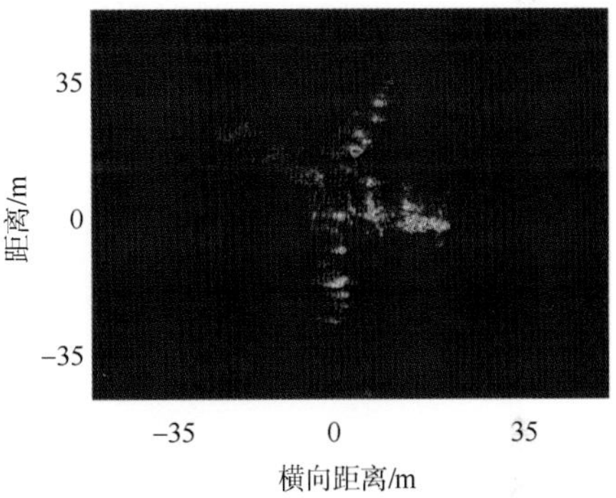

（b）目标 2

图 5.9　传统相控阵成像结果

对比图 5.8 和图 5.9 可以看出，传统相控阵雷达 ISAR 成像方法获得的图像质量略优，这是由于相控阵雷达在发射端和接收端都能够基于所有阵元获得发射相干处理增益和接收相干处理增益，而本节所述成像模型只能获得 SA 内部阵元所提供的发射相干处理增益和不同 SA 之间提供的波形分集增益。因此传统相控阵雷达 ISAR 成像方法能够获得更高的 SNR 和 SIR(参见表 5.2)。

然而传统相控阵雷达 ISAR 成像方法需要较长的方位向相干积累时间来获得方位向高分辨能力，这大幅降低了相控阵雷达在实际应用中的快速成像能力。与其相反，本节所述成像模型和成像方法能够实现对目标的单次快拍成像，满足实时成像需求。

在传统 MIMO 雷达单次快拍成像中，4 个发射阵元所发射的信号同时用于目标 1 和目标 2 的观测成像，这同样意味着无法针对不同目标同时发射不同的优化波形。发射信号参数与上述传统相控阵雷达 ISAR 成像的发射信号参数保持一致，同时保证各发射阵元辐射信号之间的正交性。由于两个目标的回波位于相同的距离门内，因此对于每个目标而言，另一个目标的回波都被认为是干扰信号，由于两目标回波能量相等，回波 SIR 为 0 dB，此时无法实现目标成像，如图 5.10 所示。

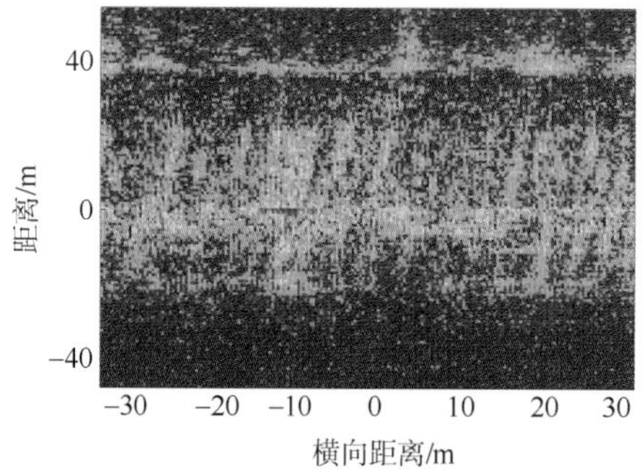

图 5.10　传统 MIMO 成像结果

将目标 2 到第 1 个 TA 的距离调整为 9 km，使得两个目标的回波位于不同的距离门内，此时可以消除两目标回波彼此之间的干扰，从而获得两目标的成像结果分别如图 5.11(a)、(b)所示，其 PSNR 分别为 24.6968 和 24.6261。可以看出，其成像质量远低于本节所述方法的成像质量，这是由于 MIMO 雷达的回波 SNR 较低的缘故(参见表 5.2)。

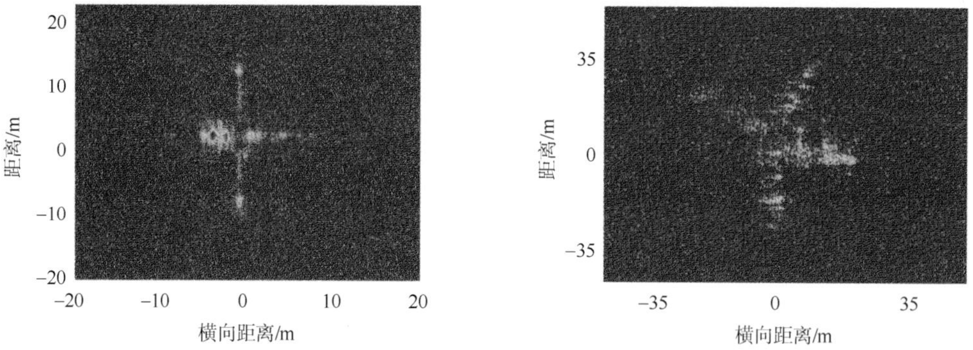

（a）目标 1　　（b）目标 2

图 5.11　无混叠条件下传统 MIMO 成像结果

由以上对比分析可以看出，本节所述成像模型和成像方法在多目标成像中具有明显优势。需要说明的是，为了实现单次快拍成像，在所述成像模型中需要布置相对较多的接收阵元以获得足够多的虚拟孔径，仿真中，在长度 1 150 m 的距离跨度上布置了 190 个阵元。实际上，为了减少阵元数量，可以采用稀疏阵列成像方法(Gu et al., 2013)，利用目标回波在方位频域的稀疏性来降低目标高分辨成像对虚拟孔径数量的需求。实验表明，如果采用稀疏阵列成像方法，仅需从已有的 150 个接收阵元中随机保留 50 个，即可获得相近质量的成像结果，如图 5.12 所示，其 PSNR 分别为 39.4138 和 39.1124。

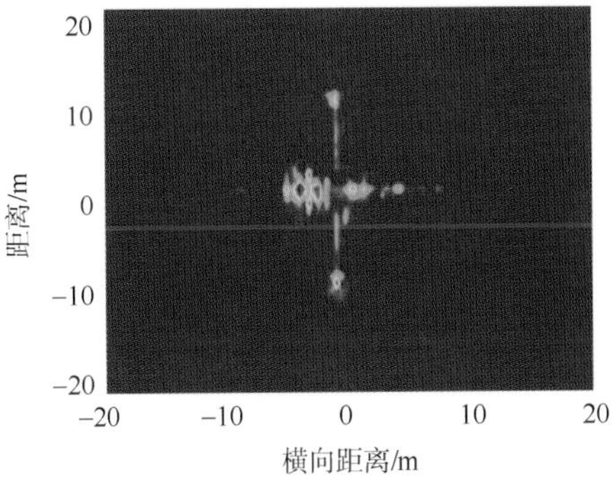

（a）目标 1

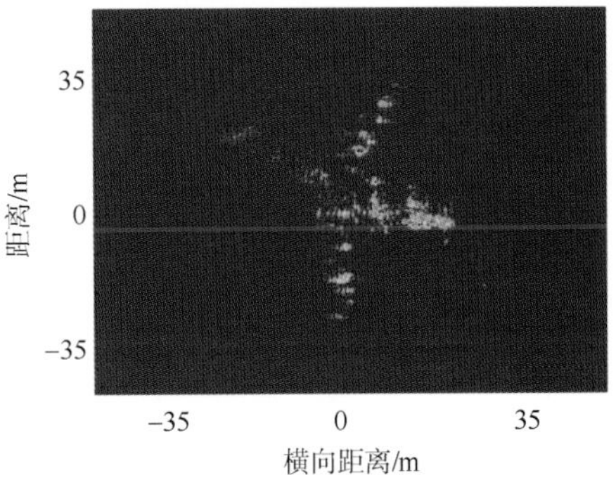

（b）目标 2

图 5.12　接收阵元稀疏条件下混合 MIMO 相控阵成像结果

5.3　雷达资源优化调度

在 5.2 节中，介绍了一种基于混合 MIMO 相控阵技术的多目标成像模型并给出了相应的多目标成像方法，具有比传统相控阵雷达 ISAR 成像和 MIMO 雷达单次快拍成像更好的多目标成像性能。然而，为了简化分析，每个 TA 都采用了均匀完全重叠划分的方式，即对每个目标而言，SA 数量，SA 中包含的阵元个数都相同，并且没有考虑多目标成像条件下的资源饱和问题。若雷达工作区域内存在过多的目标有待成像，雷达资源分配矛盾突出，这就需要研究合理有效的资源调度策略来提升多目标成像性能。

5.3.1　模 型 建 立

从 5.2 节所述的成像模型和成像算法中可以看出，SA 结构、波束功率、起始载频、子脉冲载频等诸多因素都会影响多目标成像性能，因此，在建立雷达资源优化调度模型时，这些因素都应作为待优化变量予以求解。

假设在雷达工作区域内同时存在 K 个有待成像的目标。如 5.2 节所述，雷达系统由 M 个 TA 和 N 个接收阵元组成，每个 TA 包含 M_a 个阵元，每个阵元的序号分别为 $1, 2, \dots M_a$。在对第 m 个 TA 进行划分时，简单起见，假设对于每一个目标而言，对其进行观测的所有 SA 包含相同的阵元数，并且采用 5.2 节中所述的完全重叠划分方式。当然，对于不同的目标，相应的 SA 所包含的阵元数可以不同；而相同的目标，对于不同的 TA 来说，SA 所包含的阵元数也可以不同。

在第 m 个 TA 中，用于观测第 k 个目标的 SA 结构可用如下参数描述：SA 的数量 $K_{sa}(k,m)$、每个 SA 所包含的阵元个数 $M_{sa}(k,m)$ 以及第一个阵元的位置序号 $I_{sa}(k,m)$，如图 5.13 所示。

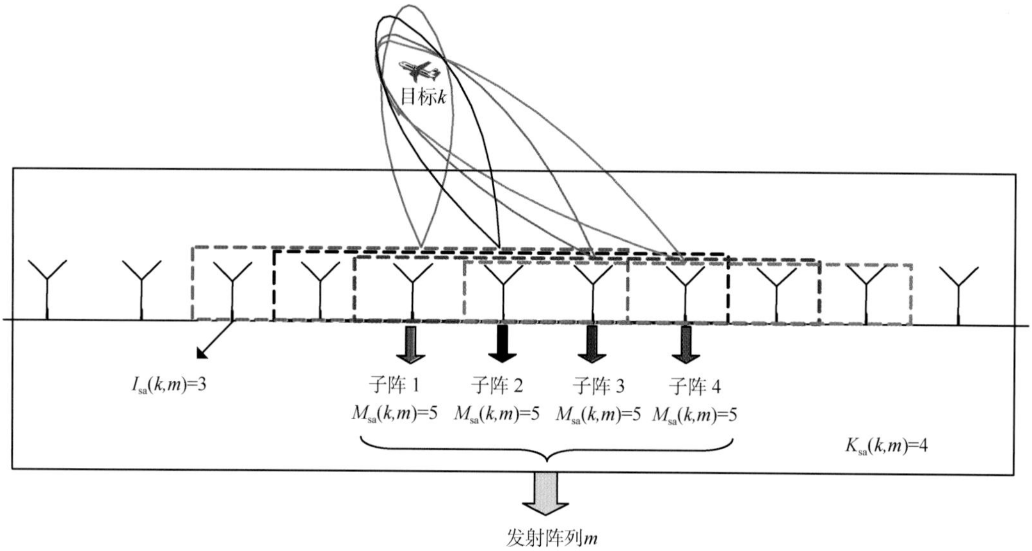

图 5.13　SA 结构示意图

所有 M 个 TA 中负责观测第 k 个目标的 SA 结构配置参数可以表示为

$$\begin{aligned}\boldsymbol{C}_{\mathrm{sa},k}=[&K_{\mathrm{sa}}(k,1), M_{\mathrm{sa}}(k,1), I_{\mathrm{sa}}(k,1), K_{\mathrm{sa}}(k,2), M_{\mathrm{sa}}(k,2),\\&I_{\mathrm{sa}}(k,2),\cdots, K_{\mathrm{sa}}(k,M), M_{\mathrm{sa}}(k,M), I_{\mathrm{sa}}(k,M)]\end{aligned} \tag{5.52}$$

在第 m 个 TA 中，负责观测第 k 个目标的 $K_{\mathrm{sa}}(k,m)$ 个 SA 通常分配相同的波束功率 $P_{\mathrm{sa}}(k,m)$，此时所有 M 个 TA 中负责观测第 k 个目标的发射波束功率配置参数可以表示为

$$\boldsymbol{P}_{\mathrm{sa},k}=[P_{\mathrm{sa}}(k,1), P_{\mathrm{sa}}(k,2),\cdots, P_{\mathrm{sa}}(k,M)] \tag{5.53}$$

如 5.2 节所述，在第 m 个 TA 中，所有负责观测第 k 个目标的 $K_{\mathrm{sa}}(k,m)$ 个 SA 的发射信号起始载频都相同，记为 $f_{\mathrm{c}}(k,m)$。此时所有 M 个 TA 中负责观测第 k 个目标的发射信号起始载频配置参数可以表示为

$$\boldsymbol{f}_{\mathrm{c},k}=[f_{\mathrm{c}}(k,1), f_{\mathrm{c}}(k,2),\cdots, f_{\mathrm{c}}(k,M)] \tag{5.54}$$

在第 m 个 TA 中，负责观测第 k 个目标的第 k_{sa}（$k_{\mathrm{sa}}=1,2,\cdots,K_{\mathrm{sa}}(k,m)$）个 SA 的发射信号子脉冲载频可用一个长度为带宽内可用载频点数 $B_k/\Delta f_k$ 的二进制串 $\boldsymbol{l}_{\mathrm{sa}}(k,m,k_{\mathrm{sa}})$ 来描述，其中 B_k 和 Δf_k 分别表示用于观测第 k 个目标的发射信号合成带宽和载频步进值。在该二进制串中，各元素对应相应子载频点的使用状态，“0”表示稀疏 SFCS 信号不发射该子载频，“1”表示稀疏 SFCS 信号发射该子载频。此时，所有 M 个 TA 中负责观测第 k 个目标的 $K_{\mathrm{sa}}(k,m)$ 个 SA 的发射信号子脉冲载频配置参数可以表示为

$$\begin{aligned}\boldsymbol{l}_{\mathrm{sa},k}=[&\boldsymbol{l}_{\mathrm{sa}}(k,1,1),\cdots,\boldsymbol{l}_{\mathrm{sa}}(k,1,K_{\mathrm{sa}}(k,1)),\boldsymbol{l}_{\mathrm{sa}}(k,2,1),\cdots,\\&\boldsymbol{l}_{\mathrm{sa}}(k,2,K_{\mathrm{sa}}(k,2)),\cdots,\boldsymbol{l}_{\mathrm{sa}}(k,M,K_{\mathrm{sa}}(k,M))]\end{aligned} \tag{5.55}$$

通常，目标回波的 SNR 和 SIR 越高，目标成像质量越好。因此，为了能够获得满意的成像效果，将 SNR 和 SIR 作为雷达资源优化调度模型中重要的指标参数。假设对于第

m 个 TA 来说，第 k 个目标的方位角为 $\theta_{k,m}$，则第 m 个 TA 照射第 k 个目标的波束方向图可表示为

$$F_{k,m}(\theta)=\left|\sum_{m_{sa}=1}^{M_{sa}(k,m)}\exp[-j(m_{sa}-1)(\varphi_\theta-\varphi_{\theta_{k,m}})]\right|^2\cdot\left|\sum_{k_{sa}=1}^{K_{sa}(k,m)}\exp[-j(k_{sa}-1)(\varphi_\theta-\varphi_{\theta_{k,m}})]\right|^2,$$

$$\varphi_\theta=\frac{2\pi d_{tr}\cdot f_c(k,m)\cdot\sin\theta}{c},$$

$$\varphi_{\theta_{k,m}}=\frac{2\pi d_{tr}\cdot f_c(k,m)\cdot\sin\theta_{k,m}}{c} \tag{5.56}$$

式中，d_{tr} 为 SA 内相邻两个阵元之间的间距。在接收端，对于第 k 个目标，由第 m 个 TA 获得的合成观测信号的 SNR 为

$$\text{SNR}(k,m)=\frac{P_{sa}(k,m)\cdot\sigma_k^2\cdot K_{sa}(k,m)}{\delta_n^2\cdot M_{sa}(k,m)} \tag{5.57}$$

式中，σ_k 为第 k 个目标散射系数；δ_n^2 为噪声强度。

当对某个目标进行成像时，其他目标的回波可被认为是干扰信号，因此，对于第 k 个目标，由第 m 个 TA 获得的合成观测信号的 SIR 为

$$\text{SIR}(k,m)=\frac{\sigma_k^2\cdot F_{k,m}(\theta_{k,m})}{\sum\limits_{k_1=1,\,k_1\neq k}^{K}(\sigma_{k_1}^2\cdot F_{k,m}(\theta_{k_1,m})\cdot F(R_{k,m,n},R_{k_1,m,n},\hat{S}_{y,k},\hat{S}_{y,k_1}))} \tag{5.58}$$

式中，$\hat{S}_{y,k}$ 为第 k 个目标的径向尺寸；$R_{k,m,n}=R_{k,m}+R_{k,n}$，$R_{k,m}$ 和 $R_{k,n}$ 分别为第 k 个目标到第 m 个 TA 和第 n 个接收阵元的距离；$F(\cdot)$ 为判断第 k_1 个目标回波是否会对第 k 个目标回波构成干扰的一个函数。显然，当这两个目标的回波位于不同的距离门内时，彼此之间的干扰可被忽略，因此，$F(\cdot)$ 定义为

$$F(R_{k,m,n},R_{k_1,m,n},\hat{S}_{y,k},\hat{S}_{y,k_1})=\begin{cases}0,\ \forall n,\ R_{k,m,n}-R_{k_1,m,n}<-\hat{S}_{y,k}-\hat{S}_{y,k_1}\\ 0,\ \forall n,\ R_{k,m,n}-R_{k_1,m,n}>\hat{S}_{y,k}+\hat{S}_{y,k_1}\\ 1,\ \text{其他}\end{cases} \tag{5.59}$$

式(5.57)和式(5.58)表明，在多目标成像时，目标的位置和散射系数都是影响回波 SNR 和 SIR 的重要因素。通常，在进行目标成像之前，雷达系统会首先完成目标的检测与跟踪，从中可以获得目标位置和散射系数的估计值，将这些估计值作为先验信息用于计算目标回波 SNR 和 SIR，并进一步将 SNR 和 SIR 作为雷达资源优化调度模型中用于确保成像质量的约束条件，即只有当 SNR 和 SIR 达到某个设定的阈值时才认为能实现目标的有效成像。

需要说明的是，本节介绍的是多目标成像条件下的雷达资源优化调度方法，属于相同任务类型资源优化调度问题。正如 1.2 节所述，这种情况下的雷达资源调度的优化目标函数通常与任务类型相关：对于传统的目标跟踪和目标搜索任务，跟踪误差的克拉美

罗界、目标跟踪精度和检测概率等性能指标都常被作为雷达资源调度中的优化目标函数，这些性能指标的计算都有具体的数学表达式，并且资源分配方式(如信号持续时间、发射功率等)就是这些数学表达式的输入参数。然而，对于目标成像任务，由于成像处理过程较为复杂，难以获得目标成像质量与待优化参数之间的具体数学表达式，也就无法定义相应的雷达资源调度的优化目标函数。鉴于此，对于多目标成像任务，考虑采用第四章中介绍的几种常用的雷达资源调度算法性能指标：SSR 、HVR 、TUR 和 EUR 。然而，基于混合 MIMO 相控阵技术的多目标认知成像采用的是单次快拍成像方式，并不涉及时间资源的分配，也就不需要考虑 TUR。相反，针对基于混合 MIMO 相控阵技术的多目标认知成像任务，雷达系统需要对功率、频谱、阵元等资源进行分配，单一的 EUR 并不能反映各项资源的利用情况。因此，本节所述雷达资源优化调度方法在保留 SSR 和 HVR 作为调度算法性能指标的基础上，定义一项新的性能指标——资源利用率(resource utilization ratio，RUR)

$$\mathrm{RUR}=\frac{1}{3}\cdot\left(\frac{\sum_{m=1}^{M}\mathrm{Count}\left(\bigcup_{k=1}^{K_{\mathrm{ims}}}O_{\mathrm{I}}(k,m)\right)}{M\cdot M_{\mathrm{a}}}+\frac{\sum_{m=1}^{M}\sum_{k=1}^{K_{\mathrm{ims}}}(P_{\mathrm{sa}}(k,m)\cdot K_{\mathrm{sa}}(k,m))}{M\cdot P_{\mathrm{TA\_max}}}\right.$$
$$\left.+\frac{\sum_{k=1}^{K_{\mathrm{ims}}}\sum_{m=1}^{M}\sum_{k_{\mathrm{sa}}=1}^{K_{\mathrm{sa}}(k,m)}f_u(k,m,k_{\mathrm{sa}})}{f_{\mathrm{t}}}\right) \tag{5.60}$$

式中，$O_{\mathrm{I}}(k,m)$ 表示第 m 个 TA 中用于第 k 个目标成像的阵元序号集合，可通过下式计算

$$\begin{aligned}O_{\mathrm{I}}(k,m)=\{&I_{\mathrm{sa}}(k,m),I_{\mathrm{sa}}(k,m)+1,\ldots,\\&I_{\mathrm{sa}}(k,m)+K_{\mathrm{sa}}(k,m)+M_{\mathrm{sa}}(k,m)-1\}\end{aligned} \tag{5.61}$$

$\mathrm{Count}\left(\bigcup_{k=1}^{K_{\mathrm{ims}}}O_{\mathrm{I}}(k,m)\right)$ 表示第 m 个 TA 中用于目标成像的阵元数目；$P_{\mathrm{TA\_max}}$ 表示每个 TA 的最大发射功率；$f_{\mathrm{t}}=f_{\mathrm{c}\max}-f_{\mathrm{c}\min}$ 表示雷达系统总的工作带宽；$f_u(k,m,k_{\mathrm{sa}})$ 表示第 m 个 TA 中用于第 k 个目标成像的第 k_{sa} 个 SA 所使用的频谱资源，可通过下式计算

$$f_u(k,m,k_{\mathrm{sa}})=\left\|\boldsymbol{I}_{\mathrm{sa}}(k,m,k_{\mathrm{sa}})\right\|_0\cdot B_{1,k} \tag{5.62}$$

式中，$B_{1,k}$ 表示用于第 k 个目标成像的子脉冲带宽。

针对上述三个性能指标(SSR 、HVR 和 RUR)，建立雷达资源优化调度模型

$$\max_{\boldsymbol{C}_{\text{sa},k},\boldsymbol{P}_{\text{sa},k},\boldsymbol{f}_{\text{c},k},\boldsymbol{l}_{\text{sa},k}} \{\text{SSR},\text{HVR},\text{RUR}\}$$

$$\begin{aligned}
\text{s.t.}\ & \bigcup_{k=1}^{K_{\text{ims}}}\bigcup_{m=1}^{M}\bigcup_{k_{\text{sa}}=1}^{K_{\text{sa}}(k,m)} f_{\text{uti}}(k,m,k_{\text{sa}})\in[f_{\text{c}\min},f_{\text{c}\max}] & ①\\
& \forall k_1,k_2\in K_{\text{ims}},\ m_1,m_2\in M,\ k_{\text{sa}_1}\in K_{\text{sa}}(k_1,m_1),\ k_{\text{sa}_2}\in K_{\text{sa}}(k_2,m_1),\ (k_1=k_2,\\
& \quad m_1=m_2,\ k_{\text{sa}_1}=k_{\text{sa}_2}),\ f_{\text{uti}}(k_1,m_1,k_{\text{sa}_1})\cap f_{\text{uti}}(k_2,m_2,k_{\text{sa}_2})=\varnothing & ②\\
& \forall k\in K_{\text{ims}},\\
& \quad \bar{\mu}(\boldsymbol{D}_k)<T_{\boldsymbol{D}} & ③\\
& \forall k\in K_{\text{ims}},\ m\in M,\\
& \quad \text{SNR}(k,m)>T_{\text{SNR}},\quad \text{SIR}(k,m)>T_{\text{SIR}} & ④\\
& \forall k\in K_{\text{ims}},\ m\in M,\ k_{\text{sa}}\in K_{\text{sa}}(k,m),\\
& \quad \alpha\left(\text{HRRP}(k,m,k_{\text{sa}};\boldsymbol{P}_{\text{sa},k},\boldsymbol{l}_{\text{sa},k})\right)>T_{\text{HRRP}} & ⑤\\
& \forall m\in M,\\
& \quad \sum_{k=1}^{K_{\text{ims}}}(P_{\text{sa}}(k,m)\cdot K_{\text{sa}}(k,m))\leqslant P_{\text{TA_max}} & ⑥\\
& \forall m_{\text{a}}\in M_{\text{a}},m\in M,\\
& \quad P_{\text{e}}(m_{\text{a}},m;\boldsymbol{C}_{\text{sa},k},\boldsymbol{P}_{\text{sa},k},\boldsymbol{f}_{\text{c},k},\boldsymbol{l}_{\text{sa},k})\leqslant P_{\text{e}\max} & ⑦\\
& \forall k\in K_{\text{ims}},\forall m_1,m_2\in M,\\
& \quad \left|\frac{P_{\text{sa}}(k,m_1)\cdot K_{\text{sa}}^2(k,m_1)-P_{\text{sa}}(k,m_2)\cdot K_{\text{sa}}^2(k,m_2)}{P_{\text{sa}}(k,m_2)\cdot K_{\text{sa}}^2(k,m_2)}\right|<T_{\text{A}} & ⑧
\end{aligned} \tag{5.63}$$

式中，$f_{\text{uti}}(k,m,k_{\text{sa}})$表示第$m$个 TA 中用于第$k$个目标成像的第$k_{\text{sa}}$个 SA 所使用的频率范围，可通过$f_{\text{c}}(k,m)$和$\boldsymbol{l}_{\text{sa}}(k,m,k_{\text{sa}})$计算得到。具体方法为，将$\boldsymbol{l}_{\text{sa}}(k,m,k_{\text{sa}})$中取值为 1 的元素所对应的子脉冲载频点构成集合$f_{\text{point}}(k,m,k_{\text{sa}},f_p),(f_p=1,2,\dots,\|\boldsymbol{l}_{\text{sa}}(k,m,k_{\text{sa}})\|_0)$，则$f_{\text{uti}}(k,m,k_{\text{sa}})$可表示为

$$f_{\text{uti}}(k,m,k_{\text{sa}})=\bigcup_{i=1}^{\|\boldsymbol{l}_{\text{sa}}(k,m,k_{\text{sa}})\|_0}\begin{bmatrix} f_{\text{cm}}(k,m)+f_{\text{point}}(k,m,k_{\text{sa}},i),\\ f_{\text{cm}}(k,m)+f_{\text{point}}(k,m,k_{\text{sa}},i)+B_{1,k}\end{bmatrix} \tag{5.64}$$

在式(5.63)所示的雷达资源优化调度模型中，约束条件①表示用于K_{ims}个目标成像的总频谱不能超出雷达系统工作频率范围限制；约束条件②表示任意两个 SA 的发射信号的频谱不重叠，以确保各 SA 发射信号之间的正交性；约束条件③表示用于稀疏重构各目标方位像的字典$\boldsymbol{D}_k$的互相关系数小于某个合适的阈值$T_{\boldsymbol{D}}$，从而保证各目标的方位向成像质量；约束条件④表示每个目标回波的 SNR 和 SIR 应当分别大于阈值T_{SNR}和T_{SIR}，以保证目标成像质量；约束条件⑤表示在当前资源调度策略下获得的目标高分辨一维距离像$\text{HRRP}(k,m,k_{\text{sa}};\boldsymbol{P}_{\text{sa},k},\boldsymbol{l}_{\text{sa},k})$与完全子脉冲条件下获得的目标高分辨一维距离像之间的互相关系数$\alpha(\text{HRRP}(k,m,k_{\text{sa}};\boldsymbol{P}_{\text{sa},k},\boldsymbol{l}_{\text{sa},k}))$应当大于某个阈值$T_{\text{HRRP}}$以保证 HRRP 的成

像质量；约束条件⑥表示每个 TA 的发射信号的总功率应当小于每个 TA 的最大发射功率 $P_{\mathrm{TA\_max}}$；约束条件⑦表示每个阵元的最大瞬时功率应当小于阵元所能提供的最大瞬时功率 P_{emax}，其中 $P_{\mathrm{e}}(m_{\mathrm{a}}, m; \boldsymbol{C}_{\mathrm{sa},k}, \boldsymbol{P}_{\mathrm{sa},k}, \boldsymbol{f}_{\mathrm{c},k}, \boldsymbol{l}_{\mathrm{sa},k})$ 表示第 m 个 TA 中第 m_{a} 个阵元所发射信号的最大瞬时功率，它由 $\boldsymbol{C}_{\mathrm{sa},k}$，$\boldsymbol{P}_{\mathrm{sa},k}$，$\boldsymbol{f}_{\mathrm{c},k}$ 和 $\boldsymbol{l}_{\mathrm{sa},k}$ 共同决定。在第 m 个 TA 中，首先根据 $\boldsymbol{C}_{\mathrm{sa},k}$ 可找到包含第 m_{a} 个阵元的所有 SA，然后，根据 $\boldsymbol{C}_{\mathrm{sa},k}$，$\boldsymbol{P}_{\mathrm{sa},k}$，$\boldsymbol{f}_{\mathrm{c},k}$ 和 $\boldsymbol{l}_{\mathrm{sa},k}$ 可以获得这些 SA 的发射功率、起始载频以及子脉冲载频集合，进一步得到各 SA 的发射信号波形。在此基础上，可以求出第 m_{a} 个阵元的发射信号，其为这些 SA 所发射信号的线性组合，并进一步计算出 $P_{\mathrm{e}}(m_{\mathrm{a}}, m; \boldsymbol{C}_{\mathrm{sa},k}, \boldsymbol{P}_{\mathrm{sa},k}, \boldsymbol{f}_{\mathrm{c},k}, \boldsymbol{l}_{\mathrm{sa},k})$；约束条件⑧表示各 TA 对第 k 个目标获得的合成观测信号的功率差不大于阈值 T_{A}，以便提高方位向的相干处理成像性能，其中 $P_{\mathrm{sa}}(k, m) \cdot K_{\mathrm{sa}}^{2}(k, m)$ 表示对于第 k 个目标，由第 m 个 TA 获得的合成观测信号的功率。

5.3.2 模 型 求 解

显然，式(5.63)所示的雷达资源优化调度模型是一个多目标优化问题。带精英策略的非支配排序遗传算法(non-dominated sorting genetic algorithm with elitism，NSGA-II)是目前最为常用的一种多目标优化算法，与其他多目标优化算法(如 Pareto 存档进化策略(Pareto archived evolution strategy，PAES)和强度 Pareto 进化算法(strength Pareto evolutionary algorithm，SPEA)等相比，能够获得更好的优化结果。因此，可以采用 NSGA-II 来求解资源优化调度模型，实现雷达资源在多目标间的合理分配。然而，当优化变量较多时，基于 NSGA-II 的多目标优化求解计算量较大。为了降低计算量，本节进一步介绍一种基于最小资源需求计算的快速优化求解方法，该方法能够在不明显降低优化求解性能的前提下，显著降低计算量。在实际应用中，可根据具体情况来选择不同的求解方法。

1. 基于 NSGA-II 的雷达资源优化调度模型求解

通常，对于多目标优化问题会存在一个解集，解集中的各个解之间就全体目标函数而言是无法比较优劣的，其特点是改进任何一个目标函数的同时必然会削弱至少一个其他的目标函数。这种解称作非支配解或 Pareto 最优解。所有 Pareto 最优解对应目标空间中的目标矢量所构成的曲面称作 Pareto 最优前沿。NSGA-II 将遗传算法、精英保留策略与非支配思想相结合，通过拥挤度计算和比较操作来获得多目标优化问题的 Pareto 前沿。下面详细阐述基于 NSGA-II 的雷达资源优化调度模型求解方法。

步骤 1：种群初始化

在遗传算法中，种群中的每一个染色体代表优化问题的一个解。式(5.63)所示的雷达资源优化调度模型中的待优化变量为 $\boldsymbol{C}_{\mathrm{sa},k}$、$\boldsymbol{P}_{\mathrm{sa},k}$、$\boldsymbol{f}_{\mathrm{c},k}$ 和 $\boldsymbol{l}_{\mathrm{sa},k}$，需要将这些待优化变量表示为染色体的形式，如图 5.14 所示。

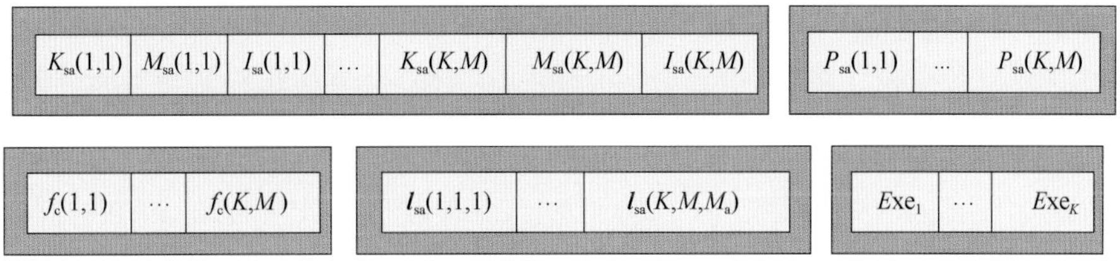

图 5.14　NSGA-II 算法染色体结构

图 5.14 中，染色体由五部分组成：第 1 部分是长度为$3\cdot K\cdot M$的 SA 结构分配序列$[K_{sa}(1,1), M_{sa}(1,1), I_{sa}(1,1), \cdots, K_{sa}(K,M), M_{sa}(K,M), I_{sa}(K,M)]$，包括各目标在各 TA 中的 SA 数量、每个 SA 中阵元数量、每个 TA 中观测每个目标的第一个阵元的位置序号等信息；第 2 部分是长度为$K\cdot M$的发射波束功率分配序列$(P_{sa}(1,1),\cdots,P_{sa}(K,M))$，表示每个 TA 中观测每个目标的波束功率分配方式；第 3 部分是长度为$K\cdot M$的起始载频分配序列$(f_c(1,1),\cdots,f_c(K,M))$，表示每个 TA 中观测每个目标的起始载频分配方式；第 4 部分是长度为$K\cdot M\cdot M_a$的子脉冲载频分配序列$(\boldsymbol{l}_{sa}(1,1,1),\cdots,\boldsymbol{l}_{sa}(K,M,M_a))$，表示每个 TA 中观测各目标的各 SA 的子脉冲载频分配方式，由于在获得资源优化调度模型求解结果之前，每个 TA 中观测某个目标的 SA 数量是未知的，因此在$[\boldsymbol{l}_{sa}(1,1,1),\cdots,\boldsymbol{l}_{sa}(K,M,M_a)]$中采用最大可能值$M_a$作为 SA 的数量；第 5 部分是长度为$K$的任务执行状态序列$(Exe_1,\cdots,Exe_K)$，当$Exe_k=1$时，表示第 k 个目标被成像，当$Exe_k=0$时，表示第 k 个目标未被成像。

初始化迭代次数$z=1$，设置最大迭代次数Z，随机生成H个染色体构成初始种群$\boldsymbol{G}^{(0)}=\left\{\boldsymbol{g}_1^{(0)},\boldsymbol{g}_2^{(0)},\cdots,\boldsymbol{g}_H^{(0)}\right\}$。

步骤 2：非支配排序和拥挤度计算

对种群$\boldsymbol{G}^{(z-1)}$进行非支配排序，记每个染色体$\boldsymbol{g}_h^{(z-1)}, h=1,2,\cdots,H$的 Pareto 秩为$\text{Rank}(\boldsymbol{g}_h^{(z-1)})$，表示当前种群中优于该染色体的染色体数目。所有具有相同 Pareto 秩的染色体[即$\text{Rank}(\boldsymbol{g}_h^{(z-1)})=i$, $i=0,1,2,\cdots$]构成非劣前沿$\boldsymbol{F}_i$。为了保证每一个非劣前沿$\boldsymbol{F}_i$中种群染色体的多样性，引入拥挤度的概念并计算每个染色体的拥挤距离$d_c(\boldsymbol{g}_h^{(z-1)})$（Martínez-Vargas et al.，2016；Bandyopadhyay-Bhattacharya，2013）。

步骤 3：子代种群生成

通过对种群$\boldsymbol{G}^{(z-1)}$进行遗传操作（选择、交叉和变异）获得种群大小为H的子代种群$\boldsymbol{O}^{(z-1)}$。其中，通常可采用二进制锦标赛选择操作，具体描述为：随机选择两个染色体并根据 Pareto 秩和拥挤距离比较它们的优劣：若两个染色体的 Pareto 秩不同，Pareto 秩小的染色体更优；若两个染色体的 Pareto 秩相同，拥挤距离大的染色体更优。交叉和变异操作在 3.4 节中已有介绍，此处不再赘述。

步骤 4：新种群生成

采用精英保留策略，将 $\boldsymbol{O}^{(z-1)}$ 和 $\boldsymbol{G}^{(z-1)}$ 合并为一个大小为 $2H$ 的临时种群，对其进行非支配排序并获得它的非劣前沿 $\boldsymbol{F}_i$ 和每个染色体的拥挤距离。在此基础上，生成新种群 $\boldsymbol{G}^{(z)}$，方法如下：$\boldsymbol{G}^{(z)}=\varnothing$，对于 $i=0,1,2,\ldots$，有 $\boldsymbol{G}^{(z)}=\boldsymbol{G}^{(z)}\cup\boldsymbol{F}_i$（$i=0,1,2,\cdots$）直到 $|\boldsymbol{G}^{(z)}|+|\boldsymbol{F}_i|>H$，$|\boldsymbol{G}^{(z)}|$ 和 $|\boldsymbol{F}_i|$ 分别表示 $\boldsymbol{G}^{(z)}$ 和 $\boldsymbol{F}_i$ 中的染色体个数；之后，将当前非劣前沿 $\boldsymbol{F}_i$ 中的染色体按照拥挤距离排序，排序结果记为 $\tilde{\boldsymbol{F}}_i$，将 $\tilde{\boldsymbol{F}}_i$ 中排在最前面的 $H-|\boldsymbol{G}^{(z)}|-|\boldsymbol{F}_i|$ 个染色体加入 $\boldsymbol{G}^{(z)}$ 中。

令 $z=z+1$，若 $z<Z$，转步骤 2；若 $z=Z$，迭代结束，$\boldsymbol{F}_0$ 为 Pareto 最优解集。

最后，通过给定 3 个目标函数 SSR 、 HVR 和 RUR 的权值 ω_1，ω_2 和 ω_3（$\omega_1+\omega_2+\omega_3=1$），从 Pareto 最优解集中选取使得 $\omega_1\text{SPI}+\omega_2\text{ROI}+\omega_3\text{RUR}$ 最大的染色体作为最优的雷达资源调度方案。

显然，NSGA-II 的计算复杂度与待优化变量数量有关，待优化变量越多，计算复杂度越高，上述方法在求解雷达资源优化调度模型时同时考虑了所有优化变量，会带来较大的计算负担，这有可能对该方法的实际应用带来限制。因此，下面进一步介绍一种快速求解方法。

2. 基于最小资源需求计算的快速优化求解方法

一般来说，当每个目标成像都消耗更少的资源时，整个雷达系统的资源分配效率就会越高。因此，对于每个目标成像来说，在达到成像所需的 SNR 和 SIR 的条件下，计算其所需的最小阵元数量和发射波束功率

$$
\begin{aligned}
&\min_{\boldsymbol{C}'_{\text{sa},k},\boldsymbol{P}_{\text{sa},k}}\left\{\sum_{m=1}^{M}K_{\text{sa}}(k,m),\sum_{m=1}^{M}M_{\text{sa}}(k,m),\sum_{m=1}^{M}(P_{\text{sa}}(k,m)\cdot K_{\text{sa}}(k,m))\right\}\\
&\text{s.t.}\quad \forall m\in M,\quad \text{SNR}(k,m;\boldsymbol{C}'_{\text{sa},k},\boldsymbol{P}_{\text{sa},k})>T_{\text{SNR}} \qquad ①\\
&\qquad\qquad\qquad\quad\ \text{SIR}(k,m;\boldsymbol{C}'_{\text{sa},k},\boldsymbol{P}_{\text{sa},k})>T_{\text{SIR}} \qquad ②\\
&\quad\ \forall\, m_1,m_2\in M,\\
&\quad\left|\frac{P_{\text{sa}}(k,m_1)\cdot K_{\text{sa}}^2(k,m_1)-P_{\text{sa}}(k,m_2)\cdot K_{\text{sa}}^2(k,m_2)}{P_{\text{sa}}(k,m_2)\cdot K_{\text{sa}}^2(k,m_2)}\right|<T_{\text{A}} \qquad ③
\end{aligned}
\tag{5.65}
$$

式中，

$$
\boldsymbol{C}'_{\text{sa},k}=[K_{\text{sa}}(k,1),M_{\text{sa}}(k,1),\cdots,K_{\text{sa}}(k,M),M_{\text{sa}}(k,M)] \tag{5.66}
$$

与 $\boldsymbol{C}_{\text{sa},k}$ 相比，$\boldsymbol{C}'_{\text{sa},k}$ 没有考虑第 1 个阵元的位置序号分配问题，在后续处理中将为其分配合适的位置。事实上，$\text{SNR}(k,m;\boldsymbol{C}'_{\text{sa},k},\boldsymbol{P}_{\text{sa},k})$ 和 $\text{SIR}(k,m;\boldsymbol{C}'_{\text{sa},k},\boldsymbol{P}_{\text{sa},k})$ 的计算方法与 $\text{SNR}(k,m;\boldsymbol{C}_{\text{sa},k},\boldsymbol{P}_{\text{sa},k})$ 和 $\text{SIR}(k,m;\boldsymbol{C}_{\text{sa},k},\boldsymbol{P}_{\text{sa},k})$ 一致，与第 1 个阵元的位置序号并没有关系。

显然，式(5.65)也是一个多目标优化问题，仍然采用 NSGA-II 算法来求解，具体过程不再赘述。需要说明的是，与式(5.63)相比，式(5.65)中的待优化变量显著减少，计算

量也明显降低。对式(5.65)进行求解可得到第 k 个目标成像所需阵元数量和发射波束功率的 Pareto 最优解集，记为 $\hat{O}_{C'_{\mathrm{sa},k}\boldsymbol{P}_{\mathrm{sa},k}}$。

接下来，以最小化字典 $\boldsymbol{D}_k$ 的互相关系数为目标，对第 k 个目标的起始载频 $\boldsymbol{f}_{\mathrm{c},k}$ 进行优化

$$
\min_{\boldsymbol{f}_{\mathrm{c},k}} (\max(\overline{\mu}(\boldsymbol{D}_k)))
$$

$$
\text{s.t.} \begin{array}{ll} \forall m \in [1, 2, \cdots, M], \quad f_{\mathrm{c}}(k,m) \in [f_{\mathrm{c}\min}, f_{\mathrm{c}\max} - B_k] & ① \\ \forall m, \ \mathrm{Count}(\boldsymbol{f}_{\mathrm{c},k} \in [f_{\mathrm{c}}(k,m) - B_k, f_{\mathrm{c}}(k,m) + B_k]) \leqslant T_{\alpha,k} & ② \end{array} \tag{5.67}
$$

式中，约束条件①表示发射信号频谱不超出雷达的工作频率范围限制；约束条件②中，$\mathrm{Count}(\boldsymbol{f}_{\mathrm{c},k} \in [f_{\mathrm{c}}(k,m)-B_k, f_{\mathrm{c}}(k,m)+B_k])$ 用来计算 $\boldsymbol{f}_{\mathrm{c},k}$ 中落入区间 $[f_{\mathrm{c}}(k,m)-B_k, f_{\mathrm{c}}(k,m)+B_k]$ 的元素个数。如 5.2 节所述，多目标成像方法要求同一个 TA 中用于观测同一个目标的所有 SA 的起始载频相同。由于雷达资源的有限性，对于同一个目标，需要限制采用相同起始载频的 TA 数目。$T_{\alpha,k}$ 就是为确保子脉冲载频足够分配的一个阈值，通常可取为 $T_{\alpha,k}=c_1\eta_k$，其中 c_1 为常数，取值在 0.2～0.5，η_k 为根据 3.4 节方法获得的最优稀疏 SFCS 信号的降采样率。采用遗传算法求解式(5.67)，经过迭代寻优计算后，将与最优染色体性能差异小于给定阈值的染色体构成集合 $\hat{O}_{f_{\mathrm{c}},k}$。

最后，采用 3.4 节方法对第 k 个目标的子脉冲载频进行优化，经过遗传算法的迭代寻优计算后，将与最优染色体性能差异小于给定阈值的染色体构成集合 $\hat{O}_{I_{\mathrm{sa}},k}$。

至此，我们已经得到了每个目标成像对雷达资源的需求。需要说明的是，各目标的最小资源分配解集 $\hat{O}_{C'_{\mathrm{sa},k}\boldsymbol{P}_{\mathrm{sa},k}}$、$\hat{O}_{f_{\mathrm{c}},k}$ 和 $\hat{O}_{I_{\mathrm{sa}},k}$ 可并行计算以提高资源分配算法的效率。同时，可以通过设定集合 $\hat{O}_{C'_{\mathrm{sa},k}\boldsymbol{P}_{\mathrm{sa},k}}$、$\hat{O}_{f_{\mathrm{c}},k}$ 和 $\hat{O}_{I_{\mathrm{sa}},k}$ 中的元素个数最大值来将算法计算量控制在合适的水平。

在此基础上，采用 NSGA-II 算法求解式(5.63)所示的雷达资源优化调度问题，获得雷达资源的最优调度方案。此时，染色体由图 5.15 所示的 5 个部分组成：第 1 部分长度为 K，其中第 k 个元素 $I_{C'_{\mathrm{sa},k},\boldsymbol{P}_{\mathrm{sa},k}}$ 表示对第 k 个目标的阵元数量和波束功率分配结果，即对于第 k 个目标，将解集 $\hat{O}_{C'_{\mathrm{sa},k}\boldsymbol{P}_{\mathrm{sa},k}}$ 中的第 $I_{C'_{\mathrm{sa},k},\boldsymbol{P}_{\mathrm{sa},k}}$ 个解作为其资源分配策略；第 2 部分和第 3 部分的长度分别为 K 和 $K \cdot M_{\mathrm{a}} \cdot M$，与第 1 部分类似，分别表示信号起始载频和子脉冲载频的分配结果；第 4 部分长度为 $K \cdot M$，其中第 k 个元素 $I_{k,m}$ 表示第 m 个 TA 中照射第 k 个目标的第 1 个阵元的位置序号；第 5 部分与图 5.14 相同。

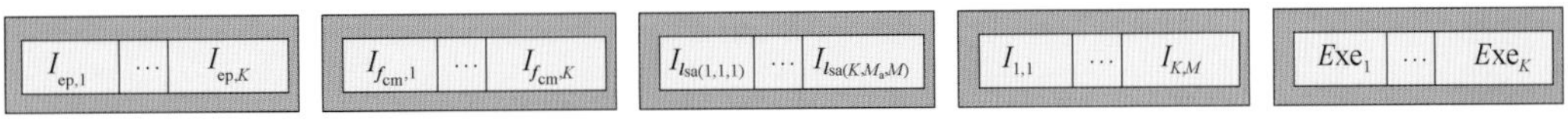

图 5.15　快速算法染色体结构

在下文的分析中，为了表述上的简便，将上述两种求解方法分别称为“方法一”和“方法二”。

5.3.3 仿真实验与分析

雷达系统由 $M=4$ 个 TA 和 $N=75$ 个接收阵元组成，相邻两个接收阵元之间的间距为 d=3 m。每个 TA 包含 $M_a=16$ 个阵元。在雷达成像区域内存在 $K=6$ 个目标，目标参数和散射点模型分别如表 5.3 和表 5.4 所示。其他仿真参数如表 5.5 所示。

表 5.3　目标参数表

项目	目标 1	目标 2	目标 3	目标 4	目标 5	目标 6
距离 R_k/km	10.0	10.1	8.0	12.8	12.0	11.9
方位角 θ_k/(°)	0	10	35	65	−25	−50
反射系数 σ_k^2	40	40	20	60	60	10
优先级 P_k	1	0.5	0.8	0.6	0.9	0.7

表 5.4　目标散射点模型

	目标 1	目标 2	目标 3
散射点模型	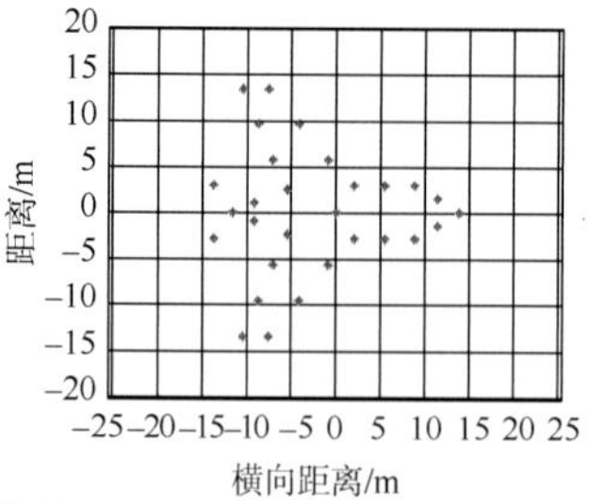	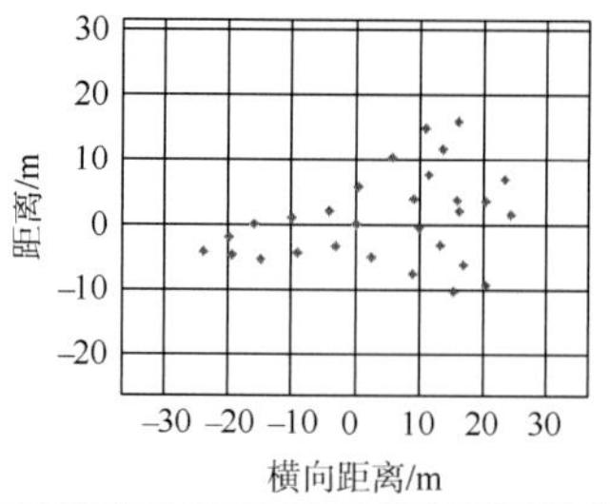	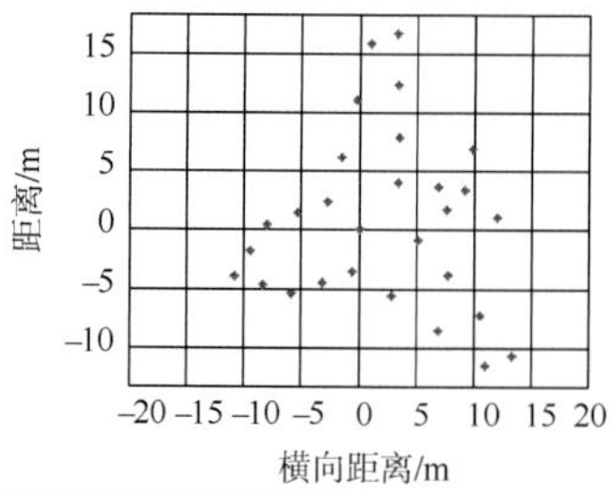
	目标 4	目标 5	目标 6
散射点模型	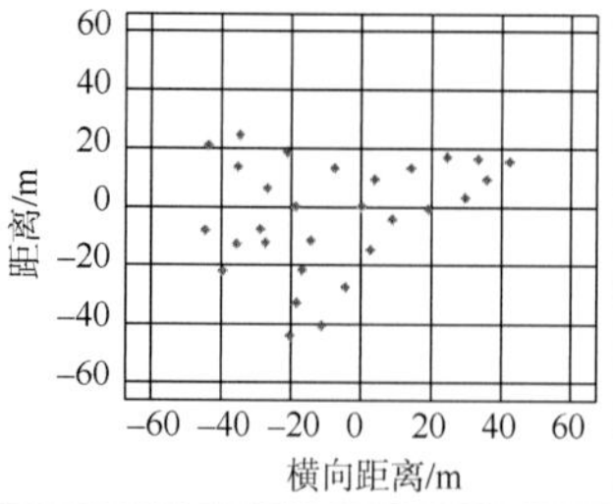	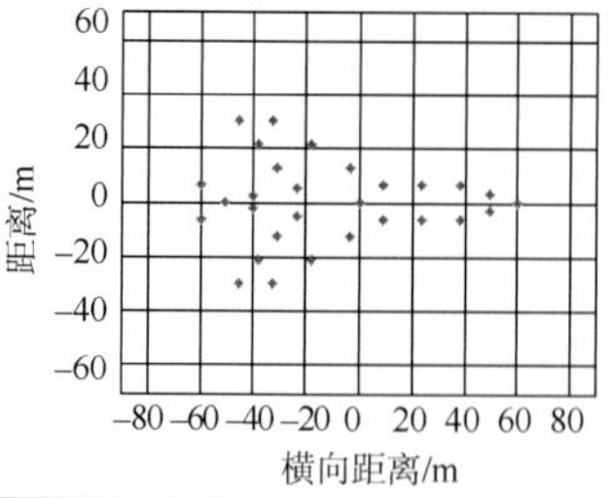	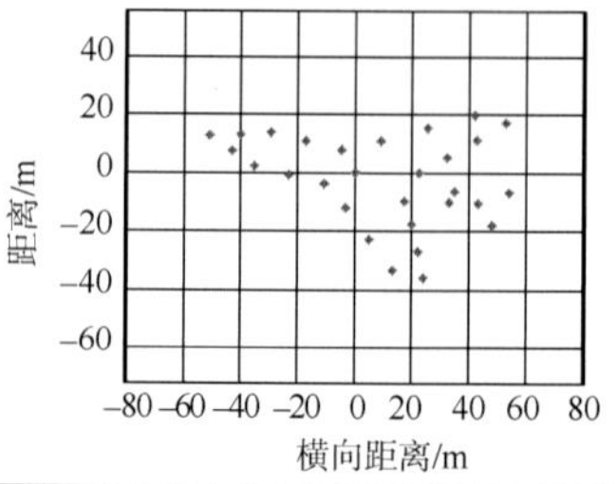

表 5.5　仿真参数

$f_{c\min}$	$f_{c\max}$	P_{TA_max}	$P_{element\_max}$	T_D	T_{SNR}	T_{SIR}	T_{HRRP}	T_A	P_n
8 GHz	12 GHz	200 kW	40 kW	0.03	0 dB	5 dB	0.8	0.2	50 dB

首先发射一个带宽为 15 MHz 的信号，获得 6 个目标的径向尺寸估计结果分别为 $\hat{S}_{y1}=\hat{S}_{y2}=\hat{S}_{y3}$=30 m 和 $\hat{S}_{y4}=\hat{S}_{y5}=\hat{S}_{y6}$=60 m。在此基础上，将各目标所需的合成带宽分别

设置为 $B_1 = B_2 = B_3 = 600$ MHz 和 $B_4 = B_5 = B_6 = 300$ MHz，载频步进值分别设置为 $\Delta f_1 = \Delta f_2 = \Delta f_3 = 2$ MHz 和 $\Delta f_4 = \Delta f_5 = \Delta f_6 = 1$ MHz，子脉冲带宽取值与载频步进值保持一致。

设置 $\hat{O}_{C'_{\mathrm{sa},k}\boldsymbol{P}_{\mathrm{sa},k}}$、$\hat{O}_{f_c,k}$ 和 $\hat{O}_{\boldsymbol{l}_{\mathrm{sa}},k}$ 中元素个数的最大值均为 2^{10}，权值取 $\omega_1 = 0.3$，$\omega_2 = 0.4$，$\omega_3 = 0.3$，方法一和方法二求解得到的雷达资源优化调度方案如表 5.6～表 5.13 所示。

表 5.6　TA1 资源分配结果（方法一）

项目	SA 数目	SA 内部阵元数	第一个阵元位置	SA 功率	起始载频	子脉冲数
目标 1	3	8	4	9	11.341	（62，55，58）
目标 2	—	—	—	—	—	—
目标 3	2	2	14	7	10.574	（72，77）
目标 4	2	2	11	4	9.901	（59，64）
目标 5	2	2	8	4	9.607	（72，63）
目标 6	4	8	1	34	8.022	（67，72，61，64）

表 5.7　TA2 资源分配结果（方法一）

项目	SA 数目	SA 内部阵元数	第一个阵元位置	SA 功率	起始载频	子脉冲数
目标 1	3	8	2	9	11.389	（57，66，64）
目标 2	—	—	—	—	—	—
目标 3	2	2	14	7	10.592	（68，71）
目标 4	2	3	4	4	9.901	（68，72）
目标 5	2	3	9	4	9.599	（64，65）
目标 6	4	11	1	34	8.401	（67，56，63，73）

表 5.8　TA3 资源分配结果（方法一）

项目	SA 数目	SA 内部阵元数	第一个阵元位置	SA 功率	起始载频	子脉冲数
目标 1	3	8	5	9	11.322	（66，58，53）
目标 2	—	—	—	—	—	—
目标 3	2	2	14	7	10.615	（64，67）
目标 4	2	3	10	4	10.223	（57，69）
目标 5	1	2	1	16	9.304	（61）
目标 6	4	8	2	33	8.715	（67，55，53，72）

表 5.9　TA4 资源分配结果（方法一）

项目	SA 数目	SA 内部阵元数	第一个阵元位置	SA 功率	起始载频	子脉冲数
目标 1	2	9	1	19	11.324	（67，62）
目标 2	—	—	—	—	—	—
目标 3	2	2	14	7	10.611	（59，69）
目标 4	2	2	9	4	10.213	（71，66）

续表

项目	SA 数目	SA 内部阵元数	第一个阵元位置	SA 功率	起始载频	子脉冲数
目标 5	2	2	4	4	9.301	(65，73)
目标 6	4	2	12	33	8.993	(59，66，69，68)

表 5.10　TA1 资源分配结果(方法二)

项目	SA 数目	SA 内部阵元数	第一个阵元位置	SA 功率	起始载频	子脉冲数
目标 1	4	8	3	6	11.398	(51，48，54，62)
目标 2	—	—	—	—	—	—
目标 3	2	2	1	6	11.054	(51，47)
目标 4	—	—	—	—	—	—
目标 5	3	2	10	2	8.905	(64，58，61)
目标 6	5	8	4	24	8.001	(56，62，61，54，63)

表 5.11　TA2 资源分配结果(方法二)

项目	SA 数目	SA 内部阵元数	第一个阵元位置	SA 功率	起始载频	子脉冲数
目标 1	3	9	3	10	10.804	(49，66，52)
目标 2	—	—	—	—	—	—
目标 3	2	2	8	6	10.572	(55，62)
目标 4	—	—	—	—	—	—
目标 5	4	2	12	1	9.193	(56，61，59，64)
目标 6	5	10	1	24	8.304	(66，56，58，53，61)

表 5.12　TA3 资源分配结果(方法二)

项目	SA 数目	SA 内部阵元数	第一个阵元位置	SA 功率	起始载频	子脉冲数
目标 1	4	8	1	6	10.352	(54，56，49，61)
目标 2	—	—	—	—	—	—
目标 3	1	2	15	24	10.121	(52)
目标 4	—	—	—	—	—	—
目标 5	2	2	8	5	9.471	(57，50)
目标 6	5	8	2	24	8.599	(55，58，53，62，57)

表 5.13　TA4 资源分配结果(方法二)

项目	SA 数目	SA 内部阵元数	第一个阵元位置	SA 功率	起始载频	子脉冲数
目标 1	4	8	1	6	9.759	(57，52，66，51)
目标 2	—	—	—	—	—	—
目标 3	2	2	2	6	9.581	(51，59)
目标 4	—	—	—	—	—	—

续表

项目	SA 数目	SA 内部阵元数	第一个阵元位置	SA 功率	起始载频	子脉冲数
目标 5	3	2	6	2	9.501	(55，52，51)
目标 6	4	3	11	38	8.912	(61，56，55，54)

从表 5.6 中可以看出，由于雷达资源有限，没有对优先级较低的目标 2 分配资源，而对目标 1 和目标 6 分配了相对较多的 SA 和阵元。事实上，对于 TA1，目标 1 和目标 2 的回波位于相同的距离门内，方位角和散射系数也都比较接近，因此需要给目标 1 分配更多的 SA 和阵元从而避免来自目标 2 的干扰。目标 5 和目标 6 的回波也位于相同的距离门内，但目标 5 的散射系数远大于目标 6 的散射系数，目标 6 的回波对目标 5 而言可以忽略，因此不需要给目标 5 分配更多的 SA 和阵元。反之，对于目标 6 而言，目标 5 的回波将会导致较强的干扰，因此需要给目标 6 分配更多的 SA 和阵元。同时，由于目标 6 散射系数较低，需要分配更多的发射波束功率来获得所需的回波 SNR。从表 5.9 中可以看出，对于 TA4 而言，由于目标 5 和目标 6 的回波位于不同的距离门内，两者之间不存在相互干扰，因此分配给目标 6 的 SA 和阵元就相应减少了。

对比表 5.6 和表 5.10 可以发现，方法二的求解结果中分配给各目标的资源量少于方法一的求解结果中分配给各目标的资源量。这是因为方法二是基于最小资源需求进行的优化求解，最终的资源分配策略是从各雷达系统参数(如 SA 结构、波束功率、起始载频和子脉冲载频)的最小资源分配解集 $\hat{O}_{C'_{\mathrm{sa},k}\boldsymbol{P}_{\mathrm{sa},k}}$、$\hat{O}_{f_{\mathrm{c}},k}$ 和 $\hat{O}_{l_{\mathrm{sa}},k}$ 中挑选出来的，所以方法二的求解结果中分配给各目标的资源量也就更少。

为了说明本节所述雷达资源优化调度方法的有效性，下面将其与资源平均分配策略进行对比。在资源平均分配策略中，给每个目标分配 2 个 SA，每个 SA 中包含 5 个阵元，每个 SA 的发射功率为 200/12=16.67 kW，发射信号子脉冲数量为 83，并根据式(5.67)确定信号起始载频。

基于不同的资源分配方法，首先对目标成像结果进行评估分析。将完全子脉冲 SFCS 信号无噪声条件下传统二维匹配滤波方法获得的目标成像结果作为参考，表 5.14～表 5.16 给出了不同的资源分配方法得到的目标 ISAR 像及其 PSNR 以定量评价目标成像质量。

表 5.14　目标成像结果(方法一)

目标 1	目标 2	目标 3
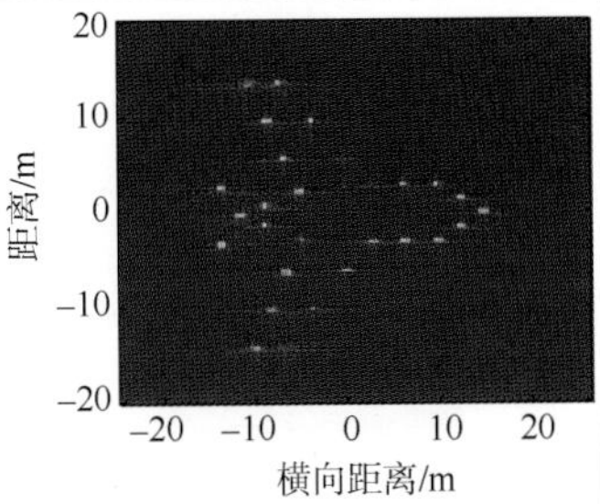 PSNR：41.5632	无法成像	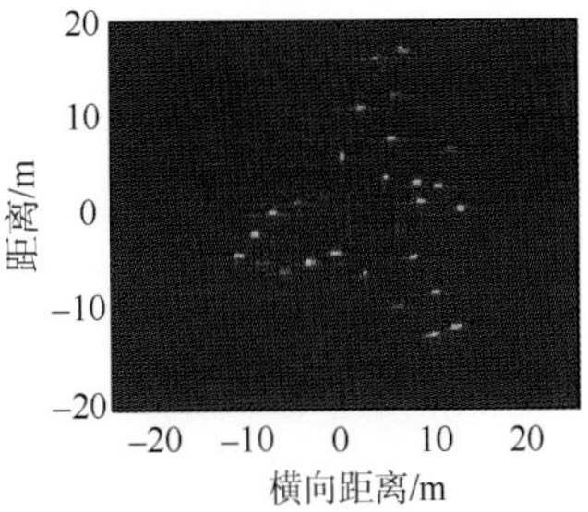 PSNR：41.1629

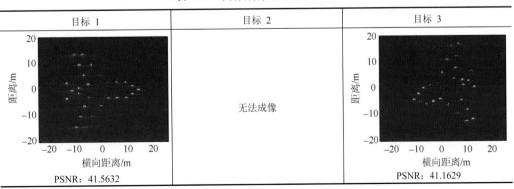

续表

目标 4	目标 5	目标 6
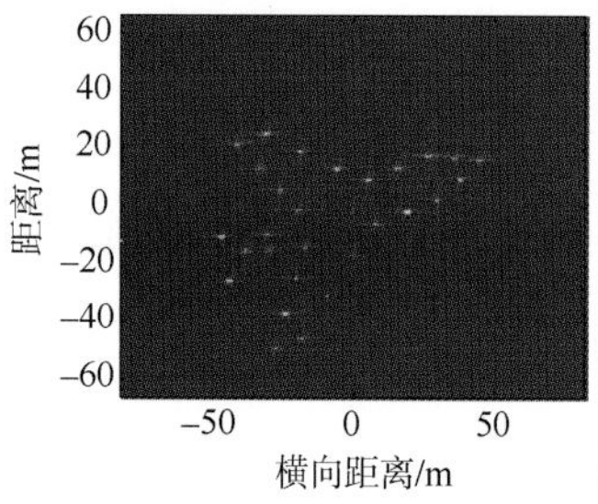 PSNR：35.7276	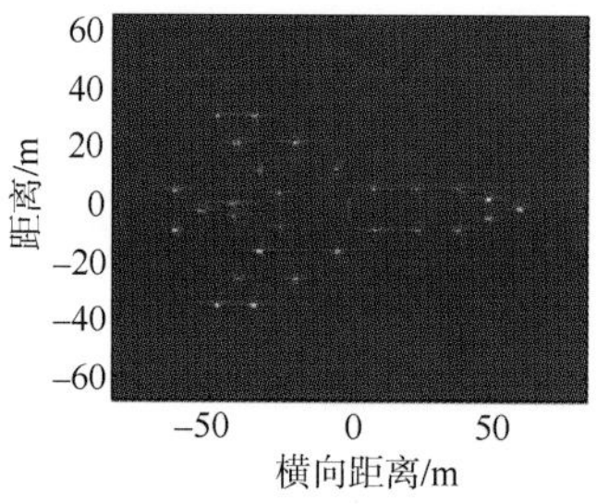 PSNR：39.8633	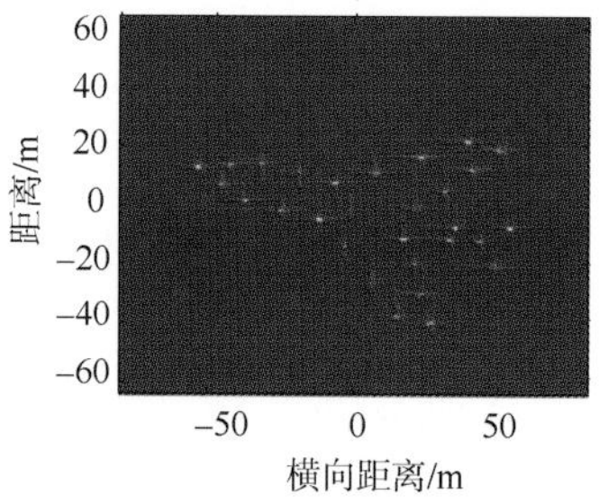 PSNR：37.6072

表 5.15　目标成像结果(方法二)

目标 1	目标 2	目标 3
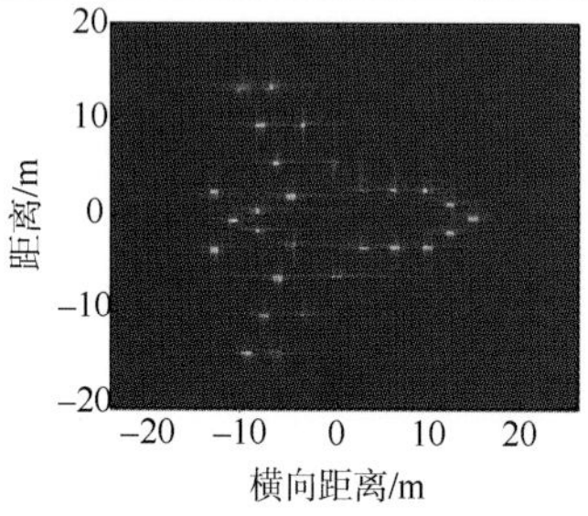 PSNR：40.6529	无法成像	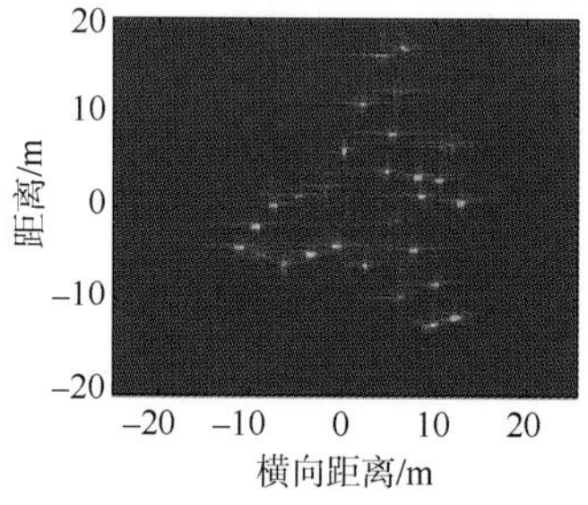 PSNR：39.3905
目标 4	目标 5	目标 6
无法成像	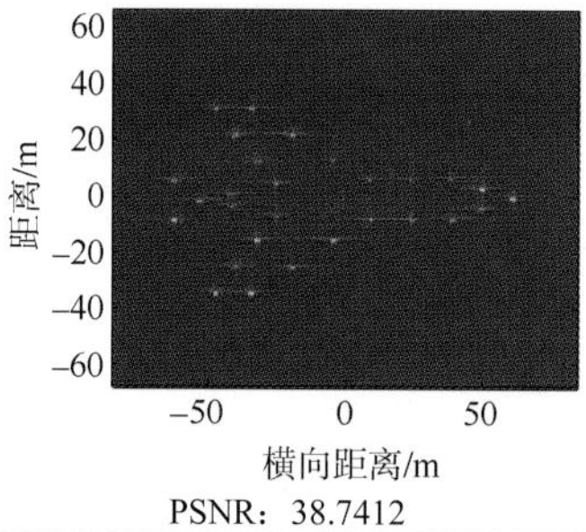 PSNR：38.7412	 PSNR：37.3569

表 5.16　目标成像结果(平均分配法)

目标 1	目标 2	目标 3
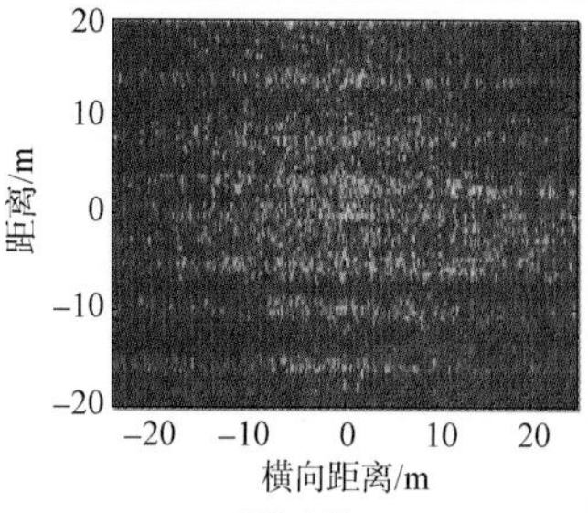 无法成像	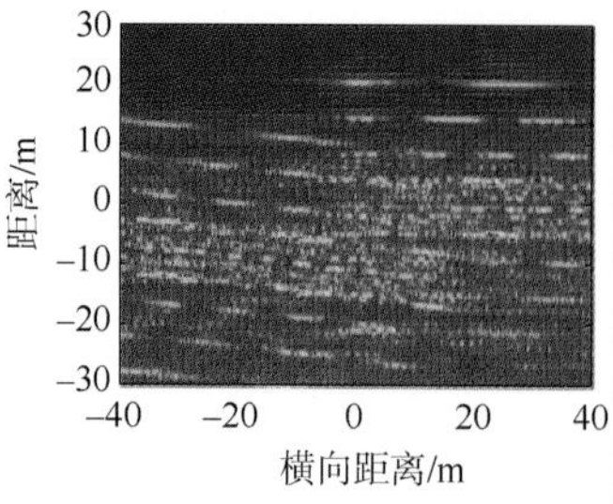 无法成像	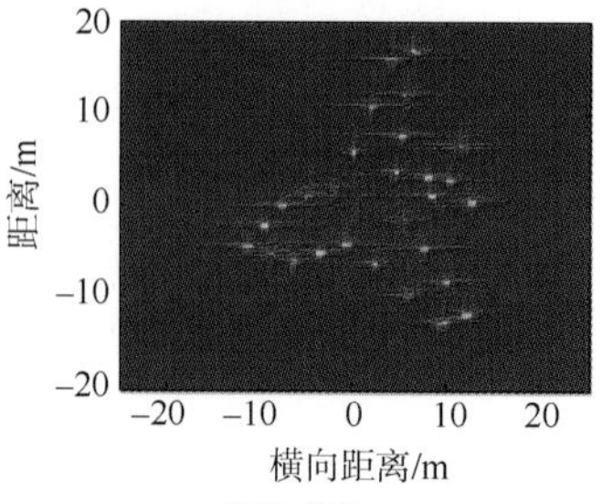 无法成像

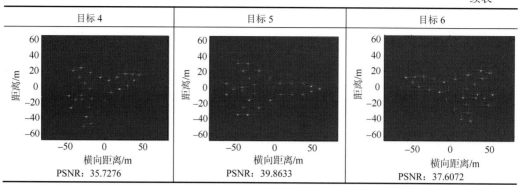

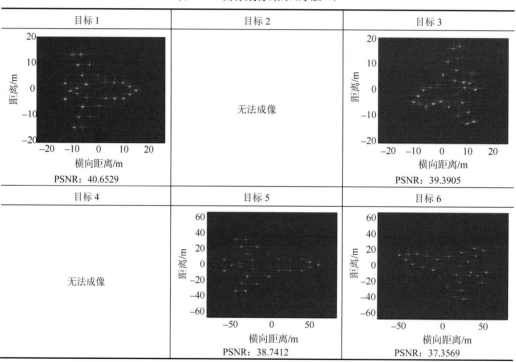

续表

目标 4	目标 5	目标 6
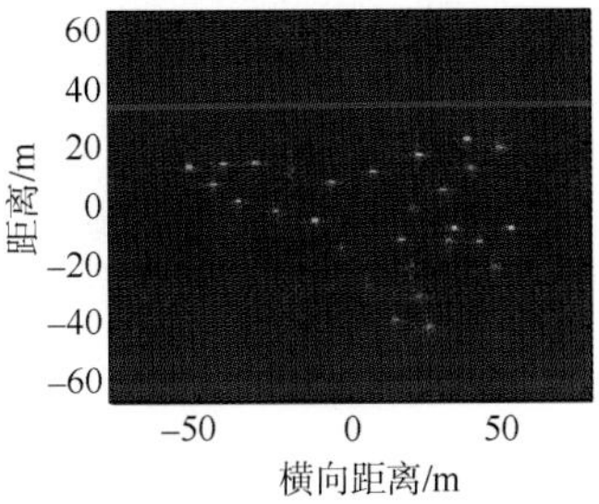	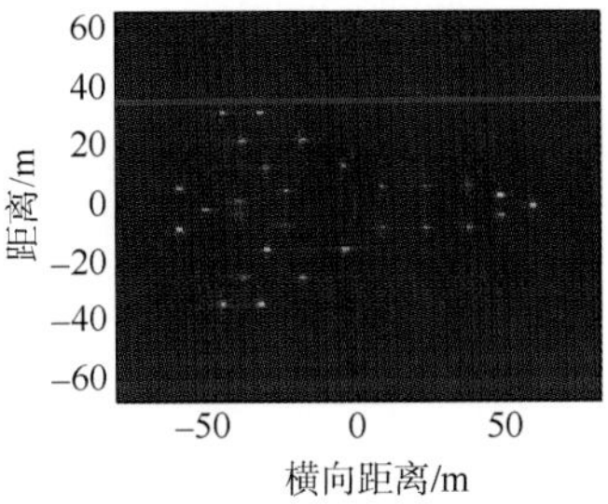	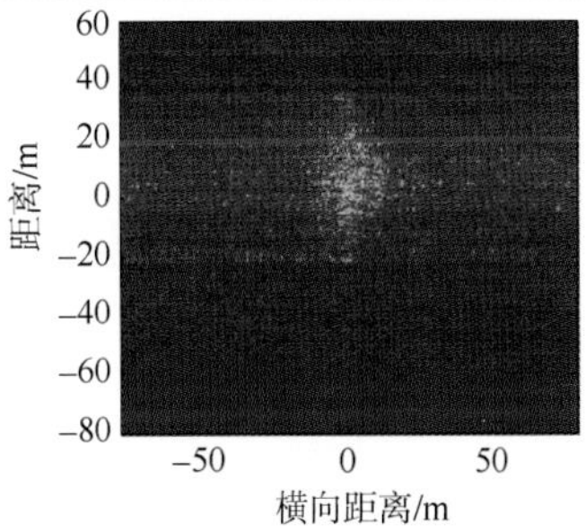
PSNR：37.8341	PSNR：41.9798	无法成像

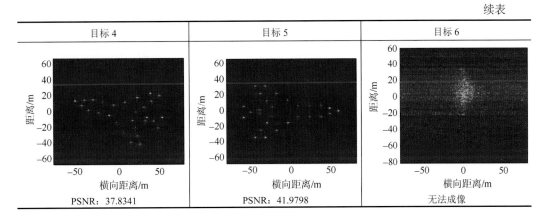

对比表 5.14 和表 5.15 可以看出，方法一的成像质量要优于方法二的成像质量，这是由于方法一给目标分配的资源量要多于方法二给目标分配的资源量。从表 5.16 可以看出，当对每个目标平均分配雷达资源时，由于目标 1 和目标 2 散射系数接近，回波相互干扰导致彼此均无法成像，而目标 6 的回波被散射系数更强的目标 5 的回波所干扰也导致无法成像，因此最终只获得了 3 个目标的高分辨成像结果。

表 5.17 进一步给出了三种资源调度方法的性能指标比较结果。

表 5.17　性能评估参数表　（单位：%）

项目	SSR	HVR	RUR
方法一	83.33	88.89	87.32
方法二	66.67	75.56	80.71
平均分配法	50.00	51.11	50.00

从表 5.17 中可以看出，与资源平均分配方法相比，本节所述方法一和方法二的各项性能指标都有显著提高，并且方法一的性能要优于方法二的性能。但是方法一的计算量更大，在某相同性能配置的计算机上，方法一的计算耗时 896.45s，而方法二仅耗时 12.21s。在实际应用中，可以根据优化性能需求和实时性需求来选择合适的方法。

此外，需要说明的是，事实上，每个 SA 之间的 MIMO 工作模式能够提升雷达的角分辨能力和参数估计能力，而 SA 内部的相控阵工作模式能够获得更高的回波 SNR 和 SIR，提升目标检测性能。在本章所述方法中，SFCS 信号脉冲串中的每一个子脉冲都可以看作是目标的一个窄带回波信号。因此，在目标成像的同时，还有望利用混合 MIMO 相控阵工作模式的性能优势，实现目标的有效检测和目标参数（如多普勒频率、波达方向等）的有效估计，从而进一步提高雷达系统的整体工作性能。在这种情况下，还需要充分考虑目标检测、参数估计等功能对雷达资源调度策略的影响，进一步提升系统的资源优化调度能力。

参考文献

Bandyopadhyay S, Bhattacharya R. 2013. Solving multi-objective parallel machine scheduling problem by a modified NSGA-II. Applied Mathematical Modelling, 37(10-11): 6718-6729.

Bellettini A, Pinto M A. 2002. Theoretical accuracy of synthetic sperture sonar micronavigation using a displaced phase center antenna. IEEE Journal of Oceanic Engineering, 27(4): 780-789.

Browning J P, Fuhrmann D R, Rangaswamy M. 2009. A hybrid MIMO phased-array concept for arbitrary spatial beampattern synthesis. IEEE Digital Signal Processing Workshop and IEEE Signal Processing Education Workshop. Marco Island, 446-450.

Cumming L G, Wong F H. 2005. Digital processing of synthetic aperture radar data: algorithms and implementation. Boston: Artech House.

Gu F F, Chi L, Zhang Q, et al. 2013. Single snapshot imaging method in MIMO radar with sparse antenna array. IET Radar, Sonar & Navigation, 7(5): 535-543.

Martínez-Vargas A, Domínguez-Guerrero J, Andrade A G, et al. 2016. Application of NSGA-II algorithm to the spectrum assignment problem in spectrum sharing networks. Applied Soft Computing, 39(C): 188-198.

Zhu Y T, Su Y, Yu W X. 2010. An ISAR imaging method based on MIMO technique. IEEE Transactions on Geoscience and Remote Sensing, 48(8): 3290-3299.

第 6 章　基于 TBD 技术的微动特征提取与资源优化调度

通常，空间目标(如卫星、弹道导弹、碎片等)在高速平动的同时往往还伴随着复杂的微动，如自旋、进动、翻滚等。利用目标微动产生的微多普勒效应来实现空间目标的微动特征提取与成像，能够为目标分类识别提供有效的特征信息。目前已有多种目标微动特征提取与成像方法，如时频分析方法、稀疏信号分解与重构方法、主成分分析方法、SFMFT 方法等。本书在 2.3.2 节和 2.3.3 节分别介绍了较为新颖的微动特征提取和微动目标成像方法，这里不再赘述。

然而，上述空间目标微动特征提取方法研究通常是以目标检测和跟踪已完成为前提的，因此这就需要将有限的雷达资源依次用于目标检测、跟踪、特征提取与成像等任务，这种方式在多目标监视时将给雷达资源调度带来很大的困难。因此，本章介绍一种基于 TBD 的微动特征提取与成像方法，该方法将认知思想引入目标微动特征提取与成像中，通过将 TBD 技术和微动特征提取与成像过程相结合，同时实现对目标的检测、跟踪、微动特征提取与成像。进一步地，根据所述微动特征提取方法的信号处理过程，介绍一种相应的雷达资源优化调度方法，实现雷达资源的合理分配。

6.1　基于 TBD 的微动特征提取

在本书 2.3 节中，基于理想散射点模型，对进动目标回波信号进行了详细分析，并介绍了相应的微动特征提取与成像方法。实际上，许多空间目标特别是弹道导弹目标，往往具有光滑的锥体或锥柱体旋转对称结构，此时理想散射点模型并不能准确描述目标的散射特性。对于这种光滑旋转对称目标，目标上的等效散射中心通常位于锥底边缘与 LOS 的交点处，其散射特性需要用滑动散射点模型来近似描述。目前，大部分滑动散射目标微动特征提取的研究成果都具有一定的局限性，其中一部分方法需要雷达具有较高的 PRF 来避免频域模糊，即需要雷达系统给微动特征提取任务分配大量的资源，这会造成资源分配矛盾突出；另一部分方法则需要利用目标 HRRP 上的峰值位置信息来提取目标微动特征，在信噪比很低时，HRRP 上的目标峰值被淹没，会导致算法性能严重恶化。此外，雷达系统通常是在完成目标搜索和跟踪任务之后，再发射额外的观测脉冲来实现目标微动特征提取与成像功能。本书不再对上述滑动散射目标微动特征提取方法进行详细介绍，感兴趣的读者可查阅相关文献。

为了提升雷达系统的目标微动特征提取与成像性能，本节介绍一种能够在目标检测和跟踪的同时完成微动特征提取与成像的方法，该方法对于具有理想散射点模型和滑动散射点模型的目标均适用，并且在低信噪比条件下具有良好的性能。主要思想为将 TBD 技术和微动特征提取与成像过程相结合，利用 TBD 技术获得宽带雷达目标回波距离-慢时间平面上各散射点的“轨迹”信息，然后建立微动特征提取与 TBD 之间的在线反馈，即根据目标微多普勒效应参数化模型从所得“轨迹”信息中提取目标微动特征参数，反过来，利用所得目标微动特征参数对 TBD 处理中的参数进行自适应调整，本质上构成“TBD——‘轨迹’信息——微动特征——TBD 自适应调整”的闭环反馈回路。基于该方法，可同时实现对目标的检测、跟踪和微动特征提取，在此基础上，重构目标散射分布，最终能够在准确获得目标微动特征参数和成像结果的同时提高目标检测性能。

6.1.1　目标微动特征分析

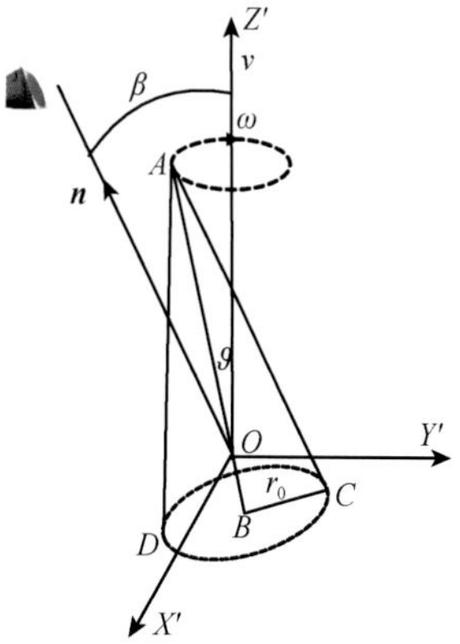

图 6.1　锥体目标进动模型

首先以锥体目标为例，对目标微动特征进行分析。假设某锥体目标如图 6.1 所示，其锥顶散射点 A 可用理想散射点模型来描述，而锥底散射点 C 和 D 需要用滑动散射点模型来描述。O 为目标中心，目标绕 Z' 轴锥旋，锥旋角速度为 Ω_c(rad/s)，锥旋角为 ϑ，初始时刻雷达到目标中心的距离为 R_0。LOS 用 $\boldsymbol{n}$ 表示，Y' 轴位于 $\boldsymbol{n}$ 和 Z' 轴确定的平面内，X' 轴则根据右手准则确定。LOS 和 Z' 轴之间的夹角记为 β。锥底半径为 r_0，目标中心点 O 到锥顶散射点 A 之间的距离为 $|oa|$，到锥底中心点 B 的距离为 $|ob|$。目标以速度 v 沿 Z' 轴匀速运动。

显然，LOS 与 $\overrightarrow{OA}$ 之间的夹角随时间变化，设初始时刻 ($t=0$ 时刻) 向量 $\overrightarrow{OA}$ 在 $X'OY'$ 平面上的投影向量与 X 轴之间的夹角为 ϕ_0，则可将 LOS 与 $\overrightarrow{OA}$ 之间的夹角 $\varphi(t)$ 表示为

$$\cos\varphi(t)=\sin\beta\sin\vartheta\sin(\Omega_c t+\phi_0)+\cos\beta\cos\vartheta \tag{6.1}$$

用 $r_a(t)$、$r_c(t)$ 和 $r_d(t)$ 分别表示 t 时刻 $\overrightarrow{OA}$、$\overrightarrow{OC}$ 和 $\overrightarrow{OD}$ 在 LOS 上的投影

$$\begin{aligned}r_a(t)&=-|oa|\cdot\cos\varphi-\cos\beta\cdot v\cdot t+R_0\\&=-|oa|(\sin\beta\sin\vartheta\sin(\Omega_c t+\phi_0)+\cos\beta\cos\vartheta)-\cos\beta\cdot v\cdot t+R_0\end{aligned} \tag{6.2}$$

$$\begin{aligned}r_c(t)&=r_0\cdot\sin\varphi+|ob|\cdot\cos\varphi-\cos\beta\cdot v\cdot t+R_0\\&=r_0\sqrt{\begin{aligned}&1-\cos^2\beta\cos^2\vartheta-\sin^2\beta\sin^2\vartheta\sin^2(\Omega_c t+\phi_0)\\&-2\cos\beta\cos\vartheta\sin\beta\sin\vartheta\sin(\Omega_c t+\phi_0)\end{aligned}}\\&\quad+|ob|(\sin\beta\sin\vartheta\sin(\Omega_c t+\phi_0)+\cos\beta\cos\vartheta)-\cos\beta\cdot v\cdot t+R_0\end{aligned} \tag{6.3}$$

$$\begin{aligned}r_d(t)&=-r_0\cdot\sin\varphi+|ob|\cdot\cos\varphi-\cos\beta\cdot v\cdot t+R_0\\&=-r_0\sqrt{\begin{aligned}&1-\cos^2\beta\cos^2\vartheta-\sin^2\beta\sin^2\vartheta\sin^2(\Omega_c t+\phi_0)\\&-2\cos\beta\cos\vartheta\sin\beta\sin\vartheta\sin(\Omega_c t+\phi_0)\end{aligned}}\\&\quad+|ob|(\sin\beta\sin\vartheta\sin(\Omega_c t+\phi_0)+\cos\beta\cos\vartheta)-\cos\beta\cdot v\cdot t+R_0\end{aligned} \tag{6.4}$$

根据 $|x|\leqslant 1$ 时，$\sqrt{1+x}\approx 1+x/2$，对式(6.3)和式(6.4)进行近似

$$r_c(t)=-\frac{r_0}{2}\left(\begin{array}{l}\cos^2\beta\cos^2\vartheta+\sin^2\beta\sin^2\vartheta\sin^2(\Omega_c t+\phi_0)\\+2\cos\beta\cos\vartheta\sin\beta\sin\vartheta\sin(\Omega_c t+\phi_0)\end{array}\right)\\+|ob|(\sin\beta\sin\vartheta\sin(\Omega_c t+\phi_0)+\cos\beta\cos\vartheta)-\cos\beta\cdot v\cdot t+R_0+r_0 \tag{6.5}$$

$$r_d(t)=\frac{r_0}{2}\left(\begin{array}{l}\cos^2\beta\cos^2\vartheta+\sin^2\beta\sin^2\vartheta\sin^2(\Omega_c t+\phi_0)\\+2\cos\beta\cos\vartheta\sin\beta\sin\vartheta\sin(\Omega_c t+\phi_0)\end{array}\right)\\+|ob|(\sin\beta\sin\vartheta\sin(\Omega_c t+\phi_0)+\cos\beta\cos\vartheta)-\cos\beta\cdot v\cdot t+R_0-r_0 \tag{6.6}$$

在宽带雷达中，目标的微动特征可用目标距离-慢时间图像上的距离峰值曲线来描述，曲线在距离-慢时间图像上的走动历程由 $r_a(t)$、$r_c(t)$ 和 $r_d(t)$ 确定，反映了目标散射点与雷达之间径向距离随时间的变化关系，因此曲线的特征也就表征了各散射点的微动特征。在本书中，不妨将目标散射点在距离-慢时间图像上的距离峰值曲线称为目标散射点的“距离轨迹”。从式(6.2)～式(6.6)中可以看出，锥顶散射点 A 的微动特征(也即距离轨迹)呈现为标准正弦曲线形式，而锥底散射点 C 和 D 的微动特征呈现为准正弦曲线形式。

在目标观测期间，还需要考虑散射点遮挡效应。设目标的半锥角为 Υ。从图 6.1 所示的目标进动模型中可以看出，$\varphi(t)\in[|\beta-\vartheta|,\beta+\vartheta]$。当 $\varphi(t)$ 在 $[0,\pi]$ 之间变化时，由于遮挡效应的存在，雷达可观测到的目标散射点有所不同，具体可将 $\varphi(t)$ 分为 4 个区域(姚汉英等，2013)：

区域 1：$0\leqslant\varphi(t)<\Upsilon$，可观测散射点为 A、C 和 D；

区域 2：$\Upsilon\leqslant\varphi(t)<\pi/2$，可观测散射点为 A 和 D；

区域 3：$\pi/2\leqslant\varphi(t)<\pi-\Upsilon$，可观测散射点为 A、C 和 D；

区域 4：$\pi-\Upsilon\leqslant\varphi(t)<\pi$，可观测散射点为 C 和 D。

散射点遮挡效应对微动特征提取与成像的影响将在 6.1.2 节中予以具体讨论。设雷达发射 LFM 信号，信号参数设置如下：载频 $f_c=10\,\text{GHz}$，信号脉宽 $T_p=1\,\mu\text{s}$，信号带宽 $B=3\,\text{GHz}$，脉冲重复频率 $\text{PRF}=60\,\text{Hz}$，观测时间 $T_c=1\,\text{s}$。目标锥底半径 $r_0=1\,\text{m}$，目标中心到锥顶散射点和锥底中心点的距离分别为 $|oa|=3\,\text{m}$ 和 $|ob|=0.3\,\text{m}$。目标进动角 $\vartheta=15°$，进动角速度 Ω_c=8π rad/s，LOS 和 Z' 轴之间的夹角 $\beta=145°$，初始角度 ϕ_0=π/100 rad。为了更直观地观察目标微动特征，设 $R_0=0\,\text{m}$ 和 $v=0\,\text{m/s}$。图 6.2 给出了目标距离-慢时间像，从中可以看出，散射点 A 的距离像峰值沿慢时间方向呈现为正弦曲线形式，而散射点 C 和 D 的距离像峰值则呈现为准正弦曲线形式，与理论分析结果相一致。

6.1.2　目标微动特征认知提取与成像

通常，雷达系统需要在完成目标检测和跟踪之后，连续发射数百个甚至更多相干脉冲来实现微动特征的有效提取和目标高分辨成像，这既极大地占用了雷达资源，也不利于实时处理。通过在目标检测、跟踪与微动特征提取、成像之间建立信息反馈，实现检

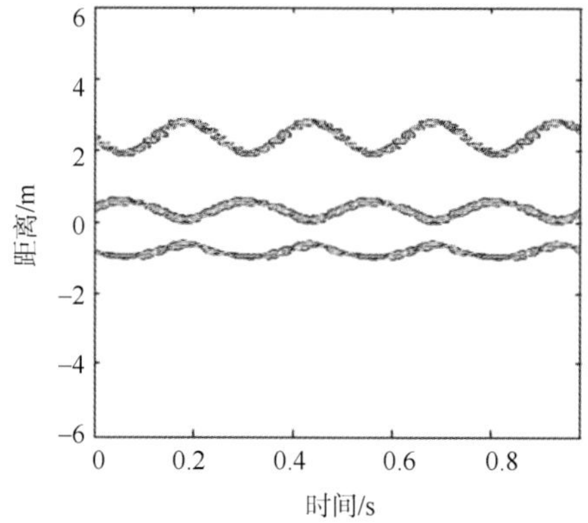

图 6.2　距离-慢时间像

测、跟踪与微动特征提取、成像一体化处理，将有利于大幅节省雷达资源，实现微动特征实时提取与目标实时成像，并有望提高目标检测性能。

TBD 技术在微弱目标检测与跟踪方面展示出了良好的性能。传统的目标检测和跟踪处理方法是基于单帧回波数据进行门限检测以获得目标的点迹信息，然后基于获得的点迹信息利用跟踪算法得到目标的跟踪航迹，而 TBD 技术在单帧扫描内不宣布检测结果，通过联合处理多帧回波数据来同时完成目标的检测与跟踪，即 TBD 技术能够充分利用帧间的非相参累积来明显改善低信噪比条件下的目标检测和跟踪性能。

在低信噪比条件下，可以考虑基于 TBD 技术来实现目标检测、跟踪与微动特征提取、成像一体化处理。首先，基于 TBD 技术进行多帧能量累积处理并回溯目标散射点的距离轨迹信息，在此基础上，根据 6.1.1 节给出的目标微动特征参数化表达式，利用距离轨迹信息拟合微动特征参数。同时，将获得的目标微动特征参数用于自适应更新 TBD 的状态转移集和目标检测判决函数。通过这两者之间的多次交互与反馈，最终同时实现目标的检测跟踪与微动特征提取，并进一步重构目标散射分布。

1. 距离轨迹回溯与微动特征提取

目前，在 TBD 技术中，实现帧间非相参累积的方法有很多，主要包括 Hough 变换、动态规划(dynamic programming，DP)和粒子滤波等方法。其中，DP-TBD 方法因简单易行得到了迅速发展和应用。根据对目标状态所包含的信息的不同考虑，目前主要有两类 DP-TBD 方法：一类是目标状态仅包含位置信息，状态在帧间的转移集大小由目标最大速度确定，其优点是在状态转移集包含目标的前提下能够跟踪任意机动目标，缺点是信噪比要求较高、计算量较大；另一类是目标状态不仅包含位置信息，还包含速度信息，且状态转移集由速度信息确定，其优点是信噪比要求较低、计算量较小，缺点是对强机动目标的跟踪性能下降明显。本章中，假设目标不存在强机动性，采用位置和速度信息来共同描述目标状态。

简单起见，首先阐述单个散射点的距离轨迹回溯方法。分别以 Δr 和 $\Delta\theta_{\mathrm{r}}$ 为步进值，根据距离和方位角将雷达观测区域划分为 $N_{\mathrm{r}}\times N_{\theta_{\mathrm{r}}}$ 个分辨单元 (i,j)，并构建一个包含 $N_{\mathrm{r}}\times N_{\theta_{\mathrm{r}}}$ 个分辨单元的测量传感器，在每一帧观测中，测量值在各单元中被记录。第 k

帧记录的测量数据是一个 $N_{\mathrm{r}} \times N_{\theta_{\mathrm{r}}}$ 维的矩阵

$$\boldsymbol{Z}_k = \{z_k(i_k, j_k)\}, i_k = 1, \cdots, N_{\mathrm{r}};\ j_k = 1, \cdots, N_{\theta_{\mathrm{r}}} \tag{6.7}$$

式中，$z_k(i_k, j_k)$ 是第 k 帧观测时分辨单元 (i_k, j_k) 的测量值。

目标状态记为 $\boldsymbol{x}=(R, \theta_{\mathrm{R}}, V, \theta_{\mathrm{V}})$，其中 R 和 θ_{R} 代表目标位置信息，分别表示目标距离和方位角；V 和 θ_{V} 代表目标速度信息，分别表示目标速度和航向。将位置空间划分为大小为 $\Delta r \times \Delta\theta_{\mathrm{r}}$ 的 $N_{\mathrm{r}} \times N_{\theta_{\mathrm{r}}}$ 个单元，将速度空间划分为大小为 $\Delta v \times \Delta\theta_{\mathrm{v}}$ 的 $N_{\mathrm{v}} \times N_{\theta_{\mathrm{v}}}$ 个单元。设雷达观测区域中心位置的极坐标为 $(R_{\mathrm{c}}, \theta_{\mathrm{c}})$，令 $R \in 1, \cdots, N_{\mathrm{r}}, \theta_R \in 1, \cdots, N_{\theta_{\mathrm{r}}}, V \in 1, \cdots, N_{\mathrm{v}}$，$\theta_V \in 1, \cdots, N_{\theta_{\mathrm{v}}}$，则状态 $(R, \theta_{\mathrm{R}}, V, \theta_{\mathrm{V}})$ 代表的目标位置和速度取值为

$$((R - N_{\mathrm{r}}/2)\cdot\Delta r + R_{\mathrm{c}}, (\theta_{\mathrm{R}} - N_{\theta_{\mathrm{r}}}/2)\Delta\theta_{\mathrm{r}} + \theta_{\mathrm{c}}, (V - N_{\mathrm{v}}/2)\cdot\Delta v, (\theta_{\mathrm{V}} - N_{\theta_{\mathrm{v}}}/2)\cdot\Delta\theta_{\mathrm{v}}) \tag{6.8}$$

设雷达发射 LFM 信号 $s(t)$，信号载频、脉宽、调频率、带宽分别为 f_{c}、T_{p}、μ 和 B。在每一帧扫描中，雷达系统依次对空间中的 $N_{\theta_{\mathrm{r}}}$ 个方向进行观测。设波束宽度为 ϕ_{B}，则空间中的每一个分辨单元 (i, j) 将被 $M+1$ 个连续波束照射，其中

$$M = \begin{cases} \lfloor \phi_{\mathrm{B}}/\Delta\theta_{\mathrm{r}} \rfloor, & \lfloor \phi_{\mathrm{B}}/\Delta\theta_{\mathrm{r}} \rfloor \text{ 为偶数} \\ \lfloor \phi_{\mathrm{B}}/\Delta\theta_{\mathrm{r}} \rfloor - 1, & \lfloor \phi_{\mathrm{B}}/\Delta\theta_{\mathrm{r}} \rfloor \text{ 为奇数} \end{cases} \tag{6.9}$$

在第 k 帧观测中，能够照射到分辨单元 (i_k, j_k) 的第 m（m=1, ..., $M+1$）个波束的回波信号可表示为

$$s_{m, i_k, j_k}(t) = \sigma(i_k, j_k)\cdot G_m(j_k)\cdot s\left(t - \frac{2(i_k - N_{\mathrm{r}}/2)\cdot\Delta r + 2R_{\mathrm{c}}}{c}\right) \tag{6.10}$$

式中，$G_m(\cdot)$ 表示第 m 个波束的方向图；$G_m(j_k)$ 表示第 m 个波束在方位角 j_k 处的方向图增益；$\sigma(i_k, j_k)$ 为分辨单元 (i_k, j_k) 的散射系数。需要说明的是，方位角 j_k 表示的实际角度为 $(j_k - N_{\theta_{\mathrm{r}}}/2)\Delta\theta_{\mathrm{r}} + \theta_{\mathrm{c}}$，方便起见，本书中表述为“方位角 j_k”，同样，“距离 i_k”表示的实际距离为 $(i_k - N_{\mathrm{r}}/2)\cdot\Delta r + R_{\mathrm{c}}$。

以雷达观测区域中心位置为参考点，经过距离向脉冲压缩处理得到目标 HRRP

$$\begin{aligned} S_{\mathrm{H}, m, i_k, j_k}(f) = {} & \sigma(i_k, j_k)\cdot G_m(j_k)\cdot T_{\mathrm{p}}\cdot \operatorname{sinc}\left(T_{\mathrm{p}}\left(f + \mu\frac{2(i_k - N_{\mathrm{r}}/2)\cdot\Delta r}{c}\right)\right) \\ & \cdot\exp\left(-\mathrm{j}4\pi f_{\mathrm{c}}\frac{(i_k - N_{\mathrm{r}}/2)\cdot\Delta r}{c}\right) \end{aligned} \tag{6.11}$$

因此，在第 k 帧观测中，每个分辨单元 (i_k, j_k) 的观测值可定义为

$$z_k(i_k, j_k) = \sum_{m=1}^{M+1}\left(S_{\mathrm{H}, m, i_k, j_k}(f) \Big|_{f = -\mu\frac{2(i_k - N_{\mathrm{r}}/2)\cdot\Delta r}{c}} \right) \tag{6.12}$$

显然，在第 k 帧观测中，目标状态 $\boldsymbol{x}_k=(R_k, \theta_{\mathrm{R},k}, V_k, \theta_{\mathrm{V},k})$ 的观测值为

$$Z_k(\boldsymbol{x}_k) = Z_k((R_k, \theta_{\mathrm{R},k}, V_k, \theta_{\mathrm{V},k})) = z_k(i_k, j_k), i_k = R_k, j_k = \theta_{\mathrm{R},k} \tag{6.13}$$

设状态 $\boldsymbol{x}_k$ 的前 k 帧能量累积值为 $I(\boldsymbol{x}_k)$，可按照下式计算

$$I(\boldsymbol{x}_k) = Z_k(\boldsymbol{x}_k) + \max_{\boldsymbol{x}_{k-1}\in\Gamma(\boldsymbol{x}_k)}(I(\boldsymbol{x}_{k-1})) \tag{6.14}$$

式中，$\Gamma(\boldsymbol{x}_k)$ 为状态转移集合，由所有可能转移到状态 $\boldsymbol{x}_k$ 的状态 $\boldsymbol{x}_{k-1}$ 构成。为 $I(\boldsymbol{x}_k)$ 设定一个合适的能量累积阈值，当状态 $\boldsymbol{x}_k$ 的能量累积值大于阈值时，根据下式进行状态回溯

$$B_k(\boldsymbol{x}_k) = \arg\max_{\boldsymbol{x}_{k-1}\in\Gamma(\boldsymbol{x}_k)}(I(\boldsymbol{x}_{k-1})) \tag{6.15}$$

式中，$B_k(\boldsymbol{x}_k)$ 为回溯函数，用来记录每一帧使能量累积值达到最大的目标状态。将第 k 帧的回溯状态记为 $\hat{\boldsymbol{x}}_k = (\hat{R}_k, \hat{\theta}_{\mathrm{R},k}, \hat{V}_k, \hat{\theta}_{\mathrm{V},k})$，则可以得到目标微动特征提取所需要的散射点距离轨迹

$$\mathscr{R}(k) = (\hat{R}_k - N_{\mathrm{r}}/2)\cdot\Delta r + R_{\mathrm{c}},\ k = 1,\cdots,K \tag{6.16}$$

当然，根据 $\hat{\boldsymbol{x}}_k$ 还可以得到散射点方位角轨迹、速度轨迹和航向轨迹。显然，对于锥顶散射点 A，距离轨迹应该具有与式(6.2)相同的形式

$$\mathscr{R}(k) = r_{\mathrm{a}}(k\cdot\Delta t) \tag{6.17}$$

式中，Δt 为相邻两帧观测之间的时间间隔。同样地，对于锥底散射点 C 和 D，距离轨迹应该分别与式(6.5)和式(6.6)一致。

然而，上述 TBD 方法仅能获得单个散射点的距离轨迹，为了满足多散射点目标的距离轨迹信息提取需求，需要对上述 TBD 方法进行改进。设目标共包括 Q 个可观测散射点。在第 k 帧观测时，任意选择 Q 个状态来构成一个扩展状态 $\boldsymbol{y}_k = \{(R_{k,1}, \theta_{\mathrm{R},k,1}, V_{k,1}, \theta_{\mathrm{V},k,1}),\cdots,(R_{k,Q}, \theta_{\mathrm{R},k,Q}, V_{k,Q}, \theta_{\mathrm{V},k,Q})\}$。扩展状态 $\boldsymbol{y}_k$ 的观测值可定义为

$$Z_k(\boldsymbol{y}_k) = \sum_{q=1}^{Q} Z_k((R_{k,q}, \theta_{\mathrm{R},k,q}, V_{k,q}, \theta_{\mathrm{V},k,q})) \tag{6.18}$$

根据式(6.14)对扩展状态 $\boldsymbol{y}_k$ 进行能量累积时，为了成功回溯出各散射点的距离轨迹信息，需要在能量累积过程中进行状态关联。由于各散射点的位置变化和速度变化均具有光滑性，因此以导函数连续性最优作为状态关联准则

$$\min\left\{\sum_{q=1}^{Q}\left\|\begin{matrix}|(R_{k,q}-R_{k-1,q})-(R_{k-1,q}-R_{k-2,q})|+|(\theta_{\mathrm{R},k,q}-\theta_{\mathrm{R},k-1,q}) \\ -(\theta_{\mathrm{R},k-1,q}-\theta_{\mathrm{R},k-2,q})|+|(V_{k,q}-V_{k-1,q})-(V_{k-1,q}-V_{k-2,q})| \\ +|(\theta_{\mathrm{V},k,q}-\theta_{\mathrm{V},k-1,q})-(\theta_{\mathrm{V},k-1,q}-\theta_{\mathrm{V},k-2,q})|\end{matrix}\right\|\right\} \tag{6.19}$$

在此基础上，经过 K 帧观测后，将能量累积值 $I(\boldsymbol{y}_K)$ 与如下的检测阈值 T_α 进行比较

$$T_\alpha = \gamma KQ \tag{6.20}$$

式中，γ 为一个与目标检测性能有关的常数，本节中称之为"检测门限系数"。根据式(6.15)对能量累积值大于 T_α 的扩展状态进行回溯，从而可以得到各散射点的距离轨迹。

需要指出的是，在给定的虚警概率条件下，难以精确推导出检测门限系数 γ 的具体表达式，在实际中可以通过蒙特卡洛实验来获得合适的检测门限系数(Buzzi et al.，2008)。

假设共有 P 个扩展状态的能量累积值大于检测阈值 T_α，则将得到 P 个相应的状态回

溯结果，每一个状态回溯结果中包含 Q 个方位角轨迹、Q 个速度轨迹、Q 个航向轨迹以及 Q 个距离轨迹 $\Re_q(k)=(\hat{R}_{k,q}-N_{\mathrm{r}}/2)\cdot\Delta r+R_{\mathrm{c}},\quad k=1,\cdots,K$ 。由于微动目标上每两个不同散射点的距离轨迹在一个周期内最多存在两个交叉点，因此可通过对距离轨迹的交叉点个数进行约束，根据下式从 P 个状态回溯结果中选择出符合条件的距离轨迹

$$\forall q_1\neq q_2,\ \mathrm{Count}(\mathscr{R}_{q_1}(k)=\mathscr{R}_{q_2}(k))<2Kf_{\max}\Delta t \tag{6.21}$$

式中，$\mathrm{Count}(\mathscr{R}_{q_1}(k)=\mathscr{R}_{q_2}(k))$ 表示 $\mathscr{R}_{q_1}(k)$ 和 $\mathscr{R}_{q_2}(k)$ 的交叉点个数；$f_{\max}$ 为目标锥旋频率的最大可能取值。满足式(6.21)条件的状态回溯结果对应的 $\mathscr{R}_q(k)$ 即为 Q 个目标散射点各自的距离轨迹。

考虑 6.1.1 节中提到的遮挡效应，当 $\varphi(t)$ 处于区域 1 或区域 3 时，可以观测到 3 个散射点，即 $Q=3$ ；当 $\varphi(t)$ 处于区域 2 或区域 4 时，只能观测到 2 个散射点，即 $Q=2$ 。因此，Q 可能取值为 $Q=3$ 或 $Q=2$ 。

当 $Q=3$ 时，若存在能量累积值大于 T_α 且满足式(6.21)条件的状态回溯结果，则可得到三个散射点的距离轨迹信息，记为 $\mathscr{R}_1(k)$、$\mathscr{R}_2(k)$ 和 $\mathscr{R}_3(k)$ 。首先假设 $\mathscr{R}_1(k)$ 为锥顶散射点 A 对应的距离轨迹，$\mathscr{R}_2(k)$ 和 $\mathscr{R}_3(k)$ 分别为锥底散射点 C 和 D 对应的距离轨迹，则有

$$\mathscr{R}_1(k)=r_{\mathrm{a}}(k\cdot\Delta t)+\varepsilon(k) \tag{6.22}$$

$$\mathscr{R}_2(k)=r_{\mathrm{c}}(k\cdot\Delta t)+\varepsilon(k) \tag{6.23}$$

$$\mathscr{R}_3(k)=r_{\mathrm{d}}(k\cdot\Delta t)+\varepsilon(k) \tag{6.24}$$

式中，$\varepsilon(k)$ 表示由噪声导致的误差，上述各等式中其取值可能并不相同。将 $\mathscr{R}_2(k)$ 与 $\mathscr{R}_3(k)$ 相加，得到

$$\begin{aligned}\mathscr{R}_+(k)&=\mathscr{R}_2(k)+\mathscr{R}_3(k)\\&=2|ob|(\sin\beta\sin\vartheta\sin(\Omega_{\mathrm{c}}k+\phi_0)+\cos\beta\cos\vartheta)-2\cos\beta\cdot vk+2R_0+\varepsilon(k)\end{aligned} \tag{6.25}$$

将 $\mathscr{R}_2(k)$ 与 $\mathscr{R}_3(k)$ 相减，得到

$$\begin{aligned}\mathscr{R}_-(k)&=\mathscr{R}_2(k)-\mathscr{R}_3(k)\\&=2r_0-r_0\left(\begin{aligned}&\cos^2\beta\cos^2\vartheta+\sin^2\beta\sin^2\vartheta\sin^2(\Omega_{\mathrm{c}}t+\phi_0)\\&+2\cos\beta\cos\vartheta\sin\beta\sin\vartheta\sin(\Omega_{\mathrm{c}}t+\phi_0)\end{aligned}\right)+\varepsilon(k)\end{aligned} \tag{6.26}$$

根据式(6.2)、式(6.25)和式(6.26)，采用最小二乘方法拟合 $\Re_1(k)$、$\Re_+(k)$ 和 $\Re_-(k)$ 来估计目标微动特征参数 $\boldsymbol{P}_{\mathrm{A}}=[|oa|,\phi_0,\beta,\vartheta,\Omega_{\mathrm{c}},v,|ob|,r_0,R_0]$：

$$\begin{aligned}\min_{\boldsymbol{P}_{\mathrm{A}}}&\left\|\mathscr{R}_1(k)+|oa|(\sin\beta\sin\vartheta\sin(\Omega_{\mathrm{c}}k\cdot\Delta t+\phi_0)+\cos\beta\cos\vartheta)+\cos\beta\cdot vk\cdot\Delta t-R_0\right\|_2\\&+\left\|\mathscr{R}_+(k)-2|ob|(\sin\beta\sin\vartheta\sin(\Omega_{\mathrm{c}}k\cdot\Delta t+\phi_0)+\cos\beta\cos\vartheta)+2\cos\beta\cdot vk\cdot\Delta t-2R_0\right\|_2\\&+\left\|\mathscr{R}_-(k)-2r_0+r_0\left(\begin{aligned}&\cos^2\beta\cos^2\vartheta+\sin^2\beta\sin^2\vartheta\sin^2(\Omega_{\mathrm{c}}k\cdot\Delta t+\phi_0)\\&+2\cos\beta\cos\vartheta\sin\beta\sin\vartheta\sin(\Omega_{\mathrm{c}}k\cdot\Delta t+\phi_0)\end{aligned}\right)\right\|_2\end{aligned} \tag{6.27}$$

可采用 Levenberg–Marquardt 方法求解上式，但存在初始值敏感问题。为了获得合理

的初始值，采用 EMD 方法将 $\mathfrak{R}_1(k)$ 分解为一系列频率由高到低的固有模态函数(intrinsic mode function，IMF)，从而得到

$$\begin{aligned} &I_{1,\mathfrak{R}_1}(k)=V_{\mathrm{a}}+W_{\mathrm{a}}k,\ I_{2,\mathfrak{R}_1}(k)=U_{\mathrm{a}}\sin(\Omega_{\mathrm{a}}k+\phi_{0_{\mathrm{a}}}) \\ &U_{\mathrm{a}}=-|oa|\sin\beta\sin\vartheta+\xi, V_{\mathrm{a}}=-|oa|\cos\beta\cos\vartheta+R_0+\xi, \\ &W_{\mathrm{a}}=-\cos\beta\cdot v+\xi,\ \Omega_{\mathrm{a}}=\Omega_{\mathrm{c}}+\xi,\ \phi_{0_{\mathrm{a}}}=\phi_0+\xi \end{aligned} \tag{6.28}$$

式中，ξ 为 $\varepsilon(k)$ 和 EMD 方法导致的误差，上述各等式中其取值可能并不相同。

类似地，将 $\mathfrak{R}_+(k)$ 进行 EMD 分解，可以得到

$$\begin{aligned} &I_{1,\mathfrak{R}_+}(k)=V_{\mathrm{cd}}+W_{\mathrm{cd}}k,\ I_{2,\mathfrak{R}_+}(k)=U_{\mathrm{cd}}\sin(\Omega_{\mathrm{cd}}k+\phi_{0_{\mathrm{cd}}}) \\ &V_{\mathrm{cd}}=2|ob|\sin\beta\sin\vartheta+\xi, W_{\mathrm{cd}}=2|ob|\cos\beta\cos\vartheta+2R_0+\xi, \\ &U_{\mathrm{cd}}=-2\cos\beta\cdot v+\xi,\ \Omega_{\mathrm{cd}}=\Omega_{\mathrm{c}}+\xi,\ \phi_{0_{\mathrm{cd}}}=\phi_0+\xi \end{aligned} \tag{6.29}$$

通过求解以下方程组可获得式(6.27)求解时所需的初始值 $|oa|_{\mathrm{ini}}, \phi_{0\mathrm{ini}}, \beta_{\mathrm{ini}}, \vartheta_{\mathrm{ini}}, \Omega_{\mathrm{ini}}, v_{\mathrm{ini}}, |ob|_{\mathrm{ini}}, r_{0\mathrm{ini}}$ 和 $R_{0\mathrm{ini}}$

$$\begin{cases} -|oa|_{\mathrm{ini}}\cos\beta_{\mathrm{ini}}\cos\vartheta_{\mathrm{ini}}+R_{0\mathrm{ini}}=I_{1,\mathfrak{R}_1}(0) \\ 2|ob|_{\mathrm{ini}}\cos\beta_{\mathrm{ini}}\cos\vartheta_{\mathrm{ini}}+2R_{0\mathrm{ini}}=I_{1,\mathfrak{R}_+}(0) \\ \cos\beta_{\mathrm{ini}}\cdot v_{\mathrm{ini}}=-\left(\dfrac{I_{1,\mathfrak{R}_1}(k_2)-I_{1,\mathfrak{R}_1}(k_1)}{k_2-k_1}+\dfrac{I_{1,\mathfrak{R}_+}(k_2)-I_{1,\mathfrak{R}_+}(k_1)}{k_2-k_1}\right)\Big/2 \\ \left||oa|_{\mathrm{ini}}\sin\beta_{\mathrm{ini}}\sin\vartheta_{\mathrm{ini}}\right|=\dfrac{\max(I_{2,\mathfrak{R}_1})-\min(I_{2,\mathfrak{R}_1})}{2} \\ \left|2|ob|_{\mathrm{ini}}\sin\beta_{\mathrm{ini}}\sin\vartheta_{\mathrm{ini}}\right|=\dfrac{\max(I_{1,\mathfrak{R}_+})-\min(I_{1,\mathfrak{R}_+})}{2} \\ \phi_{0_{\mathrm{ini}}}=\begin{cases} \left(\left(\begin{array}{l}\arcsin\left(\dfrac{I_{2,\mathfrak{R}_1}(0)}{-\left||oa|_{\mathrm{ini}}\sin\beta_{\mathrm{ini}}\sin\vartheta_{\mathrm{ini}}\right|}\right) \\ +\arcsin\left(\dfrac{I_{2,\mathfrak{R}_+}(0)}{\left|2|ob|_{\mathrm{ini}}\sin\beta_{\mathrm{ini}}\sin\vartheta_{\mathrm{ini}}\right|}\right)\end{array}\right)\right)\Bigg/2,\quad \sin\beta_{\mathrm{ini}}\sin\vartheta_{\mathrm{ini}}>0 \\ \left(\left(\begin{array}{l}\arcsin\left(\dfrac{I_{2,\mathfrak{R}_1}(0)}{\left||oa|_{\mathrm{ini}}\sin\beta_{\mathrm{ini}}\sin\vartheta_{\mathrm{ini}}\right|}\right) \\ +\arcsin\left(\dfrac{I_{2,\mathfrak{R}_+}(0)}{-\left|2|ob|_{\mathrm{ini}}\sin\beta_{\mathrm{ini}}\sin\vartheta_{\mathrm{ini}}\right|}\right)\end{array}\right)\right)\Bigg/2,\quad \sin\beta_{\mathrm{ini}}\sin\vartheta_{\mathrm{ini}}<0 \end{cases} \\ \Omega_{\mathrm{cini}}=\left(\arg\max\limits_{\Omega_{\mathrm{c}}}(\mathrm{FFT}(I_{2,\mathfrak{R}_1}))+\arg\max\limits_{\Omega_{\mathrm{c}}}(\mathrm{FFT}(I_{2,\mathfrak{R}_+}))\right)\Big/2 \\ 2r_{0\mathrm{ini}}-r_{0\mathrm{ini}}\left(\begin{array}{l}\cos^2\beta_{\mathrm{ini}}\cos^2\vartheta_{\mathrm{ini}}+\sin^2\beta_{\mathrm{ini}}\sin^2\vartheta_{\mathrm{ini}}\sin^2\phi_{0_{\mathrm{ini}}} \\ +2\cos\beta_{\mathrm{ini}}\cos\vartheta_{\mathrm{ini}}\sin\beta_{\mathrm{ini}}\sin\vartheta_{\mathrm{ini}}\sin\phi_{0_{\mathrm{ini}}}\end{array}\right)=\mathfrak{R}_-(0) \end{cases} \tag{6.30}$$

式中，$\arcsin(\cdot)$ 表示 $\sin(\cdot)$ 的反函数。在式(6.30)中，方程个数比未知数个数少 1 个，因此设置 ϑ 的搜索范围为[$\vartheta_{\min}$，$\vartheta_{\max}$]，搜索步长为 $\Delta\vartheta$ 。对于每个初始值 $\vartheta_{\text{ini}}(l) = \vartheta_{\min} + (l-1)\cdot\Delta\vartheta$，其中 $l = 1, 2, \cdots, L$，且 $L = (\vartheta_{\max} - \vartheta_{\min}) / \Delta\vartheta$，可由式(6.30)获得一组初始值 $|oa|_{\text{ini}}(l), \phi_{0\text{ini}}(l), \beta_{\text{ini}}(l), \Omega_{\text{cini}}(l), v_{\text{ini}}(l), |ob|_{\text{ini}}(l), r_{0_{\text{ini}}}(l)$ 和 $R_{0\text{ini}}(l)$。基于每一组初始值，采用 Levenberg–Marquardt 方法求解式(6.27)可以获得相应的目标微动特征参数，将第 l 组的微动特征参数提取结果记为 $\boldsymbol{P}_{\text{A}}(l) = [|oa|(l), \phi_0(l), \beta(l), \vartheta(l), \varOmega_{\text{c}}(l), v(l), |ob|(l), r_0(l), R_0(l)]$，相应的拟合误差定义为

$$E(l) = \frac{1}{3K}\Big(\big\|\mathfrak{R}_1(k) + |oa|(l)F_1(l_{\text{n}}) + F_2(l)\big\| + \big\|\mathfrak{R}_+(k) - 2|ob|(l)F_1(l) + 2F_2(l)\big\| + \big\|\mathfrak{R}_-(k) - r_0(l)\,F_3(l)\big\|\Big) \tag{6.31}$$

其中

$$F_1(l) = \sin\beta(l)\sin\vartheta(l)\sin(\varOmega_{\text{c}}(l)k + \phi_0(l)) + \cos\beta(l)\cos\vartheta(l) \tag{6.32}$$

$$F_2(l) = \cos\beta(l)\cdot v(l)k - R_0(l) \tag{6.33}$$

$$F_3(l) = 2 - \left(\begin{array}{l}\cos^2\beta(l)\cos^2\vartheta(l) + \sin^2\beta(l)\sin^2\vartheta(l)\sin^2(\varOmega_{\text{c}}(l)k + \phi_0(l)) \\ +2\cos\beta(l)\cos\vartheta(l)\sin\beta(l)\sin\vartheta(l)\sin(\varOmega_{\text{c}}(l)k + \phi_0(l)\end{array}\right) \tag{6.34}$$

比较各组初始值所对应的拟合误差 $E(l)$，将其中最小值所对应的微动特征提取结果作为 $\mathfrak{R}_1(k)$ 为锥顶散射点 A 距离轨迹条件下的目标微动特征参数 $\hat{P}_{\text{A}}(\mathfrak{R}_1)$，相应的拟合误差记为 $\hat{E}(\mathfrak{R}_1)$。

接下来，分别假设 $\mathfrak{R}_2(k)$ 和 $\mathfrak{R}_3(k)$ 为锥顶散射点 A 的距离轨迹，同样可以获得微动特征参数 $\hat{\boldsymbol{P}}_{\text{A}}(\mathfrak{R}_2)$ 和 $\hat{\boldsymbol{P}}_{\text{A}}(\mathfrak{R}_3)$，以及对应的拟合误差 $\hat{E}(\mathfrak{R}_2)$ 和 $\hat{E}(\mathfrak{R}_3)$。选择具有最小拟合误差的微动特征参数作为最终的目标微动特征参数提取结果 $\hat{\boldsymbol{P}}_{\text{Af}}$，相应的拟合误差记为 $\hat{E}_{\text{f}}$。

同样地，当 $Q = 2$ 时，也可以通过上述处理过程获得目标的微动特征参数，但需要指出的是，当两条距离轨迹分别对应锥底散射点 C 和 D 时，将无法获得参数 $|oa|$。

2. 状态转移集自适应更新

根据式(6.14)对扩展状态 $\boldsymbol{y}_k$ 进行能量累积时，状态转移集包含了能够转移到状态 $\boldsymbol{y}_k$ 的所有可能状态 $\boldsymbol{y}_{k-1}$，而状态转移集的构造将显著影响 TBD 和微动特征提取的效率和性能。显然，根据在线提取到的微动特征参数来预测下一帧观测中散射点的状态，能够实现状态转移集的自适应更新。

假设在第 k 帧观测时，能量累积值 $I(\boldsymbol{y}_k)$ 已大于阈值 T_α，根据 6.1.2.1 节方法对扩展状态 $\boldsymbol{y}_k$ 进行回溯，并进一步提取目标微动特征参数，记为

$$\hat{\boldsymbol{P}}_{\text{A f},\boldsymbol{y}_k} = [|oa|_{\boldsymbol{y}_k}, \phi_{0\boldsymbol{y}_k}, \beta_{\boldsymbol{y}_k}, \vartheta_{\boldsymbol{y}_k}, \varOmega_{\text{c}\boldsymbol{y}_k}, v_{\boldsymbol{y}_k}, |ob|_{\boldsymbol{y}_k}, r_{0\boldsymbol{y}_k}, R_{0\boldsymbol{y}_k}] \tag{6.35}$$

并将相应的拟合误差记为 $\hat{E}_{\mathrm{f},\boldsymbol{y}_k}$ 。

状态转移集则可以根据所得微动特征参数 $\hat{\boldsymbol{P}}_{\mathrm{Af},\boldsymbol{y}_k}$ 来确定。因此，当满足

$$\begin{cases}|(R_{k+1,q}-N_r/2)\cdot\Delta r+R_0-\Delta r_q|<f_{\mathrm{R}}(C_{\mathrm{s},\boldsymbol{y}_k})\cdot\Delta r,\ |\theta_{\mathrm{R},k+1,q}-\theta_{\mathrm{R},k,q}|<2,\\ |V_{k+1,q}-V_{k,q}|<2,\ |\theta_{\mathrm{V},k+1,q}-\theta_{\mathrm{V},k,q}|<2\end{cases}\tag{6.36}$$

时，状态 $\boldsymbol{y}_k$ 将属于状态转移集 $\Gamma(\boldsymbol{y}_{k+1})$ [即 $\boldsymbol{y}_k\in\Gamma(\boldsymbol{y}_{k+1})$]，式中 q 取值 1、2、3 分别代表散射点 A、C、D，且

$$\begin{aligned}\Delta r_1 &= -|oa|_{\boldsymbol{y}_k}(\sin\beta_{\boldsymbol{y}_k}\sin\vartheta_{\boldsymbol{y}_k}\sin(\Omega_{\mathrm{c}\boldsymbol{y}_k}(k+1)\Delta t+\phi_{0\boldsymbol{y}_k})\\ &\quad+\cos\beta_{\boldsymbol{y}_k}\cos\vartheta_{\boldsymbol{y}_k})-\cos\beta_{\boldsymbol{y}_k}v_{\boldsymbol{y}_k}(k+1)\Delta t+R_{0\boldsymbol{y}_k}\\ \Delta r_2 &= r_{0\boldsymbol{y}_k}-\frac{r_{0\boldsymbol{y}_k}}{2}\left(\begin{aligned}&\cos^2\beta_{\boldsymbol{y}_k}\cos^2\vartheta_{\boldsymbol{y}_k}+\sin^2\beta_{\boldsymbol{y}_k}\sin^2\vartheta_{\boldsymbol{y}_k}\sin^2(\Omega_{\mathrm{c}\boldsymbol{y}_k}(k+1)\Delta t+\phi_{0\boldsymbol{y}_k})\\ &+2\cos\beta_{\boldsymbol{y}_k}\cos\vartheta_{\boldsymbol{y}_k}\sin\beta_{\boldsymbol{y}_k}\sin\vartheta_{\boldsymbol{y}_k}\sin(\Omega_{\mathrm{c}\boldsymbol{y}_k}(k+1)\Delta t+\phi_{0\boldsymbol{y}_k})\end{aligned}\right)\\ &\quad+|ob|_{\boldsymbol{y}_k}(\sin\beta_{\boldsymbol{y}_k}\sin\vartheta_{\boldsymbol{y}_k}\sin(\Omega_{\mathrm{c}\boldsymbol{y}_k}(k+1)\Delta t+\phi_{0\boldsymbol{y}_k})+\cos\beta_{\boldsymbol{y}_k}\cos\vartheta_{\boldsymbol{y}_k})\\ &\quad-\cos\beta_{\boldsymbol{y}_k}\cdot v_{\boldsymbol{y}_k}(k+1)\Delta t+R_{0\boldsymbol{y}_k}\\ \Delta r_3 &= -r_{0\boldsymbol{y}_k}+\frac{r_{0\boldsymbol{y}_k}}{2}\left(\begin{aligned}&\cos^2\beta_{\boldsymbol{y}_k}\cos^2\vartheta_{\boldsymbol{y}_k}+\sin^2\beta_{\boldsymbol{y}_k}\sin^2\vartheta_{\boldsymbol{y}_k}\sin^2(\Omega_{\mathrm{c}\boldsymbol{y}_k}(k+1)\Delta t+\phi_{0\boldsymbol{y}_k})\\ &+2\cos\beta_{\boldsymbol{y}_k}\cos\vartheta_{\boldsymbol{y}_k}\sin\beta_{\boldsymbol{y}_k}\sin\vartheta_{\boldsymbol{y}_k}\sin(\Omega_{\mathrm{c}\boldsymbol{y}_k}(k+1)\Delta t+\phi_{0\boldsymbol{y}_k})\end{aligned}\right)\\ &\quad+|ob|_{\boldsymbol{y}_k}(\sin\beta_{\boldsymbol{y}_k}\sin\vartheta_{\boldsymbol{y}_k}\sin(\Omega_{\mathrm{c}\boldsymbol{y}_k}(k+1)\Delta t+\phi_{0\boldsymbol{y}_k})+\cos\beta_{\boldsymbol{y}_k}\cos\vartheta_{\boldsymbol{y}_k})\\ &\quad-\cos\beta_{\boldsymbol{y}_k}\cdot v_{\boldsymbol{y}_k}(k+1)\Delta t+R_{0\boldsymbol{y}_k}\end{aligned}\tag{6.37}$$

$C_{\mathrm{s},\boldsymbol{y}_k}$ 表示第 k–1 帧观测和第 k 帧观测所获得的微动特征参数的一致性；$f_{\mathrm{R}}(\cdot)$ 为在 TBD 处理中根据 $C_{\mathrm{s},\boldsymbol{y}_k}$ 来控制状态转移集大小(也即搜索窗大小)的一个自适应调整函数。$C_{\mathrm{s},\boldsymbol{y}_k}$ 定义如下

$$C_{\mathrm{s},\boldsymbol{y}_k}=\mathrm{mean}\left(\left|\hat{\boldsymbol{P}}_{\mathrm{Af},\boldsymbol{y}_k}-\hat{\boldsymbol{P}}_{\mathrm{Af},\boldsymbol{y}_{k-1}}\right|\Big/\left|\hat{\boldsymbol{P}}_{\mathrm{Af},\boldsymbol{y}_{k-1}}\right|\right)\tag{6.38}$$

显然，$C_{\mathrm{s},\boldsymbol{y}_k}$ 越小，第 k–1 帧观测和第 k 帧观测所获得的微动特征参数的一致性越好。此时可以认为微动特征参数的提取精度较高，在此基础上对下一次观测状态所做出的预测就比较精准，可以适当减小搜索窗从而降低计算量。相反，当 $C_{\mathrm{s},\boldsymbol{y}_k}$ 较大时，对下一次观测状态所做出的预测就不够精准，此时需要加大搜索窗。因此，$f_{\mathrm{R}}(\cdot)$ 应该为一个单调递增函数，它的设计具有较强的灵活性，本节中定义为

$$f_{\mathrm{R}}(C_{\mathrm{s},\boldsymbol{y}_k})=\begin{cases}r_{\min}+\zeta\cdot C_{\mathrm{s},\boldsymbol{y}_k}, & r_{\min}+\zeta\cdot C_{\mathrm{s},\boldsymbol{y}_k}<r_{\max}\\ r_{\max}, & r_{\min}+\zeta\cdot C_{\mathrm{s},\boldsymbol{y}_k}>r_{\max}\end{cases}\tag{6.39}$$

式中，ζ 为一个常系数；$r_{\min}$ 和 $r_{\max}$ 分别为最小搜索窗和最大搜索窗。

3. 微动特征提取处理的自适应开始和终止

在本章 6.1.2 节中第 1 小节和第 2 小节中，通过建立信息反馈回路，将微动特征提取

处理与目标检测跟踪处理进行了有效结合。然而，若在目标检测跟踪的初始阶段就进行微动特征提取处理，由于所获得的目标信息较少，导致微动特征参数提取精度过低，无法有效指导 TBD 状态转移集的自适应更新；若在已经获得了高精度的目标微动特征参数后，继续对其进行检测跟踪和微动特征提取处理，则会浪费极其宝贵的雷达资源。

因此，有必要针对目标检测判决方法和微动特征提取处理的起始与结束时间展开研究。在传统方法中，TBD 仅仅依据能量累积值是否大于检测阈值来判断目标是否存在，在检测目标存在的基础上，雷达系统还需再发射额外的大量连续脉冲来提取目标的微动特征参数，并进一步重构目标散射分布。而在本章 6.1.2 节中第 1、第 2 小节所述方法中，已经将微动特征提取融入到目标检测跟踪处理过程中，因此可以将能量累积值和微动特征参数提取结果进行综合考虑。也就是说，即使能量累积值没有达到给定的检测阈值，也可以考虑根据目标微动特征参数提取精度来实现目标检测，即当微动特征参数提取精度足够高时，即使能量累积值较小也可认为目标存在，并同时完成目标的检测、跟踪、特征提取与成像。

假设 TBD 中联合处理的最少观测帧数和最大观测帧数分别为 K_{N} 和 K_{M}。首先，设置两个检测门限系数：低检测门限系数 γ_1 和高检测门限系数 γ_2。在第 $k(k \geqslant K_{\mathrm{N}})$ 帧观测中，如果能量累积值 $I(\boldsymbol{y}_k)$ 大于 $T_{\alpha_2}=\gamma_2 \cdot k \cdot Q$，则认为目标存在，并采用第 6.1.2.2 节所述方法提取目标微动特征参数，无须在下一帧继续能量累积过程；如果能量累积值 $I(\boldsymbol{y}_k)$ 大于 $T_{\alpha_1}=\gamma_1 \cdot k \cdot Q$ 且小于 T_{α_2}，则同样采用第 6.1.2.2 节所述方法提取当前观测帧条件下的目标微动特征参数 $\hat{\boldsymbol{P}}_{\mathrm{Af},\boldsymbol{y}_k}$，并且在第 $k+1$ 帧观测中继续能量累积同时提取微动特征参数 $\hat{\boldsymbol{P}}_{\mathrm{Af},\boldsymbol{y}_{k+1}}$，在此基础上，根据式(6.38)计算微动特征参数一致性 $C_{\mathrm{s},\boldsymbol{y}_k}$。若 $C_{\mathrm{s},\boldsymbol{y}_k}$ 和拟合误差 $\hat{E}_{\mathrm{f},\boldsymbol{y}_k}$ 都较小($C_{\mathrm{s},\boldsymbol{y}_k}<T_{\mathrm{C}}$, $\hat{E}_{\mathrm{f},\boldsymbol{y}_k}<T_{\mathrm{E}}$，其中 T_{C} 和 T_{E} 为给定的阈值)，表明目标存在，获得目标微动特征参数 $\hat{\boldsymbol{P}}_{\mathrm{Af},\boldsymbol{y}_{k+1}}$，并不再进行能量累积；否则，根据式(6.40)更新状态转移集，在下一帧观测中继续能量累积和微动特征参数提取处理，直到满足条件 $C_{\mathrm{s},\boldsymbol{y}_k}<T_{\mathrm{C}}$ 且 $\hat{E}_{\mathrm{f},\boldsymbol{y}_k}<T_{\mathrm{E}}$ 或条件 $I(\boldsymbol{y}_k)>T_{\alpha_2}$，或达到最大的观测帧数 K_{M}。

4. 算法流程与几点说明

图 6.3 给出了基于 TBD 的微动特征认知提取与成像方法的流程图。针对本节所述方法，需要进一步说明以下 3 个问题：

(1) γ_1 和 γ_2 的取值通常是在给定虚警概率 P_{FA,γ_1} 和 P_{FA,γ_2} 条件下通过蒙特卡洛实验来确定的，在这一过程中，仅当能量累积值大于检测阈值时判断目标存在。然而，在本节所述方法中，目标微动特征参数提取结果也被用来判断目标是否存在，因此，基于本节所述方法获得的虚警概率与 P_{FA,γ_1} 和 P_{FA,γ_2} 并不相同，但也很难得到它们之间的具体数学表达式。幸运的是，大量实验表明，本节所述方法的虚警概率将稍高于 P_{FA,γ_2} ，因此可以根据所需的虚警概率来设置 P_{FA,γ_2} 。 P_{FA,γ_1} 的值则会影响检测性能和算法效率，在高检测性能和高算法效率之间取折中，可设 $P_{\mathrm{FA},\gamma_1}=0.5$ 。

(2) 当采用本节所述方法进行目标检测跟踪以及微动特征提取与成像时，可观测散射点数是无法确切预知的。当算法中 Q 的取值大于可观测散射点真实数目时，目标散射点的能量累积值、相应的距离轨迹都与噪声点差别不大，无法检测出目标。相反，当 Q 的取值小于可观测散射点数目时，只能获得 Q 条距离轨迹，其余散射点信息将丢失。因此，Q 首先取其可能取值的最大值进行 TBD 和微动特征提取处理，若没有检测到目标，则依次减小 Q 的取值直到检测出目标或 $Q=1$ 。

(3) 基于初始帧观测值进行 TBD 处理时，为了减少起始路径的数目，雷达系统可以在初始帧时对观测区域发射高重频脉冲信号，以实现状态观测值的相干累积。在此基础上，通过设置合理的阈值，在初始帧中仅保留少量起始路径进行 TBD 处理，从而显著减少计算量。

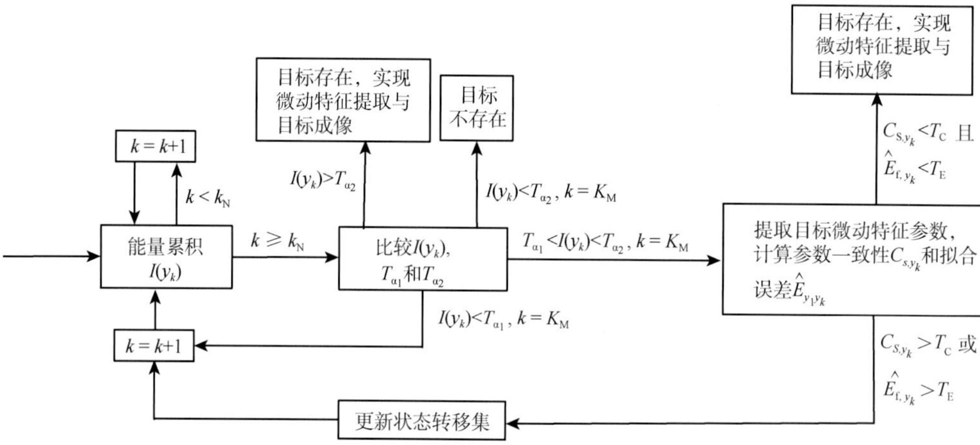

图 6.3　基于 TBD 的微动特征认知提取与成像方法流程图

6.1.3　仿真实验与分析

仿真中目标和雷达的相对几何关系如图 6.4 所示，初始观测时刻目标中心位于(0，0，1000) km 处，目标到雷达的距离为 $R_0=1\,000\ \mathrm{km}$ ，目标运动速度为 500 m/s。雷达发射 LFM 信号，目标为锥体进动目标，雷达发射信号参数和目标参数设置如下：$f_{\mathrm{c}}=10\ \mathrm{GHz}$ ，$T_{\mathrm{p}}=1\ \mu\mathrm{s}$ ， $B=3\ \mathrm{GHz}$ ， $\Delta t=1/60\ \mathrm{s}$ ， $r_0=1\ \mathrm{m}$ ， $|oa|=3\ \mathrm{m}$ ， $|ob|=0.3\ \mathrm{m}$ ， $\vartheta=15°$ ，$\Omega_{\mathrm{c}}=8\pi\ \mathrm{rad/s}$，$\beta=145°$，$\phi_0=\pi/100\ \mathrm{rad}$。

TBD 处理中的相关参数设置如下：$K_{\mathrm{N}}=15$，$K_{\mathrm{M}}=30$，$N_{\mathrm{r}}=5000$，$N_{\theta_{\mathrm{r}}}=100$，

$N_v=200$，$N_{\theta_v}=360$，$\Delta r=0.05\ \text{m}$，$\Delta\theta_r=1°$，$\Delta v=3\ \text{m/s}$，$\Delta\theta_v=1°$，$R_c=1000\ \text{km}$，$\theta_c=0°$，$\phi_B=0.15°$，$T_C=0.1$，$T_E=2\cdot\Delta r=0.1\ \text{m}$，$P_{FA,\gamma_1}=0.5$，$P_{FA,\gamma_2}=0.005$，$r_{min}=5$，$r_{max}=20$，$f_{max}=6\ \text{Hz}$。首先可通过实验方法设置合理的检测门限系数。大量实验表明，虚警概率随检测门限系数的变化关系如图 6.5 所示。因此，给定 $P_{FA,\gamma_1}=0.5$ 和 $P_{FA,\gamma_2}=0.005$，检测门限系数可设为 $\gamma_1=1$ 和 $\gamma_2=1.3$。

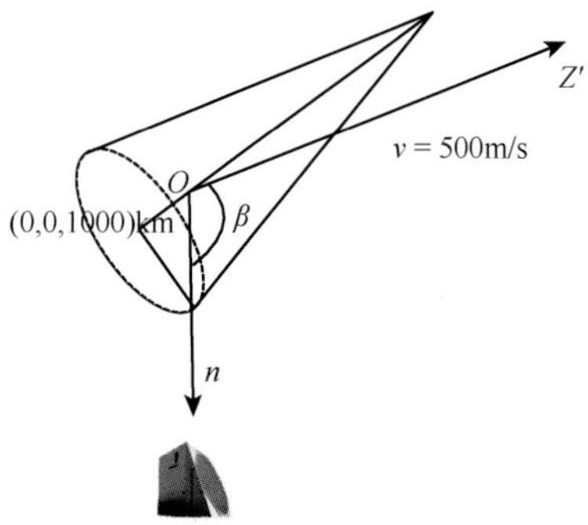

图 6.4　目标与雷达几何关系示意图

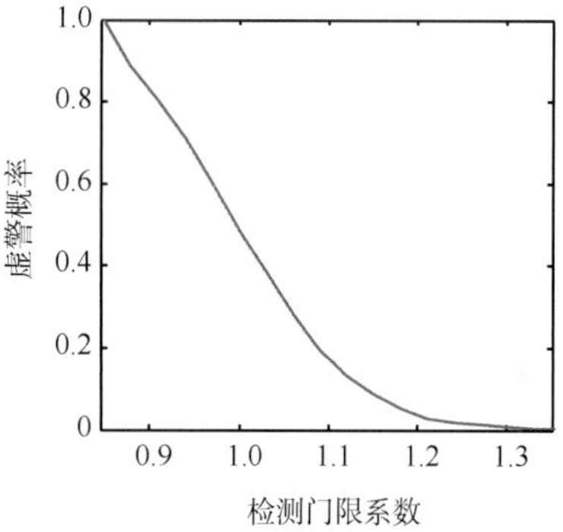

图 6.5　虚警概率

在目标状态观测值中加入 SNR=8 dB 的高斯白噪声，并令 $Q=3$，采用本节所述方法进行目标检测、跟踪、微动特征提取与成像。经过 $K_N=15$ 帧观测后，根据式(6.15)对所有能量累积值大于 T_{α_1} 的状态进行回溯，由于 T_{α_1} 较小，将会得到多组状态回溯结果，其中满足式(6.21)条件的状态回溯结果中，有一组结果是由目标状态产生的，其余结果由噪声状态产生。图 6.6(a)、(b)分别给出了目标状态和某一组噪声状态回溯得到的距离轨迹，其中，纵坐标的值减去了 1×10^6 m 以方便显示。进一步，可根据距离轨迹上任意两点的值估计曲线斜率，并基于此进行距离轨迹斜率粗补偿，结果如图 6.7 所示。

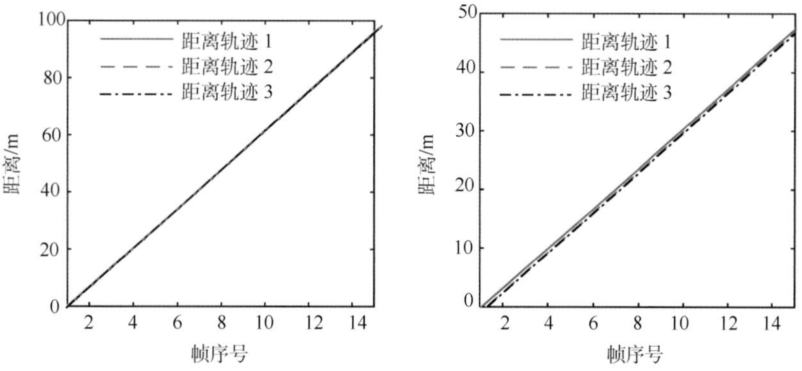

（a）目标状态　（b）噪声状态

图 6.6　距离轨迹

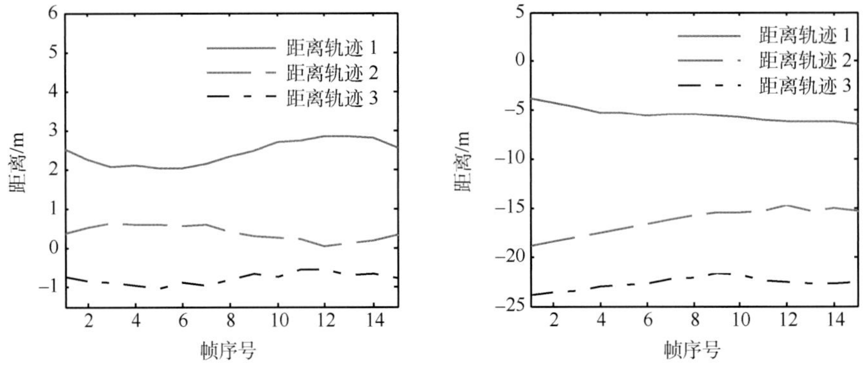

（a）目标状态　　（b）噪声状态

图 6.7　完成斜率粗补偿的距离轨迹

基于距离轨迹信息，可根据式(6.25)～式(6.35)获得微动特征参数提取结果。将基于目标状态距离轨迹[图 6.7(a)]和噪声状态距离轨迹[图 6.7(b)]得到的微动特征参数分别记为 $\hat{\boldsymbol{P}}_{\mathrm{Af},\boldsymbol{y}_k,\mathrm{T}}$ 和 $\hat{\boldsymbol{P}}_{\mathrm{Af},\boldsymbol{y}_k,\mathrm{N}}$，同时可以得到相应的拟合误差 $\hat{E}_{\mathrm{f},\boldsymbol{y}_k,\mathrm{T}}$ 和 $\hat{E}_{\mathrm{f},\boldsymbol{y}_k,\mathrm{N}}$。此时，目标状态的能量累积值 $I_{\mathrm{T}}(\boldsymbol{y}_k)$ 和噪声状态的能量累积值 $I_{\mathrm{N}}(\boldsymbol{y}_k)$ 均小于高检测阈值 T_{α_2}。由于在当前帧（$K_{\mathrm{N}}=15$）之前没有进行微动特征提取处理，无法计算目标状态和噪声状态的微动特征参数一致性 $C_{\mathrm{s},\boldsymbol{y}_k,\mathrm{T}}$ 和 $C_{\mathrm{s},\boldsymbol{y}_k,\mathrm{N}}$。因此，需要在下一帧中继续进行能量累积处理。针对 $I_{\mathrm{T}}(\boldsymbol{y}_k)$ 和 $I_{\mathrm{N}}(\boldsymbol{y}_k)$，根据式(6.36)分别构造状态转移集 $\Gamma_{\mathrm{T}}(\boldsymbol{y}_{k+1})$ 和 $\Gamma_{\mathrm{N}}(\boldsymbol{y}_{k+1})$。

经过 24 帧观测后，对于噪声状态，微动特征参数一致性为 $C_{\mathrm{s},\boldsymbol{y}_k,\mathrm{N}}=3.92$，拟合误差为 $\hat{E}_{\mathrm{f},\boldsymbol{y}_k,\mathrm{N}}=0.26$，显然不满足 $C_{\mathrm{s},\boldsymbol{y}_k}<T_{\mathrm{C}}$ 和 $\hat{E}_{\mathrm{f},\boldsymbol{y}_k}<T_{\mathrm{E}}$。相反，对于目标状态，微动特征参数一致性为 $C_{\mathrm{s},\boldsymbol{y}_k,\mathrm{T}}=0.08$，拟合误差为 $\hat{E}_{\mathrm{f},\boldsymbol{y}_k,\mathrm{T}}=0.05$，满足 $C_{\mathrm{s},\boldsymbol{y}_k}<T_{\mathrm{C}}$ 和 $\hat{E}_{\mathrm{f},\boldsymbol{y}_k}<T_{\mathrm{E}}$。因此，认为目标存在，并且获得相应的微动特征参数提取结果，如表 6.1 所示，与理论值十分吻合。在此基础上，重构目标散射分布，结果如图 6.8 所示。此外，通过 10 000 次蒙特卡洛实验得到的虚警概率为 $P_{\mathrm{FA}}=0.0052$，检测概率为 $P_{\mathrm{D}}=0.8823$，说明了本节所述方法的有效性。

表 6.1　微动特征参数提取结果

参数	$\lvert oa\rvert$/m	$\lvert ob\rvert$/m	r_0/m	ϕ_0 /rad	β /(°)	ϑ /(°)	Ω_{c} /(rad/s)	v /(m/s)	R_0/m
真实值	3.000	0.300	1.000	0.031	2.530	0.261	25.132	500.000	10^6
估计值	2.892	0.319	0.911	0.028	2.625	0.252	26.013	492.114	1.000023×10^6
误差/%	3.60	6.33	8.90	9.67	3.75	3.45	3.52	1.58	0.00

最后，分析目标检测性能和微动特征提取性能随 SNR 的变化关系。不失一般性地，当目标微动特征参数估计值的误差小于 10% 时，认为目标微动特征提取成功。在给定虚

警概率为 $P_{FA}=0.0052$ 的条件下，图 6.9 给出了本节所述方法的目标检测概率和微动特征提取成功率随 SNR 的变化曲线，可以看出，当 SNR＞8 dB 时，能够获得较好的目标检测和微动特征提取性能。

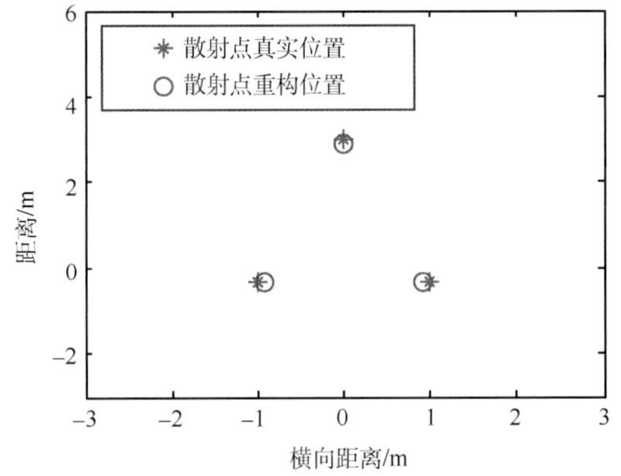

图 6.8　目标散射分布重构结果

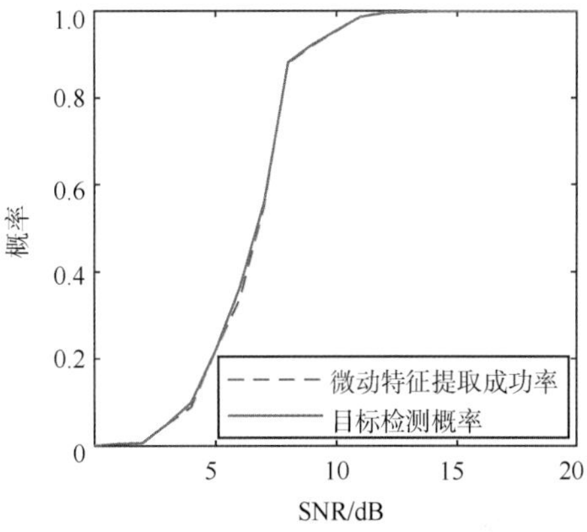

图 6.9　目标检测概率和微动特征提取成功率

上述实验结果表明，本节所述方法通过将目标检测跟踪与微动特征提取过程相结合，能够在无须额外发射脉冲的条件下，有效提取目标微动特征参数并重构目标散射分布。需要说明的是，本节虽然以锥体进动目标为例进行分析，实际上，通过改变目标微多普勒效应的参数化表征模型(即采用不同的拟合方程)，即可将本节所述方法用于不同形状、不同运动状态、不同散射点模型的空间微动目标。

6.2　雷达资源优化调度

上一节介绍了一种基于 TBD 的微动特征认知提取与成像方法，将目标微动特征提取成功纳入目标检测跟踪过程，使得雷达系统无须再为实现目标微动特征提取与成像功能分配额外的资源，在完成目标检测跟踪的同时实现微动特征提取与成像。虽然该方法能够显著节约雷达资源，但在多目标条件下依然存在资源饱和问题，需要研究合理有效的雷达资源优化调度方法。通常，雷达系统在执行目标搜索任务时，会将监测空间分为多个区域，依次对每个区域发射观测信号来检测是否存在目标。如何将有限的雷达资源在各区域之间进行合理分配是提高雷达系统目标检测性能的关键。根据目标搜索任务特点，通过计算各区域中目标出现的概率，以对目标出现概率大的区域多分配资源为原则来设计雷达资源优化调度策略，能够有效提高雷达系统的整体工作性能。

然而，6.1 节所述方法与传统的目标检测方法有着明显不同，它将目标检测跟踪与微动特征提取作为一个整体，通过相互之间的信息反馈，提高目标检测和微动特征提取性能，尤其是在判断目标是否存在时不再将回波能量作为唯一依据，而是结合微动特征参数提取结果共同做出判决。因此，针对传统目标检测和跟踪方法所设计的雷达资源优化调度策略均无法直接使用。本节介绍一种适用于 6.1 节所述方法的雷达资源优化调度方法。首先基于 6.1 节所述方法的信号处理过程，定义目标存在判决函数以实现各区域目标存在概率的实时计算与更新，并进一步分析目标检测、跟踪和微动特征提取性能与雷达资源消耗之间的关系，在此基础上建立雷达资源优化调度模型并求解，实现雷达资源的合理分配。

6.2.1　目标检测、跟踪与微动特征提取性能分析

在进行雷达资源分配时，需要首先对各区域目标存在的概率进行在线感知，用以指导资源分配策略。同时，需要分析雷达资源消耗与目标检测、跟踪以及微动特征提取性能之间的关系，为资源优化调度提供理论依据。在此基础上，以优先为目标存在概率大的区域适当的多分配资源为原则建立资源优化调度模型，最终可实现雷达资源的合理分配。因此，本节首先介绍目标存在概率的在线感知方法。

根据 6.1 节所述方法的信号处理过程，在第 k 帧观测中，可以分两种情况计算能量累积值 $I(\boldsymbol{y}_k)$ 的概率密度函数(Tonissen and Evans，1996)：情况 1：搜索窗内只包含噪声状态；情况 2：搜索窗内包含目标状态。

将状态转移集 $\Gamma(\boldsymbol{y}_k)$ 的大小记为 $N_{\Gamma(\boldsymbol{y}_k)}$，即在 k–1 帧时，存在 $N_{\Gamma(\boldsymbol{y}_k)}$ 个状态能够在第 k 帧转移到状态 $\boldsymbol{y}_k$。当 $\boldsymbol{y}_k$ 为噪声状态时，将观测值 $Z_k(\boldsymbol{y}_k)$ 的概率密度函数记为 $p_{\mathrm{n}}(\boldsymbol{y})$；当 $\boldsymbol{y}_k$ 为目标状态时，将观测值 $Z_k(\boldsymbol{y}_k)$ 的概率密度函数记为 $p_{\mathrm{t}}(\boldsymbol{y})$。

对于情况 1：

$\Gamma(\boldsymbol{y}_k)$ 中的 $N_{\Gamma(\boldsymbol{y}_k)}$ 个状态均为噪声状态。假设每一个状态 $\boldsymbol{y}_{k-1}$ 的能量累积值 $I(\boldsymbol{y}_{k-1})$ 都是独立同分布的，分布函数为 $P_{I_{k-1}(y)}$，相应的概率密度函数为 $p_{I_{k-1}(y)}$。则 $\max\limits_{\boldsymbol{y}_{k-1}\in\Gamma(\boldsymbol{y}_k)}(I(\boldsymbol{y}_{k-1}))$ 的分布函数为 $P_{I_{k-1}(y)}^{N_{\Gamma(y_k)}}$，相应的概率密度函数为

$$f_{I_{k-1}(y)} = N_{\Gamma(\boldsymbol{y}_k)} \cdot P_{I_{k-1}(y)}^{N_{\Gamma(y_k)}-1} \cdot p_{I_{k-1}(y)} \tag{6.40}$$

不失一般性，$\max\limits_{\boldsymbol{y}_{k-1}\in\Gamma(\boldsymbol{y}_k)}(I(\boldsymbol{y}_{k-1}))$ 和 $Z_k(\boldsymbol{y}_k)$ 相互独立，因此，根据能量累积过程[式(6.14)]可将 $I(\boldsymbol{y}_k)$ 的概率密度函数表示为

$$p_{I_k(y)} = f_{I_{k-1}(y)} * p_{\mathrm{n}}(\boldsymbol{y}) \tag{6.41}$$

式中，“*” 表示卷积运算。

对于情况 2：

$\Gamma(\boldsymbol{y}_k)$ 包含 $N_{\Gamma(\boldsymbol{y}_k)}-1$ 个噪声状态和 1 个目标状态。将目标状态的能量累积值的概率密度函数和分布函数分别记为 $\bar{p}_{I_{k-1}(y)}$ 和 $\bar{P}_{I_{k-1}(y)}$。$N_{\Gamma(\boldsymbol{y}_k)}-1$ 个噪声状态的能量累积值独立同分布于 $P_{I_{k-1}(y)}$。$\max\limits_{\boldsymbol{y}_{k-1}\in\Gamma(\boldsymbol{y}_k)}(I(\boldsymbol{y}_{k-1}))$ 的概率密度函数可表示为

$$\bar{f}_{I_{k-1}(y)} = (N_{\Gamma(\boldsymbol{y}_k)}-1) \cdot P_{I_{k-1}(y)}^{N_{\Gamma(y_k)}-2} \cdot p_{I_{k-1}(y)} \cdot \bar{P}_{I_{k-1}(y)} + \bar{p}_{I_{k-1}(y)} \cdot P_{I_{k-1}(y)}^{N_{\Gamma(y_k)}-1} \tag{6.42}$$

$I(\boldsymbol{y}_k)$ 的概率密度函数为

$$p_{I_k(\boldsymbol{y})}=\overline{f}_{I_{k-1}(\boldsymbol{y})} * p_{\mathrm{t}}(\boldsymbol{y}) \tag{6.43}$$

理论上，通过上述递推公式[式(6.40)～式(6.43)]可计算出能量累积值的概率密度函数。然而，其解析表达式非常复杂，精确计算难度很大。因此，假设能量累积值 $I(\boldsymbol{y}_k)$ 服从正态分布，可分别求出上述两种情况下的均值和方差。

对于情况 1：

假设噪声状态 $\boldsymbol{y}_k$ 的观测值 $Z_k(\boldsymbol{y}_k)$ 服从均值 $\hat{\kappa}=0$ 、方差 $\hat{\sigma}^2=1$ 的标准正态分布。设噪声状态能量累积值 $I(\boldsymbol{y}_{k-1})$ 服从均值为 κ_{k-1} 、方差为 σ_{k-1}^2 的正态分布， $N_{\Gamma(\boldsymbol{y}_k)}$ 个独立同分布于 $N(\kappa_{k-1},\sigma_{k-1}^2)$ 的随机变量的最大值的均值和方差分别为 κ_{m1} 和 σ_{m1}^2 ，则有

$$\begin{aligned}\kappa_{\mathrm{m1}}&=\mathrm{E}\left[\max_{\boldsymbol{y}_{k-1}\in\Gamma(\boldsymbol{y}_k)}(I(\boldsymbol{y}_{k-1}))\right]=\mathrm{E}\left[\sigma_{k-1}\max_{\boldsymbol{y}_{k-1}\in\Gamma(\boldsymbol{y}_k)}\left(\frac{I(\boldsymbol{y}_{k-1})-\kappa_{k-1}}{\sigma_{k-1}}\right)+\kappa_{k-1}\right]\\&=\sigma_{k-1}\mathrm{E}\left[\max_{\boldsymbol{y}_{k-1}\in\Gamma(\boldsymbol{y}_k)}\left(\frac{I(\boldsymbol{y}_{k-1})-\kappa_{k-1}}{\sigma_{k-1}}\right)\right]+\kappa_{k-1}=\sigma_{k-1}\kappa_{\max}(N_{\Gamma(\boldsymbol{y}_k)})+\kappa_{k-1}\end{aligned} \tag{6.44}$$

由于 $\dfrac{I(\boldsymbol{y}_{k-1})-\kappa_{k-1}}{\sigma_{k-1}}$ 服从标准正态分布， $\kappa_{\max}(N_{\Gamma(\boldsymbol{y}_k)})$ 为 $N_{\Gamma(\boldsymbol{y}_k)}$ 个服从标准正态分布的随机变量的最大值的均值，可表示为

$$\kappa_{\max}(N_{\Gamma(\boldsymbol{y}_k)})=\int_{-\infty}^{\infty}N_{\Gamma(\boldsymbol{y}_k)}x\phi(x)\Phi^{N_{\Gamma(\boldsymbol{y}_k)}-1}(x)\mathrm{d}x \tag{6.45}$$

式中， $\phi(x)$ 和 $\Phi(x)$ 分别为标准正态分布的概率密度函数和分布函数。同理可得

$$\sigma_{\mathrm{m1}}^2=\sigma_{k-1}^2\sigma_{\max}^2(N_{\Gamma(\boldsymbol{y}_k)}) \tag{6.46}$$

式中， $\sigma_{\max}^2(N_{\Gamma(\boldsymbol{y}_k)})$ 为 $N_{\Gamma(\boldsymbol{y}_k)}$ 个服从标准正态分布的随机变量的最大值的方差，满足

$$\kappa_{\max}^2(N_{\Gamma(\boldsymbol{y}_k)})+\sigma_{\max}^2(N_{\Gamma(\boldsymbol{y}_k)})=\int_{-\infty}^{\infty}N_{\Gamma(\boldsymbol{y}_k)}x^2\phi(x)\Phi^{N_{\Gamma(\boldsymbol{y}_k)}-1}(x)\mathrm{d}x \tag{6.47}$$

根据式(6.14)，可以得到 $I(\boldsymbol{y}_{k-1})$ 的均值和方差的递推关系为(Tonissen and Evans，1996)

$$\kappa_k=\kappa_{\mathrm{m1}}+\hat{\kappa}=\kappa_{k-1}+\sigma_{k-1}\kappa_{\max}(N_{\Gamma(\boldsymbol{y}_k)}) \tag{6.48}$$

$$\sigma_k^2=\sigma_{\mathrm{m1}}^2+\hat{\sigma}^2=\sigma_{k-1}^2\sigma_{\max}^2(N_{\Gamma(\boldsymbol{y}_k)})+1 \tag{6.49}$$

已知初始帧时， $I(\boldsymbol{y}_k)$ 等于 $Z_k(\boldsymbol{y}_k)$ ，有 $\kappa_0=0$ ， $\sigma_0^2=1$ 。根据式(6.48)和式(6.49)可得到各帧观测时 $I(\boldsymbol{y}_k)$ 的均值和方差，即获得了 $I(\boldsymbol{y}_k)$ 的概率密度函数，记为 $f_{H_0}(I(y_k))\sim N(\kappa_k,\sigma_k^2)$ 。

对于情况 2：

设目标状态的观测值服从均值 $\bar{\kappa}=A$ 、方差 $\bar{\sigma}^2=1$ 的正态分布，目标状态的能量累积值服从均值为 $\bar{\kappa}_{k-1}$ 、方差为 $\bar{\sigma}_{k-1}^2$ 的正态分布，噪声状态的能量累积值服从均值为 κ_{k-1} 、

方差为σ_{k-1}^2的正态分布。定义如下变量

$$\kappa_{\mathrm{m}2}=\sigma_{k-1}\kappa_{\max}(N_{\Gamma(\boldsymbol{y}_k)}-1)+\kappa_{k-1},\quad \sigma_{\mathrm{m}2}^2=\sigma_{k-1}^2\sigma_{\max}^2(N_{\Gamma(\boldsymbol{y}_k)}-1),$$
$$\Delta=\kappa_{\mathrm{m}2}-\bar{\kappa}_{k-1},\quad \chi=\sqrt{\sigma_{\mathrm{m}2}^2+\bar{\sigma}_{k-1}^2},\quad \tilde{\phi}=\frac{1}{\sqrt{2\pi}}\exp\left(-\frac{\Delta^2}{2\chi^2}\right), \tag{6.50}$$
$$\hat{\Phi}=\int_{-\infty}^{\Delta/\chi}\frac{1}{\sqrt{2\pi}}\exp\left(-\frac{x^2}{2}\right)\mathrm{d}x,\quad \bar{\Phi}=1-\hat{\Phi}$$

根据式(6.14)，可以得到目标状态的能量累积值的均值和方差的递推关系为(Tonissen and Evans，1996)

$$\bar{\kappa}_k=\bar{\kappa}+\kappa_{\mathrm{m}2}\hat{\Phi}+\bar{\kappa}_{k-1}\bar{\Phi}+\chi\tilde{\phi} \tag{6.51}$$

$$\bar{\sigma}_k^2=\bar{\sigma}^2+\sigma_{\mathrm{m}2}^2\hat{\Phi}+\bar{\sigma}_{k-1}^2\bar{\Phi}+(\Delta\hat{\Phi}+\chi\tilde{\phi})(\Delta\bar{\Phi}-\chi\tilde{\phi}) \tag{6.52}$$

已知初始帧时，有$\bar{\kappa}_0=A$，$\bar{\sigma}_0^2=1$。根据式(6.51)和式(6.52)可得到各帧观测时目标状态能量累积值的概率密度函数，记为$f_{H_1}(I(\boldsymbol{y}_k))\sim N(\bar{\kappa}_k,\bar{\sigma}_k^2)$。

定义二元假设检验

$$\begin{aligned}&H_0\text{：目标不存在}\\&H_1\text{：目标存在}\end{aligned} \tag{6.53}$$

显然，根据能量累积值的概率密度函数$f_{H_0}(I(\boldsymbol{y}_k))$和$f_{H_1}(I(\boldsymbol{y}_k))$可以获得$I(\boldsymbol{y}_k)$的先验概率$P(I(\boldsymbol{y}_k)|H_0)$和$P(I(\boldsymbol{y}_k)|H_1)$。当$I(\boldsymbol{y}_k)$处于邻域$[I(\boldsymbol{y}_k)-\Delta y/2, I(\boldsymbol{y}_k)+\Delta y/2]$($\Delta y$是一个很小的邻域半径)时，$P(I(\boldsymbol{y}_k)|H_0)$和$P(I(\boldsymbol{y}_k)|H_1)$分别为

$$P(I(\boldsymbol{y}_k)|H_0)=f_{H_0}(I(\boldsymbol{y}_k))\cdot\Delta y \tag{6.54}$$

$$P(I(\boldsymbol{y}_k)|H_1)=f_{H_1}(I(\boldsymbol{y}_k))\cdot\Delta y \tag{6.55}$$

进一步，根据贝叶斯公式，可以得到$I(\boldsymbol{y}_k)$的后验概率$P(H_0|I(\boldsymbol{y}_k))$和$P(H_1|I(\boldsymbol{y}_k))$分别为

$$\begin{aligned}P(H_0|I(\boldsymbol{y}_k))&=\frac{P(I(\boldsymbol{y}_k)|H_0)P(H_0)}{P(I(\boldsymbol{y}_k)|H_0)P(H_0)+P(I(\boldsymbol{y}_k)|H_1)P(H_1)}\\&=\frac{f_{H_0}(I(\boldsymbol{y}_k))\cdot\Delta y\cdot P(H_0)}{f_{H_0}(I(\boldsymbol{y}_k))\cdot\Delta y\cdot P(H_0)+f_{H_1}(I(\boldsymbol{y}_k))\cdot\Delta y\cdot P(H_1)}\end{aligned} \tag{6.56}$$

$$\begin{aligned}P(H_1|I(\boldsymbol{y}_k))&=\frac{P(I(\boldsymbol{y}_k)|H_1)P(H_1)}{P(I(\boldsymbol{y}_k)|H_0)P(H_0)+P(I(\boldsymbol{y}_k)|H_1)P(H_1)}\\&=\frac{f_{H_1}(I(\boldsymbol{y}_k))\cdot\Delta y\cdot P(H_1)}{f_{H_0}(I(\boldsymbol{y}_k))\cdot\Delta y\cdot P(H_0)+f_{H_1}(I(\boldsymbol{y}_k))\cdot\Delta y\cdot P(H_1)}\end{aligned} \tag{6.57}$$

式中，$P(H_0)$和$P(H_1)$分别为目标存在和目标不存在的先验概率。当其已知时，根据观测得到的能量累积值$I(\boldsymbol{y}_k)$可以计算出目标存在的后验概率$P(H_1|I(\boldsymbol{y}_k))$。然而，在实际

中，$P(H_0)$ 和 $P(H_1)$ 是难以先验已知的，因此，简单起见，考虑直接利用能量累积值 $I(\boldsymbol{y}_k)$ 来描述目标存在的概率。将式(6.56)和式(6.57)相除，得到

$$\begin{aligned} F\left(I(\boldsymbol{y}_k)\right) &\triangleq \frac{P(H_1|I(\boldsymbol{y}_k))}{P(H_0|I(\boldsymbol{y}_k))}=\frac{P(I(\boldsymbol{y}_k)|H_1)P(H_1)}{P(I(\boldsymbol{y}_k)|H_0)P(H_0)} \\ &=\frac{f_{H_1}(I(\boldsymbol{y}_k))\cdot\Delta y\cdot P(H_1)}{f_{H_0}(I(\boldsymbol{y}_k))\cdot\Delta y\cdot P(H_0)}=\frac{f_{H_1}(I(\boldsymbol{y}_k))\cdot P(H_1)}{f_{H_0}(I(\boldsymbol{y}_k))\cdot P(H_0)} \end{aligned} \tag{6.58}$$

显然 $F\left(I(\boldsymbol{y}_k)\right)$ 值越大，目标存在概率越高。将 $P(H_0)$ 和 $P(H_1)$ 看作常数，由 $f_{H_0}(I(y_k))\sim N(\kappa_k,\sigma_k^2)$ 和 $f_{H_1}(I(\boldsymbol{y}_k))\sim N(\bar{\kappa}_k,\bar{\sigma}_k^2)$ 可知，当 $I(\boldsymbol{y}_k)\in\left[\kappa_k,\bar{\kappa}_k\right]$ 时，$f_{H_0}(I(y_k))$ 单调递减而 $f_{H_1}(I(\boldsymbol{y}_k))$ 单调递增，因此 $F\left(I(\boldsymbol{y}_k)\right)$ 单调递增，可认为能量累积值越大，目标存在概率越高。当 $I(\boldsymbol{y}_k)<\kappa_k$ 或 $I(\boldsymbol{y}_k)>\bar{\kappa}_k$ 时，$F(I(\boldsymbol{y}_k))$ 的单调性不确定。若将雷达监测空间分为 H 个区域，对第 h 个区域观测时得到的能量累积值记为 $I_h(\boldsymbol{y}_k)$，则可将各区域的目标存在概率定义为 $P_h(\boldsymbol{y}_k)$ 的归一化结果 $\tilde{P}_h(\boldsymbol{y}_k)$，其中 $P_h(\boldsymbol{y}_k)$ 的表达式为

$$P_h(\boldsymbol{y}_k)=\begin{cases} 1, \max\limits_h(I_h(\boldsymbol{y}_k))>\bar{\kappa}_k, I_h(\boldsymbol{y}_k)>\bar{\kappa}_k \\ \dfrac{I_h(\boldsymbol{y}_k)}{\bar{\kappa}_k}, \max\limits_h(I_h(\boldsymbol{y}_k))>\bar{\kappa}_k, \kappa_k<I_h(\boldsymbol{y}_k)\leqslant\bar{\kappa}_k \\ \dfrac{I_h(\boldsymbol{y}_k)}{\max\limits_h(I_h(\boldsymbol{y}_k))}, \max\limits_h(I_h(\boldsymbol{y}_k))<\bar{\kappa}_k, \kappa_k<I_h(\boldsymbol{y}_k)\leqslant\bar{\kappa}_k \\ \dfrac{\kappa_k}{\min(\max\limits_h(I_h(\boldsymbol{y}_k)),\bar{\kappa}_k)}, I_h(\boldsymbol{y}_k)<\kappa_k \end{cases} \tag{6.59}$$

事实上，计算各区域的目标存在概率是为了指导雷达资源分配策略，根据各区域的 $\tilde{P}_h(\boldsymbol{y}_k)$ 值优先为目标存在概率大的区域分配更多资源。如式(6.59)所示，对于能量累积值满足 $\kappa_k<I_h(\boldsymbol{y}_k)\leqslant\bar{\kappa}_k$ 的区域，由于式(6.58)所示的 $F(I_h(\boldsymbol{y}_k))$ 单调递增，可认为能量累积值 $I_h(\boldsymbol{y}_k)$ 越大，目标存在概率越高，需要为其分配更多资源，因此 $P_h(\boldsymbol{y}_k)$ 取值与 $I_h(\boldsymbol{y}_k)$ 成正比。然而，当某几个区域的能量累积值均满足 $I_h(\boldsymbol{y}_k)<\kappa_k$ 时，$F(I_h(\boldsymbol{y}_k))$ 单调性不确定，难以根据 $I_h(\boldsymbol{y}_k)$ 的大小来判断这几个区域之间目标存在概率的大小关系，因此，对于这些区域来说，考虑采取资源平均分配策略。因此，在式(6.59)中，这些区域的 $P_h(\boldsymbol{y}_k)$ 取值相同，表明它们将对资源调度策略产生相同的影响。同样地，$I_h(\boldsymbol{y}_k)>\bar{\kappa}_k$ 的区域也是相同情况，采用了相同的处理策略。

需要说明的是，式(6.57)和式(6.59)所示的目标存在概率是在仅考虑回波能量累积值的条件下得到的。而基于 6.1 节所述方法，在判断目标是否存在时，不仅需要考虑回波能量累积值的大小，还需要考虑微动特征参数的提取精度。因此，最终的目标存在判决函数应该由两部分组成：一个是式(6.57)所示的目标存在后验概率[$P(H_0)$ 和 $P(H_1)$ 已知时]或式(6.59)所定义的目标存在概率[$P(H_0)$ 和 $P(H_1)$ 未知时]；另一个是基于 6.1 节方法

获得的微动特征参数提取精度。

在 6.1 节所述方法中，目标微动特征参数是基于目标微多普勒效应参数化表征模型对距离轨迹进行拟合而得到的。因此，目标微动特征参数提取精度由距离轨迹跟踪精度决定。在第 k 帧观测中，目标散射点的距离状态可由 $\boldsymbol{\gamma}_k=\left\{R_{k,1},R_{k,2},\cdots,R_{k,Q}\right\}$ 表示，其中 $R_{k,q},q=1,2,\cdots,Q$ 的观测值记为 $z_{k,q},q=1,2,\cdots,Q$。定义第 k 帧观测中目标距离状态观测向量为 $\boldsymbol{z}_k=\lfloor z_{k,1},z_{k,2},\cdots,z_{k,Q}\rfloor$，并将前 k 帧的所有观测向量记为 $\boldsymbol{z}_{1:k}=[\boldsymbol{z}_1,\boldsymbol{z}_2,\cdots,\boldsymbol{z}_k]$。目标距离状态的后验概率 $p(\boldsymbol{\gamma}_k\,|\,\boldsymbol{z}_{1:k})$ 可表示为

$$p(\boldsymbol{\gamma}_k\,|\,\boldsymbol{z}_{1:k})=\frac{p(\boldsymbol{z}_k\,|\,\boldsymbol{\gamma}_k)\cdot p(\boldsymbol{\gamma}_k\,|\,\boldsymbol{z}_{1:k-1})}{p(\boldsymbol{z}_k\,|\,\boldsymbol{z}_{1:k-1})} \tag{6.60}$$

式中

$$p(\boldsymbol{\gamma}_k\,|\,\boldsymbol{z}_{1:k-1})=\int p(\boldsymbol{\gamma}_k\,|\,\boldsymbol{\gamma}_{k-1})\cdot p(\boldsymbol{\gamma}_{k-1}\,|\,\boldsymbol{z}_{1:k-1})\mathrm{d}\boldsymbol{\gamma}_{k-1} \tag{6.61}$$

$$p(\boldsymbol{z}_k\,|\,\boldsymbol{z}_{1:k-1})=\int p(\boldsymbol{z}_k\,|\,\boldsymbol{\gamma}_k)p(\boldsymbol{\gamma}_k\,|\,\boldsymbol{z}_{1:k-1})\mathrm{d}\boldsymbol{\gamma}_k \tag{6.62}$$

从式 (6.60) ～ 式 (6.62) 中可以看出，影响 $p(\boldsymbol{\gamma}_k\,|\,\boldsymbol{z}_{1:k})$ 的因素有 $p(\boldsymbol{z}_k\,|\,\boldsymbol{\gamma}_k)$ 和 $p(\boldsymbol{\gamma}_k\,|\,\boldsymbol{\gamma}_{k-1})$，其中 $p(\boldsymbol{z}_k\,|\,\boldsymbol{\gamma}_k)$ 为目标距离状态观测向量的概率密度函数，$p(\boldsymbol{\gamma}_k\,|\,\boldsymbol{\gamma}_{k-1})$ 为目标距离状态转移的概率密度函数。$p(\boldsymbol{z}_k\,|\,\boldsymbol{\gamma}_k)$ 和 $p(\boldsymbol{\gamma}_k\,|\,\boldsymbol{\gamma}_{k-1})$ 均服从正态分布

$$p(\boldsymbol{z}_k\,|\,\boldsymbol{\gamma}_k)=N(\dot{\boldsymbol{z}}_{\boldsymbol{\gamma}_k},\boldsymbol{\sigma}_{\dot{z}}^2) \tag{6.63}$$

$$p(\boldsymbol{\gamma}_k\,|\,\boldsymbol{\gamma}_{k-1})=N(\boldsymbol{\gamma}_{k-1}+f(\boldsymbol{P_A}),(\Delta t\cdot\boldsymbol{\sigma})^2) \tag{6.64}$$

式中，$\dot{\boldsymbol{z}}_{\boldsymbol{\gamma}_k}$ 表示目标状态 $\boldsymbol{\gamma}_k$ 的理论观测向量，且

$$\boldsymbol{\sigma}_{\dot{z}}^2=\begin{bmatrix} \sigma_{1,1}^2 & \rho_{12}\sqrt{\sigma_{1,1}^2\cdot\sigma_{2,2}^2} & \cdots & \rho_{1Q}\sqrt{\sigma_{1,1}^2\cdot\sigma_{Q,Q}^2} \\ \rho_{12}\sqrt{\sigma_{1,1}^2\cdot\sigma_{2,2}^2} & \sigma_{2,2}^2 & \cdots & \rho_{2Q}\sqrt{\sigma_{2,2}^2\cdot\sigma_{Q,Q}^2} \\ \vdots & \vdots & \vdots & \vdots \\ \rho_{1Q}\sqrt{\sigma_{1,1}^2\cdot\sigma_{PQ,Q}^2} & \rho_{2p}\sqrt{\sigma_{2,2}^2\cdot\sigma_{Q,Q}^2} & \cdots & \sigma_{Q,Q}^2 \end{bmatrix} \tag{6.65}$$

式中，$\sigma_{q,q}^2$ 为第 q 个散射点观测值的方差，$\rho_{q_1q_2}$ 表示第 q_1 个和第 q_2 个散射点观测值的互相关系数。通常，各散射点的观测值具有相同的方差，记为 $\sigma^2=\sigma_{q,q}^2,(q=1,2,\cdots,Q)$，其克拉美罗下界为

$$\sigma^2\geqslant\frac{c^2/4}{1/2\cdot\mathrm{SNR}\cdot\overline{\mathrm{F}}^2} \tag{6.66}$$

式中，c 为光速；$\overline{\mathrm{F}}^2$ 为均方带宽；SNR 与波束驻留时间 τ 成正比。

式 (6.64) 中，Δt 为相邻两帧观测之间的时间间隔，$\boldsymbol{P}_{\mathrm{A}}=[|oa|,\phi_0,\beta,\vartheta,\Omega,v,|ob|,r_0,R_0]$ 为目标微动特征参数；$f(\cdot)$ 为状态转移函数，可表示为

$$f(\boldsymbol{P}_{\mathrm{A}})=\begin{cases}F_{\mathrm{a}}(t+\Delta t)-F_{\mathrm{a}}(t), \text{对于散射点}A\\ F_{\mathrm{c}}(t+\Delta t)-F_{\mathrm{c}}(t), \text{对于散射点}C\\ F_{\mathrm{d}}(t+\Delta t)-F_{\mathrm{d}}(t), \text{对于散射点}D\end{cases} \tag{6.67}$$

式中，

$$F_{\mathrm{a}}(t)=-|oa|(\sin\beta\sin\vartheta\sin(\Omega_{\mathrm{c}}t+\phi_0)+\cos\beta\cos\vartheta)-\cos\beta\cdot v\cdot t+R_0 \tag{6.68}$$

$$\begin{aligned}F_{\mathrm{c}}(t)=r_0-\frac{r_0}{2}&\left(\begin{aligned}&\cos^2\beta\cos^2\vartheta+\sin^2\beta\sin^2\vartheta\sin^2(\Omega_{\mathrm{c}}t+\phi_0)\\&+2\cos\beta\cos\vartheta\sin\beta\sin\vartheta\sin(\Omega_{\mathrm{c}}t+\phi_0)\end{aligned}\right)\\&+|ob|(\sin\beta\sin\vartheta\sin(\Omega_{\mathrm{c}}t+\phi_0)+\cos\beta\cos\vartheta)-\cos\beta\cdot v\cdot t+R_0\end{aligned} \tag{6.69}$$

$$\begin{aligned}F_{\mathrm{d}}(t)=-r_0+\frac{r_0}{2}&\left(\begin{aligned}&\cos^2\beta\cos^2\vartheta+\sin^2\beta\sin^2\vartheta\sin^2(\Omega_{\mathrm{c}}t+\phi_0)\\&+2\cos\beta\cos\vartheta\sin\beta\sin\vartheta\sin(\Omega_{\mathrm{c}}t+\phi_0)\end{aligned}\right)\\&+|ob|(\sin\beta\sin\vartheta\sin(\Omega_{\mathrm{c}}t+\phi_0)+\cos\beta\cos\vartheta)-\cos\beta\cdot v\cdot t+R_0\end{aligned} \tag{6.70}$$

$(\Delta t\cdot\boldsymbol{\sigma})^2$ 可表示为

$$(\Delta t\cdot\boldsymbol{\sigma})^2=\begin{bmatrix}(\Delta t\cdot\sigma'_{1,1})^2 & \cdots & \rho'_{1Q}\sqrt{(\Delta t\cdot\sigma'_{1,1})^2\cdot(\Delta t\cdot\sigma'_{Q,Q})^2}\\ \rho'_{21}\sqrt{(\Delta t\cdot\sigma'_{1,1})^2\cdot(\Delta t\cdot\sigma'_{2,2})^2} & \cdots & \rho'_{2Q}\sqrt{(\Delta t\cdot\sigma'_{2,2})^2\cdot(\Delta t\cdot\sigma'_{Q,Q})^2}\\ \vdots & \vdots & \vdots\\ \rho'_{Q1}\sqrt{(\Delta t\cdot\sigma'_{1,1})^2\cdot(\Delta t\cdot\sigma'_{Q,Q})^2} & \cdots & (\Delta t\cdot\sigma'_{Q,Q})^2\end{bmatrix} \tag{6.71}$$

$\sigma'^2_{q,q}$ 为第 q 个散射点在运动过程中单位时间的状态噪声方差，$\rho'_{q_1q_2}$ 为第 q_1 个和第 q_2 个散射点的状态噪声之间的互相关系数。与 $\sigma^2_{q,q}$ 一样，可记为 $\sigma'^2=\sigma'^2_{q,q}, (q=1, 2, \cdots, Q)$。

在此基础上，分析第 k 帧的距离轨迹跟踪误差

$$E_k=\int p(\boldsymbol{\gamma}_k\mid \boldsymbol{z}_{1:k})\cdot\boldsymbol{\gamma}_k\mathrm{d}\boldsymbol{\gamma}_k-\bar{\boldsymbol{\gamma}}_k \tag{6.72}$$

式中，$\bar{\boldsymbol{\gamma}}_k$ 为第 k 帧时目标的真实距离状态。由于 6.1 节所述方法的微动特征提取是基于距离轨迹信息实现的，因此，可以用 E_k 来描述微动特征参数提取精度，E_k 越大，微动特征参数提取精度越低。然而，在实际中，目标的真实距离状态 $\bar{\boldsymbol{\gamma}}_k$ 是无法先验获得的，因此在本节中，微动特征参数提取精度由微动特征参数一致性 $C_{\mathrm{s},\boldsymbol{y}_k}$ 和拟合误差 $\hat{E}_{\mathrm{f},\boldsymbol{y}_k}$ 来描述。将对雷达监测空间中第 h 个区域观测得到的微动特征参数一致性和拟合误差分别记为 $C_{\mathrm{s},\boldsymbol{y}_k,h}$ 和 $\hat{E}_{\mathrm{f},\boldsymbol{y}_k,h}$，进行归一化处理得到 $\tilde{C}_{\mathrm{s},\boldsymbol{y}_k,h}$ 和 $\tilde{\hat{E}}_{\mathrm{f},\boldsymbol{y}_k,h}$，定义各区域的微动特征参数提取精度为

$$\tilde{M}_h(\boldsymbol{y}_k)=\frac{1}{2}(\tilde{C}_{\mathrm{s},\boldsymbol{y}_k,h}+\tilde{\hat{E}}_{\mathrm{f},\boldsymbol{y}_k,h}) \tag{6.73}$$

式中，系数“$\frac{1}{2}$”表示 $\tilde{C}_{\mathrm{s},\boldsymbol{y}_k,h}$ 和 $\tilde{\hat{E}}_{\mathrm{f},\boldsymbol{y}_k,h}$ 的重要性一致，实际中也可以根据两者重要性的不同表示为加权和的形式。

综上所述，目标存在判决函数应定义为以 $\tilde{P}_h(\boldsymbol{y}_k)$ 和 $\tilde{M}_h(\boldsymbol{y}_k)$ 为变量的函数。在此基础上，可以根据各区域目标存在判决函数值的大小，对有限的雷达资源在 H 个区域之间进行合理分配。

式(6.48)、式(6.51)、式(6.58)、式(6.59)、式(6.63)～式(6.72)表明，驻留时间 τ 越大，相邻两帧观测之间的时间间隔 Δt 越小，则目标检测概率就越大，微动特征参数提取精度也越高。因此，以优先对目标存在判决函数值大的区域多分配资源(较大的 τ 和较小的 Δt)为原则，设计雷达资源优化调度策略，从而提高雷达系统的整体工作性能。

6.2.2　雷达资源优化调度模型建立与求解

首先，综合考虑回波能量累积值和微动特征参数提取结果，定义目标存在判决函数为

$$J_h=\begin{cases}0,\ (I_h(\boldsymbol{y}_k)>T_{\alpha_2})\text{或}\ (C_{\mathrm{s},\boldsymbol{y}_k,h}<T_{\mathrm{C}},\ \hat{E}_{\mathrm{f},\boldsymbol{y}_k,h}<T_{\mathrm{E}})\\ 1+\dfrac{1}{2}(\tilde{P}_h(\boldsymbol{y}_k)+\tilde{M}_h(\boldsymbol{y}_k)),\ (T_{\alpha_1}<I_h(\boldsymbol{y}_k)<T_{\alpha_2})\ \text{且}\ (C_{\mathrm{s},\boldsymbol{y}_k,h}>T_{\mathrm{C}}\ \text{或}\ \hat{E}_{\mathrm{f},\boldsymbol{y}_k,h}>T_{\mathrm{E}})\\ \tilde{P}_h(\boldsymbol{y}_k),\ I_h(\boldsymbol{y}_k)<T_{\alpha_1}\end{cases}\tag{6.74}$$

当能量累积值 $I_h(\boldsymbol{y}_k)$ 大于 T_{α_2} 或微动特征参数提取精度足够高(满足 $C_{\mathrm{s},\boldsymbol{y}_k,h}<T_{\mathrm{C}}$ 和 $\hat{E}_{\mathrm{f},\boldsymbol{y}_k,h}<T_{\mathrm{E}}$)时，认为目标存在，同时获得目标微动特征参数提取结果。从式(6.74)中可以看出，在这种情况下，目标存在判决函数值 J_h 为 0，表示已经实现了目标检测和微动特征提取，在下一个调度间隔里不再为其分配雷达资源，但通常可在若干个调度间隔后再为该区域分配资源进行目标检测和微动特征提取，以避免漏掉新进入该区域的目标。当 $T_{\alpha_1}<I_h(\boldsymbol{y}_k)<T_{\alpha_2}$ 时，J_h 由基于回波能量得到的归一化目标存在概率 $\tilde{P}_h(\boldsymbol{y}_k)$ 和归一化微动特征参数提取精度 $\tilde{M}_h(\boldsymbol{y}_k)$ 共同决定。当 $I_h(\boldsymbol{y}_k)<T_{\alpha_1}$ 时，不进行微动特征提取，因此 J_h 仅由 $\tilde{P}_h(\boldsymbol{y}_k)$ 决定。显然，J_h 越大，第 h 个区域存在目标的可能性就越大。

与 5.2 节一样，虽然本节介绍的是相同任务类型资源优化调度问题，但由于 6.1 节所述方法将目标检测跟踪与微动特征提取作为一个整体，并且加入了复杂的信息反馈机制，因此难以给出性能指标的具体数学表达式，也就很难专门针对此类雷达任务定义相应的资源调度优化目标函数。

通常我们希望 J_h 值大的区域能够以更高的概率被观测，同时期望能够被观测的区域越多越好、雷达资源利用率越高越好。这与第四章中介绍的常用的雷达资源调度算法性能指标 HVR 、SSR 和 TUR 在本质上是一致的。下面，根据 6.1 节所述方法的信号处理过程以及 6.2.1 节的性能分析结果，对 HVR 、SSR 和 TUR 进行重新定义

(1) SSR

$$\mathrm{SSR}=\frac{H_{\mathrm{ims}}}{H}\tag{6.75}$$

式中，H_{ims} 表示能够被观测的区域数。

(2) HVR

$$\text{HVR} = \sum_{h=1}^{H_{\text{ims}}} J_h \tag{6.76}$$

表示雷达可观测区域的目标存在判决函数值之和。

(3) TUR

$$\text{TUR} = \frac{\sum_{h}^{H_{\text{ims}}} \sum_{n=1}^{N_h} \tau_{h,n}}{T} \tag{6.77}$$

式中，T 为调度间隔；N_h 为对第 h 个区域的观测次数；$\tau_{h,n}$ 表示对第 h 个区域进行第 n 次观测时的波束驻留时间。

此外，雷达对不同区域分配的资源量应该尽量与 J_h 值成正比，即对 J_h 值大的区域分配更多的资源。因此，增加一项新的性能指标，定义为

(4) 资源分配正比性(proportion of resource allocation，PRA)

$$\text{PRA} = \text{var}\left(\sum_{n=1}^{N_h} \tau_{h,n} \Big/ J_h , h = 1, \cdots, H_{\text{ims}} \right) \tag{6.78}$$

式中，$\text{var}(\cdot)$ 表示取方差运算。PRA 越小，说明不同区域分配的资源量与 J_h 值之间的正比性越好。不失一般性地，可以认为 PRA 对资源调度策略的重要程度不及前三个指标(即 HVR 、SSR 和 TUR)。

将各区域的观测次数 N_h ，各次观测的驻留时间 $\tau_{h,n}$ 以及观测时间间隔序列 $\Delta \boldsymbol{T}_h = [\Delta t_1, \Delta t_2, \cdots, \Delta t_{N_h}]$ 作为资源分配的待优化变量，建立雷达资源分配分层优化模型

$$\begin{aligned} & \max_{\tau_{h,n}, N_h, \Delta \boldsymbol{T}_h} \quad (L_1(\text{HVR}, \text{SSR}, \text{TUR}), L_2(-\text{PRA})) \\ \text{s.t.} \quad & \sum_{h}^{H_{\text{ims}}} \sum_{n=1}^{N_h} \tau_{h,n} \leqslant T & ① \\ & \forall h \in [1, 2, \cdots, H_{\text{ims}}] \text{ and } J_h > 1, \Delta T_{\max,h} < \eta \cdot \frac{2\pi}{\varOmega_{ch}}, & ② \\ & \forall h \in [1, 2, \cdots, H_{\text{ims}}] \text{ and } J_h \leqslant 1, N_h > N_{\min} & ③ \\ & \forall h \in [1, 2, \cdots, H_{\text{ims}}], \forall n \in [1, 2, \cdots, N_h], \tau_{h,n} > \tau_{\min} & ④ \end{aligned} \tag{6.79}$$

式中，L_1 和 L_2 为优先层记号。对于分层优化模型，通常首先对 L_1 进行求解获得其 Pareto 最优解集，并进一步在 L_1 的最优解集上求解 L_2 ，最终获得分层优化模型的最优解。式(6.79) 中，约束条件①表示分配给各区域的资源总和不超过雷达系统的可用资源范围；约束条件②中，对于第 h 个区域，$\Delta T_{\max,h}$ 表示 $\Delta \boldsymbol{T}_h$ 中任意相邻两个元素之间的最大差值，本质上是相邻两次观测时间间隔的最大值，$\varOmega_{ch}$ 为上一调度间隔结束后，根据 6.1 节方法提取到的目标锥旋角速度。如果在之前的调度间隔中没有进行微动特征参数提取，则

将 Ω_{ch} 设为目标锥旋角速度最大可能取值 $\Omega_{c\max}$。通常，在进行准正弦曲线拟合时，拟合数据之间的间隔不宜过大，约束条件②就保证了资源分配结果能够使得每一个周期内至少采样 η 个数据。约束条件③和④中，$\tau_{\min}$ 和 $N_{\min}$ 分别为目标观测所要求的最小驻留时间和观测次数。

首先，采用 NSGA-II 方法求解式（6.79）中 L_1 所示的多目标优化问题。根据雷达系统所能提供的 PRF，将调度间隔 T 离散化为 N_t 个时间槽。因此，在 NSGA-II 中，染色体可表示为一个长度为 N_t 的时间分配序列。该序列中的每一个元素由两部分组成：第一部分用于指示该时间槽对应的观测区域；第二部分用于指示该时间槽是否对应某一次观测的起始时刻。显然，时间分配序列(即染色体)蕴含了 H 个区域的 N_h、$\tau_{h,n}$ 和 $\Delta \boldsymbol{T}_h$ 的全部信息。本书 5.3 节中给出了 NSGA-II 的具体步骤，此处不再赘述。

基于 L_1 的 Pareto 最优解集，可进一步采用遗传算法求解式(6.79)中的 L_2，最终得到雷达资源优化调度模型的 Pareto 最优解集。通过给定目标函数 SSR、HVR 和 TUR 不同的权值 ω_1, ω_2 和 ω_3（$\omega_1+\omega_2+\omega_3=1$），从 Pareto 最优解集中选取最优解作为雷达资源分配方案，实现有限雷达资源在 H 个区域间的合理分配。

综上所述，图 6.10 给出了雷达资源优化调度算法的流程图，具体步骤可归纳如下。

步骤 1：资源分配初始阶段，对各待观测区域平均分配资源；

步骤 2：基于 TBD 技术进行能量累积、状态回溯和微动特征提取，根据回波能量累积值和微动特征参数提取结果，计算各区域的目标存在判决函数值和雷达资源需求度，如相邻两次观测时间间隔最大值；

步骤 3：建立雷达资源优化调度模型[式(6.79)]并求解，实现雷达时间资源在各观测区域间的最优分配；

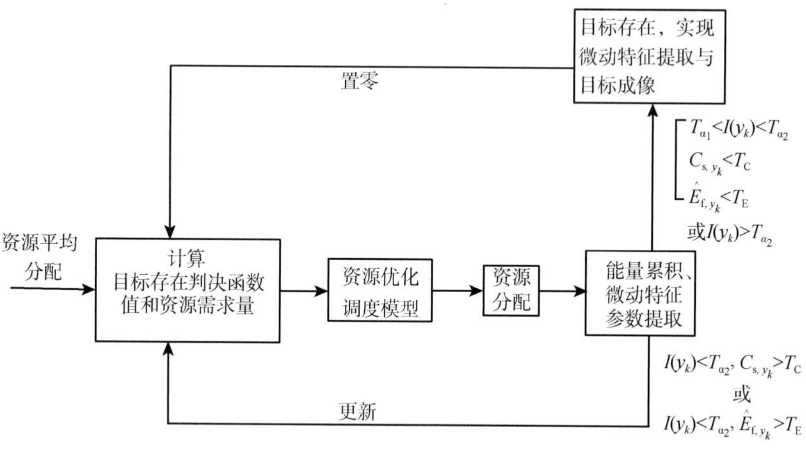

图 6.10　雷达资源优化调度算法

步骤4：每一个资源调度间隔结束后，对各观测区域利用到该调度间隔为止的之前所有回波信号进行能量累积、状态回溯和微动特征提取。若能量累积值足够大($I_h(\boldsymbol{y}_k)>T_{\alpha_2}$)或微动特征参数提取精度足够高($C_{\mathrm{s},\boldsymbol{y}_k,h}<T_{\mathrm{C}}$，$\hat{E}_{\mathrm{f},\boldsymbol{y}_k,h}<T_{\mathrm{E}}$)，则认为目标存在，提取目标微动特征参数并重构目标散射分布，进一步将该区域的目标存在判决函数值置零，在下一个调度间隔不再为其分配资源；反之，基于能量累积值和微动特征参数提取结果，更新目标存在判决函数值和雷达资源需求度，将其送入下一个调度间隔进行分析。

步骤 5：转步骤 3，对下一个调度间隔进行雷达资源分配。

6.2.3　仿真实验与分析

TBD 处理中的相关参数设置如下：$K_{\mathrm{N}}=15$，$K_{\mathrm{M}}=30$，$N_{\mathrm{r}}=5000$，$N_{\theta_{\mathrm{r}}}$=100，N_{v}=200，$N_{\theta_{\mathrm{v}}}$=360，$\Delta r=0.05\ \mathrm{m}$，$\Delta\theta_{\mathrm{r}}=1°$，$\Delta v=3\ \mathrm{m/s}$，$\Delta\theta_{\mathrm{v}}=1°$，$R_{\mathrm{c}}=1000\ \mathrm{km}$，$\theta_{\mathrm{c}}=0°$，$\phi_{\mathrm{B}}=0.15°$，$T_{\mathrm{C}}=0.1$，$T_{\mathrm{E}}=2\cdot\Delta r=0.1\ \mathrm{m}$，$P_{\mathrm{FA},\gamma_1}=0.5$，$P_{\mathrm{FA},\gamma_2}=0.005$，$r_{\min}$=5，$r_{\max}$=20，$\gamma_1=1$，$\gamma_2=1.3$，$\Omega_{\mathrm{c\,max}}=12\pi\ \mathrm{rad/s}$。

假设空间中共有 H=10 个区域有待观测，其中 5 个区域存在目标。设噪声状态观测值服从均值 κ=0、方差 σ^2=1 的标准正态分布。各目标状态观测值服从均值 $\bar{\kappa}_h$=A_h、方差 $\bar{\sigma}_h{}^2$=1 的正态分布，各 A_h 服从正态分布 $N(A,1)$，其中 A=3.3。目标参数如表 6.2 所示。

表 6.2　目标参数

参数	$\lvert oa\rvert$/m	$\lvert ob\rvert$/m	r_0/m	ϕ_0 /rad	β /(°)	ϑ /(°)	Ω /(rad/s)	v /(m/s)	R_{c}/m	所属区域	A_h
目标 1	3.000	0.300	1.500	0.031	0.120	0.261	25.132	500	4.0×10^5	1	3.0
目标 2	2.800	0.200	0.900	0.142	2.535	0.124	12.566	513	4.5×10^5	2	2.75
目标 3	2.500	0.200	0.800	0.102	0.158	0.161	37.699	493	4.2×10^5	4	3.75
目标 4	3.000	0.300	1.000	0.031	0.062	0.261	25.132	480	4.5×10^5	9	2.0
目标 5	2.800	0.200	0.900	0.142	0.178	0.124	37.699	508	4.8×10^5	6	1.25

设雷达资源调度间隔为 T=250 ms，目标观测所需的最小驻留时间和最少观测次数分别为 $\tau_{\min}$=4 ms 和 $N_{\min}$=1，一个锥旋周期内的最少采样数 η 取值为 4。根据式(6.79)所示雷达资源优化调度模型对雷达资源在 H=10 个区域之间进行分配，给定一组权值 $\omega_1=0.4$、$\omega_2=0.4$ 和 $\omega_3=0.2$，图 6.11 给出了雷达资源调度时序图。在每一个调度间隔结束后，根据式(6.74)更新各区域的目标存在判决函数值 J_h，以指导下一调度间隔的资源分配策略，图 6.12 给出了 J_h 的自适应更新过程。

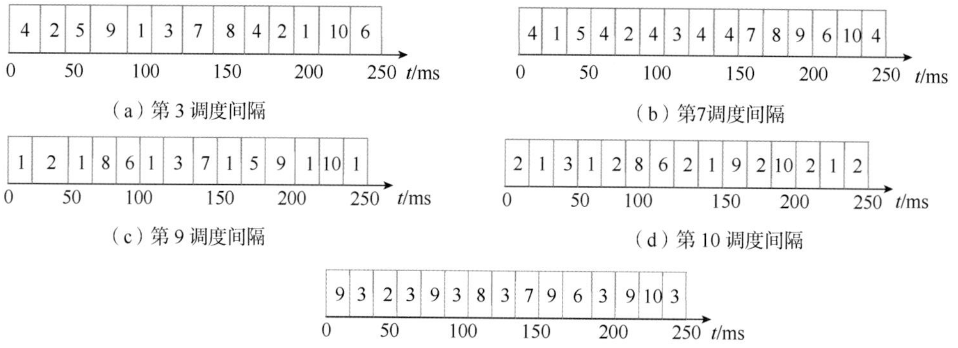

（a）第 3 调度间隔　（b）第7调度间隔　（c）第 9 调度间隔　（d）第 10 调度间隔　（e）第 15 调度间隔

图 6.11　资源调度时序

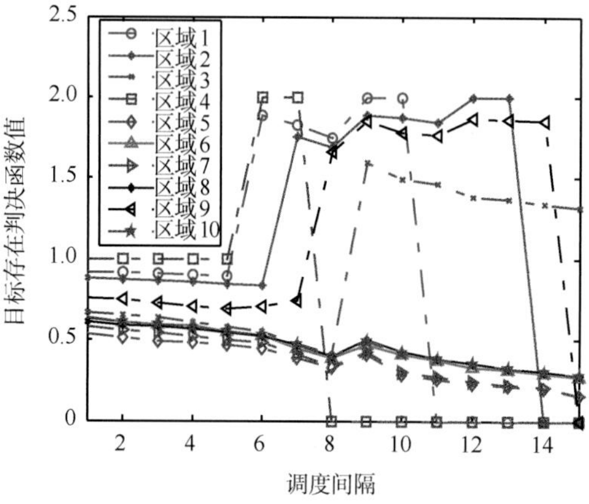

图 6.12　目标存在判决函数值自适应更新

在资源分配初始阶段，需要对各区域平均分配资源以计算各区域目标存在可能性的大小。因此，在第 1 个和第 2 个调度间隔内，对 10 个区域平均分配资源。从第 3 个调度间隔开始，根据式(6.79)所示的雷达资源优化调度模型对雷达时间资源进行分配。从图 6.11 和图 6.12 中可以看出，在第 2 个调度间隔结束后，区域 4 具有最大的目标存在判决函数值 J_h，因此，在第 3 个调度间隔为区域 4 分配的资源最多；同时，在第 3 个调度间隔中，雷达系统对各区域都分配了资源，且各区域分配的资源量与其目标存在判决函数值成正比；第 6 个调度间隔结束后，区域 4 和区域 1 的 J_h 均大于 1，说明这两个区域的能量累积值均大于低检测阈值 T_{α_1}，需要在下一个调度间隔里提取目标微动特征。显然，第一次提取微动特征时，没有目标锥旋角速度的先验信息，因此在求解下一调度间隔的资源优化调度模型时，Ω_{ch} 需要取最大可能值 12π rad/s。然而，有限的雷达资源无法同时满足区域 4 和区域 1 都进行微动特征提取处理的需求，由于区域 4 的 J_h 大于区域 1，说明区域 4 中存在目标的可能性更大，因此为区域 4 分配更多的资源使其能够满足式(6.79)中的约束条件②的要求，从而执行微动特征提取操作。对于区域 1 来说，为其分配的资源不足以进行微动特征提取操作，因此只进行能量累积操作；在第 8 个调度间隔结束后，区域 4 的 J_h 值为 0，说明已判断该区域目标存在，同时实现了目标微动特征的有效提取，在下一个调度间隔不再为该区域分配资源；同样地，在第 9 个调度间隔中，J_h 值最大的区域 1 被分配了最多资源以提取目标微动特征，由于在之前的调度中为该区域分配的资源有限，无法获得目标锥旋角速度的先验信息，因此，Ω_{ch} 取值 12π rad/s；在第 9 个调度间隔结束后，区域 1 中目标锥旋角速度估计值为 23.994 rad/s，将该值代入式(6.79)中计算约束条件②，实现对第 10 个调度间隔的资源分配；在第 14 个调度间隔结束后，区域 9 和区域 3 的 J_h 均大于 1，因此需要在下一个调度间隔进行微动特征提取操作。如图 6.13(e)所示，在第 15 个调度间隔中，针对区域 9 和区域 3，分别以 $\Omega_{ch}=23.741$ rad/s 和 $\Omega_{ch}=12\pi$ rad/s 为参数计算式(6.79)中的约束条件②，并为这两个区域分配了足够资源，其中 $\Omega_{ch}=23.741$ rad/s 为第 14 个调度间隔结束后获得的区域 9 的目标锥旋角速度估计值。

图 6.12 表明区域 4、区域 1、区域 2 和区域 9 的 J_h 均达到 0，因此认为这四个区域中存在目标，相应的微动特征参数提取结果如表 6.3～表 6.6 所示。

表 6.3　区域 4 的微动特征参数提取结果

参数	$\lvert oa\rvert$/m	$\lvert ob\rvert$/m	r_0/m	ϕ_0 /rad	β /(°)	ϑ /(°)	Ω /(rad/s)	v /(m/s)	R_0/m
真实值	2.500	0.200	0.800	0.102	0.158	0.161	37.699	493.000	4.2×10^5
估计值	2.417	0.189	0.871	0.111	0.144	0.169	36.813	481.114	4.200011×10^6
误差/%	3.32	5.50	8.87	8.82	8.86	4.97	2.35	2.41	0.00

表 6.4　区域 1 的微动特征参数提取结果

参数	$\lvert oa\rvert$/m	$\lvert ob\rvert$/m	r_0/m	ϕ_0 /rad	β /(°)	ϑ /(°)	Ω /(rad/s)	v /(m/s)	R_0/m
真实值	3.000	0.300	1.500	0.031	0.120	0.261	25.132	500.000	4.0×10^5
估计值	2.846	0.324	1.592	0.028	0.111	0.251	24.173	488.651	4.000013×10^5
误差/%	5.13	8.00	6.13	9.68	7.50	3.83	3.82	2.27	0.00

表 6.5　区域 2 的微动特征参数提取结果

参数	$\lvert oa\rvert$/m	$\lvert ob\rvert$/m	r_0/m	ϕ_0 /rad	β /(°)	ϑ /(°)	Ω /(rad/s)	v /(m/s)	R_0/m
真实值	2.800	0.200	0.900	0.142	2.535	0.124	12.566	513.000	4.5×10^5
估计值	2.642	0.218	0.813	0.135	2.338	0.129	13.499	499.989	4.500019×10^6
误差/%	5.64	9.00	9.67	4.93	7.77	4.03	7.42	2.54	0.00

表 6.6　区域 9 的微动特征参数提取结果

参数	$\lvert oa\rvert$/m	$\lvert ob\rvert$/m	r_0/m	ϕ_0 /rad	β /(°)	ϑ /(°)	Ω /(rad/s)	v /(m/s)	R_0/m
真实值	3.000	0.300	1.000	0.031	0.062	0.261	25.132	480.000	4.5×10^5
估计值	2.812	0.328	0.901	0.034	0.067	0.275	27.073	499.824	1.000023×10^6
误差/%	6.27	9.33	9.90	9.68	8.06	5.36	7.72	4.13	0.00

为说明本节所述雷达资源优化调度策略的有效性，将目标检测性能和微动特征提取性能与雷达资源平均分配策略进行比较，结果如表 6.7 所示。

表 6.7　性能比较

项目		目标 1	目标 2	目标 3	目标 4	目标 5
本节所述方法	成功检测目标	是	是	是	是	否
	微动特征提取误差/%	5.76	6.34	4.80	7.53	—
平均分配法	成功检测目标	是	否	否	是	否
	微动特征提取误差/%	236.17	—	—	288.76	—

从表 6.7 中可以看出，基于本节所述雷达资源优化调度方法，雷达系统能够检测到 4 个目标，而基于雷达资源平均分配方法只能检测到 2 个目标。更重要的是，采用雷达资源平均分配方法时，相邻观测数据之间的间隔通常较大，因此无法获得准确的目标微动特征参数，导致雷达系统还需要为实现目标微动特征提取与成像功能而分配额外的资源。显然，本节所述方法不仅能够检测出更多目标，还能获得更准确的微动特征参数，从而提高雷达系统的整体工作效率。

图 6.13 给出了本节所述雷达资源优化调度方法和雷达资源平均分配方法的目标检测性能和微动特征提取性能随观测区域数 H 的变化关系。需要说明的是，与第 3 章和第 4 章不同，虽然本节以 SSR、HVR、TUR 和 PRA 作为优化目标函数建立资源优化调度模型，但资源分配的最终目的是检测出更多的目标并且获得更准确的微动特征参数，因此，分别定义目标检出概率 P_{DS} 和微动特征提取成功率 P_{MS} 如下

$$P_{\mathrm{DS}} = \frac{K_{\mathrm{DS}}}{K_{\mathrm{a}}} \tag{5.80}$$

$$P_{\mathrm{MS}} = \frac{K_{\mathrm{MS}}}{K_{\mathrm{a}}} \tag{5.81}$$

式中，K_{a} 为空间中存在的目标数；K_{DS} 为检测出的目标数；K_{MS} 为微动特征参数估计值的误差小于 10%的目标数。本节采用 P_{DS} 和 P_{MS} 来评价雷达资源调度方法的性能，如图 6.13 所示。

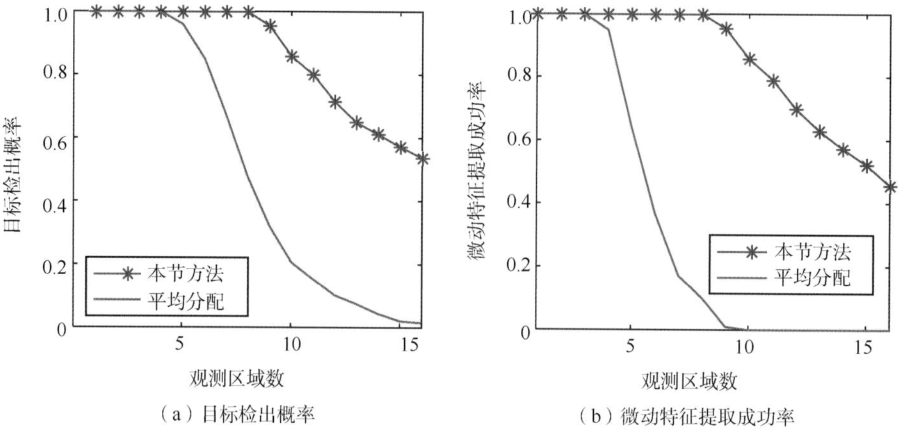

（a）目标检出概率　（b）微动特征提取成功率

图 6.13　雷达资源调度方法性能评估

从图 6.13 (a) 中可以看出，当待观测区域数较少时，资源未达到饱和状态，两种方法的目标检出概率 P_{DS} 均接近于 1。随着待观测区域数的不断增加，平均分配方法给每个区域分配的资源越来越少，P_{DS} 开始显著下降且逐步趋于 0。本节所述方法的 P_{DS} 也随着待观测区域数的增加而逐步下降，但其下降趋势较为平缓，可被检测出的目标数并没有随着待观测区域数的增加而显著减少，这是因为在待观测区域数较多时，本节所述方法会适当放弃对目标存在概率低的一些区域的观测，把更多的资源分配给目标存在概率高的区域，从而获得更好的目标检测性能。同样，图 6.13 (b) 所示的微动特征提取成功率 P_{MS} 随着待观测区域数的增加表现出了相同的变化趋势，对于资源平均分配方法来说，当待观测区域数大于 9 时，P_{MS} 已趋于 0，这是因为待观测区域数较多时，无法保证对各区域分配的资源能够为曲线拟合提供足够的数据支持，因此即便能量累积值大于 T_{α_2}，成功检测出了目标，也无法成功提取出目标微动特征参数。综上所述，本节所述方法的目标检测性能和微动特征提取性能都明显优于平均分配方法。

需要说明的是，正如 6.2.1 节所述，通常情况下目标存在和目标不存在的先验概率 $P(H_0)$ 和 $P(H_1)$ 难以先验已知，因此在上述仿真中，采用能量累积值 $I(\boldsymbol{y}_k)$ 来近似描述目标存在的概率[式 (6.59) 所示]。如果 $P(H_0)$ 和 $P(H_1)$ 已知，则能够以贝叶斯理论精确计算目标存在的后验概率[式 (6.57) 所示]，从而进一步提高 P_{DS} 和 P_{MS}。在实际应用中，有望根据雷达工作环境和战场态势对各区域目标存在的先验概率进行感知与估计，从而提高目标存在概率的计算精度，并最终提升雷达资源优化调度算法的性能。此外，本章所述方法涉及到的阈值是根据多次试验结果来设置的，若能实现更加科学合理的阈值设计，则有望进一步提高雷达系统的多目标检测、微动特征提取及成像性能。

参考文献

姚汉英, 孙文峰, 马晓岩. 2013. 基于高分辨距离像序列的锥柱体目标进动和结构参数估计. 电子与信息学报, 35 (3) : 537-544.

Buzzi S, Lops M, Venturino L, et al. 2008. Track-before-detect procedures in a multi-target environment. IEEE Transactions on Aerospace and Electronic Systems, 44 (3) : 1135-1150.

Tonissen S M, Evans R J. 1996. Performance of dynamic programming techniques for track-before-detect. IEEE Transactions on Aerospace and Electronic Systems, 32 (4) : 1440-1451.

英文缩略语

英文缩写	英文全称	中文说明
APSL	auto-correlation peak side-lobe level	自相关峰值旁瓣电平
CoSaMP	compressive sampling MP	压缩采样匹配追踪
CPI	coherent processing interval	相干处理时间
CRRP	coarse-resolution range profile	粗分辨一维距离像
CS	compressive sensing	压缩感知
DFT	discrete Fourier transform	离散傅里叶变换
DP	dynamic programming	动态规划
EMD	empirical mode decomposition	经验模式分解
EUR	energy utilization ratio	能量利用率
FBT	Fourier-Bessel transform	Fourier-Bessel 变换
GPSR	gradient projection for sparse reconstruction	梯度投影
HRRP	high-resolution range profile	高分辨一维距离像
HS	high-priority search	高优先级搜索
HVR	hit value ratio	实现价值率
IDFT	inverse discrete Fourier transform	逆离散傅里叶变换
IMF	intrinsic mode function	固有模态函数
ISAR	inverse synthetic aperture radar	逆合成孔径雷达
IST	iterative soft thresholding	迭代软阈值
LFM	linear frequency modulation	线性调频
LOS	line of sight	雷达视线方向
LS	low-priority search	低优先级搜索
MIMO	multiple input multiple output	多输入多输出
NSGA-II	non-dominated sorting genetic algorithm with elitism	带精英策略的非支配排序遗传算法
NT	normal track	普通跟踪
OFDM	orthogonal frequency division multiplexing	正交频分复用
OMP	orthogonal matching pursuit	正交匹配追踪
PCA	phase center approximation	相位中心近似
PCCL	peak cross-correlation level	峰值互相关电平
PRA	proportion of resource allocation	资源分配正比性
PRF	pulse repetition frequency	脉冲重复频率
PRI	pulse repetition interval	脉冲重复间隔

续表

英文缩写	英文全称	中文说明
PSF	point spread function	点扩散函数
PSNR	peak signal-to-noise ratio	峰值信噪比
PSO	particle swarm optimization	粒子群优化
PT	precision track	精密跟踪
RCS	radar cross section	雷达散射截面
R-D	range-Doppler	距离-多普勒
RIP	restricted isometry property	有限等距性质
ROA	ratio of observed areas to total areas	可观测区域数占总区域数的比例
ROI	ratio of implemented tasks	任务执行率
ROMP	regularized orthogonal matching pursuit	正则化 OMP
RSF	random stepped frequency	随机步进频
RUR	resource utilization rate	资源利用率
RVP	residual video phase	剩余视频相位
SA	sub-array	子阵
SAR	synthetic aperture radar	合成孔径雷达
SAV	sum of assessment value of observed areas	可观测区域目标存在判决函数值之和
SF	stepped frequency	频率步进
SFCS	stepped frequency chirp signal	调频步进信号
SFMFT	sinusoidal frequency modulation Fourier transform	正弦调频傅里叶变换
SIR	signal-to-interference ratio	信干比
SL0	smoothed l_0 norm	平滑 l_0 范数
SNR	signal-to-noise ratio	信噪比
SPI	sum of priority of implemented tasks	执行任务优先级之和
SQP	sequential quadratic programming	序列二次规划法
SSR	scheduling success ratio	调度成功率
TA	transmit array	发射阵列
TBD	track before detect	检测前跟踪
TUR	time utilization rate	时间利用率

作 者 简 介

张　群　男，1964年出生。2001年毕业于西安电子科技大学，获工学博士学位。现为空军工程大学信息与导航学院教授、博士生导师。军队科技领军人才培养对象，空军级专家，军队院校育才奖金奖获得者，复旦大学兼职教授，享受国务院政府特殊津贴。主持国家863计划项目、国家自然科学基金重点项目、军队科研项目等科研课题30余项。获授权发明专利20余项。已出版专著2部，发表论文450余篇，被SCI、EI收录250余篇。获教育部、省级一等奖4项，军队科技进步奖一等奖1项、二等奖1项。主要研究领域包括雷达成像、目标识别及电子对抗等。

陈怡君　女，1989年出生。2017年毕业于空军工程大学，获工学博士学位，博士学位论文被评为中国电子教育学会优秀博士学位论文。现为武警工程大学信息工程学院讲师。主持国家自然科学基金项目、陕西省自然科学基础研究计划项目、军队科研项目等多项课题。已发表SCI、EI论文30余篇，获军队科技进步奖一等奖1项，部分研究成果已在实际装备中得到应用。主要研究方向为雷达成像、目标识别等。

罗　迎　男，1984年出生。2013年毕业于空军工程大学，获工学博士学位，博士学位论文被评为全军优秀博士学位论文。现为空军工程大学信息与导航学院副教授、博士生导师。空军高层次科技人才，陕西省青年科技新星，《雷达学报》编委。主持国家自然科学基金项目、陕西省自然科学基础研究计划项目、军队科研项目等多项课题。获授权发明专利20余项。已出版专著2部，发表论文100余篇，被SCI收录30余篇。获教育部、省级一等奖2项，军队科技进步奖一等奖1项、二等奖1项。主要研究方向为雷达目标微多普勒效应、雷达成像等。